L'AGRICULTURE
PRATIQUE ET RAISONNÉE.

STENAY. IMPRIMERIE DE TEMPLEUX.

L'AGRICULTURE

PRATIQUE ET RAISONNÉE,

PAR SIR JOHN SINCLAIR,

CHEVALIER BARONNET, MEMBRE DU CONSEIL PRIVÉ
DE SA MAJESTÉ BRITANNIQUE, FONDATEUR
DU BUREAU D'AGRICULTURE.

TRADUIT DE L'ANGLAIS

PAR

C. J. A. MATHIEU DE DOMBASLE.

TOME PREMIER.

PARIS.

MADAME HUZARD, LIBRAIRE, Rue de l'Éperon,
Nº 7.

METZ.

L. DEVILLY, Libraire-Éditeur.

1825.

CONVERSION

DES POIDS ET MESURES ANGLAIS,
EN POIDS ET MESURES FRANÇAIS.

MESURES DE LONGUEUR.

Le *Pied Anglais* est au *Pied Français*, dans le rapport de 938 à 1000 ; un *Pied* Anglais vaut donc environ 11 pouces 3 lignes de France, ou 304 millimètres.

Le *Yard* Anglais se compose de 3 pieds, et égale 2 pieds 9 pouces 9 lignes, ou 914 millimètres.

MESURES DE SUPERFICIE.

L'*Acre* contient 43560 pieds Anglais. Il est à l'*Arpent* de 48400 pieds de France, comme 1000 est à 1262. Son rapport à l'*Hectare*, est environ de 40 ares 54 centiares pour l'Acre.

L'*Acre* se divise en quatre *Roods*, et chaque *Rood* en 40 *Poles* ou *Perches*.

MESURES DE CAPACITÉ POUR LES GRAINS.

Le *Bushel* contient 2178 pouces cubes Anglais ; il contient environ 55 à 56 livres, poids de marc, de froment. Son rapport à l'*Hectolitre*, est à-peu-près 35 litres 1/4 pour le Bushel.

Le *Bushel* se divise en quatre *Pecks*, et le *Peck*, en deux *Gallons;* le *Gallon* vaut, ainsi, un peu moins de 4 litres 1/2.

Le *Quarter* se compose de 8 *Bushels* , et vaut , par conséquent , 2 hectolitres 82 litres , à-peu-près.

POIDS.

La *Livre* Anglaise, *Avoirdupois* , est à la livre de 16 onces , poids de marc , comme 1000 est à 1009 , à-peu-près ; elle vaut 453 grammes 44 centigrammes. Elle se divise en 16 *Onces* ; et l'Once, en 16 *Dragmes*.

Le *Quintal* se forme de 112 livres.

Le *Tun*, ou *Ton* , contient 2240 livres Anglaises, et égale , par conséquent , 101 kilogrammes 1/2.

MONNAIES.

La *Livre sterling* vaut environ 24 francs , plus ou moins , selon l'état du change.

Elle se divise en 20 *Shellings* ; et le Shelling , en 12 *Deniers* ou *Pence*.

Le *Shelling* vaut environ 1 franc 20 centimes ; et le Denier , environ 10 centimes.

AVERTISSEMENT
DU TRADUCTEUR.

L'OUVRAGE dont je présente ici la traduction à mes compatriotes, a paru en Angleterre en 1818, et, depuis cette époque, il a déjà eu trois éditions tirées à un grand nombre d'exemplaires. Je ne m'étendrai pas ici sur l'éloge de cet ouvrage ; le lecteur l'appréciera à sa valeur ; mais c'est surtout au jugement des agriculteurs-praticiens, que je le recommande. Je dirai seulement que je me suis étrangement trompé, si on n'y trouve pas un des traités d'agriculture les plus substanciels, et les plus remplis de faits et d'observations applicables à la pratique, qui existent dans quelque langue de l'Europe que ce soit.

L'Ouvrage original porte le titre de CODE D'AGRICULTURE, (CODE OF AGRICULTURE). Je n'ai pas cru devoir le traduire littéralement, parce que, dans notre langue, la signification du mot *Code*, se rapporte trop exclusivement à des dispositions législatives, ce qui aurait pu induire en erreur sur la nature de l'ouvrage.

Pour juger sainement ce traité, il est né-cessaire de connaître quelque chose des circonstances dans lesquelles il a été écrit. L'honorable Auteur, riche Propriétaire d'Écosse, et un des Agronomes les plus éclairés de l'Empire Britannique, exerçait les fonctions de Président du *Bureau d'Agriculture*, institution fondée, en 1793, par le Gouvernement Anglais, à sa sollicitation et par ses soins. Une des premières occupations de ce Bureau a été de recueillir, dans tous les Comtés de l'Angleterre, des renseignements très-détaillés sur tous les procédés d'agriculture qui y étaient en usage. Ces *rapports* ont été dressés, dans chaque Comté, par des agriculteurs très-instruits et très-éclairés, qui ont pu discuter, d'une manière lumineuse, les diverses pratiques qu'ils avaient à décrire. Les lecteurs français de la *Bibliothèque Britannique*, ont pu se faire une idée du mérite de ces rapports, dont des extraits très-étendus ont été insérés dans cet ouvrage. Il est résulté de cet ensemble de rapports, parvenus au Bureau d'Agriculture, de tous les points du Royaume-uni, la masse la plus précieuse de renseignements, sur l'état de l'agriculture en Angleterre, et sur le mérite relatif de tous les procédés qui y sont employés.

C'est pour réunir, dans un même cadre, les utiles renseignements sur les meilleurs procédés d'agriculture, qui se trouvaient épars dans ces rapports, que Sir John Sinclair a entrepris la rédaction du Code d'Agriculture, qui embrasse toutes les branches des produits de la terre. L'exécution d'un plan aussi vaste ne pouvait se trouver confiée à de meilleures mains; indépendamment des vastes connaissances agricoles que possède l'Auteur, ses fonctions de Président du Bureau d'Agriculture le mettaient à portée de correspondre avec les agriculteurs de toutes les parties du Royaume-uni, et d'en obtenir les éclaircissements dont il pouvait avoir besoin dans le cours de son travail. Aussi, il en est résulté un ouvrage qu'on considère en Angleterre, si riche cependant en excellents traités d'agriculture, comme le meilleur ouvrage de ce genre, qui y soit connu.

Cependant, le plan même de l'ouvrage a donné lieu, dans l'exécution, à quelques incertitudes de détail, qui pourraient faire la matière d'une critique, si on n'en connaissait pas l'origine. Il a dû arriver souvent que les auteurs de divers rapports n'étaient pas d'accord sur le mérite de tel ou tel procédé agricole, parce que ces procédés étaient appréciés diversement par les cultivateurs des différents Comtés, dont les auteurs décrivaient la culture. Presque toujours l'Auteur du Code d'Agriculture a pu décider la question, en s'appuyant

sur les motifs qui lui étaient fournis, soit par
le plus grand nombre des rapports, soit par
ses propres connaissances. Mais il est arrivé
quelquefois que les motifs allégués, pour ou
contre, se balançaient tellement, que l'Auteur
n'a pas cru devoir adopter positivement l'une
ou l'autre opinion. Dans ce cas, il se contente
très—sagement d'exposer les motifs présentés à
l'appui de l'une et de l'autre, et il laisse le
lecteur juge de la question; ou plutôt, il abandonne à chacun le soin de la décider selon
les circonstances particulières dans lesquelles il
se trouve. Ce genre de critique pourrait même
s'appliquer à la traduction que je présente ici,
avec plus d'apparence de raison, qu'à l'ouvrage
original; parceque, dans ce dernier, l'Auteur
a eu le soin d'indiquer, par des citations, les
diverses sources où il a puisé les indications
et les opinions qu'il présente. J'ai cru devoir
supprimer toutes ces citations, qui sont très-
nombreuses, qui auraient beaucoup grossi le
volume de cet ouvrage, et qui ne présentent,
d'ailleurs, aucun intérêt aux lecteurs français.
Il résulte de là, qu'on sera plus frappé de la
contradiction apparente qui se fait remarquer
dans la discussion du petit nombre de points
sur lesquels l'Auteur a eu la sagesse de ne pas
vouloir résoudre lui—même des questions con-

troversées par les meilleurs praticiens de l'Angleterre. J'ai pensé qu'il suffisait de prévenir les lecteurs sur ce point.

Toutes les fois qu'il m'a paru que la différence du climat, ou des circonstances particulières aux deux pays, devait apporter quelques changements aux indications présentées par l'Auteur, je l'ai indiqué dans des notes, sans me permettre de rien changer au texte.

La différence des poids, des mesures et des monnaies, forme très-souvent une circonstance fort désagréable pour les lecteurs des ouvrages traduits, et spécialement des ouvrages d'agriculture. Il est pénible de recourir, à chaque instant, à la table de réduction, qu'on place ordinairement à la tête de l'ouvrage, et d'avoir toujours la plume à la main, pour rapporter les mesures indiquées, à celles auxquelles le lecteur est habitué. D'un autre côté, il est très-fastidieux, pour un traducteur, d'interrompre sans cesse son travail, pour opérer des réductions de calculs qui se présentent souvent quinze ou vingt fois dans une même page. Malgré cela, je n'ai pas hésité à me soumettre à ce travail, parce qu'il m'a paru que cela donnerait un plus haut degré d'intérêt et d'utilité à un ouvrage que je regarde comme destiné à devenir classique pour les agriculteurs français. Il m'aurait paru ridicule de faire parler un auteur Anglais, de *mètres* et d'*hectares*; en conséquence, j'ai cru devoir conserver l'indication des mesures anglaises, en la faisant suivre, entre paranthèses, de la conversion en mesures françaises, toutes les fois que j'ai jugé que le lecteur pourrait désirer d'opérer lui-même cette réduction, c'est-à-dire, presque toujours.

L'illustre Auteur du *Code d'Agriculture* m'a donné, avec une extrême obligeance, toutes les informations dont j'ai pu avoir besoin dans le cours de mon travail. Je me plais à lui en témoigner ici ma reconnaissance, qui sera partagée, je l'espère, par ceux de mes compatriotes qui liront son ouvrage. SIR JOHN a désiré que cette traduction parût sous auspices de la Société Royale et Centrale d'Agriculture de Paris, qui a rendu tant de services à l'agriculture française. Je n'ai pu refuser de placer, à la tête de l'ouvrage, la dédicace qu'il m'a envoyée, malgré la répugnance que m'inspiraient naturellement les expressions beaucoup trop flatteuses dont il veut bien se servir en parlant de moi. On n'y verra, comme je l'ai fait, qu'une formule de politesse.

DÉDICACE

DE L'AUTEUR.

A M^r LE PRÉSIDENT, ET A MESSIEURS LES MEMBRES DE LA SOCIÉTÉ ROYALE ET CENTRALE D'AGRICULTURE DE PARIS.

MESSIEURS,

Ayant eu l'honneur d'être admis dans votre illustre société, dès l'année 1787, il est probable que je suis maintenant un de ses plus anciens Membres. Comme tel, j'éprouve un vif désir de voir paraître, sous vos auspices, la traduction française de la troisième édition de mon CODE D'AGRICULTURE. *Les suffrages qu'ont obtenus les premières éditions de cet ouvrage, de la part des personnes auxquelles la langue anglaise est familière, me donnent* *d'autant plus d'espérance des suffrages du corps respectable auquel j'appartiens, qu'un éminent agriculteur français, M^r De Dombasle, de Nancy, lequel réunit certainement les connaissances et les talents nécessaires pour faire lui-même un ouvrage original sur la matière, a bien voulu se livrer lui-même à cette traduction.*

*Je vous prie, Messieurs et respectables Collègues, d'être persuadés qu'après l'amélioration de l'agriculture de mon pays natal, rien ne saurait me procurer une satisfaction plus réelle, que celle de contribuer à l'amélioration de l'agriculture de la France, l'ancienne patrie de mes ancêtres (*), et dont je n'entends prononcer le nom qu'avec des souvenirs de tendresse et d'affection.*

Je suis, Monsieur le Président, et MM., avec le plus sincère respect et la plus haute considération,

Votre très-humble, très-obéissant et très-dévoué serviteur,

Signé JOHN SINCLAIR, *Fondateur du Bureau d'Agriculture Britannique.*

(*) Le nom de SINCLAIR était originairement St CLARE, d'une ville de ce nom, en Normandie. La famille passa en Angleterre, avec Guillaume le Conquérant, et ensuite elle s'établit en Écosse, où elle devint une des tribus des plus nombreuses et des plus puissantes.

L'AGRICULTURE

PRATIQUE ET RAISONNÉE.

INTRODUCTION

A LA PREMIÈRE ÉDITION,

ET PLAN DE L'OUVRAGE.

L'AGRICULTURE, ou *l'art d'améliorer et de cultiver le sol*, était, autrefois, enveloppée de beaucoup de doutes et de mystères. Ceux qui la pratiquaient, suivaient généralement les usages de leurs ancêtres, sans s'informer des circonstances qui les avaient fait adopter, ou qui pouvaient déterminer à les continuer; tandis que les personnes qui s'efforçaient d'expliquer les principes de l'art, ou connaissaient mal la théorie, ou étaient étrangères à la pratique. Cependant, après les nombreuses améliorations qui ont été apportées récemment à cet art, d'après les recherches soignées et étendues auxquelles ont s'est livré, et d'après le grand accroissement des connaissances qu'on a acquises,

depuis peu d'années , sur les diverses parties ,
les difficultés qui s'attachent à la pratique d'un
système perfectionné d'agriculture , ont été
écartées en grande partie ; et les principes de
l'art ont été tellement simplifiés , sont si bien
connus , que le temps est arrivé où il est possible d'entreprendre , avec des avantages particuliers , la tâche pénible d'établir un *Code
d'Agriculture*.

Avant l'époque présente , cette tentative
n'aurait pu présenter d'espérances bien fondées
de succès. Car jamais , à aucune époque précédente , un aussi grand nombre d'hommes
habiles et instruits n'avaient dirigé leur attention vers les recherches d'agriculture. Jamais
un capital aussi considérable n'avait été employé
à l'exploitation du sol ; jamais autant de cultivateurs—praticiens n'avaient publié les résultats de leur expérience , et leurs observations
sur les sujets agricoles ; jamais on n'avait décrit
si exactement toutes ces opérations de détail ,
dont l'exécution soignée forme la base des succès
des cultivateurs. C'est sur cela que se fonde la
supériorité de l'époque actuelle , pour une entreprise de ce genre.

Mais si on peut tenter l'exécution d'un ouvrage semblable , c'est , sans doute , un fardeau
pesant pour celui qui se hasarde d'exposer au

public le résultat des travaux de tant d'hommes habiles, et de montrer par quels moyens on peut accomplir une tâche semblable. D'après le vœu formé par l'Auteur, le Gouvernement Britannique a établi un Bureau d'Agriculture, et d'améliorations intérieures. Sous les auspices de cette réunion d'hommes, un grand travail a été entrepris pour recueillir les informations les plus utiles, sur tous les sujets qui se liaient au but de la nouvelle institution; on a réuni ainsi, et, en quelque façon, classé une masse considérable de matériaux précieux (1). Dans cette situation, il était naturel que la personne qui avait pris la part la plus active à former et à diriger les progrès du Bureau, tentât de réduire la substance du tout, dans un cadre assez resserré, pour que l'ouvrage n'exigeât, ni beaucoup de dépenses pour l'acheter, ni beaucoup de temps pour le lire. C'est au lecteur

---

(1) A cet effet, on a fait, séparément et à diverses reprises, des recherches sur les circonstances agricoles et politiques de chaque district du Royaume, et on a publié des rapports sur l'état de chacun des Comtés de l'Angleterre. Cette collection forme 47 vol. in-8º. pour l'Angleterre, et 30 autres vol. pour l'Écosse. Le Bureau a publié aussi 7 vol. in-4º. de *communications*, et de différents autres ouvrages, sur des sujets particuliers. Le tout était destiné à former la base d'un ouvrage du genre de celui-ci, ouvrage que l'Auteur avait en vue, dès l'origine de la nouvelle institution.

à juger jusqu'à quel point ce but a été atteint.

Mais, pour qu'une personne fût en état d'entreprendre une tâche semblable, il n'é ait pas encore suffisant qu'elle eût à sa disposition des livres, quelque nombreux qu'ils fussent, et quelque précieux que fussent les renseignemens qu'ils contenaient. Il était nécessaire aussi qu'il eût beaucoup de relations avec les cultivateurs ; qu'il entrât en discussion avec de véritables praticiens, sur divers sujets liés avec l'agriculture ; qu'il visitât leurs exploitations ; qu'il examinât, sur les lieux, leurs diverses pratiques ; qu'il comparât les systêmes des différentes contrées ; et, par-dessus tout, qu'il fût lui-même cultivateur, et même sur une grande échelle. Ici toutes ces conditions se sont trouvées remplies.

Après avoir mûrement examiné quel était le meilleur plan pour l'exécution de ce dessein, la division suivante lui a paru la plus simple et la plus claire qu'il pût adopter.

1° Considérer les *points préliminaires* dont un cultivateur doit s'assurer, avant d'entreprendre l'exploitation d'une étendue de terre quelconque, comme — le climat ; — le sol ; — le sous-sol ; — l'élévation ; — l'aspect ; — la situation ; — l'étendue ; — le mode de jouissance, soit en propriété, soit par bail ; — la rente ; — les autres charges qui doivent peser sur l'exploitation.

2° Faire des recherches sur *les moyens les plus essentiels d'assurer les succès du cultivateur* , particulièrement le capital ; — la comptabilité ; — les arrangements relatifs à l'exécution des travaux agricoles ; — les domestiques; — les manouvriers ; — le bétail ; — les instruments d'agriculture ; — les bâtiments d'exploitation ; — la disposition de l'eau ; — la division des champs ; — les chemins de la ferme.

3° Indiquer *les diverses manières d'améliorer le sol* , par la mise en culture des terrains friches; — les clôtures ; — le desséchement ; — l'application des engrais ; — l'écobuage ; — les jachères ; — la destruction des mauvaises herbes; — l'irrigation ; — la submersion ; le limonage ; — l'emploi des digues.

4° Exposer *les différentes manières d'exploiter le sol* , — en terres arables ; — en prairies ; — en jardins et vergers ; en bois et plantations.

5° Présenter quelques remarques générales , sur *les moyens d'améliorer une contrée* , en répandant d'utiles informations ; — en écartant les obstacles aux améliorations ; — par des encouragements positifs.

Dans le corps de l'ouvrage , on n'a pu exposer que les principes généraux ; lorsque des renseignements particuliers ont été nécessaires, on les a insérés dans des notes ; et quelques points qui exigeaient des détails plus étendus, formeront des articles séparés dans un appendix.

On ajoutera seulement ici, que, la composition de cet ouvrage ne devant avoir qu'un but d'utilité, sans aucune prétention à l'originalité, l'Auteur n'a pas craint d'employer, outre les publications du Bureau, toutes les informations utiles qu'il a pu trouver, chez les écrivains précédents, sur l'agriculture. Il n'a pas même hésité à adopter leurs propres expressions, lorsqu'elles se distinguent par la clarté et la précision.

JOHN SINCLAIR.

Ormly lodge, ham-common,
Septembre 1817.

AVERTISSEMENT

POUR LA DEUZIÈME ÉDITION.

En présentant au public cette nouvelle édition, l'Auteur doit exprimer la reconnaissance qu'il éprouve pour les secours importants qu'il a reçus de plusieurs agriculteurs distingués de l'Angleterre et de l'Écosse. Il doit mentionner particulièrement Mr MIDDLETON, Auteur du rapport de *Middlesex*; Mr BROWN, de *Markle*, si bien connu par ses excellents ouvrages sur l'agriculture, et le Rev. Docteur SKENEKEITH, qui a écrit la revue agricole du Comté d'*Aberdeen*. Avec de tels secours, et ceux d'autres cultivateurs distingués, dont les communications ont été extrêmement précieuses, il se flatte que cet ouvrage, qu'il avait à cœur de rendre aussi complet que les circonstances pouvaient le permettre, produira quelques avantages importants à l'agriculture du pays.

J. S.

Ormly lodge, ham-common,
Surrey, 31 Octobre 1818.

AVERTISSEMENT,

POUR LA TROISIÈME ÉDITION.

L'auteur a maintenant la satisfaction de présenter au public une édition améliorée du *Code d'Agriculture* , enrichi des remarques d'un grand nombre des plus habiles cultivateurs-praticiens , en Angleterre, en Écosse et en Irlande , dont les obligeantes communications ont contribué essentiellement à rendre ce volume plus complet.

Il y a déjà long-temps que Xénophon a remarqué que , « dans une société très-policée, » personne ne devrait être étranger à un sujet » de discussion aussi commun que celui de » l'agriculture. » On espère que la réalisation de ce vœu sera considérablement facilitée par la publication d'un ouvrage comme celui-ci , qui contient une revue générale des principes de cet art , et un précis des procédés de pratique qui ont eu le plus de succès. En répandant les connaissances sur ces importants sujets , on travaillera efficacement à détruire les préjugés que conservent quelques personnes , soit contre l'importance supérieure de l'agriculture, soit contre la possibilité des perfectionnements ultérieurs dans cet art.

Quoiqu'il en soit, on présume que cet ouvrage, dans son état présent, mettra hors de la possibilité de tout doute les avantages supérieurs que l'Auteur a cru voir, à recueillir et classer, en un volume, les principes généraux d'une branche particulière de littérature ; au moyen de quoi, non — seulement ils se trouvent réduits à une étendue modérée, mais il devient possible de les réimprimer, *avec des corrections*, à peu de frais, lorsque de nouvelles connaissances, acquises par des faits importants, rendent une nouvelle publication nécessaire. Un moment de réflexion convaincra de l'efficacité de ce plan pour répandre les connaissances utiles.

Il serait certainement très—désirable qu'on joignît à un *Code d'Agriculture* un ouvrage séparé, traitant *des détails de la culture*. L'Auteur pense que cela pourrait s'exécuter en un volume de la même étendue que celui — ci. La manière d'exécuter ce plan mériterait beaucoup de réflexion ; et il semble, au total, qu'il serait plus convenable qu'il fût le résultat des travaux d'une respectable société, que de ceux d'un seul homme. Chaque branche particulière du sujet, serait confiée à une personne la plus versée *dans ses détails;* et chaque partie serait imprimée et envoyée circulairement, afin de recueillir les résultats des expériences et des observations de tous les plus intelligents cul—tivateurs—praticiens du pays. On obtiendrait, ainsi, un ouvrage qui serait propre à répandre beaucoup de *pratiques utiles*, et à signaler beau—coup *d'erreurs en agriculture.* La dépense lé—gère qu'occasionnerait l'exécution de ce plan, serait amplement compensée par les avantages permanents qui en résulteraient.

J. S.

133, George—street, Edimburgh, 1er Janvier 1821.

L'AGRICULTURE

PRATIQUE ET RAISONNÉE.

CHAPITRE PREMIER.

Points préliminaires que doit considérer un cultivateur, avant d'entreprendre, avec prudence , l'exploitation d'une étendue de terre quelconque.

L'agriculture, quoiqu'elle puisse se réduire à des principes simples, exige peut-être, au total, une plus grande variété de connaissances , que quelqu'autre art que ce soit (1). Indépendamment des connaissances qui doivent avoir été acquises par un cultivateur, pour le mettre en état d'exploiter le sol avec succès, ou de gouverner le bétail avec profit, il est nécessaire, avant qu'il entreprenne la culture d'une étendue de terre quelconque , qu'il examine, avec attention, les importantes particu-

---

(1) L'agriculture, même en la restreignant à l'art de gouverner les terres d'une ferme, lorsqu'on l'envisage dans toutes ses branches, et dans leur plus grande étendue, n'est pas seulement le plus important et le plus difficile de tous les arts économiques, mais aussi de tous les arts et de toutes les sciences qui sont dans le domaine de l'homme. (Marshall, rural économique. etc).

larités suivantes : — Le climat ; — le sol ; — le sous-sol ; — l'élévation ; — l'aspect ; — la situation ; — l'étendue ; — le mode de jouissance ; — la rente (2) ; — enfin, les autres charges de l'exploitation. Nous allons examiner brièvement ces points préliminaires.

§ I.

LE CLIMAT.

Il est à regretter que , en général, les cultivateurs n'apportent pas assez d'attention à la nature du climat sous lequel ils doivent opérer. Si le système qu'ils adoptent , n'est pas bien calculé pour

---

(2) Les Anglais employent constamment le mot *rente* (the rent), pour exprimer la valeur locative du sol. Quoique cette expression ne soit pas encore usitée en français, pour cet objet, je la traduirai souvent littéralement, parce qu'elle présente une idée différente de notre mot *loyer*, qui est son seul analogue. En effet, lorsqu'un homme cultive des terres qui lui appartiennent , il n'y a pas de loyer proprement dit ; mais le propriétaire ne doit pas moins prendre en considération *la rente* de la terre , c'est-à-dire, la valeur qu'il doit en tirer, outre les frais de culture, avant de pouvoir compter aucun bénéfice. Cette observation suffirait pour prouver que, chez nos voisins, on est habitué à considérer, d'une manière bien plus systématique que chez nous , les résultats économiques de l'agriculture. Car le mot ne nous manque que parce qu'on fait rarement attention à la chose qu'il exprime. La terre doit produire sa *rente* , de même que l'argent ; soit que le propriétaire lui-même se charge de la faire valoir ; soit qu'il se décharge de ce soin sur un autre qui en tire le profit.

les circonstances atmosphériques auxquelles leurs récoltes doivent être exposées, tous leurs travaux se termineront par des mécomptes. Le système qui convient à des situations chaudes et sèches, ne réussira pas dans celles qui sont froides et humides ; et, sous un climat froid et tardif, on ne doit pas seulement faire attention à la nature du sol, mais prendre les plus grands soins pour semer, de bonne heure, les variétés de plantes les plus hâtives. L'espèce même du bétail, qu'on doit élever ou entretenir dans l'exploitation, doit être calculée sur le climat. C'est donc un sujet qu'un cultivateur industrieux doit étudier constamment avec la plus grande sollicitude.

Dans l'examen du climat d'une contrée, les points suivants sont d'une importance particulière : — son caractère général, et les moyens de l'améliorer ; — la chaleur locale ; — l'intensité de la lumière ; — la quantité d'humidité ; — les vents dominants ; — la position maritime ou intérieure ; — la régularité des saisons ; — les phénomènes auxquels il est sujet ; — les productions qui lui sont le mieux appropriées ; — les dépenses qu'il occasionnera dans la culture ; — l'introduction des plantes ou des animaux d'un autre climat ; — enfin, il serait très-avantageux de prendre les moyens de constater la nature réelle d'un climat, en tenant note de ses variations dans les différentes saisons de l'année.

1° *Caractère général.* — Il ne dépend pas seulement de la latitude, mais aussi de l'élévation d'un pays au-dessus du niveau de la mer ; — de son aspect général ; — du voisinage des montagnes , des forêts , des marais , des lacs et de la mer ; — de la nature du sol et du sous-sol , et du pouvoir , qu'ils possèdent , de conserver la chaleur et l'humidité ; — de la direction des vents ; — du temps pendant lequel le soleil reste sur l'horizon ; — de la différence de température entre les jours et les nuits ; — et de l'étendue des terres desséchées , situées dans le voisinage. Le résultat de ces diverses particularités forme ce qu'on peut appeler *le caractère général d'un climat.*

Quelques unes des causes qui rendent un climat défavorable , ne peuvent être corrigées par aucun effort humain ; dans d'autres cas , on peut y parvenir de différentes manières, et, en particulier, comme il suit.

Lorsqu'un canton est couvert de bois , il est plus humide , et il y existe de plus grandes variations entre les points extrêmes de chaleur et de froid , que lorsqu'il est débarassé des bois , sous la même latitude. Des bois épais arrètent les rayons du soleil , et empêchent le sol d'être desséché par l'évaporation. Les étés sont plus chauds , au moins dans une partie du jour , mais les hivers sont plus froids. En abattant une grande partie de ces bois , et ne laissant que ce qui est nécessaire pour des abris , on peut obtenir une température plus égale.

Une immense accumulation de tourbes froides , inertes et spongieuses , dans les terrains marécageux , produit des exhalaisons qui remplissent l'atmosphère , font beaucoup de tort aux végétaux qui se trouvent sous leur influence, et rendent le

climat plus froid dans le voisinage. Elles occasionnent aussi une grande humidité dans l'atmosphère, et des chûtes de pluies trop fréquentes. Par
les desséchements et la culture, on peut, ou détruire complètement ces pernicieux effets, ou, du
moins, les diminuer beaucoup. Dans les situations
froides et sans abris, il est très-avantageux de diviser le sol en petits enclos, séparés par des haies,
et entourés de plantations, afin de lui procurer des
abris et d'augmenter la chaleur; et si les hauteurs
d'un pays étaient aussi plantées avec jugement, la
force du vent serait diminuée, son action divisée
et le climat sensiblement adouci. L'avantage s'en
ferait sentir, non-seulement sur les montagnes,
mais aussi dans les plaines voisines, par l'effet des
abris et de l'augmentation de chaleur qu'elles éprouveraient.

Dans les situations basses et plates, on doit,
au contraire, écarter tout ce qui gènerait la libre
circulation de l'air, en agrandissant les enclos; en
diminuant l'épaisseur et la hauteur des haies; et
en élaguant judicieusement les arbres qu'elles contiennent. On doit aussi apporter une attention particulière aux importantes opérations de desséchement
du sol. Par ces moyens, le climat peut être rendu
plus salubre, et la fertilité de la terre, augmentée
à un degré qu'on ne pourrait pas espérer autrement.

Le climat d'un vaste pays peut être fortement
amélioré, en abattant de grandes forêts; en dessé-
chant des lacs ou des marais étendus; et, par-
dessus tout, par une judicieuse culture. Lorsque

la surface du sol est cultivée, l'eau pénètre dans son intérieur, au lieu de rester à la surface, ou de former des torrents qui causent souvent beaucoup de dommages ; et lorsque la terre est formée en billons, non-seulement elle peut se laisser pénétrer par les rayons salutaires du soleil, mais l'écoulement des eaux superflues est considérablement facilité. C'est pourquoi ces opérations ont pour effet, de régulariser l'humidité, de diminuer le froid et d'accumuler la chaleur. Les exemples, que l'histoire nous fournit, d'améliorations de cette espèce, exécutées sur une grande échelle, et suivies de ces avantages, sont nombreux et bien authentiques : par l'emploi de ces moyens, plusieurs contrées, qui étaient autrefois à peine habitables à cause du froid, jouissent maintenant d'un climat doux et agréable (1).

2º *La Chaleur.* — On ne peut révoquer en doute l'importance de la chaleur, comme stimulant de la végétation. Celle-ci ne commence qu'à un certain

----

(1) Ovide nous fait connaître que le Pont-Euxin a été quelquefois pris par les glaces pendant l'hiver ; et il paraîtrait même qu'il a été quelquefois couvert de glace en été. Un tel degré de froid est inconnu depuis long-temps dans ces pays, depuis qu'ils ont été déboisés. Il paraît, d'après Horace, que vers l'an 480 de la fondation de Rome, le Tibre était fréquemment gelé, et que le sol était souvent couvert de neige pendant 40 jours consécutifs. Polybe décrit le climat des Gaules et de la Germanie, comme un hiver perpétuel. On sait que le climat de l'Amérique a été fortement amélioré, depuis que le sol y a été mis en culture.

degré de température ; et lorsque la chaleur tombe au-dessous de ce degré, la végétation devient presque stationnaire. Il n'y a, comparativement parlant, qu'un petit nombre de plantes appropriées au pays très-froid, et ces plantes sont rarement précieuses; tandis que, dans les régions chaudes ou tempérées, on trouve une grande variété de plantes d'une grande valeur. Les effets du froid sont tels que, lorsque le thermomètre est au-dessous de 40° (4° 1/2° centrigrades environ), les plantes les plus robustes sont engourdies, et restent dans cet état tant que la chaleur n'augmente pas (1). Ranimées par la température douce du printemps, et fortifiées par la chaleur de l'été, elles acquièrent une nouvelle vie et une nouvelle vigueur, ce qui les met en état de supporter les rigueurs de l'hiver suivant.

La chaleur est essentielle pour amener à leur perfection toutes les plantes, les fruits, et toute espèce de grains. C'est pour cela que l'accroissement de température, lorsqu'il n'est pas porté à l'excès, augmente la quantité de matière nutritive qu'elles contiennent, et améliore la qualité des

---

(1) On sait qu'au-dessous de 4° F. de chaleur (4, 44 C.), l'eau éprouve une dilatation, dans ses progrès vers la congélation, qui a lieu à 32° (O. D. C.), et que cette dilatation est égale à celle qu'elle éprouve en s'élevant à 48° (8, 89 C.). Dans ses progrès vers la congélation, la végétation ne peut pas avoir lieu, parceque l'eau qui est contenue dans les canaux des plantes, en augmentant de volume, les remplit entièrement. Au-dessous du degré de la congélation, cette cause détruit souvent les plantes.

fruits qui croissent sous son influence. C'est ainsi que l'orge anglais a plus de valeur, *à poids égal*, que l'orge d'Écosse ; parce que, croissant sous un climat plus chaud, et jouissant d'une plus grande quantité de lumière, il mûrit plus parfaitement. Il acquiert ainsi plus de matière saccarine, et produit une plus grande quantité de bière ou de liqueur spiritueuse (1).

Il est également prouvé, par les expériences de Mr H. DAVY, que le froment, mûri sous un climat plus régulier et plus chaud, contient une plus grande quantité de cette substance appelée *gluten*, que la même espèce de grain, cultivée en Angleterre.

Cependant, le terme moyen de la chaleur de l'année n'est pas d'une aussi grande importance que sa durée et sa constance pendant la saison où le grain arrive à maturité. Cela donne au climat uniforme du Continent un grand avantage sur nos saisons variables, pour la production des espèces de fruits les plus délicats, qui, dans cette île, sont souvent attaqués par les froids du printemps, et qui mûrissent rarement sous un climat septentrional, où la plus grande chaleur de l'été est à la fois incertaine et de courte durée.

3° *La lumière.* — La quantité de lumière solaire que fournit un climat, est également un important

---

(1) M^r KER, habile Brasseur, à *Peebles*, en Écosse, a trouvé qu'en moyenne, l'orge Anglais rend 1/5e de plus de matière susceptible de fermentation que le même poids d'orge d'Écosse.

sujet de recherches. Les plantes peuvent croître dans l'obscurité, comme dans les mines et les caves ; mais, dans cette situation, la couleur de leurs feuilles n'est pas vive, et elles n'amènent pas leurs semences à l'état de perfection. Elles ont un tel besoin de la lumière, que, lorsqu'on les place dans un lieu obscur, elles s'inclinent toujours vers toute ouverture qui y introduit la lumière (1). La lumière est essentielle pour accroître la proportion de fécule ; pour compléter la formation des huiles dans les plantes ; et pour donner aux fruits leur couleur et leur saveur particulières. Elle a aussi pour effet, d'augmenter la matière saccarine ; tellement que les cannes à sucre qui sont exposées au soleil, contiennent plus de cette substance, que celles qui croissent à l'ombre.

On doit remarquer aussi que l'obscurité et la lumière produisent des effets directement opposés sur les végétaux. L'obscurité favorise l'alongement des tiges, en leur conservant de la mollesse. La lumière, au contraire, modère leur croissance, en favorisant la nutrition. C'est pour cela que, dans les contrées

---

(1) HUMBOLDT a trouvé quelques plantes croissant dans les galeries des mines, et qui conservaient leur couleur verte naturelle. Mais cela était dû au gaz hydrogène non combiné, qui abondait dans ces lieux. Voyez ROBERTSON's *natural history of the atmosphère*, *vol.* 2., *page* 190. La plante appelée *equisetum*, qui a été trouvée, en 1812, dans les tuyaux de fer fondu qui fournissaient de l'eau à la ville d'*Edimburgh*, était également verte.

les plus septentrionales , les plantes parcourent promptement toutes les périodes de leur croissance, pendant que le soleil ne quitte guère l'horizon ; et la lumière , dont elles éprouvent les effets sans interruption , les durcit , avant qu'elles aient eu le temps de prendre une grande hauteur. Leur croissance est prompte , mais de courte durée. Elles sont robustes , mais de taille courte (1).

4° *L'humidité.* — Tout le monde connaît l'importance de l'humidité pour la végétation. L'eau forme une partie considérable de tout végétal , et elle est le véhicule qui apporte aux plantes leur nourriture , à l'état de dissolution. C'est pourquoi, privées d'un agent aussi essentiel, elles périssent, ou sont arrêtées dans leur croissance. Dans les sécheresses , lorsque la végétation semble arrêtée , une averse de pluie n'est pas plutôt tombée , qu'on remarque immédiatement une rapide croissance dans toute espèce d'herbages , ainsi que dans les céréales ; cet effet est sensible , même dans les sols pauvres et secs , où la végétation n'aurait fait que des progrès très-lents sans cette circonstance , et malgré tous les engrais qu'on aurait pu y appliquer (2).

____

(1) *V. général view of végétable nature* , *by* Mr C. F. Brisseau Mirbel , imprimée en 1815 , et publié dans le *Quarterly journal of science*, etc. , imprimé par l'institution royale, N° 3. page 48 , où l'ouvrage de Mirbel est présenté , à juste titre, comme la meilleure dissertation sur la végétation, qui ait été publiée jusqu'ici.

(2) C'est pour cela qu'il est si important de détruire les

La quantité de pluie qui tombe annuellement
dans une contrée , est une considération bien moins
importante que la distribution égale de cette quantité entre tous les mois et tous les jours de l'année.
Une grande quantité à la fois est plus nuisible
qu'avantageuse ; tandis que les pluies modérées ,
qui tombent régulièrement sur un sol bien préparé
pour les recevoir , sont des sources réelles de fertilité. C'est cela qui forme le véritable caractère ,
humide ou sec , d'un climat, et qui influe principalement sur les opérations de l'agriculture.

Les effets de l'humidité , sous le rapport de la
végétation , sont accompagnés de circonstances très-
remarquables. C'est ainsi que , dans les climats
humides , comme sur les côtes occidentales de l'Angleterre , de l'Écosse et de l'Irlande , on a trouvé
que les récoltes de grains et de pommes de terre
épuisent moins le sol que dans des situations sèches.
L'avoine , en particulier , appauvrit la terre , à un
plus haut degré , dans les climats secs que dans
les climats humides (1) ; et , dans les premiers ,
on doit la semer plus tôt , dans la saison , qu'on
ne le fait ordinairement , afin que , dans sa première

---

mauvaises herbes , dont les racines absorbent une humidité si
précieuse, principalement dans les sols légers , et enlèvent la
nourriture aux plantes qu'on y a semées ou plantées.

(1) En *Norfolk*, et dans d'autres sols et climats secs, l'a-
voine ne peut pas être semée de trop bonne heure ; on la sème
même en automne, comme on le pratique dans quelques cantons
de l'Irlande.

croissance, elle puisse jouir des avantages de l'humidité. On a remarqué aussi qu'un sol de même espèce, ne retenant pas l'eau, est plus productif sous un climat humide que sous un climat sec. C'est pourquoi, sur les côtes occidentales de l'Angleterre, comme en *Lancashire*, où il tombe annuellement de 40 à 60 pouces d'eau, un sol sablonneux est beaucoup plus productif que la même espèce de sol, dans les parties orientales, où il tombe rarement plus de 25 à 35 pouces de pluie dans l'année. Le froment et les fèves exigent même, dans les climats humides, un sol moins consistant et moins absorbant, que dans les situations les plus sèches. En même-temps, une saison modérément sèche y est la plus favorable à la production des grains ; et, pour le blé, en particulier, il est important, pour l'abondance de la récolte, qu'il ne tombe pas de pluie pendant qu'il est en fleur.

Un climat humide a de grands désavantages pour le cultivateur, surtout s'il est accompagné d'un sol qui retient l'eau. On a calculé que, dans le canton le plus riche de l'Écosse , le *Carse de Gowrie* , il n'y a qu'environ 20 semaines dans l'année, où on puisse labourer ; tandis que, dans plusieurs parties de l'Angleterre, cette importante opération peut être exécutée pendant 30 semaines, et plus, dans beaucoup de circonstances (1). Il

____

(1) Cette indication est très-importante, parce qu'elle peut

en résulte que les labours sont beaucoup plus dispendieux dans un cas que dans l'autre.

La saison de l'année , dans laquelle les pluies
abondent , est aussi une circonstance fort importante. Des pluies excessives sont nuisibles en toutes
saisons , mais, surtout , en automne ; parce que
leur violence et leur continuité font souvent verser les grains, et qu'elles empêchent qu'on puisse
les recueillir en bon état. Les espérances du cultivateur sont ainsi frustrées , et les fruits de ses
peines et de son industrie sont fréquemment dimi-
nués, et , quelquefois, entièrement perdus (1).

Outre la pluie , les rosées fournissent , efficacement aussi , de l'humidité aux plantes ; la
végétation ne pourrait même pas avoir lieu, sans
leur secours, sous les climats chauds et secs. Les
rosées sont avantageuses , même dans les pays
tempérés. En *Guernsey* , sur les côtes de la Normandie , les rosées d'automne sont singulièrement
abondantes, tellement même, qu'au milieu d'une
journée chaude , on voit encore les gouttes de rosée
sur les herbes. Cette humidité est très-favorable
à la végétation des regains. Le Docteur HALES

---

donner une idée assez précise de la différence du climat de
l'Angleterre avec le nôtre. (*Note du Trad.*)

(1) Dans ce dernier cas , le grain germe souvent dans les
javelles , ou il s'échauffe dans les meules ; on remarque aussi
que les brumes , arrivant par un temps chaud , lorsque le
froment apppoche de sa maturité , occasionnent la rouille
presqu'à coup sûr.

évalue à 3 1/2 pouces la quantité de rosée qui tombe chaque année ; Mr DALTON l'évalue à près de 5 pouces. Au reste, dans cette matière, il n'est pas aisé d'arriver à une grande exactitude.

5° *Vents dominants.* — Ils exercent une grande influence sur le caractère d'un climat, et de puissants effets sur la végétation. Lorsqu'ils passent sur une vaste étendue d'eau, ils sont ordinairement d'une température plus élevée, en hiver, que ceux qui traversent des terres hautes ; surtout s'ils viennent de contrées couvertes de neige. C'est pour cela que les vents d'Est et de Nord-Est, qui ont traversé les régions les plus froides de l'Europe, sont beaucoup plus froids que les vents d'Ouest et de Sud-Ouest, qui ont traversé l'Atlantique, et qui occasionnent souvent la rouille des céréales. Les premiers sont, comparativement, plus secs, à moins qu'ils ne soient accompagnés des épais brouillards que cause l'évaporation abondante de l'Océan Germanique (1). Les derniers sont chargés des vapeurs de l'Atlantique, et sont souvent préjudiciables par l'excès d'humidité qu'ils apportent. On doit prendre aussi en considération la force des vents dominants, ou la violence de leur action, principalement à l'époque des mois-

---

(1) L'Océan Germanique est de plus de 3° F. (1, 67 C.), plus froid en hiver, et de 5° F. (2, 78 C.), plus chaud en été, que l'Atlantique. La température plus élevée produit une évaporation considérable, qui donne naissance à ces épais brouillards qui s'élèvent sur la mer, et, s'avançant dans les terres, occasionnent des rhumes et d'autres maladies.

sons. S'ils sont très-violents, ils affectent souvent les récoltes ; et ce peut être un motif d'approprier à cette circonstance le genre de produits qu'on demande au sol, ainsi que de former des haies , des clôtures et des plantations appropriées.

6° *La position , soit maritime , soit intérieure.* Une position maritime occasionne une température plus égale dans le climat. Lorsqu'une grande étendue de terre est echauffée par les rayons du soleil , l'air devient bien plus chaud que lorsqu'un terrain , peu étendu , est entouré par l'Océan , ou lui est contigu. D'un autre côté , comme la mer conserve toujours à-peu-près la même température , et n'est jamais gelée, excepté dans les régions les plus septentrionales , elle communique de la chaleur, dans les saisons froides de l'année , à l'air qui passe sur sa surface , et qui avait été refroidi dans son passage sur des contrées couvertes de glace et de neige. C'est pourquoi les îles jouissent d'un climat plus tempéré que les continents. Il paraît même que l'échelle que parcourt le thermomètre , est moins étendue sur les côtes de la mer que dans les parties intérieures de la Grande-Bretagne , même à une élévation de 400 pieds au-dessus du niveau de la mer. On rencontre plusieurs preuves frappantes de l'influence du voisinage de la mer sur la température. C'est par l'effet de cette circonstance que la ville de *Moscow* , quoique située à quelques degrés plus au sud qu'*Edimburgh* , éprouve cependant des hivers beaucoup plus rudes.

Un autre effet d'une position maritime est, que

les vents violents qui soûflent de la mer , sont quelquefois accompagnés d'une vapeur salée qui en-
dommage les récoltes de grains et les feuilles des
arbres (1). Mais lorsque cet effet est modéré , les
particules salines , qu'apportent les vents d'Ouest ,
favorisent la végétation des pâturages.

La nature de la *position intérieure* est aussi d'une
grande importance. La position relative des montagnes voisines occasionne une différence essentielle
dans le climat, en exposant quelques cantons à
une température rude , et en favorisant la fertilité
des autres par les abris qu'elle leur procure.

7° *Régularité des saisons.* — Dans quelques
contrées , les saisons sont régulières ; dans d'autres,
comme dans la Grande-Bretagne , elles sont extrêmement variables ; changeant souvent , dans l'espace
d'un petit nombre d'heures , de la sécheresse à
l'humidité , de la chaleur au froid , d'un temps
clair à un horizon nébuleux , et d'un temps serein
et agréable , à toute la violence d'une tempête.
Mais ces irrégularités du climat, quoique fort incommodes pour les hommes , sont souvent favorables à la végétation , et leur incommodité est
compensée par les avantages qu'elles procurent. Il

____

(1) " Lorsque l'air est imprégné de particules salines , ce
" qui vient de ce que les vents d'Ouest et de Sud-Ouest font
" jaillir dans l'air l'eau salée, en précipitant les vagues sur le
" rivage , les feuilles de tous les arbres et des haies situés du
" côté du vent, sont détruites ; et , en général , ces plantes pré-
" sentent l'apparence des rigueurs de l'hiver. " *Sussex report*, p. 3.

y a des contrées où les saisons, chaudes ou froides, sereines ou pluvieuses, sont périodiques, et où on remarque la plus grande régularité dans le climat ; mais ce n'est pas là que la race humaine jouit de plus de santé et de vigueur, et que les utiles productions du sol arrivent au plus haut degré de perfection. Peut-être que l'uniformité dans le climat, aussi bien que dans beaucoup d'autres choses, est nuisible plutôt qu'utile. Sous un climat inconstant, l'air est purifié par les fréquents changements qu'il éprouve ; et, avec une conduite judicieuse et des soins persévérants, on peut souvent effacer les désavantages qui naissent de cette source, ou, du moins, les diminuer considérablement.

8° *Phénomènes atmosphériques et naturels.* — Le climat d'une contrée est affecté aussi par les tremblements de terre ; — les volcans ; — les violents orages ; — les éclairs ; — la grêle en été ; — les gelées hors de saison ; (1) — les ouragans et bourasques ; — les inondations ; — enfin, par le phénomène atmosphérique, connu sous le nom d'aurore boréale, qu'on observe si fréquemment dans le nord, et même quelquefois dans les pays méridionaux. Mais la plus grande partie de ces phénomènes ne sont

––––––––––

(1) Les gelées d'automne s'étendent le long du cours des rivières, détruisant beaucoup de plantes, et faisant faner les tiges de pommes de terre, dans les situations basses. Les gelées de l'hiver sont, au contraire, utiles à la végétation, et surtout la neige, lorsqu'elle couvre le sol pendant quelque temps, et qu'elle ne se fond pas trop précipitamment.

qu'occasionnels ; quelquefois ils préviennent de plus fâcheuses calamités (1) ; et, dans ce pays, ils sont rarement suivis de dommages permanents.

9° *Des effets du climat sur les productions.* — La quantité et , en quelques cas, la valeur des productions d'un pays, dépendent de son climat, dont l'influence peut avancer ou retarder leur croissance. La même espèce d'arbres , qui, sous un climat tempéré , s'élève à une grande hauteur et produit une tige énorme , restera petite et chétive , dans une situation exposée aux vents froids. Sous un climat favorable et chaud , les sols les plus stériles , qui , dans une contrée froide , resteraient incultes , peuvent être rendus productifs. Ainsi , lorsque le climat est propre à la culture de la vigne , des rochers , qui , dans la Grande-Bretagne , et dans d'autres contrées froides , n'auraient aucune valeur , peuvent , dans les parties méridionales de la France , offrir un produit aussi précieux que les meilleurs terrains cultivés , situés dans leur voisinage (2) . Cependant , pour qu'on puisse appeler un climat excellent , il faut qu'il produise , en abondance et perfection , les choses les plus né-

---

(1) Comme les éruptions des volcans, qui préviennent de désastreux tremblements de terre.

(2) En même-temps, c'est un fait indubitable, que, dans le Comté de *Dumbarton*, des rochers presque dépouillés de terre, et à-peu-près perpendiculaires, couverts de taillis de chêne, ont produit, par la vente du bois et de l'écorce, un prix représentant une rente annuelle de 18 à 20 sh. par are.

cessaires à la vie , ou celles qui constituent les principaux articles de nourriture pour l'homme et pour les animaux domestiques qui lui sont utiles. Sous ce point de vue, une prairie est beaucoup plus productive et, à quelques égards, plus précieuse qu'un vignoble ou un bois d'orangers, quoique l'une puisse être située sous un climat froid et variable , et les autres , dans un pays renommé pour la régularité et la douceur de sa température (1).

La nature des produits qu'on peut obtenir , dépend aussi du climat. Ainsi , dans plusieurs des parties les plus élevées de l'Angleterre et de l'Écosse, on ne peut pas cultiver le froment avec avantage , et dans quelques-uns des districts bas de ce dernier pays , on n'en a jamais tenté la culture. Dans plusieurs des Comtés septentrionaux de l'Écosse , on a trouvé nécessaire de semer , au lieu de l'orge à deux rangs , la petite orge quadrangulaire , quoiqu'elle soit de qualité bien inférieure ; et l'expérience a montré que l'avoine , à cause de sa rusticité , était d'un produit plus certain et plus profitable que toute autre espèce de grains ; tandis que , dans les districts humides , on ne peut cultiver les pois ,

______

(1) En France, les prairies se louent à un prix plus élevé, et payent une plus forte taxe que les vignobles. Un Espagnol vantait beaucoup , en parlant à un marin Anglais , les oranges que produisent son pays ; il insistait sur l'avantage, dont on y jouissait, de recueillir ce fruit *deux fois dans l'année.* « Voyez ceci », répondit le marin , en lui montrant un gros fromage de CHESHIRE , « mon pays produit cela *deux fois par jour* ».

avec **avantage**, à cause des pluies ordinaires en automne. En général, les cultivateurs ne peuvent pas établir un système de culture raisonnable, sans apporter une grande attention à la nature du climat.

10° *Effets du climat sur les dépenses de la culture.* — Un climat défavorable porte encore un grand préjudice au cultivateur, sous un autre rapport : il augmente considérablement les dépenses de la culture, parce qu'il rend nécessaire un nombre considérable de chevaux, pour exécuter les travaux pendant la courte période de l'année, où le temps permet de s'y livrer ; pendant tout le reste de l'année, ces nombreux attelages deviennent un fardeau inutile sur la ferme. Si, à ces inconvenients, se trouvent réunis une surface montueuse et un sol de qualité inférieure, les terres arables conservent très-peu de valeur, et leur rente est très-modique.

11° *Introduction des plantes et des animaux exotiques.* — On a remarqué qu'il se rencontre beaucoup de circonstances qui rendent nécessaire une plus grande connaissance du climat, que ne peuvent en posséder la plupart des cultivateurs, même du premier ordre ; cette observation s'applique particulièrement à l'introduction, dans un pays, de plantes qui n'y sont pas indigènes, ou de nouvelles races d'animaux. L'expérience journalière prouve que les productions végétales d'une contrée, ainsi que plusieurs des animaux qui y vivent, peuvent être naturalisés dans un autre ; mais aussi, que cela ne peut se faire avec succès, qu'en étudiant avec soin le climat d'où on les apporte, et en s'efforçant de

réunir, dans celui où on les introduit, des circonstances aussi semblables que possible, à celles
du premier, ou en combattant, par une marche judicieuse, les inconvénients que peut présenter le
nouveau climat.

12° *Des moyens de constater la nature d'un climat.*
— Sous ce rapport, les cultivateurs modernes jouissent
de grands avantages, qui manquaient à leurs pré-
décesseurs. Les progrès de la science ont donné naissance à plusieurs instruments qui nous donnent,
sur les phénomènes naturels, des connaissances qui
atteignent à un haut degré de certitude, au lieu
de conjectures ou de systèmes qui n'étaient fondés
que sur une expérience vague et générale. Il est
cependant à propos de continuer à étudier les apparences que présente le ciel, et de ne pas négliger les vieux proverbes, qui contiennent souvent
beaucoup de vérités locales (1). Maintenant la
girouette nous indique les points d'où souffle le
vent, avec toutes ses variations ; — le *baromètre* (2)

---

(1) Le Docteur GRAHAM remarque, avec justesse, que, sous
un climat variable, chaque cultivateur doit chercher à acquérir
quelques connaissances sur les pronostics du temps. Une longue
expérience a fait naître, sur ce sujet, une série de maximes
qui ne sont pas indignes de l'attention du physicien, en même-
temps qu'elles servent de guide aux hommes les plus illétrés.

(2) Le poids de l'atmosphère est sujet à de fréquentes variations ; et les changements dans sa densité, servent à pro-
nostiquer le temps, au moyen d'un instrument qu'on appelle
Baromètre. Lorsque les vents d'Est dominent, on remarque que,
par l'effet d'une cause qui n'est pas encore connue, (peut-être

nous met souvent en état de connaître, d'avance, l'état de l'atmosphère qu'on peut attendre ; — le *thermomètre* indique, avec certitude, le degré de chaleur ; — l'*hygromètre* (1), le degré d'humidité ; — enfin, l'*udomètre*, la quantité de pluie qui est tombée dsns une période donnée. En tenant un registre exact de ces diverses particularités, on peut en tirer d'utiles informations. On peut également observer l'influence des divers degrés de température et d'humidité, en comparant les époques de la feuillaison, de la floraison, etc., des espèces d'arbres ou de plantes les plus communes, dans différentes saisons, avec la période de temps qui s'écoule, chaque année, entre la semaille et la maturité des céréales (2). L'agriculteur qui ob-

---

à cause de la plus grande sécheresse de ces vents) on peut beaucoup moins compter sur les indications du baromètre, sur les côtes orientales de la Grande-Bretagne. Dans les saisons très-variables, cet instrument ne donne pas des indications aussi sûres qu'aux époques où il se produit de grands changements dans l'atmosphère ; et, pendant l'hiver, ses indications sont peu certaines. Cependant, en général, le baromètre est, de tous les instruments que nous possédons, celui qui nous fournit les meilleures indications sur le temps à venir.

(1) L'Hygromètre est construit avec des corps spongieux, ou d'autres substances susceptibles d'attirer l'humidité de l'air, afin de reconnaître le degré particulier d'humidité, dans un moment donné.

(2) Le Docteur GRAHAM, dans sa notice sur le climat de l'Écosse, remarque, avec beaucoup de justesse, combien on doit regretter que presque aucun des naturalistes de ce pays n'ait tenu note, dans une série d'années, de la feuillaison des

serve ainsi le caractère, les progrès et la durée des saisons (1), et qui en tient registre avec soin, s'élève lui-même au-dessus de la classe des cultivateurs ordinaires ; et les faits qu'il peut publier d'après ces observations, tendent essentiellement à avancer *la science de l'agriculture* (2).

§ II.

LE SOL.

La surface du sol consiste ordinairement en un mélange de diverses matières terreuses, dans un état divisé et plus ou moins poreux, accompagné de substances animales et végétales, en partie décomposées, ainsi que de quelques parties salines et minérales. Lorsque la combinaison est heureuse, il

---

plantes indigènes. Un registre de ce genre fournirait d'excellentes indications pour la connaissance d'un climat ; et, en comparant l'époque des différentes feuillaisons dans le cours d'un certain nombre d'années, nous pourrions arriver à une approximation que nous ne pouvons déduire d'aucune autre donnée.

(1) S'il était possible d'avoir la connaissance du cours des saisons, pendant un nombre considérable d'années, cela nous aiderait probablement à découvrir s'il existe quelques lois fixes de la nature dans les révolutions des saisons favorables ou défavorables.

(2) Dans le rapport de DORSET, on trouve des idées très-précieuses sur les avantages qui résulteraient d'observations exactes sur l'époque de la floraison des plantes indigènes, ainsi que sur les variations de température, d'humidité, etc., dans chaque espèce de sol.

se trouve bien approprié à servir de support aux plantes , à fixer leurs racines , et à fournir graduellement à ces organes les substances nutritives qui sont contenues dans la terre, à l'état de dissolution, ou qu'on y introduit. La couche sur laquelle repose le sol superficiel , est connue , en général , sous le nom de *sous-sol*.

On a déjà traité , de différentes manières, de l'importance du sol. Quelques-uns l'ont appelé la mère, ou la nourrice de la végétation. D'autres l'ont représenté comme exerçant , à l'égard des plantes , une fonction analogue à celle de l'estomac , dans le corps animal , c'est – à – dire , comme préparant les matières nutritives , et les disposant à être absorbées par les racines. C'est lui aussi qui fournit de la chaleur aux plantes ; car un sol bien cultivé et fortement amendé , est beaucoup plus chaud que l'atmosphère à sa surface (1). On a dit que le cultivateur doit étudier la valeur relative des différents sols , avec autant d'attention qu'un négociant en met à reconnaître la valeur des différentes marchandises qu'il achète. Un bon sol , comme on l'a remarqué , donne rarement des produits chétifs. Enfin , un sol et un climat favorables ont été considérés, à juste titre , comme *la première richesse d'un pays* (2).

---

(1) **On** a trouvé que la température du sol est ordinairement plus élevée de 2 ou 3° F. , que celle de l'air ambiant, dans les temps chauds, et beaucoup davantage dans les temps froids.

(2) **La** première richesse d'un peuple est son sol et son

Il n'est pas nécessaire de nous étendre davantage sur la nécessité d'apporter une grande attention à la nature et aux qualités du sol. Le cultivateur peut augmenter considérablement ses profits, en acquérant la connaissance des qualités que possède son terrain, ou en remédiant à ses défauts. Ces connaissances doivent, en général, lui servir de règle de conduite, relativement à la rente qu'il peut offrir; — au capital qu'il doit consacrer à son exploitation; — au bétail qu'il doit entretenir; — les récoltes qu'il doit cultiver; — et les améliorations qu'il doit exécuter. La connaissance du sol est même d'une telle importance, et il est tellement nécessaire d'approprier le système qu'on adopte, à ses propriétés particulières, qu'on ne peut pas établir un système général de culture, sans connaître parfaitement toutes les circonstances relatives à la nature et à la situation du sol et du sous-sol (1); et telle est la force de l'habitude, qu'il arrive rarement qu'un cultivateur, accoutumé dès long-temps à une espèce de

---

ciel. Cependant cette maxime s'applique plus exactement aux contrées méridionales qu'aux pays septentrionaux; car, dans ces derniers, une bonne culture est encore plus essentielle que dans les autres, même avec un bon sol.

(1) Sous ce point de vue, la grande carte de Mr WILLIAM SMITH, représentant les diverses couches du sol de l'Angleterre, ainsi que le mémoire qui l'accompagne, sont extrêmement précieux. Il en est de même des observations locales, mais plus détaillées, publiées par Mr JOHN FAREY, sur les couches du sol du Comté de *Derby*.

sol, réussisse également bien dans la culture d'un autre (1).

Le défaut d'attention sur la nature du sol a donné lieu à beaucoup de tentatives, inconsidérées et ruineuses, pour introduire diverses espèces de plantes qui n'y étaient pas appropriées, ou pour employer des engrais qui ne convenaient pas. Cette ignorance a également empêché, dans beaucoup de circonstances, l'adoption d'améliorations faciles à exécuter, et qui n'auraient entraîné que de légères dépenses. C'est aussi l'ignorance des moyens appropriés à la culture des différents sols, qui a fait adopter tant de méthodes nuisibles plutôt qu'utiles.

On peut diviser les sols par les dénominations suivantes : — Le sable ; — le gravier ; — l'argile ; — la craie ; — la tourbe ; — les sols d'alluvion ; — enfin, les loams (2), ou cette espèce de

---

(1) On demandait un jour à un des fermiers les plus intelligents du *Norfolk*, accoutumé à un sol sec et sablonneux, comment il s'y prendrait, s'il avait à cultiver un sol argileux et humide ? Il répondit naïvement, « qu'il ne saurait pas plus » comment s'y prendre avec un tel sol, que s'il n'avait jamais » vu une charrue. » Les Fermiers, lorsqu'ils changent de local, sont trop disposés à transporter avec eux le système de culture auquel ils étaient accoutumés, sans considérer qu'il ne convient plus à leur nouvelle situation.

(2) J'ai cru devoir adopter l'expression anglaise *loam*, que quelques agronomes allemands ont déjà introduite dans leur langue, parce qu'il n'existe pas de mot français qui rende l'idée qu'il exprime. (*Note du trad.*)

sol artificiel dans lequel sont , en général , convertis les divers sols naturels , par l'effet des engrais et des autres amendements , dans le cours d'une culture longue et soignée (1). En décrivant chaque espèce , nous indiquerons brièvement les moyens d'améliorer leur texture ; — les récoltes auxquelles ils sont respectivement appropriés ; — et les cantons dans lesquels chaque espèce est cultivée avec le plus de succès.

1° *Les sables.* — Un sol qui est formé entièrement de petits grains de silex , sans cohérence entre eux , et dans une situation sèche , est trop pauvre pour être cultivé avec avantage , quoiqu'on ne doive pas l'abandonner entièrement. La culture en serait extrêmement hazardeuse , à cause du danger de voir enlever , par les grands vents du printemps , le sable qui recouvre le grain qu'on a semé. Les sols sablonneux sont , en général , mélangés de plusieurs autres substances qui améliorent considérablement leur qualité.

La meilleure manière d'améliorer les sols de cette espéce qui manquent d'adhésion et qui laissent échapper trop facilement l'eau , est d'y ajouter de

---

(1) Le Docteur *Coventry* a remarqué , avec justesse , que , dans la description et le classement des sols , les divisions doivent être simples et très-tranchées ; qu'elles ne doivent avoir en vue que l'utilité de la pratique , et non des distinctions minutieuses. MARSHALL a divisé les sols en *quinze* différentes espèces : des distinctions si minutieuses ne peuvent tendre qu'à mettre de la confusion dans les idées du lecteur.

l'argile , de la marne , du limon des rivières ou des côtes de la mer , des coquillages maritimes , de la tourbe ou de la terre végétale ; et il arrive souvent que , sous le sable lui-même ou dans le voisinage , on trouve les matériaux nécessaires pour l'améliorer (1). Les sols sablonneux les plus légers acquièrent ainsi la propriété de retenir l'eau et les engrais ; et, lorsqu'on les gouverne judicieusement , on les considère comme plus profitables que les terres à froment et à fèves , de leur voisinage.

Dans quelques parties du Comté de *Norfolk* , on a employé ces procédés pour améliorer considérablement un sol sablonneux : ils ont entièrement changé la nature de la terre ; et, par la continuation d'un système de culture judicieux , ils ont procuré à l'agriculture de ce district une réputation de grande supériorité sur d'autres qui sont naturellement plus fertiles.

En général , c'est par des amendements minéraux qu'on améliore les sols sablonneux ; cependant l'emploi des substances végétales est aussi très-utile. On a essayé de répandre sur la surface une couverture de tourbe ; et l'expérience a été suivie , non-

____

(1) Dans les Comtés de *Surrey* , *Kent* , *Berks* , *Bedfort* , et ailleurs , on trouve des couches de terre à foulon couverte d'une marne argileuse d'un bleu tirant sur le noir , et qui reposent sur de l'argile ; on peut fréquemment se procurer des terres de l'une ou l'autre de ces couches ; et chacune d'elles , appliquée en grande quantité aux sols sablonneux , corrige leurs défauts.

seulement de bons effets immédiats, mais aussi d'une amélioration permanente (1).

Quoique les sols sablonneux n'ayent pas naturel-lement une haute valeur, cependant le fermier peut en tirer des avantages considérables, à cause de la facilité de leur culture, et parce qu'ils sont bien appropriés à l'éducation des moutons, cette espèce de bétail si profitable. Lorsque le sol est montueux, on y élève fréquemment des lapins ; ces animaux pouvant facilement se creuser des terriers dans un sol léger situé en pente. Plusieurs personnes ont remarqué que les collines de sable sans consistance, donnent plus de profit en garennes que de toute autre manière. D'autres personnes considèrent les plantations comme un système plus profitable sur les collines de cette espèce ; mais nous croyons que c'est une erreur, comme nous l'expliquerons dans la section des plantations. (Chap. IV. Sect. 4.)

Cependant les sols sablonneux de bonne qualité, soumis à un système régulier d'agriculture, pré-sentent des avantages incalculables : ils sont aisés à cultiver dans toutes les saisons ; leur culture en-traîne peu de dépenses ; ils souffrent moins des vi-cissitudes du temps ; et, en général, ils participent d'un mélange d'humidité et de sécheresse, qui as-

---

(1) D'après la recommandation de Sir H. DAVY : Sir R. W. VAUGHAN DE NANNAU, dans le Comté de *Merioneth*, a essayé la tourbe sur un sol sablonneux, et il a obtenu beaucoup de succès.

sure d'excellentes récoltes , même dans les étés les plus secs (1).

Un grand nombre de plantes sont appropriées aux sols sablonneux , tels sont les turneps ; — les pommes de terre ; — les carottes ; — l'orge ; — le seigle ; — le sarrazin ; — les pois ; — le trèfle ; — le sainfoin et d'autres herbages. Cette espèce de sol n'a pas , en général , assez de consistance pour produire , dans leur perfection, des navets de Suéde (*ratabagos*), des fèves , du froment , de l'avoine , du lin ou du chanvre , à moins qu'elle n'ait été améliorée, dans sa texture, par l'addition d'une grande quantité d'amendements , et par les procédés de culture les plus parfaits (2).

Lorsque les sols sablonneux sont en cours de culture , le parcage des moutons leur est très-avan-

---

(1) Dans les parties septentrionales de la France , le climat, moins humide qu'en Angleterre , donne déjà sensiblement aux sols sablonneux, comparés aux sols plus consistants , une valeur relative , moindre que dans ce dernier pays. A mesure qu'on s'avance vers le midi de la France , la balance penche toujours davantage en faveur des terrains argileux. Tel terrain sablonneux , *non susceptible d'irrigation* , qui serait considéré comme un bon sol en Angleterre , aurait très-peu de valeur dans le midi de la France. (*Note du trad.*)

(2) La meilleure manière de cultiver le froment sur les sols sablonneux , est de le semer sur un trèfle rompu ; le sol, ayant ainsi reçu une certaine consistance , devient capable de soutenir la plante jusqu'à ce qu'elle soit arrivée à maturité dans les mêmes sols ; on peut aussi semer avec succès du froment, après des turneps consommés, sur place, par des bêtes à laine, dont le piétinement consolide la terre.

tageux, ainsi que la méthode d'y faire consommer
des turneps sur place, par des bêtes à laine. Ces
procédés contribuent beaucoup à l'amélioration des
sols de cette nature ; et ils deviennent capables, ainsi,
de produire de belles récoltes de grains, non-seulement par l'effet du fumier et de l'avoine qui y
sont déposés, mais aussi, par l'effet de la consoli-
dation du sol, qui est le résultat du piétinement
des moutons. On doit leur appliquer souvent des
engrais ; et les matières végétales doivent être moins
pourries ou décomposées que pour des sols d'autres
natures. Quelques cultivateurs trouvent aussi de l'a-
vantage à enterrer très-profondément (à 8, 10
ou 12 pouces) les engrais putrescents qu'ils employent, afin d'empêcher une trop rapide décomposition.

La culture des carottes, dans les sables du *Suffolk*,
est un des objets les plus intéressants qu'on puisse
rencontrer dans l'agriculture anglaise. Déduction
faite de tous les frais, le profit est considérable.
Quelques personnes préfèrent les employer à l'engraissement des bœufs, tandis que d'autres, profitant de l'avantage des canaux de navigation, trouvent plus de bénéfice à les envoyer au marché de
Londres. La culture des carottes forme aussi une
admirable préparation pour les autres récoltes.

En *Norfolk* et en *Suffolk*, on a l'expérience que
des sols soblonneux, pauvres, qui ne vaudraient
pas 5 sh. par acre (15 f par hectare) pour toute
autre culture, produisent en sainfoin, pendant un
grand nombre d'années, environ 2 tons, par acre

(6,000 kilog. par hectare), d'un excellent foin,
avec un regain extrêmement précieux pour le sé-
vrage et l'entretien des agneaux. Combien cette récolte n'est-elle pas plus profitable que toute récolte de
grains qu'on pourrait obtenir d'un sol semblable !

Un écrivain d'un grand mérite a fortement recommandé le système adopté par le célèbre DUCKEST
de *Petersham*, pour l'exploitation des sols sablonneux. Il était fondé sur les trois principes suivants :
1° — Labourer très-profondément, ce qui conservait,
dans ses sables légers, un degré d'humidité convenable, et ce qui lui assurait de brillantes récoltes dans les saisons où la sécheresse détruisait
celles des cultivateurs qui n'avaient labouré que su-
perficiellement ; — 2° Labourer rarement, mais énergiquement, avec la *charrue à tranche*, afin d'enterrer
profondément les mauvaises herbes qui croissaient
à la surface : on l'a vu obtenir sept récoltes avec
quatre labours seulement ; — 3° Enfin, semer de
temps en temps une récolte de turneps, dans la
même année, après une récolte de froment ou de
plantes légumineuses.

Dans le pays de *Waes*, en Flandre, les sols sablonneux sont cultivés aussi avec une grande perfection. Le sol de ce canton, formant originairement un sable blanc stérile, a été enfin converti
en un loam très-fertile, par un procédé lent, mais
infaillible. On ne cultivait d'abord que la surface,
à la profondeur de 3 ou 4 pouces, mais on ap-
profondissait graduellement les labours, à mesure
qu'il s'enrichissait. Maintenant, en commençant cha-

que rotation, on défonce à la profondeur de 15 à 18 pouces ; la terre épuisée de la surface est enfouie, et on ramène, au-dessus, de la terre nouvelle, enrichie par les engrais que les pluies y ont entraînés pendant les sept années précédentes. On le soumet ensuite à l'assolement suivant : 1º pommes de terre ; 2º froment avec du fumier ; on la sème en novembre ; et, ensuite, des carottes dans le froment, en février, pour une seconde récolte dans la même année ; 3º lin fumé, avec de la graine de tréfle ; 4º tréfle ; 5º seigle ou froment, avec des carottes pour une seconde récolte ; 6º avoine ; 7º sarrazin. A la fin de cette période, on défonce le terrain de nouveau (1).

Les doubles récoltes, cultivées dans les sables de la Flandre, dans le cours de la même année, présentent des avantages très-considérables. Les fermiers flamands obtiennent ainsi une plus grande quantité d'engrais qu'ils ne pourraient en produire sous aucun autre système ; ce qui les met en état de faire produire de si riches récoltes à des sols originairement stériles, et qui retourneraient bientôt à leur premier état d'infertilité, sans l'industrie

---

(1) Outre les carottes, les cultivateurs flamands sèment aussi des turneps après la moisson, en labourant, pour cela, très-légèrement ; ils sèment aussi, de même, pour les vaches laitières, de la spergule, qui produit un beurre excellent ; quelquefois aussi ils sèment, avec l'avoine, de la lupuline, ou tréfle jaune, qui donne déjà une bonne coupe, avant qu'il soit nécessaire de labourer la terre.

la plus active et les soins les plus infatigables.

Dans l'exploitation des sols sablonneux, on doit observer trois règles : 1° Ne jamais en enlever les petites pierres qui peuvent s'y trouver, parce que elles produisent plusieurs effets utiles : elles abritent les jeunes tiges des plantes, dans les mauvais temps ; elles conservent de l'humidité dans le sol, et empêchent les racines des plantes d'être brûlées par les chaleurs excessives ; elles empêchent l'évaporation des sucs nutritifs ; par ces motifs, elles sont très-utiles à la végétation (1) ; 2° Renouveler fréquemment la fertilité de ces sols, en les semant en prairies, et les faisant pâturer pendant quelques années, attendu que la culture les épuise promptement, si les récoltes de grains y reviennent trop fréquemment ; 3° Lorsqu'on emploie le fumier d'étable dans les sols de cette espèce, le leur donner toujours à l'état de compost, afin d'augmenter la ténacité du sol, et d'empêcher que l'engrais ne soit dissipé, par l'évaporation, dans les saisons sèches, ou entraîné par les pluies (2).

---

(1) Un propriétaire, qui avait enlevé les pierres d'un champ par voie d'expérience, trouvant que ce champ se refusait obstinément à produire ses récoltes ordinaires, fut forcé d'y ramener les pierres qu'il y avait enlevées.

(2) Quelques personnes étendent le principe qui veut qu'on conserve les pierres dans la terre, à d'autres sols que les sables, surtout dans les climats chauds. Et même, dans notre pays, on dit que les pierres sont utiles, en augmentant l'épaisseur des sols peu profonds ; en rendant la texture des argiles moins compacte et moins disposée au tassement ; et, dans les sols *creux,*

On peut ajouter, en principe général, que la fertilité des sables ou des sols siliceux, est proportionnée à la quantité de pluie qui tombe , combinée avec la fréquence de ses retours. On peut citer , comme preuve de cette vérité, que, sous le climat pluvieux de Turin, le sol le plus fertile contient d 77 à 80 pour o/o de terre siliceuse , et de 9 à 14 de terre calcaire ; tandis que dans le voisinage de Paris, où il tombe beaucoup moins de pluie, la proportion des parties siliceuses n'est que de 26 à 50 pour o/o , dans les terrains les plus fertiles.

2° *Le gravier.* — Les sols graveleux diffèrent essentiellement des sables, par la manière dont ils doivent être traités , aussi bien que par leur texture. Ils sont souvent composés de petites pierres tendres, et quelquefois de pierres siliceuses ; mais ils contiennent souvent du granit, de la pierre à chaux et d'autres substances pierreuses, décomposées seulement en partie. Le gravier , étant plus poreux que le sable même , est généralement un sol pauvre , et ce qu'on appelle souvent un *sol affamé*, surtout lorsqu'il est formé de pierres dures et arrondies dans leurs formes. Les sols graveleux s'épuisent très-facilement, parce que les substances animales et végétales qu'ils contiennent, n'étant pas parfaitement incorporées avec les parties terreuses du sol, qui sont ordinairement en trop petite quantité pour

---

en servant d'appui à des matériaux disposés à se laisser entraîner par les vents.

cela ,. sont bien plus facilement décomposées par l'action de l'atmosphère , et entraînées par les pluies.

Les sols graveleux peuvent être améliorés par des saignées , lorsqu'il s'y rencontre des sources qui leur nuisent , ce qui cependant est rare ; — par des labours profonds ; — en y mêlant de grandes quantités d'argile , de craie , de marne , de tourbe , ou d'autres terres ; — par le fréquent retour des récoltes à pâturer ; — par l'application répétée des engrais ; — et par l'irrigation , si l'eau produit du limon , et si on l'employe judicieusement.

Quelquefois le sol est tellement couvert de cailloux et de pierres , qu'on voit à peine la terre. Les terres de cette espèce sont difficiles à travailler , et détruisent promptement les instruments employés à leur culture ; mais , avec un traitement convenable , on peut souvent les rendre très-productifs (1). Les pierres de la surface favorisent souvent la production d'abondantes récoltes , en abritant la petite quantité de bonne terre qui s'y trouve ; en y conservant de la chaleur pendant les saisons froides ; et en les protégeant , pendant l'été,

---

(1) En *Cornwall*, Mr JAMES , de *Ste. Agnès* , a fait nettoyer un petit parc rempli de pierres de quartz , avec une dépense d'environ 40 l. par acre ; et on dit que l'expérience a été profitable par la vente des pierres et l'amélioration du sol. On a conseillé aussi de briser , par des machines , les pierres d'un sol graveleux , lorsqu'elles ne sont pas trop dures ; car c'est la forme ronde des pierres qui contribue à rendre les sols graveleux si stériles , en leur donnant une grande disposition à laisser échapper l'humidité.

contre les rayons brûlants du soleil.

On peut réunir, sous la dénomination de sols graveleux, les terrains connus dans le Comté de *Gloucester*, et dans les Comtés du centre de l'Angleterre, sous le nom provincial de *Stone-brash*, ou *Com-brash*, parcequ'ils sont mélangés d'une infinité de petites pierres ; cependant ils ont fréquemment une plus grande proportion de sable, d'argile ou de loam calcaire, que n'en contiennent ordinairement les sols graveleux ; par ce motif, plusieurs écrivains les regardent comme une espèce de sol distinct.

Les sols graveleux, par la facilité qu'ils ont de laisser échapper l'humidité, sont exposés à *être brûlés*, selon l'expression commune, dans les années sèches ; mais, dans les années humides, ils produisent ordinairement d'abondantes récoltes d'orge, de seigle, de vesces, de pois, d'avoine, et même de froment. On a trouvé que, dans un climat humide, une couche mince de gravier, lorsqu'elle est mélangée de coquillages et d'autres productions marines, se cultive avec de grands avantages. Un sol graveleux, exempt d'eaux stagnantes, donne tant de chaleur au climat, que la végétation y est, à-peu-près, d'une quinzaine plus hâtive que là où d'autres sols prédominent. Près de *Dartford* et de *Blackheath*, en *Kent*, des sols de cette espèce produisent des pois verts hâtifs, des vesces d'hiver, du seigle, des pois d'automne, et quelquefois du froment, le tout d'excellente qualité. Lorsqu'on y cultive de l'orge ou de l'avoine, on doit les semer de très-bonne heure, afin que les plantes ayent pris possession du sol avant l'invasion de la saison sèche. Les pommes de terre réussissent bien dans les sols graveleux, sous un climat humide ; et même en *Cornwall* , dans une situation abritée ; et en employant , comme amendement , du sable de mer et des herbages maritimes , on obtient deux récoltes de pommes de terre dans la même année.

Les sols graveleux , pauvres , remplis de sources , ainsi que ceux qui sont sulfureux , sont peu propres à la végétation ; ils sont mieux appropriés aux plantations de bois qu'à d'autres cultures.

3° *L'argile.* — Le sol argileux se distingue de tout autre par sa tenacité. Il est doux et un peu onctueux au toucher. Lorsqu'on le cultive dans un état humide , il s'attache à la charrue comme du mortier , et se dessèche très-difficilement. Il est même souvent d'une nature si tenace , que l'eau y séjourne comme sur un plat. Dans les étés secs , la charrue le retourne en mottes énormes qui se laissent à peine briser par les plus pesants rouleaux. On ne peut donc , sans beaucoup de travail , le mettre en état convenable pour produire soit des grains soit des herbages ; et on ne peut le cultiver que lorsqu'il se trouve dans un état particulier , et par un temps favorable. En conséquence , quoique , avec un traitement convenable , il puisse produire d'abondantes récoltes , cependant , comme on ne peut le cultiver qu'avec de fortes dépenses , qu'il exige des instruments très-solides , et de très-forts chevaux , on n'en obtient que rarement de grands profits , à moins qu'il ne soit entre les mains d'un cultivateur judicieux et très-attentif. Les excellents procédés avec lesquels les sols argileux sont cultivés dans les *Lothians* , forment heureusement une exception à cette règle générale.

La valeur d'un sol argileux dépend essentiellement de la nature du sous-sol ; lorsque celui-ci est poreux , et ne retient pas l'eau , l'argile devient bien plus traitable et plus productive. On améliore sa texture par un mélange convenable de sable commun , de sable de mer , et , par-dessus tout , de gravier calcaire , là où on peut s'en procurer. On peut employer aussi , avec avantage , de la tourbe qui a été extraite depuis quelque temps , et exposée à l'action de l'atmosphère. Il est nécessaire aussi d'enrichir ce sol avec des engrais putrescents et calcaires , dans le cours de sa culture : on l'améliore considérablement en mêlant une grande quantité de cendres avec les engrais putrescents qu'on y emploie. C'est cela qui rend les sols argileux si fertiles dans le voisinage des villes.

Avec une culture convenable , les sols argileux sont bien appropriés aux récoltes de fèves , de froment , d'avoine , de trèfle et de vesces d'hiver ; mais ils conviennent peu à l'orge , si ce n'est immédiatement après une jachère ; ni aux pommes de terre , à moins qu'on n'y donne des soins tout particuliers (1). Quant aux turneps , ils ne réus-

______

(1) Un cultivateur distingué , J. C. CURWEN , Esq. , de

sissent pas ordinairement aussi bien dans les argiles
que dans les sols plus légers et plus meubles. Mais,
aujourd'hui , on s'est assuré que les navets de
Suède (1) , et , surtout, le navet jaune, peuvent
être élevés , avec avantage , dans les sols argileux ;
— qu'ils y sont d'une qualité supérieure ; — que,
lorsqu'on les arrache de bonne heure , le sol n'est
pas endommagé ; — et que leur conservation ne
présente pas de difficultés. Les sols argileux forment
de bonnes prairies , qui conviennent également pour
être fauchées en vert ou pour faire du foin ; mais,
en général , on ne doit pas les faire pâturer par
le gros bétail , à cause de leur disposition à être
pétris , dans les temps humides. Dans les saisons
sèches , on peut faire pâturer le regain , par le
gros bétail , jusqu'en octobre , et par les bêtes
à laine , jusqu'en mars. Dans le *Cheshire* et le
Derbyshire , le sol qu'on regarde comme le plus
convenable pour les vaches laitières , est une argile
tenace , pourvu qu'elle ne soit ni froide ni humide,
reposant sur un lit de marne argileuse.

Workington-Hall , en *Cumberland* , cultive des turneps et des
pommes de terre sur un sol argileux ; mais il n'épargne ni peines
ni dépenses pour leur culture ; il les met en lignes , les labou-
rages sont profonds , et les engrais abondants. Dans quelques
parties de l'Angleterre, on cultive les choux sur les sols argileux.

(1) Les navets de Suède ont le grand avantage de pouvoir
être transplantés , ce qui donne le temps de bien préparer le
sol. On peut aussi les semer plus tôt dans la saison, et , par conséquent, les obtenir plus tôt. On peut les arracher et les mettre
en meules, dans les mauvais temps, et les charier ensuite hors
du champ, par les gelées.

Les labours exécutés avant l'hiver , sont d'une grande utilité pour les sols argileux , en exposant la surface à la gelée , qui les ameublit d'une manière infiniment supérieure à tout ce qu'il serait possible de faire par les opérations de la culture. Le sol reste en cet état jusqu'à l'époque des semailles du printemps ; on le laboure alors très-superficiellement , ou on se contente de le cultiver avec l'extirpateur, ce qui est beaucoup préférable , et on le sème (1).

Quelques agriculteurs distingués pensent qu'il n'est pas nécessaire d'avoir recours à la jachère dans les sols argileux (nous discuterons ce sujet dans la suite), pourvu qu'on apporte une attention particulière à la récolte de fèves ; qu'on la sème de bonne heure ; qu'on la bine régulièrement à la houe-à-cheval ; et qu'on la tienne parfaitement nette de mauvaises herbes. Cependant on rencontre, en Angleterre et en Écosse , des sols argileux si tenaces, si rebelles , qui adhèrent tellement , lorsqu'ils sont humides, à tous les instruments qu'on met en contact avec eux , et qui, dans les sécheresses , contractent une telle dureté que , dans cet état, ils sont très-peu appropriés à toute végétation. Dans ce cas , une jachère d'été est indispensablement nécessaire tous les six ou huit ans ; par ce procédé , on empêche ces sols de contracter les mauvaises qua-

---

(1) Cette pratique est commune dans les argiles tenaces du *Suffolck*. En Irlande , l'avoine qu'on sème de cette manière sur les terrains argileux , mûrit quinze jours plus tôt que celle qu'on sème sur un labour de printemps.

lités que leur donnent les labours par les temps humides, en les exposant à l'action du soleil et des
vents ; pendant les mois de l'été, on les pulvérise
complétement ; et, par les procédés de la culture,
joints aux influences de l'atmosphère, on les amène
à un état convenable pour produire d'abondantes
récoltes de grains et d'herbages (1).

4° *La tourbe.* — Cette substance est incontesta-
blement d'origine végétale. Elle diffère du terreau
végétal en ce que ce dernier provient de substances
plus divisées, comme les feuilles des arbres, les
restes des plantes cultivées et les racines, aussi
bien que les feuilles et les tiges des herbes les plus
fines, qui contiennent une grande proportion de
matières terreuses ; tandis que la tourbe est composée principalement de plantes aquatiques qui, au
lieu de se pourrir à la surface du sol, ou près de
la surface, se sont trouvées recouvertes d'eau stagnante, et, dans cette situation, ne se sont décomposées qu'imparfaitement. Dans les vallons, les sols
tourbeux contiennent souvent une proportion considérable de terre végétale, qui a été entraînée par
les eaux des collines voisines.

Un écrivain, qui a expliqué avec beaucoup de
succès la nature de la tourbe, a adopté la classification suivante : 1° la tourbe fibreuse ; 2° la tourbe

---

(1) Le Docteur COVENTRY prétend qu'il est certains sols
et certaines situations, où la jachère d'été ne peut pas être
remplacée avantageusement par quelqu'autre procédé de culture
que ce soit.

compacte ; 3° la tourbe bitumineuse ; 4° la tourbe mélangée de matières calcaires ; 5° la tourbe mélangée de sable ou d'argile ; 6° la tourbe pyriteuse ; 7° la tourbe mélangée de sel marin. Il assure que ces diverses espèces diffèrent essentiellement dans leur composition chimique et leur qualité, et, surtout, que chacune d'elles exige un traitement différent pour la convertir soit en terre végétale soit en engrais.

Pour convertir la tourbe en terre végétale, on doit toujours la labourer en automne, afin de l'exposer aux gelées de l'hiver. Si le travail n'a pas été commencé dans une saison convenable de l'année, et si la tourbe a été une fois durcie par le soleil de l'été, il devient presqu'impossible de la décomposer.

Les récoltes les mieux appropriées pour le défrichement d'un marais tourbeux, sont l'avoine, le seigle, les fèves, les pommes de terre, les carottes, le colza, les tréfles rouges et blancs, et le *timolh* (*phleum pratense*). Le froment et l'orge ont réussi sur des sols de cette nature, au moyen d'une grande abondance d'engrais calcaires ; et le fiorin (*agrostis stolonifera latifolia*) semble également bien convenir à cette espèce de sol, lorsqu'il est légèrement égoutté.

Le défrichement des marais tourbeux et de tous les sols humides, doit toujours être précédé par le desséchement ; l'eau stagnante étant toujours nuisible à toutes les plantes nutritives. La tourbe noire et douce, lorsqu'elle est désséchée, devient souvent productive par la seule application , sur sa surface , du sable ou de l'argile. Lorsque la tourbe contient des sels ferrugineux , les matières calcaires sont ab-solument nécessaires pour la rendre propre à la culture. Lorsque les marais tourbeux contiennent beaucoup de branches ou de racines d'arbres , ou lorsque leur surface consiste entièrement en végé-taux vivants , on doit enlever toutes ces matières ou les brûler. Dans ce dernier cas , les cendres forment une matière très-convenable pour améliorer la texture de la tourbe. Dans ces sols , les cendres de savon-niers sont aussi un excellent amendement.

Dans le Comté de *Leicester* et dans d'autres Comtés , on rencontre de vastes prairies qui , dans beaucoup de circonstances , sont l'emplacement d'an-ciens lacs comblés , et dont le sol est composé de tourbe et de sédiment de l'eau ; la première a été formée originairement par les plantes aquatiques ; et le dernier a été entraîné , par les pluies et les courants d'eau , des terrains supérieurs. Cela forme un sol admirable pour les prairies.

Les marais des Comtés de *Cambridge* , de *Lincoln* et de plusieurs autres districts d'Angleterre , con-sistent aussi en tourbe et en sédiment. On les éco-bue pour du colza , et on les fait consommer sur place par des bêtes à laine , qui enrichissent le sol par leurs excréments. Après deux récoltes de grains , on les ensemence en plantes de prés , avec deux bushels de ray-grass , et dix livres de trèfle blanc (175 livres ray-grass , et 25 livres trèfle blanc par hectare) , et on les laisse en herbage pendant 5 ,

6 ou 7 ans ; plus long – temps est toujours le plus avantageux On a cultivé aussi, dans ces marais, les fèves et les turneps ; mais on n'a pas trouvé qu'ils y fussent profitables. La jachère n'y a pas été trouvée non plus avantageuse , parce que le sol ne supporte pas les labours fréquents. Les pommes de terre, et, surtout, les carottes, y ont été essayées avec un grand succès.

L'objet le plus important, dans la culture des marais tourbeux, est d'adopter la méthode la plus convenable pour les convertir en prairies à faucher ; et nous devons faire mention, ici, d'une découverte moderne d'un haut intérêt. On s'est assuré que, en laissant pourrir sur le sol la seconde pousse de l'herbe, qu'on ne pourrait souvent convertir en foin qu'avec beaucoup de difficultés, on accroissait, d'une manière prodigieuse, la récolte de foin de l'année suivante, et que, par cette méthode, les sols de cette espèce peuvent devenir des prairies à foin perpétuelles. Ce fait important a été confirmé par quelques expériences qui ont été faites près d'*Oudenarde* , en Flandre, où on a produit les mêmes effets, en abandonnant la seconde coupe tous les deux ou tous les trois ans : l'année suivante, l'herbe prenait une hauteur extraordinaire (1)

---

(1) Ce fait semble fort extraordinaire, mais il est indubitable. La pourriture de la seconde coupe opère évidemment, comme un engrais, sur la récolte suivante.

5° *Sols craieux.* — Ces sols consistent principalement en matière calcaire, mêlée avec diverses autres substances en plus ou moins grande proportion. Lorsque l'argile se trouve dans ces sols en quantité considérable, la terre est consistante et productive ; lorsque le sable ou le gravier y abonde, elle est légère et peu fertile.

Les récoltes qu'on cultive principalement sur les sols craieux, sont les pois, les turneps, l'orge, le trèfle et le froment ; quoique épais, ces sols produisent du sainfoin.

On apporte rarement beaucoup de soins aux montagnes craieuses. Elles se trouvent à une grande distance des bâtiments d'exploitation, et les chemins qui y conduisent, sont difficiles (1) ; en conséquence, on y conduit rarement du fumier. Les récoltes qu'elles produisent, servent à amender les vallées. Soit qu'on les cultive, soit qu'on les fasse pâturer par les bêtes à laine, elles souffrent dans ces deux cas : le grain est transporté dans les granges, dans les vallées, et à l'état d'herbages ; les bêtes à laine, qui y pâturent pendant le jour, sont parquées, pendant la nuit, dans les vallées.

Pour faire cesser ce système de détérioration des

---

(1) Dans tout cet article, on trouvera plusieurs particularités qui se rapportent exclusivement au gisement des sols craieux de l'Angleterre, et même quelquefois de quelque partie seulement de l'Angleterre. Le lecteur distinguera facilement, par leur description, ces sols de ceux qu'il peut être à portée d'observer en France, et pour lesquels il ne trouvera pas moins ici des indications de procédés agricoles fort importants. (*Note du Trad.*)

sols de montagnes, on doit y cultiver des récoltes vertes, et les faire consommer sur place. Quelque tenace que soit, aujourd'hui, le sol de plusieurs de ces montagnes, on peut les rendre meubles par l'emploi des engrais animaux et autres.

Les moyens d'améliorer la texture des sols craieux sont d'y mélanger des loams argileux ou sablonneux, ou de la marne argileuse ; lorsque le sol manque de profondeur, on peut y employer de grandes quantités de tourbe ou de limon. Presque toujours la craie repose sur une couche épaisse de marne tenace noire ou bleue, d'excellente qualité ; on doit la mélanger avec la craie, pour corriger ses défauts et l'enrichir (1).

On a trouvé qu'il est très-avantageux d'amender les sols craieux, principalement lorsqu'ils sont semés en tréfle ou autres herbages, avec les cendres d'une espèce de tourbe de couleur rouge, et contenant beaucoup de fer, qu'on trouve en *Berkshire* et en *Bedfordshire*. Dans ces sols, cette espèce de cendre est avantageuse aux récoltes d'orge et d'avoine.

Les sols craieux conviennent mieux, en général, à la culture qu'au pâturage, parceque, sans l'emploi de la charrue, on ne peut tirer de ces sols les avantages particuliers qu'on peut en obtenir au

---

(1) On rencontre fréquemment, au-dessus de la craie, un lit d'argile propre à la fabrication des tuiles et des briques, et quelquefois même de la poterie; on peut l'employer avec beaucoup d'avantage pour l'amélioration des sols craieux.

moyen du sainfoin , une des plantes les plus précieuses que nous devions à la bonté de la Provi-
dence. Cependant on ne doit pas soumettre à la
charrue les excellents coteaux craieux du *Dorsets-
hire* , qui , à force de soins continués pendant un
grand nombre d'années , ont été amenés à un très-
haut degré de fertilité , comme pâturages , et qui
sont d'une si grande utilité pour la nourriture des
bêtes à laine pendant l'hiver.

Un sol craieux , qui a été soumis au labourage,
laisse échapper si facilement l'eau pendant l'hiver ,
et se laisse si facilement pénétrer par les rayons du
soleil pendant l'été , que c'est l'ouvrage d'un siècle
que d'en faire un bon pâturage *d'herbes naturelles* ,
surtout lorsque la craie se trouve tout près de la
surface. C'est pour cela que , dans les Comtés de
l'Ouest de l'Angleterre , plusieurs milliers d'acres
de sols de cette espèce , quoiqu'ils n'ayent pas été
labourés depuis 30 ans , sont à peine recouverts
d'une petite quantité d'herbes médiocres , et n'ont
réellement aucune valeur. Des sols semblables doivent
être cultivés de la manière suivante, pour les préparer à produire du sainfoin : 1re année , écobuer
pour des turneps qu'on fera consommer sur place
par des bêtes à laine , en y ajoutant un peu de
fourrage ; 2e orge qu'on semera de très-bonne heure,
avec de la graine de tréfle ; 3e tréfle pâturé par
les moutons ; 4e froment ; 5e turneps avec du fumier ; 6e orge avec sainfoin. Les récoltes de grains
doivent être nettoyées avec soin , et, surtout, on
ne doit pas permettre que la moutarde des champs

s'y multiplie. Avec cette méthode, qui a été pratiquée avec un plein succès par un célèbre cultivateur du Comté de *Kent* (Mr BOYS de *Betshanger*), le produit a été considérable, et le sol s'est trouvé en excellent état pour y semer le sainfoin ou d'autres herbages adaptés à cette nature de terrain (1). Par l'adoption de ce système, on pourrait améliorer plusieurs milliers d'acres de terre, qui sont maintenant dans un état misérable (2).

6° *Sols d'alluvion*. — On en rencontre de deux sortes : les uns sont produits par des dépots d'eau douce, et les autres d'eau salée.

Le long des rivières et des ruisseaux considérables, on rencontre des sols formés des dépôts de ces courants, mélangés de matière végétale décomposée. Ils sont, en général, profonds et fertiles, et les pluies leur font peu de tort, parce qu'ils reposent ordinairement sur un lit de gravier qui se laisse facilement pénétrer par l'eau. Le plus souvent on laisse ces terrains en nature de prairie, à cause des dangers que courraient les récoltes de grains

---

(1) Quelqu'extraordinaire qu'il puisse paraître de voir écobuer un sol craieux et peu profond, cependant cette pratique est justifiée par l'expérience. Il s'y accumule, à la longue, une quantité considérable d'herbes grossières et sans aucune valeur, ainsi que de mousse ; l'écobuage en débarasse le sol, et produit la fertilité.

(2) Mr JOHN MIDLETON assure que pour se procurer, dans cette espèce de sol, d'abondantes récoltes de grains et d'herbages, il suffit d'employer à son amendement le sous-sol noirâtre qui se trouve sous la couche de craie.

par l'effet des débordements.

Les excellents sols d'alluvion, qui sont formés par les dépôts de la mer, et qu'on appelle, en Angleterre, *sa't marshes*, en Écosse, *carses*, et en Hollande comme en Flandre, *polders*, sont composés des parties les plus fines de l'argile, qui ont é é entraînées par les eaux courantes, et déposées, par le reflux des marées, sur les plages de la mer, et enrichies de productions marines. A l'analyse, on y trouve à-peu-près les mêmes principes que dans le terreau, et, dans quelques cas, avec un mélange de terre calcaire. Leur surface est généralement plane et de niveau, et comme ils ont beaucoup de profondeur, ils conviennent bien à la culture des récoltes les plus précieuses. Le froment, l'orge, l'avoine et le tréfle, sont tous très-productifs dans cette espèce de sol ; il convient parfaitement bien aussi aux fèves, dont les racines s'y enfoncent avec une grande vigueur, et vont pusier leur nourriture très-profondément. La fertilité de ces terrains est presque inépuisable, à cause de la masse profonde d'excellent sol qu'ils présentent ; mais leur situation étant basse et humide, leur culture présente des difficultés. On a trouvé que la chaux, employée en quantité considérable, produit de bons effets dans cette espèce de sol.

7° *Les loams.* — Lorsqu'un sol n'a qu'une cohésion modérée, qu'il est moins consistant que l'argile, et plus que le sable, on le désigne sous le nom de *loam* (1). On rencontre si fréquem-

----

(1) Selon KIRWAN, le sable que les loams contiennent est

ment cette espèce de sol , qu'on peut supposer que , dans quelques cas , on peut le regarder comme un sol naturel. En même-temps , un cours de culture régulier continué pendant très-long-temps , l'application d'abondants engrais , et , lorsque cela est nécessaire , le mélange de quelque substance particulière , dont le sol manquait , comme de l'argile avec le sable , ou du sable , là où l'argile prédomine , convertissent nécessairement un sol traité ainsi en une espèce de loam (1).

Les loams sont les meilleurs de tous les sols à exploiter. Ils sont meubles ; — on peut , en général , les cultiver dans presque toutes les saisons de l'année ; — ils se labourent avec plus de facilité et moins de force que l'argile ; — ils supportent mieux les vicissitudes des saisons ; — ils exigent rarement des changements dans la rotation qu'on y a adoptée ; — par-dessus tout , ils sont particulièrement bien appropriés à la culture alterne , parce qu'ils peuvent , non-seulement sans inconvénient , mais , généralement , avec avantage , passer de l'état de prairies à la culture , et de la

---

aussi fin que la farine , et dans la proportion de 87 de sable sur 13 d'argile.

(1) Mr MIDLETON remarque qu'on trouverait à peine , dans tout le Comté de *Middlesex* , un sol qu'on pût désigner rigoureusement sous les noms de sable , de gravier , ou d'argile. Par l'effet de l'action des éléments , par les engrais de la culture ; la surface de toutes les terres du Comté a pris , plus ou moins , l'apparence d'un loam.

culture à l'état de prairies. Ils ne doivent pas être conservés trop long-temps en état de labour ; et, lorsqu'ils sont en culture, on ne doit pas y prendre successivement deux récoltes de grains.

Les loams sont de plusieurs sortes : 1° sablonneux ; 2° graveleux ; 3° argileux ; 4° calcaires ; 5° tourbeux ; 6° ceux qu'on connaît sous le nom de *loams couleur de noisettes*.

1° Un *sol sablonneux* se distingue facilement d'un *loam sablonneux* (1). Un sol sablonneux est toujours meuble et pulvérulant, et ne se prend jamais en mottes, même par les temps les plus secs ; tandis que le loam sablonneux, à cause de l'argile qui y est mêlée, contracte une certaine adhésion par l'humidité ou la sécheresse, et ne s'ameublit pas instantanément, sans l'emploi des instruments appropriés.

Un loam sablonneux, riche, meuble, jouissant d'assez de cohésion pour ne pas craindre la sécheresse, et assez meuble pour laisser écouler l'humidité surabondante, lorsqu'il repose sur un soussol perméable, est le plus profitable de tous les sols, attendu qu'on peut le cultiver avec moins de dépenses qu'aucun autre, et qu'il produit abondamment toutes les espèces de récoltes que le

---

(1) Quelques auteurs établissent une différence entre les *loams sablonneux*, dans lesquels le loam prédomine, et les *sables loameux*, dans lesquels le sable est en plus grande proportion : on regarde les premiers comme convenant mieux au pâturage du gros bétail, et les derniers, aux bêtes à laine.

climat peut admettre.

2° Les loams graveleux, lorsqu'ils sont chauds, bien égouttés et exempts de sources, sont des sols de bonne qualité, surtout dans les saisons et les climats humides.

3° Le loam argileux, quoique pauvre et froid dans son état naturel, produit cependant d'abondantes récoltes, lorsqu'il est bien soigné selon la méthode d'*Essex*, et qu'on y applique une grande quantité d'engrais. En *Cheshire*, on trouve qu'il convient très-bien aux vaches laitières.

4° Les loams calcaires reposent sur la craie, et ils conviennent admirablement à la production du sainfoin.

5° Quelques variétés de tourbes peuvent aussi être converties, par la culture, en une espèce de loams noirs, et, en cet état, elles deviennent extrêmement fertiles et productiv[illegible]

6° Le *loam couleur de noise*[illegible] mélange de différentes espèces d[illegible] une couleur brunâtre, et qu'on r[illegible] comme jouissant d'une rare fertilité.

Les riches loams, outre les autres récoltes qu'on cultive dans ce pays, produisent aussi, en grande abondance, du chanvre et du lin d'excellente qualité ; et la luzerne pourrait être cultivée, beaucoup plus généralement qu'on ne le fait, dans les loams de cette espèce, lorsque le sous - sol est sec et poreux ; ses produits y seraient de beaucoup supérieurs à tous les autres herbages, et à ceux des mêmes terrains laissés en pâturages permanents (1).

Avant de quitter ce que nous avons à dire des différents sols, nous parlerons de quelques articles particuliers qui s'y rapportent ; comme, 1° les moyens de s'assurer de leur composition ; 2° la nature de l'humus, si essentiel à leur fertilité ; 3° leur couleur ; 4° les avantages qu'on rencontre à cultiver de bons sols ; 5° la nécessité d'entretenir leur fertilité ; 6° les moyens généraux de les améliorer.

1° Afin de pouvoir adopter les moyens les plus efficaces pour améliorer les différents sols, il est nécessaire de connaître leur composition. Un savant distingué a indiqué, pour cela, une méthode qui est à la portée des personnes habituées aux opérations chimiques. Mais la généralité des cultivateurs ne peut se livrer à des recherches de ce genre ; cependant ils peuvent, par l'observation et l'expérience, reconnaître ce qui manque aux divers sols qu'ils cultivent. Ils arrivent à ce but en comparant, entre eux, les sols de diverse nature qui se rencontrent dans leur propre exploitation, et en les comparant avec les sols les plus fertiles de leur voisinage. Le grand objet qu'ils doivent avoir en vue, est de mettre leur sol en état de recevoir et de conserver une quantité suffisante d'humidité pour nourrir les végétaux qui y croissent, et de se débarrasser, soit par l'écoulement au – dehors, soit par

---

(1) On ne peut trop recommander la conversion des pâturages permanents en luzernières, partout où le sol et le climat sont favorables à cette plante.

l'imbibition à une profondeur suffisante, d'une humidité surabondante qui deviendrait nuisible (1).

2° L'humus provient principalement de la décomposition des racines des plantes dans les prairies, ainsi que des étoubles et des racines des grains dans les terres arables. C'est un ingrédient essentiel de tous les sols fertiles ; et il est très-utile, en attirant et retenant une proportion convenable d'humidité dans la masse mélangée qui constitue le sol. Sa formation est très-lente dans les prairies, car on a calculé qu'il ne s'en forme qu'environ un pouce d'épaisseur dans un siècle. Cependant on trouve des accumulations considérables d'humus produites par la décomposition des feuilles des arbres qui pourrissent annuellement à la surface du sol, pendant un grand nombre d'années. Lorsque des substances animales décomposées se trouvent mélangées à l'humus provenant des matières végétales, le sol jouit d'une haute fertilité.

3° Il est important, lorsque la surface du sol est nue, que sa couleur soit propre à attirer et à absorber la chaleur du soleil et de l'atmosphère, principalement au printemps.

On rencontre des sols de diverses couleurs. Les principales sont le blanc, le noir et le rouge. L'uniformité dans la couleur est toujours un signe plus

---

(1) Mr EWARD BURROUGHS, *Esq*, remarque qu'on peut atteindre ce but, jusqu'à un certain point, par des labours profonds et par une bonne culture.

favorable de fertilité, que lorsque la couleur est nuancée, ce qui provient ordinairement du mélange d'un sous-sol de qualité inférieure. Cependant le sol du *Carse de Gowrie*, en Écosse, si célèbre par sa fertilité, est d'une couleur pâle, qu'il doit à l'argile blanche qui forme le sous-sol.

Les argiles blanches tenaces s'échauffent difficilement; et, étant ordinairement très-humides, elles ne conservent leur chaleur que pendant très-peu de temps.

Un sol noir, contenant beaucoup de matière végétale, se laisse échauffer très-facilement par le soleil et par l'air. Sa température a monté de 65° à 88° (de 18 à 31° C. ——), par son exposition pendant une heure aux rayons du soleil. Un sol craieux, dans les mêmes circonstances, ne s'est échauffé qu'à 69° (2° C. ——). Cependant, à l'ombre, la terre noire perd sa chaleur plus rapidement.

La couleur rouge de la terre est due au fer, qui est favorable ou contraire à la végétation, selon l'état de combinaison dans lequel il s'y trouve. Quelques personnes regardent comme le plus favorable celui qui se rapproche le plus de l'état métallique. Les sols rouges sont beaucoup améliorés par l'application des amendements calcaires, et les sols craieux, par les cendres qui contiennent beaucoup de parties ferrugineuses.

On a remarqué, avec justesse, qu'on ne peut presque pas payer un loyer trop élevé d'un bon sol, et qu'un sol pauvre ne peut devenir profitable, mêmé avec une rente basse. Le travail est à-peu-près le même pour la culture d'un bon ou d'un mauvais sol ; mais le dernier exige plus d'engrais, et , par conséquent, plus de dépense pour sa culture. Cependant des sols pauvres peuvent être placés de manière qu'on puisse disposer pour eux d'une grande quantité d'amendements durables , comme de la chaux ou de la marne , ou même d'engrais temporaires, comme des herbages maritimes , ou des résidus de pécheries ; alors sa culture peut être profitable.

5° C'est une excellente maxime en agriculture, que de dire que le sol, de même que le bétail qu'on y entretient , doit toujours être tenu en bon état, et qu'on ne doit pas permettre qu'il se détériore de manière qu'on ne puisse plus en obtenir des produits aussi considérables que sa nature peut le permettre.

6° Il y a différentes manières d'améliorer le sol.

Les sols arides, ou qui contiennent des sels ferrugineux , peuvent être améliorés par l'application de la chaux , de la marne calcaire ou de la craie. Le sulfate de fer se convertit en amendement par ce procédé.

Si le sol contient un excès de matière calcaire, comme dans les craies , on peut l'améliorer par l'application du sable , de l'argile ou d'autres matières terreuses.

Les sols où le sable domine , sont améliorés par l'emploi de l'argile, de la marne ou des substances végétales.

Les engrais suppléent au défaut de matière végétale ou animale. Lorsqu'il y a excès de matière végétale, on y remédie par l'écobuage ou par l'application de substances terreuses. On trouve, dans beaucoup de cas, à peu de distance, les matériaux nécessaires pour l'amélioration du sol (1). Le sable grossier se rencontre souvent immédiatement au-dessus de la craie, et presque toujours au-dessous ; tandis que des couches de sable et de gravier se rencontrent ordinairement au-dessous de l'argile, et l'argile et la marne, au-dessous du sable.

Le travail et la dépense nécessaires pour améliorer la texture du sol, sont amplement payés par les avantages permanents qui en résultent. Le sol exige ensuite moins d'engrais ; — les récoltes qu'on y cultive, sont plus indépendantes des vicissitudes des saisons. Le capital qu'on a dépensé ainsi, assure la fertilité future, et, par conséquent, la valeur de la terre.

§ III.

LE SOUS-SOL.

La valeur d'un sol dépend beaucoup de la nature

---

(1) Dans une grande partie de l'Irlande, le sous-sol est un gravier calcaire. En *Connaught*, cette substance précieuse se trouve immédiatement au-dessous de la surface ; et la quantité suffisante, pour amender un acre, ne coûte que 40 sh.

du *sous-sol*, ou de la couche qui se trouve immédiatement au-dessous de la terre cultivée. Ses propriétés méritent une attention particulière sous plusieurs rapports : par l'examen du sous-sol , on peut obtenir des connaissances relativement au sol lui-même ; car les substances que contient ce dernier, sont souvent semblables à celles qui entrent dans la composition du premier, quoique , dans le sol cultivé , ces substances soient nécessairement modifiées par les diverses matières qui s'y trouvent mélangées dans le cours de la culture. — On peut tirer parti du sous-sol pour l'amélioration du sol , lorsqu'il est de nature à pouvoir corriger ses défauts (1). — Les dépenses qu'entraine la culture du sol, ainsi que les chances défavorables qu'y courent les récoltes, sont souvent augmentées , d'une manière considérable , par les défauts du sous-sol, auxquels on peut remédier dans quelques cas. — Les maladies qui attaquent les racines des plantes , sont dues généralement à la nature d'un sous-sol de mauvaise qualité, ou qui retient l'eau.

Les sous-sols sont , 1.º propres à retenir l'eau ,

Lorsqu'il en a été répandu à la surface d'une prairie , le terrain peut produire deux récoltes de pommes de terre, et dix ou douze récoltes de grains , sans aucun autre engrais. Les marais du Comté de *Cambridge* se trouvent malheureusement , au contraire , à une grande distance de la chaux.

(1) C'est ainsi qu'un sol tourbeux est amélioré , lorsqu'on l'incorpore avec un sous-sol argileux , soit par les labours soit par le défoncement.

ou, 2° perméables.

1° Les sols qui retiennent l'eau, consistent en argile, en marne, en couches de pierres de diverses espèces.

Un sous-sol argileux et qui retient l'eau, est, en général, très-nuisible. Le sol de la surface reste noyé, se laboure avec difficulté, et est ordinairement en mauvais état pour favoriser la végétation, jusqu'à ce que l'humidité froide de l'hiver soit évaporée. L'eau étant retenue dans le sol, les progrès de la putréfaction sont interrompus ; les engrais produisent peu d'effets ; et, par conséquent, les plantes font peu de progrès. Aussi, les grains y sont de qualité inférieure ; et, lorsqu'il est en prairie, les herbes y sont grossières.

Cependant un sous-sol argileux peut quelquefois être d'une utilité réelle sous un sol sablonneux, en retenant l'humidité en quantité suffisante pour réparer les pertes qui se font par l'évaporation et par l'absorption des plantes. Les soussols d'alluvion sont ceux qu'on peut amener à la surface et mélanger au sol avec les plus grands avantages.

Lorsqu'un sol repose immédiatement sur une couche de pierre ou de roche, il se dessèche bien plus promptement, par l'évaporation, que lorsqu'il repose sur un lit d'argile ou de marne. Un soussol pierreux, lorsqu'il est dans une situation à-peu-près horizontale, est, en général, nuisible, et il produit ordinairement la stérilité, si le sol est peu profond ; cependant, si la pierre est calcaire, le sol, quoique peu profond, peut être converti en excellents pâturages ; et, dans les saisons favorables, il pourra nourrir des bêtes de forte taille. Il peut produire aussi de bonnes récoltes de grains, quoiqu'ils y soient sujets aux ravages du *wire-worm* (1).

2° Un sous-sol perméable présente toujours l'avantage, qu'il absorbe toute l'humidité surabondante. Il est vrai qu'il permet souvent aux racines fibreuses des plantes de s'étendre à une grande profondeur, pour chercher l'humidité, ce qui est plutôt nuisible qu'utile ; mais on peut prévenir cet inconvénient, en tassa   le sol, par l'emploi du rouleau ou par d'autres procédés.

Au-dessous de l'argile et de toutes les variétés de loams, un sous-sol perméable est avantageux. Il est favorable à toutes les opérations de l'agriculture ; — il tend à corriger le défaut d'un sol qui absorbe trop facilement l'humidité ; — il favorise l'action des engrais ; — il contribue à la conservation des semences, et à leur germination ; — il assure la prospérité future des plantes. C'est pour cela qu'un sol moins profond, avec un sous-sol favorable, produira de meilleures récoltes qu'un sol plus fertile, reposant sur une argile humide, ou sur un lit de pierres imperméables.

Les terrains dont le sous-sol consiste en gravier ou en sable, doivent être défendus, autant que

---

(1) Voir, dans la section de la rotation des récoltes, quelques indications sur cet insecte.

possible , contre les rayons du soleil , parce qu'ils
ne peuvent retenir assez puissamment l'humidité ,
et que , en général , ils n'ont qu'une petite épaisseur
de terre végétale. En Angleterre , on appelait autrefois ces terrains *terres à seigle* , parce que c'était
ordinairement cette espèce de grain qu'on y cultivait.
Lorsqu'on destine ces sols à une récolte d'orge , on
doit la semer de bonne heure et épais ; la semence
doit être trempée , pendant quarante-huit heures ,
dans l'eau , ou exposée à la vapeur d'un tas de
fumier. C'est ainsi qu'on peut s'assurer que les semences germeront simultanément , et que les plantes
mûriront à la fois (1).

En résumé , il y a une connexion très-intime
entre le sol et le sous-sol ; et la fertilité du premier
dépend essentiellement de la qualité de l'autre. Il
est évident qu'un cultivateur doit s'assurer de la
nature du sous-sol , aussi bien que de celle du sol,
avant de pouvoir , en connaissance de cause , faire
choix des plantes qu'il veut cultiver , de l'espèce
d'engrais qu'il veut employer , et disposer ses assolements. Les recherches de ce genre sont , par conséquent, de la plus haute importance dans l'économie agricole. Elles peuvent devenir le moyen

---

(1) Quelques personnes assurent cependant que, quoique
l'immersion des graines hâte leur germination , cependant elles
produisent ainsi des plantes plus faibles ; et qu'on peut atteindre le même but par le moyen d'une semaille hâtive ou
par l'emploi du semoir , au moyen duquel les graines sont convenablement enterrées et placées à portée de l'humidité.

d'expliquer des particularités et des anomalies dont il est impossible de se rendre compte aujourd'hui ; et elles peuvent mettre sur la voie pour trouver les meilleurs moyens d'améliorer un sol , en corrigeant ses défauts et en écartant les causes de sa stérilité. Des recherches , dirigées ainsi avec l'aide de l'administration publique , pourraient devenir la base d'améliorations générales , infiniment supérieures à ce qu'on a pu tenter jusqu'ici.

§ IV.

L'ÉLÉVATION.

La valeur d'une ferme dépend aussi de *son élévation.* Lorsque les terres se trouvent dans une situation élevée , il est difficile et dispendieux d'y conduire des engrais ; et les autres opérations de l'agriculture y éprouvent aussi des difficultés. Ainsi , à latitude égale, et sous des circonstances semblables d'ailleurs, la terre a plus de valeur à proportion que sa situation est plus basse ; ses produits sont aussi de qualité supérieure. Dans les districts élevés , les herbages des prairies sont moins succulents et moins nourrissants, et leur végétation est plus tardive ; les grains y sont aussi moins bien nourris , mûrissent moins parfaitement , végètent plus en paille qu'en grain , et la moisson est plus tardive.

On a calculé que , dans la Grande-Bretagne , 60 yards (170 pieds environ) d'élévation dans le sol, représente un degré de latitude ; ou , en d'autres mots , que 60 yards de plus d'élévation perpendiculaire équivalent , sous le rapport du climat , à un degré de plus vers le Nord (1).

On trouve des contrées étendues qui sont presque planes. L'uniformité du sol , qu'on rencontre toujours dans ce cas , est un avantage pour ces pays , lorsqu'il est riche. Dans d'autres districts , la surface est ondulée ; cette inégalité contribue beaucoup à l'ornement d'une contrée , par les paysages variés qui en résultent ; et , chaque pièce de terre se trouvant plus ou moins inclinée , la culture y est plus avantageuse , à cause de la facilité avec laquelle on peut faire écouler les eaux qui nuisent au sol. Cependant les élévations abruptes augmentent beaucoup le travail et la dépense de la culture ; et l'épaisseur du sol diminue dans les parties les plus élevées des champs , à chaque opération de labourage.

Quant aux pays montagneux , ils présentent plusieurs désavantages : sur les pentes , les parties les plus fines de l'argile et du terreau sont lavées par les pluies , tandis que le sable et le gravier restent. C'est pourquoi le sol de ces districts manque sou-

(1) Ce calcul ne s'appliquerait pas à d'autres contrées ; car le degré de température dépend non-seulement de la latitude , mais aussi de la position du sol soit horizontale soit inclinée vers le Sud ou le Nord , ainsi que de l'angle que forme le sol avec l'horizon , dans l'une ou l'autre de ces directions.

vent d'une tenacité suffisante pour supporter des récoltes de grains. Une grande partie des engrais qu'on emploie dans des situations semblables, est bientôt entraînée. Elles sont aussi plus froides que les plaines, par diverses causes : elles sont placées à une plus grande distance du foyer de chaleur que conserve la masse du globe, et soustraites, en quelque sorte, à son influence. L'atmosphère qui les entoure, est très-souvent agitée ; et la chaleur qui peut s'y accumuler, est ainsi bientôt perdue. L'attraction de l'humidité par les sols très-élevés, est encore une cause d'abaissement de température.

Dans le choix des récoltes qu'on peut cultiver sur une ferme, on doit, par conséquent, faire attention à sa hauteur au-dessus du niveau de la mer, aussi bien qu'à sa latitude. Sous une latitude de 54 à 55°, une élévation de 500 pieds au-dessus de ce niveau, est la plus grande à laquelle on puisse cultiver le froment avec quelqu'espérance de profit ; et même là, le grain sera très-léger, et mûrira souvent un mois plus tard que celui qui est semé **au pied** de la montagne. On peut considérer la hauteur de 6 à 800 pieds comme le maximum de l'élévation pour les espèces de grains les plus rustiques ; et, dans les saisons tardives, le produit sera de peu de valeur, et se bornera quelquefois à la paille. Il est à propos de remarquer que, dans la seconde classe des montagnes du Comté de *Wicklow*, en Irlande, où on considère qu'aucune autre espèce de grains ne peut être cultivée avec sureté , le seigle réussit bien.

Cependant , lorsque le sol est calcaire , comme sur les hauteurs des Comtés de *Gloucester* et d'*Yorck*, l'orge réussit très-bien à une élévation de 800 pieds au-dessus du niveau de la mer , à cause de la chaleur particulière à cette espèce de sol , comparée aux argiles ou à la tourbe. On a fait quelques essais pour cultiver des récoltes de grains , à une élévation encore plus considérable , sur la célèbre montagne de *Skidaw* , en *Cumberland ;* mais on n'a pas réussi.

Dans les parties les plus reculées de l'Écosse , la plus grande hauteur à laquelle on puisse cultiver les céréales avec quelque profit pour le cultivateur, est fixée à 500 pieds au-dessus du niveau de la mer. En même-temps on recueille des grains , dans d'autres cantons de ce pays , dans des situations plus élevées , et, en particulier, dans les endroits suivants :

pieds au-dessus
du niveau de
la mer.

La paroisse de Hume , en *Roxburghshire*	600.
Le quartier d'en haut , en *Lanarkshire*	760.
Doubruch , en *Braemar Aberdeenshire*	1294.
Lead-Hills , en *Lanarkshire*	1564.

Toutefois ces exemples , ainsi que quelques-autres de terres cultivées à de grandes élévations , ne présentent que des espaces très-peu étendus , et, après tout , ne produisant que des récoltes d'avoine ou d'orge , de qualité inférieure , acquérant rarement une maturité complète , et d'une récolte très-chanceuse. En Écosse, ce n'est que dans des sols sablonneux ou graveleux, que les grains peuvent croître, avec quelqu'apparence de succès, dans des situations aussi élevées; et même c'est à condition que les saisons seront favorables, et seulement encore lorsque la situation du sol présente quelques avantages locaux, quelques abris favorables à la conservation de la chaleur.

§ V.

ASPECT, OU EXPOSITION.

Dans les cantons de montagnes, ceci est un sujet important d'attention pour le cultivateur; bien plus encore, lorsque le climat n'est pas favorable. Il est prouvé, par un grand nombre d'exemples pris dans les montagnes du centre de l'Écosse et dans d'autres parties du royaume, que les parties des montagnes qui sont exposées au Nord, sont plus fertiles que celles qui regardent le Midi. Cela est attribué aux alternatives de gelées et de dégels, dans les mois du printemps, qui sont bien plus fréquentes à l'aspect du Midi qu'à celui du Nord. C'est pourquoi, pendant que le sol des pentes exposées au Nord reste durci, et à l'abri des détériorations des eaux, les autres sont ramollis par le soleil, et entraînés par les pluies violentes qui accompagnent ordinairement les dégels. Les sols exposés au Midi, sont aussi plus exposés à être entraînés par les grandes pluies, parce que celles-ci sont ordinairement poussées par le vent du Sud ou du Sud-Ouest.

Cependant, quoique les sols exposés au Nord produisent souvent des récoltes plus considérables d'herbages et de foin, ceux qui sont exposés au Midi, jouissant d'un climat plus doux et de l'action plus prolongée et plus puissante du soleil, produisent des grains et des herbages d'une végétation plus hâtive que ceux qui sont exposés au Nord ; et la supériorité en qualité compense ainsi un peu d'infériorité dans la quantité des produits.

§ VI.

LA SITUATION.

Le système de culture qu'il convient d'adopter sur une ferme, ainsi que les dépenses qu'il entraine, doivent dépendre aussi de sa situation : 1° par rapport aux marchés ; 2° à la facilité avec laquelle ses produits peuvent être conduits au point où on peut trouver des débouchés ; 3° au voisinage des engrais , 4° au voisinage du combustible (1).

1° Le voisinage d'un marché considérable , ou d'une ville populeuse , présente de très-grands avantages. On peut souvent vendre sur place quelques espèces de récoltes, comme celles de pommes de terre , de turneps et de trèfle , et éviter ainsi les

---

(1) On discutera ailleurs les avantages du voisinage de l'eau. *Voyez* 2ᵉ Partie, 8ᵉ Section.

embarras et la dépense de la récolte ; on peut aussi acheter, à prix modéré, de grandes quantités d'engrais. Dans ces situations, on trouve aussi un débouché prompt de tous les produits d'une ferme ; et non-seulement ces articles sont vendus promptement, et conduits au marché à peu de frais, mais le paiement est immédiat. Par toutes ces raisons, l'opinion générale est que le voisinage d'une capitale est l'emplacement le plus favorable pour une exploitation rurale, malgré l'élévation de la rente des terres et du prix de la main-d'œuvre.

Lorsque les marchés ne se trouvent pas à proximité, le cultivateur doit examiner quels sont les articles dont le débouché sera le plus assuré dans les marchés où il doit envoyer ses produits. Dans une situation semblable, à moins qu'on n'ait des facilités pour le transport d'un article aussi pesant que le grain, soit par de bonnes routes, soit par des canaux de navigation, il est convenable, au lieu de se livrer à la culture des céréales, de s'appliquer à la laiterie ou à l'éducation des bestiaux qui peuvent être engraissés dans d'autres districts où les marchés considérables sont plus nombreux. Ce système, qui fait trois professions distinctes de la laiterie, de l'éducation et de l'engraissement du bétail, est d'un grand avantage pour le pays en général. Le bétail peut être élevé à meilleur marché dans les districts reculés, que là où la terre est chère, et le prix du travail élevé. D'un autre côté, ceux qui spéculent sur l'engraissement des bestiaux, évitent les dépenses et les risques qu'entraîne l'éducation d'un grand nombre de bêtes. Leur attention n'est pas distraite par la multiplicité des soins. Ils peuvent diriger leurs spéculations, aujourd'hui vers le bétail à cornes, demain vers les bêtes à laine, selon que l'une ou l'autre leur offre plus de bénéfices ; leurs opérations sont simplifiées ; et leurs capitaux rentrent promptement. Au total, la séparation des professions de l'éleveur et de l'engraisseur, quoiqu'elles puissent être réunies dans quelques circonstances particulièrement favorables, est un des points les plus importants pour la prospérité de l'agriculture.

2° Quant aux transports, il est bien certain que le meilleur système qu'on puisse adopter pour l'amélioration d'un pays, est de faciliter les communications intérieures par le moyen des routes, des ponts, des chemins de fer, des canaux, des rivières rendues navigables, et des ports. L'expérience montre que les districts les mieux cultivés sont ceux qui jouissent de l'avantage d'une plus grande facilité dans les communications intérieures ; sans cela, l'agriculture languit dans les cantons les plus fertiles ; tandis que, avec cet avantage, les terres les plus ingrates deviennent bientôt productives.

3°. Un autre objet qui mérite considération, est la situation de la ferme relativement aux engrais qu'on peut se procurer du dehors ; car la facilité de se procurer de la chaux, de la craie, de la marne, des herbes marines, est un avantage essentiel pour la culture. Il est important de considérer aussi les prix auxquels on peut acheter ces divers articles, leur qualité, leur distance, et la dépense de la conduite. Par exemple, dans une ferme qui jouit de l'avantage de pouvoir se procurer, à proximité, des herbes marines en abondance, on peut payer, par acre, une rente plus élevée de 15 ou 20 pour o/o, qu'on ne pourrait le faire autrement.

4° Dans les parties froides et humides de l'Europe, le voisinage du combustible, ainsi que sa qualité, sont des considérations importantes pour le cultivateur. En Angleterre, et sans sortir du même Comté, la différence de dépenses est souvent considérable. Dans les Hébrides, à cause de l'humidité du climat, la dépense du combustible est calculée au tiers de la rente de la terre ; et des cultivateurs qui payent annuellement 150^{l} (3600^{f}), paieraient volontiers 200^{l} (4800^{f}) si le propriétaire voulait leur fournir le combustible nécessaire pour eux et leurs domestiques. Lorsque le cultivateur est forcé d'employer la tourbe, il doit calculer que plusieurs semaines de travail de ses chevaux et de ses domestiques seront employées à l'extraire, la faire sécher et la conduire à quelque distance ; et qu'il perdra ainsi beaucoup de temps précieux qui aurait pu être employé à la culture de sa ferme. On a remarqué, avec justesse, que beaucoup de fermiers, pour épargner 5 guinées en charbon de terre, en perdent souvent 20, en employant ainsi le travail de leurs chevaux. Là où on employe du bois comme combustible, il occupe beaucoup de terrain qui souvent pourrait être cultivé avec avantage , et il forme un combustible qui n'est pas durable. Pour l'usage ordinaire , le charbon de terre est préférable à tout autre combustible ; et indépendamment de son application aux usages domestiques , sa supériorité pour calciner la chaux , cette importante source de fertilité , est un objet de grande importance. Ainsi, le fermier qui réside dans le voisinage des mines de charbon de terre , principalement si la pierre à chaux ou les matières calcaires ne sont pas à une grande distance , cultive avec moins de dépenses , peut payer une rente plus élevée , et tire plus de profit des terres qu'il exploite , que s'il était placé différemment sous ce rapport.

§ VII.

ÉTENDUE.

Parmi les points préliminaires qui exigent une grande attention de la part de toute personne qui veut se livrer à la profession de l'agriculture, l'étendue de la ferme qu'il se propose d'occuper, est un des plus importants. Si elle est trop étendue pour le capital dont il peut disposer en frais de culture et en améliorations , il ne pourra en tirer aucun profit. D'un autre côté , une trop petite ferme ne mériterait pas ses soins.

L'étendue des fermes , en général , est un sujet sur lequel on a écrit beaucoup de volumes , et à

l'égard duquel les opinions sont fort divergentes.
Il est impossible de donner une étendue déterminée ,
comme règle générale ; car cela dépend beaucoup
de la nature et de la situation du pays plus ou
moins cultivé ; — de l'étendue des domaines qui
y sont situés (1); — du caractère, de l'habileté
et du capital du fermier , et de beaucoup d'autres
circonstances locales. Cependant il est bon de discuter les avantages relatifs des exploitations de différentes étendues , afin que le sujet soit mieux
compris.

Les fermes peuvent être divisées en trois sortes :
1° les petites fermes au-dessous de 100 acres (40
hectares) ; 2° les fermes moyennes , de 100 à 200
acres (de 40 à 80 hectares) ; 3° les grandes fermes , de 200 à 1000 acres (de 80 à 400 hectares),
et au-dessus, de terres propres à la culture.

1° *Petites fermes*. — Lorsque le but des fermiers
était seulement de fournir à leur subsistance (et
autrefois ils ne portaient guère leurs vues plus
haut) , et que l'agriculture n'était pas considérée,
de même que les manufactures et le commerce ,
comme un moyen de s'enrichir , les petites fermes
convenaient à ce but. Mais aujourd'hui le cas est
entièrement différent. Le prix de la main d'œuvre
est si élevé , la rente des terres si haute , que les

---

(1) Là où les domaines sont petits, il est impossible que
les fermes soient grandes ; car un grand nombre de propriétaires ne tomberont jamais d'accord pour réunir leurs petites
propriétés , pour les laisser au même fermier.

profits d'une petite ferme ne sont pas suffisants, avec la plus grande frugalité, et même la plus grande parcimonie, pour faire subsister une famille avec quelque aisance. C'est pourquoi, quelque nuisible que soit ce système à la production d'une population nombreuse et vigoureuse, le nombre des grandes fermes s'accroit, et doit s'accroitre ; les fermiers des petites propriétés sont forcés de se vouer à d'autres branches d'industrie.

Les arguments en faveur des petites fermes sont, 1° que les individus industrieux, qui possèdent un petit capital, peuvent se livrer à la profession de fermier, s'ils trouvent des fermes proportionnées à leurs moyens, tandis qu'ils sont nécessairement exclus des grandes exploitations ; 2° que les jeunes gens, même en possédant un capital considérable, et ayant reçu une bonne instruction dans leur état, pourraient ainsi commencer leurs opérations dans une ferme d'une étendue modérée, ce qui vaudrait bien mieux que de se livrer d'emblée à de vastes entreprises, dans lesquelles les erreurs qu'ils peuvent commettre, deviennent trop graves ; 3° que, dans les districts où les habitants ne possèdent que de petits capitaux, ils ne voudront pas prendre des fermes plus étendues, qu'ils ne peuvent cultiver avec avantage ; car lorsque les fermiers se livrent à des spéculations trop étendues, ils marchent souvent à leur ruine ; 4° enfin, que s'il arrivait que l'agriculture cessât d'être florissante, on trouverait plus facilement des fermiers pour de petites exploitations, que pour de plus grandes.

On a prétendu aussi qu'un petit fermier entretient son bétail avec moins de dépenses ; — que ses champs se trouvant contigus à ses étables , à l'emplacement de ses meules et à son tas de fumier , il peut cultiver sa terre plus économiquement ; — qu'il fait de l'argent par la vente de beaucoup de petits articles qu'un gros fermier dédaigne , et qu'on diminuerait ainsi la production de ces articles utiles , ce qui entraînerait beaucoup d'inconvénients pour le public ; — et que , dans les districts où la nature a divisé les domaines d'un propriétaire par des montagnes , des rivières ou d'autres limites naturelles , ces parties détachées du domaine devraient toujours être mises en petites fermes.

Il est à propos de remarquer ici que sous la la dénomination de *petites fermes* ne peuvent être comprises ces portions de terre occupées par des commerçants , des manufacturiers ou des manouvriers , plutôt comme objet de convenance , que comme moyen de subsistance. Les avantages des *tenues* de cette espèce tiennent à une question d'une grande importance , et qui exigerait de grands développements , mais dans laquelle nous ne pouvons entrer ici.

2° *Fermes moyennes*. — Celles-ci sont appropriées , 1° au système de la laiterie ; 2° aux terres situées dans le voisinage d'une grande ville ; 3° aux cantons où les capitaux ne sont pas abondants.

1° Il y a peu de genres de commerce , dans lesquels un petit capital puisse être employé avec plus d'avantages que dans une ferme dirigée spécialement vers la laiterie (1) ; cependant il n'y a aucune branche, en agriculture, qui exige plus impérieusement des soins constants et une attention continue. On ne peut pas les attendre des domestiques à gages ; mais la femme et les filles du fermier doivent exécuter ou, au moins, surveiller toutes les opérations nécessaires pour rendre la laiterie productive. Il ne suffit pas non plus de porter son attention dans l'intérieur ; si les vaches sont nourries au dehors, il ne faut pas les forcer à aller chercher leur pâturage loin du lieu où elles doivent être traites (2). Sous ce rapport, les fermes de moyenne étendue sont donc avantageuses ; et on remarque qu'un fermier y réussit d'autant mieux, qu'il tire une espèce de vanité de la beauté de ses vaches ; — qu'il prend plaisir à montrer son troupeau à ses amis ; — à entrer dans le détail de l'histoire de chacune de ses bêtes ; — à s'étendre sur les améliorations qu'il a obtenues dans la race ; — à faire valoir leur beauté et l'excellence de leurs produits.

2° Dans le voisinage des villes, les fermes sont,

---

(1) On a dit qu'une marcairerie ne doit pas dépasser 50 vaches, ce qui est tout ce qu'une famille peut bien soigner.

(2) Les cultivateurs Anglais et Écossais qui dirigent leurs exploitations vers la laiterie, feraient bien de visiter les marcaireries flamandes, où ils trouveraient beaucoup d'indications utiles sur les procédés de pratique les plus avantageux dans cette branche de l'économie agricole.

en général , d'étendue moyenne. Cela résulte nécessairement de l'élévation de la rente des terres
placées ainsi ; de la briéveté des baux que les propriétaires sont dans l'usage d'accorder près des
villes ; et de la nécessité, pour le cultivateur, de
vendre, pour ainsi dire , en détail , les produits de
sa ferme. C'est pour cela qu'en Flandre , où les
villes et les villages très-peuplés sont rapprochés ,
les fermes ne sont pas étendues. Cela est avantageux aussi aux habitants des villes , parce que ,
avec un plus grand nombre de fermiers, il y a
plus de concurrence pour la vente ; l'attention des
cultivateurs se dirige plus facilement vers les plus
petits articles de production , dont les marchés se
trouvent ainsi, plus abondamment pourvus.

On a remarqué , à ce sujet , que , dans le voisinage des grandes villes , les fermiers ressemblent à
des marchands en détail , dont l'attention doit se
diriger vers de petits objets qui leur produisent
beaucoup d'argent , mais dont une grande partie
serait perdue , sans des soins constants et minutieux.
Le cultivateur qui, placé loin des marchés , travaille sur une grande échelle , peut, à son tour ,
être comparé à un négociant en gros ; ses profits
étant moindres , il a besoin d'une plus grande étendue de terre , afin d'occuper son attention, et de
le mettre en état de se soutenir avec avantage. Il
y a encore une différence entre les cultivateurs
placés dans le voisinage des villes , et ceux qui résident à une grande distance ; c'est que les premiers trouvent plus avantageux de vendre en na-

ture leurs produits, même ceux qui sont très-volumineux, comme les turneps, les pommes de terre, le tréfle, le foin et la paille, que d'engraisser du bétail pour la boucherie ; et ils peuvent le faire sans nuire à leurs terres, parce qu'ils peuvent se procurer des engrais en retour. Leurs baux les y obligent même souvent, lorsque ces articles sont envoyés au marché.

3° Dans tous les districts où les capitaux ne sont pas abondants, les fermes d'une étendue moyenne sont préférables. L'étendue d'une ferme doit toujours être proportionnée à la somme dont le fermier peut disposer pour son exploitation. Cette règle devient encore plus rigoureuse, lorsque la circulation d'un pays se trouve diminuée ; — lorsque les prix des denrées sont, par conséquent, bas ; — et lorsqu'il n'est pas facile de se procurer une somme considérable d'argent, même avec des sûretés suffisantes, dans le cas où le besoin s'en ferait sentir, et où on ne trouverait pas l'occasion de vendre. Dans de semblables circonstances, le fermier d'une exploitation considérable peut se trouver dans de grandes difficultés, ou même ruiné, tandis que celui qui occupe une ferme moins étendue, et dont la spéculation est conduite sur une moins grande échelle, se soutiendra.

3° *Les grandes fermes.* — Lorsque l'agriculture forme une profession distincte, une ferme doit être d'une étendue suffisante pour fournir une occupation régulière, non-seulement au fermier lui-même, mais aussi à ses domestiques, et aux manouvriers qu'il emploie , pour que leur travail produise le plus grand profit , et avec le moins de dépenses possible. Il est évident que cela ne peut se faire que dans une ferme d'une étendue considérable , où on a adopté de judicieuses rotations de récoltes , et où l'économie de l'exploitation est dirigée de manière à ne pas présenter trop de travaux dans une saison , et trop peu dans une autre ; en un mot, où on applique à l'agriculture le principe de la division du travail , qui procure de si importans avantages aux manufacturiers. Les arguments qu'on a produits en faveur des grandes fermes , sont les suivants :

1º Lorsqu'une ferme est d'une grande étendue , il en coûte moins pour construire et maintenir en bon état les bâtiments d'habitation et d'exploitations , que si la ferme était divisée , et qu'il fallût élever des maisons etc. , pour l'usage de deux fermiers , ou davantage (1).

2º Dans une grande ferme , les enclos étant plus étendus , exigent moins de dépenses , soit pour l'établissement des clôtures , soit pour leur entretien ; on épargne ainsi beaucoup de terrain , et on est moins incommodé par les insectes , que multiplient les haies et les murailles.

----

(1) En Irlande , il est rare que le propriétaire fasse construire une maison ou des bâtiments d'exploitation , pour la commodité du fermier ; c'est celui-ci qui le fait à ses frais , et il est rare que la rente soit diminuée à proportion.

6 *

3° Lorsque deux fermes sont réunies en une , il y a aussi de l'économie sur la dépense du ménage , économie qui peut varier selon les circonstances.

4° L'économie sur les dépenses de culture est considérable. Si une ferme de 200 acres est réunie à une de 300 , on épargne le travail d'une paire de chevaux et d'un laboureur ; il faut aussi moins d'instruments d'agriculture ; en particulier , une machine à battre suffit pour les deux fermes comme pour une seule.

5° Quoique cette règle souffre des exceptions , cependant , en général , la terre est mieux cultivée dans les grandes fermes , à cause du capital plus considérable dont le fermier peut disposer ; les desséchements sont mieux exécutés ; et le fermier peut, plus facilement que celui d'une petite ferme , acheter des engrais au dehors , et les amener d'une grande distance.

6° Dans les grandes fermes , une proportion bien plus considérable des produits, reste disponible pour le marché. En effet , le petit fermier et sa famille produisent si peu de denrées , et consomment une si grande proportion de leurs produits , que le surplus ne peut pas être considérable ; et, dans les années peu favorables , on ne peut compter sur aucun excédant à sa consommation. C'est pour cela que c'est seulement par les grandes fermes , ou par un grand nombre de fermes moyennes , que les villes considérables , ou les districts populeux , peuvent être approvisionnés , en suffisantes quantités, des articles de première nécessité, comme les grains et la viande de boucherie : la dernière, surtout, n'est fournie, en général, que par les fermiers des grandes exploitations ; et il est rare qu'on se livre à l'engraissement dans les petites fermes.

7° Il est reconnu que le bétail est toujours de qualité supérieure dans les grandes fermes, parce qu'un riche fermier a plus de moyens d'acheter les meilleures races, et de les bien entretenir ; les instruments d'agriculture y sont aussi plus perfectionnés, et peuvent produire des effets supérieurs dans le travail.

8° Dans une grande ferme, le travail peut être mieux subdivisé que dans une petite ; au moyen de quoi, on franchit, sans inconvénients, les périodes critiques ; on peut appliquer plus de forces de travail dans les parties de la ferme qui peuvent l'exiger ; et les travaux peuvent être exécutés avec plus de perfection et plus de promptitude, malgré les saisons défavorables.

9° Dans une exploitation étendue, le fermier a assez d'occupations, sans se livrer aux travaux manuels. Son rôle est de surveiller les autres, au lieu de travailler de ses propres mains ; et s'il voulait se mettre lui-même à l'ouvrage dans une partie de sa ferme, il perdrait bien plus que la valeur de son propre travail, en laissant ses domestiques perdre leur temps ailleurs, ou mal diriger leurs travaux. Ayant ainsi assez d'occupations, il ne se trouve pas dans la nécessité d'entreprendre d'autres spéculations, qui non-seulement détourneraient son attention de sa ferme, mais l'entraîneraient souvent dans des pertes.

10° Un fermier qui possède un capital considérable, a aussi, ordinairement, des vues plus étendues ; il a reçu, presque toujours, une éducation supérieure, et possède plus de connaissances dans toutes les branches de sa profession ; il est en état de voyager, pour se procurer d'utiles informations ; étant plus entreprenant, et ayant moins de préjugés à vaincre, il adoptera bien plus facilement les nouveaux perfectionnements de l'art (1).

11° On peut introduire dans de grandes fermes des pratiques plus variées, comme la méthode de mettre alternativement en pâturages une partie de la ferme ; et, tandis qu'un riche fermier saura et pourra changer à propos son système de culture, lorsqu'une saison malheureuse, ou quelqu'autre accident, le rendra nécessaire, le petit fermier suivra le sentier battu, souvent en opposition avec les vrais principes de sa profession.

12° Les grandes exploitations sont favorables à

____

(1) Il y a peu de branches dans les sciences naturelles, dans la chimie, dans la mécanique, etc., qu'on ne puisse appliquer, avec profit, dans l'exploitation d'une grande ferme. Pour en tirer avantage, il faut que le cultivateur ait reçu de l'éducation, et se tienne au courant des progrès des sciences, par la lecture, l'observation, et l'entretien des hommes instruits. Il pourra se mettre ainsi en état de découvrir quelques nouveaux procédés, dont il tirera lui-même des profits immédiats, et qui serviront les intérêts de la société.

l'amélioration des terres incultes, ou de qualité inférieure. Le petit fermier laisse, en général, le sol comme il l'a trouvé ; tandis que celui qui peut disposer d'un capital considérable, prend les terres qu'il exploite, à des conditions qui lui permettent d'en entreprendre l'amélioration ; et bientôt le sol de qualité inférieure, ou même les terrains incultes du voisinage, se trouvent presqu'aussi productifs que le sol anciennement cultivé.

13° Les cultivateurs qui se trouvent à la tête d'une grande exploitation, lorsqu'ils sont actifs, entreprenants et intelligents, sont ceux qui sont le mieux placés pour faire des expériences, et pour les suivre sur une étendue suffisante ; les petits fermiers ne peuvent pas en faire la dépense, et les propriétaires qui cultivent pour leur amusement, y donnent rarement l'attention continuelle qui est nécessaire pour en assurer le succès. Cependant il y a quelques exceptions à cette règle.

14° Il y a plusieurs opérations qui peuvent être exécutées dans une grande ferme, mieux, et, relativement, à plus bas prix, que dans une petite exploitation. Par exemple, lorsqu'on entretient une grande quantité de bêtes à laine, ou de bétail à cornes, on peut payer des gages élevés à des domestiques soigneux et intelligents, tandis qu'un petit cultivateur ne pourrait en faire la dépense. Un riche fermier pourrait aussi vendre au marché, dans le même espace de temps, dix fois le nombre de bêtes, ou dix fois la quantité de grains, dont quelque petit fermier que ce soit pourrait disposer ;

en général, il a plus d'avantages sur les marchés, parcequ'il est mieux informé de leur situation.

15° Le gros fermier, au moyen de tous ces avantages, et de plus, au moyen de son capital plus considérable, et de son crédit, peut, en général, payer une rente plus élevée, et avec plus de ponctualité que le petit cultivateur, auquel on a souvent bien de la peine à faire payer la rente dont on est convenu.

16° Le gros fermier paie plus de taxes au gouvernement pour sa maison, ses fenêtres, ses chevaux, et tous les articles de sa consommation. Les petits fermiers, dont le fermage ne s'élève pas au-dessus de 50^l (1200^f) annuellement, ont même été considérés par le parlement, et, à juste titre, comme dans un état si peu aisé, qu'ils ont été exemptés du paiement de la taxe sur les propriétés ; et, si toutes les fermes du royaume avaient été de cette espèce, le gouvernement n'aurait pas reçu un seul *shelling* des fermiers pour cette taxe.

17° Les grandes exploitations, occupées par de riches fermiers, forment une espèce de magasin ou de reserve, conservé pour l'utilité du public, mais n'entraînant aucun des inconvenients attachés aux magasins de cette espèce, établis par l'administration.

Enfin, les riches fermiers forment un chaînon très-important dans la grande chaîne de la société. C'est une classe d'hommes qu'on rencontre rarement, partout ailleurs que dans la Grande-Bretagne, et dont les habitudes d'industrie, d'intelligence et d'activité , aussi bien que leurs capitaux considérables , qui ont exigé des siècles pour les accumuler , forment une espèce de boulevard tendant à conserver l'ordre existant dans la société. Mais si jamais on laissait détruire ce boulevard , tous les efforts de la politique seraient infructueux pour le reconstruire, si ce n'est par l'existence des mêmes circonstances.

En résumé , il paraît que , dans un pays étendu , des circonstances très-variées doivent donner naissance à une grande différence dans l'étendue des fermes ; et , en même-temps , que cette étendue tend généralement à s'accroître.

Dans l'origine, lorsque l'art de l'agriculture est dans son enfance, les fermes doivent être petites , parce qu'il n'existe ni capitaux pour entreprendre l'exploitation de grandes fermes , ni habileté pour les diriger; dans cette période de la société , les grandes fermes ne sont pas non plus nécessaires , parce qu'il est rare alors qu'il faille fournir des subsistances à un grand nombre d'hommes réunis dans les villes. En outre , un seigneur feudataire désire toujours accroître le nombre de ses serfs ; et , par le défaut d'autres moyens d'occupation , un père ne peut pourvoir à la subsistance de ses fils , lorsqu'ils ne quittent pas le lieu, qu'en leur donnant une part dans sa ferme. Dans le cours d'un petit nombre de générations, une ferme, même étendue , se trouve donc ainsi dépécée en un grand nombre de petites tenues. C'est pour cela que , dans les premières périodes de l'agriculture, il se forme naturellement un grand nombre de petites fermes , et que plusieurs se réunissent sur un même point, ce qui forme ce qu'on pourrait appeler *le systême des villages*.

Par le progrès du temps, la population s'accroissant, de même que les capitaux, et les connaissances se répandant parmi les cultivateurs, les fermes s'agrandissent. Et il est prouvé, par l'expérience, qu'un homme peut cultiver une étendue donnée de terre, par exemple 300 à 500 acres, avec moins de dépenses; qu'il peut en obtenir un plus grand produit, et en payer une rente plus élevée, que ne pourraient le faire plusieurs petits fermiers occupant la même étendue de terre. Par les progrès des mêmes circonstances, plusieurs fermes sont réunies; et le fermier riche et habile, non-seulement prend à loyer les terres qui l'avoisinent immédiatement, mais il est encore tenté de spéculer sur des fermes plus éloignées. Les fermes prennent ainsi une étendue très – considérable, et atteignent même à des proportions qui, au premier aperçu, tendent essentiellement à diminuer le nombre des individus qui tirent leur subsistance de la culture du sol, à moins que les cultivateurs n'adoptent l'usage d'avoir des domestiques mariés, ou que la culture ne soit très-perfectionnée.

Il se présente, toutefois, deux circonstances qui tendent fortement à diminuer de rechef l'étendue des fermes.

1º Ce qui engage le plus fortement chaque individu à agrandir, autant qu'il le peut, ses spéculations agricoles, c'est le bas prix de la rente

des terres, et les profits qu'il tire de cette spéculation, dans laquelle il réunit son industrie et ses
capitaux ; mais, d'un autre côté, lorsque la rente
s'accroît par l'effet de la concurrence, et lorsque,
par diverses causes, il se présente plusieurs com-
pétiteurs, personne n'a plus de motif pour continuer à occuper une plus grande étendue de terre,
qu'il n'en peut exploiter avec profit. Chacun cherche,
en conséquence, à restreindre ses spéculations,
soit en rendant au propriétaire quelques-unes de
ses fermes, soit en y établissant quelques branches
de sa propre famille, soit en les sous-louant, s'il
est autorisé à le faire.

2° Dans le voisinage des villes, et dans toutes
les terres dont la culture se rapproche de celle des
jardins, le cultivateur doit s'occuper de tant de
soins minutieux, qu'il serait impraticable d'y établir
de grandes fermes. Dans des situations semblables,
l'étendue des fermes diminue nécessairement ; et
comme la rente des terres s'accroît toujours rapidement dans ces circonstances, ce serait une dangereuse entreprise, que d'en exploiter une grande
étendue (1).

---

(1) S'il est vrai, comme on n'en peut pas douter, que la
culture des champs est d'autant plus parfaite, qu'elle se rapproche davantage de celle des jardins, la conséquence naturelle à tirer de ceci, c'est que le maximum de la perfection
de l'agriculture ne peut s'atteindre que dans le système des
petites fermes. Je suis très-porté à croire à la vérité de cette
proposition, tout en convenant qu'il y a de grandes vérités

Il paraît, par-là, que l'étendue des fermes doit dépendre *des circonstances d'un pays*. L'étendue qui est convenable dans un canton, ne le serait pas dans un autre ; et celle qui convient à un temps, ne conviendrait pas à un autre, dans le même canton. Au reste, l'étendue la plus convenable, soit petite, moyenne ou grande, est toujours celle que les fermiers recherchent le plus, dans un canton ou dans un temps donné. Cette préférence assure des rentes plus élevées ; et les rentes plus élevées forcent le fermier à tirer du sol le plus grand produit possible (1).

§ VIII.

GENRE DE JOUISSANCE, SOIT EN PROPRIÉTÉ SOIT PAR BAIL.

Dans cette section, nous examinerons les avan—

---

dans les vues présentées par l'Auteur, sur l'avantage des grandes fermes. Je sais bien aussi qu'au moyen des instruments perfectionnés qu'on peut employer dans la culture des champs, l'étendue d'une exploitation cultivée d'une manière très-soignée, peut être beaucoup moins restreinte. (*Note du Trad.*).

(1) C'est ainsi qu'ici, comme en beaucoup d'autres choses, la concurrence tend toujours à établir le meilleur ordre de chose possible ; les fermes de l'étendue la plus convenable, relativement aux circonstances d'un pays, ayant plus de valeur par cela seul, toutes les autres tendent toujours à se rapprocher de ce modèle. Le concours de la législation serait toujours inutile, et très-souvent nuisible, si on voulait exercer, par-là, quelqu'influence sur cette matière. (*Note du Trad.*).

tages ou les désavantages que présente l'exploitation des terres, soit par les propriétaires eux-mêmes,
soit par des fermiers.

I. PROPRIÉTAIRES EXPLOITANT LEURS PROPRES TERRES.

Il y a certainement de grands avantages pour le
public, sous plusieurs rapports, à ce qu'une grande
proportion des terres soit possédée par une classe
de la société, et exploitée par une autre. Dans
quelques États de l'Amérique, où, à cause de la
rareté de la population, la tenue à bail est à peine
connue, les terres sont souvent tellement épuisées
par la négligence des propriétaires, qui pensent
qu'ils peuvent se donner toute liberté sur un sol
qui leur appartient, que, dans beaucoup de districts,
les récoltes de froment ne passent pas, en moyenne,
7 ou 8 bushels par acre (6 à 7 hectolitres par
hectare). Les circonstances sont bien différentes
dans notre pays, où le propriétaire, au lieu de
cultiver lui-même ses terres, les laisse à bail à un
autre. Un propriétaire soigneux se considère comme
un dépositaire, en faveur de sa famille et du public.
Il ne souffre pas que ses champs soient épuisés par
un mauvais traitement ou des rotations peu judicieuses; et lorsqu'il accorde un bail à un fermier,
c'est, ou à une personne dans laquelle il peut placer
la plus entière confiance, ou avec les stipulations
les plus propres à empêcher l'épuisement de cette
grande source de la richesse publique, le sol du

pays. Il faut avouer cependant que ces stipulations sont souvent faites d'une manière très-peu judicieuse.

Quant au cultivateur, lorsqu'il a une rente à payer au propriétaire, cela le dispose fortement à devenir industrieux. Sans ce stimulant à l'activité, il ne prendrait pas la moitié des peines qu'il se donne ordinairemement pour cultiver sa ferme, et la garnir de bétail. Le fardeau d'une rente à payer, présente encore un autre avantage ; c'est de forcer le fermier à fournir plus régulièrement les marchés, afin de se mettre en état de s'acquitter. Les cultivateurs qui n'ont pas ce motif pour vendre, sont souvent disposés à garder leurs produits, afin d'en faire élever les prix.

En outre, un homme qui fait sa profession de la culture du sol, n'a qu'un objet en vue ; il est donc probable qu'il conduira mieux son affaire qu'un propriétaire, dont l'attention est souvent distraite par d'autres occupations. Non-seulement le fermier est nécessairement plus attentif à ses opérations, mais il les exécute avec moins de dépenses ; — ses bestiaux et ses domestiques font plus d'ouvrage ; — le produit de sa ferme est plus soigneusement sur-veillé ; — enfin, il ne fait pas de dépenses, sans pouvoir s'attendre à un retour proportionné. Les améliorations couteuses, comme la construction de bâtiments commodes, l'établissement des chemins, les clôtures, les desséchements, l'irrigation, et, peut-être, l'application d'une très-grande quantité d'amendements calcaires, peuvent être avantageusement exécutés par le propriétaire ; mais pour ce

qui est d'élever au plus haut point possible les produits du sol, par des rotations judicieuses de récoltes, par une culture complète, par des engrais
abondants, par le choix des meilleures semences,
un fermier intelligent a nécessairement l'avantage.

On peut apporter comme preuve de la justesse
de cette doctrine, le fait bien connu, que les petits propriétaires, lorsqu'ils ont de l'habileté et du
sens, louent fréquemment, ou vendent leurs propriétés, et prennent à bail les terres des autres ;
sachant bien que, s'ils résidaient sur leurs propriétés, ils seraient tentés de vivre comme des *Messieurs*,
et ne pourraient obtenir autant d'activité de ceux
qui les servent (1). Il ne manque pas d'exemples
de propriétaires qui, soit par suite de leur négligence, ou par le manque d'un capital suffisant
pour améliorer leurs terres, ont été forcés de les
vendre; qui les ont louées eux-mêmes comme fermiers; et qui y ont prospéré.

Lorsque les propriétaires de domaines considé-

---

(1) Le Docteur CARTWRIGHT rapporte l'exemple curieux
d'un homme qui résidait, il y a environ 5o ans, dans un village situé sur la route, entre *Newark* sur *Trent*, et *Sleaford*,
qui, ayant été obligé de vendre son domaine, le reprit à ferme,
et fit, comme fermier, assez de bénéfice pour être en état
de le racheter. En général, les petits propriétaires possèdent
rarement un capital suffisant pour améliorer leurs terres, et ils
ont souvent des idées qui les rendent peu propres à se livrer
à cette industrie. C'est pour cela que, dans les progrès de la
société, cette classe d'hommes disparaît graduellement. On
trouve qu'un capital est employé, d'une manière plus profitable,
à entreprendre l'exploitation d'une ferme, qu'à acheter des terres.

rables cultivent leurs propres terres., ils · peuvent
avoir cinq objets en vue : 1° la convenance ; 2° le
plaisir de la culture ; 3° le profit ; 4° d'utiles expériences ; 5° enfin , l'amélioration générale de leurs
propriétés.

1° Il est fort utile à un propriétaire qui réside
à la campagne, de cultiver lui-même quelques terres;
non-seulement c'est une occupation très-favorable
à la santé , mais il y trouve l'avantage de s'approvisionner lui-même de plusieurs denrées nécessaires à la consommation de sa maison. Peut-être
pourrait-il acheter ces articles sur le marché , avec
aussi peu de dépenses ; peut-être aussi serait-il plus
profitable au propriétaire de louer ses terres à un
taux raisonnable , que de les cultiver lui-même ;
mais la culture de la terre est une source de jouissances
pures ; et tout propriétaire qui habite la campagne,
doit désirer d'avoir une portion de ses terres , où tout
soit bien à lui, où lui et sa famille puissent jouir
de la promenade, et prendre de l'exercice. En outre ,
si on ne veut pas porter son attention sur une grande
étendue de terres arables, on peut se contenter
de cultiver seulement la quantité de grains dont
on a besoin ; et , après avoir enclos les champs , les
mettre en herbages , qu'on loue aux hommes qui spéculent sur l'éducation ou l'engraissement du bétail ,
en se réservant seulement ce qui est nécessaire à
ses propres convenances. Nous ne discuterons pas
ici quelle doit être l'étendue de terre qu'un propriétaire peut se réserver dans ce but ; cela dépend de
l'importance de sa maison, du temps qu'il passe à

la campagne , et du degré de surveillance qu'il peut donner à son exploitation.

2° Les premières opérations de l'agriculture ont eu d'abord pour but de se procurer les premières nécessités de la vie ; mais, dès qu'on les eut obtenues, on chercha bientôt à y joindre les commodités et l'aisance, et enfin les rafinements du luxe. C'est ainsi que l'agriculture, qui n'avait originairement été considérée que comme une source de travaux grossiers, devint, par le progrès du temps, un art libéral, capable de contribuer à embellir le paysage d'un riche domaine, et d'orner la résidence des grands de la terre (1). Cela a donné naissance à *l'agriculture d'ornement*, distincte de *l'agriculture d'utilité*. La distinction de ces deux genres d'agriculture est frappante : le plan de culture qu'un propriétaire peut adopter dans son parc, ou dans des terres situées près de sa résidence, est, en général, très-différent de celui qu'un bon cultivateur doit adopter dans ses champs. Le premier est dirigé par le goût, l'autre par l'économie ; les buts du premier sont l'ornement et l'agrément ; ceux du dernier, sont l'utilité et le profit. Lorsque ce dernier but est poursuivi sur une grande échelle, il devient l'objet d'occupations sérieuses, et de soins assidus et constants.

______

(1) CICÉRON , dans son *Cato major*, a fort bien observé qu'il n'y a pas d'objet plus riche et plus propre à l'ornement , qu'un champ bien cultivé. » *Agro bene culto nil potest esse nec usu uberius nec specie ornatius.* »

3° Quoiqu'il y ait des exemples de succès obtenus par des propriétaires cultivant eux-mêmes leurs
terres arables, avec beaucoup de zèle et d'application, cependant, généralement parlant, leurs profits sont beaucoup moindres que ceux qu'un fermier pourrait tirer des mêmes terres. Il est bien
rare qu'un propriétaire s'occupe, avec assiduité,
de tous les menus détails qu'un cultivateur ne doit
pas négliger. Il ne surveille pas aussi régulièrement
ses domestiques, il ne procède pas continuellement
à l'examen de l'état de ses bêtes de travail, il ne
suit pas les foires et marchés, et ne surveille pas
personnellement les progrès de toutes ses opérations
de culture. Ces occupations sont ordinairement con-
fiées à un commis, qui est rarement propre à la
direction de toutes ces diverses branches, et qui
n'y apporte presque jamais la même attention qu'un
cultivateur prudent et habile, qui a pour stimulant son propre intérêt, et qui traite lui - même
toutes ses affaires. Quoiqu'un grand propriétaire
puisse avoir acquis des connaissances suffisantes dans
la pratique de l'agriculture, pour diriger la conduite d'une exploitation, cependant ses autres occupations l'empêchent d'apporter à tous les petits
objets, l'attention sans laquelle il est impossible
d'exploiter avec profit sur une grande échelle. De
là est venu un genre d'agriculture qu'on a nommée,
à juste titre, *agriculture prodigue*, qui se fonde
sur des dépenses excessives en cultures et en engrais, par le moyen desquelles on pourra peut-être
obtenir des récoltes doubles, mais avec des frais

triples. C'est ainsi qu'avec de fausses notions de profit, plusieurs personnes ont été entraînées dans des pertes réelles. Il est bien connu que de riches propriétaires, après s'être livrés avec ardeur, pendant quelques années, à la profession de l'agriculture, l'ont abandonnée fort tristement. Cependant, lorsque leur exploitation est conduite avec économie, et sur un plan modéré, ils donnent un exemple utile en inspirant au commun des cultivateurs le goût des expériences, et en tendant, en particulier, à favoriser l'amélioration du bétail.

4° Il est convenable de remarquer ici, que, depuis que l'attention du public s'est dirigée si puissamment vers les opérations agricoles, plusieurs grands propriétaires (1) ont entrepris la culture

---

(1) Parmi eux, on peut citer le Duc de BEDFORD, le Comte d'EGREMONT, le Lord SOMERVILLE, Sir JOSEPH BANKS, M. COKE, de *Norfolk*, Mr WESTERN, d'*Essex*, Mr CURWEN, en *Cumberland*, Sir W. W. WYNNE, et Sir ROBERT W. VAUGHAN, dans le pays de Galles, ainsi que d'autres.

Cela est devenu fréquent aussi en Irlande, où on a vu, depuis quelques années, des propriétaires devenir agriculteurs, soit par nécessité, n'ayant pas pu louer avantageusement leurs terres, soit par une communication de l'esprit patriotique d'amélioration, dont l'exemple leur a été donné, d'une manière si louable, par les propriétaires anglais. Cette circonstance a produit des conséquences très-avantageuses au pays. Les propriétaires, au lieu de consacrer tout leur temps aux plaisirs et aux amusements, mettent aujourd'hui leur orgueil à être considérés comme de zélés améliorateurs de leurs domaines, et ne considèrent plus les connaissances dans l'économie rurale, comme dérogeant à leur rang dans le monde.

7 *

d'étendues de terres considérables, avec l'intention de faire d'utiles expériences, et de répandre les connaissances agricoles dans leur voisinage. Rien ne peut être plus louable que de telles occupations. L'esprit d'amélioration qu'ils ont ainsi excité, et les faits importants qu'ils ont établis, doivent être, dans le plus haut degré, satisfaisants pour eux-mêmes, et utiles à leurs pays (1).

5° Quelques propriétaires des cantons reculés et encore peu avancés en agriculture, convaincus que l'exemple, et non les préceptes, peut seul dissiper l'ignorance, et écarter les préjugés dans les pratiques rurales, ont pris la résolution d'entreprendre une exploitation dans leurs propres terres, afin de donner à leurs fermiers l'exemple d'une bonne agriculture; et ils placent le bénéfice qu'ils en re-

---

(1) Autrefois, un gentilhomme, qui dirigeait son attention vers des expériences d'agriculture, était considéré, par ses nobles égaux, comme dégradant son rang dans le monde. Mais, aujourd'hui, quel changement! partout on rencontre des propriétaires qui, par tous les moyens qui sont en leur pouvoir, par l'exemple d'une culture perfectionnée, par des publications ou par des prix, combattent les préjugés de leurs fermiers ignorants, et méritent les bénédictions de tout leur voisinage. En Irlande aussi, beaucoup de personnes de la noblesse sont devenues des cultivateurs intelligents; mais comme il est rare qu'elles s'appliquent personnellement à la partie pratique de l'art, elles rencontrent souvent des difficultés pour obtenir de leurs agents, qu'ils suivent quelque nouveau système. Il arrive fréquemment, dans ce cas, que quelque défaut de succès, provenant d'ignorance ou d'obstination, met fin à l'amélioration projetée.

tirent, non pas dans le produit de la ferme qu'ils cultivent, mais dans l'amélioration générale de leurs domaines (1). Dans d'autres cas, des améliorations ont été entreprises, par des propriétaires, sur une plus grande échelle encore. Lorsque leurs domaines se trouvaient en mauvais état, les fermes mal disposées, par rapport à l'étendue, la figure et les limites ; lorsque les fermiers étaient sans émulation, pauvres et peu habiles en agriculture, ils ont entrepris d'exploiter par eux-mêmes une très-grande étendue de terres, pour les laisser à des fermiers entreprenants et habiles, après les avoir améliorées. Ensuite, ils ont transporté leurs gens, leur bétail et leurs instruments d'agriculture sur une autre partie de leurs domaines ; et, après l'avoir traitée de la même manière, ils ont repris leurs opérations sur d'autres parties, autant que les circonstances le leur ont fait juger convenable (2).

---

(1) Quelques personnes pensent que, au lieu d'une culture exemplaire dirigée ainsi, il serait plus avantageux au propriétaire et au canton, d'encourager un fermier d'un autre Comté, à venir donner l'exemple, attendu que les fermiers sont plus disposés, en général, à imiter les procédés de leurs égaux, que ceux des propriétaires qui sont placés trop au-dessus d'eux par leur rang dans la société, et qui, comme ils l'observent fort bien, ne payent pas de rente de leurs terres.

(2) Ce plan a été fréquemment adopté en Écosse, et avec le plus grand succès. Les travaux du Comte DE FINDLATER, de Mr CRAIK D'ARBIGLAND, de Mr ROBERT BARCLAY D'URY, du Lord KAMES, figurent en première ligne dans cette honorable liste.

Il est bien connu , toutefois , que les propriétaires qui ont tiré les plus grands profits de leurs
fermes , sont ceux qui ne les ont améliorées que
partiellement. Il arrive , en effet rarement , qu'un
propriétaire de terres améliore complètement une
ferme , sans se jeter dans des dépenses superflues ;
tandis que , lorsqu'une fois les fondements en ont
été posés , un fermier judicieux peut compléter
l'amélioration , avec une dépense bien plus modérée.
En bonne agriculture , on ne doit adopter un plan,
qu'autant que les dépenses qu'il entraînera , doivent
rentrer avec un profit raisonnable.

II. TERRES CULTIVÉES PAR DES FERMIERS.

Autrefois , les relations entre le propriétaire et
ses fermiers étaient presque purement militaires.
Le propriétaire d'un domaine était un guerrier ; et
ceux qui tenaient des terres de lui , étaient des soldats
qui étaient assujettis au service militaire , et qui
ne payaient presqu'aucune rente en argent , mais
qui étaient attenus à quelques services personnels
et à rendre une certaine quantité de denrées en
nature , pour les besoins de la famille du maître.
Lorsque le système féodal fut détruit , le propriétaire se considéra , d'abord , comme le patron,
de ceux qui étaient placés sous sa dépendance. Les
rentes continuèrent à être basses ; les fermiers con-
servèrent , de génération en génération , une sorte
d'intérêt patrimonial sur les terres dont ils jouissaient ;
et comme ils payaient des rentes peu proportionnées

à la valeur de la terre, et qu'ils n'avaient pas une sécurité permanente dans leur jouissance, rien n'é-galait leur indolence, leur ignorance et, par con-séquent, la misère de leur condition.

Les relations entre ces deux classes sont, aujour-d'hui, entièrement différentes. Le propriétaire se considère comme le maître de son domaine, et comme autorisé à en tirer le plus qu'il peut, pour son profit et celui de sa famille. Il le loue, pour un certain nombre d'années, à des hommes habiles, honnêtes et industrieux, qui possèdent un capital, sous la condition de lui rendre annuellement une part quelconque des produits convertie en argent, et, en outre, sous la condition, sinon d'augmen-ter la valeur de la propriété, au moins, de ne pas la détériorer pendant la durée du bail. Le contrat devient ainsi d'une nature plus mercenaire, sans détruire toutefois des liens d'une nature plus li-bérale; car, d'un côté, le propriétaire doit se sen-tir profondément intéressé aux succès de son fer-mier, dont dépendent essentiellement sa propre ai-sance et ses revenus; tandis que le fermier regarde le propriétaire comme un ami dont les intérêts sont nécessairement liés aux siens, et qui doit naturel-lement être disposé à donner la préférence à un homme industrieux, et qui améliorera les terres, lorsque la ferme sera relouée.

Sous ce système, il est essentiel, et pour le pro-priétaire et pour le fermier, que les relations entre eux soient établies sur des principes justes et libé-raux, tels qu'ils puissent déterminer un homme en-

treprenant, possédant des connaissances et des capitaux, à se dévouer à l'art de l'agriculture. Cela
exige nécessairement que le propriétaire consente
à passer un bail à son fermier. Les baux fournissent
la plus puissante espèce d'encouragement aux améliorations agricoles ; et même, si de grands travaux
sont nécessaires, il est certain que le fermier ne sera
pas disposé à les entreprendre sans cette sécurité.
Ainsi, lorsqu'un propriétaire ne veut pas exploiter
ses terres lui − même, il est naturel qu'il se détermine à en céder la jouissance à un autre, pour
un temps déterminé, sous des conditions avantageuses à l'une et à l'autre partie.

A proprement parler, un bail est un contrat
fondé sur les principes de l'équité, passé entre deux
hommes, pour leur avantage réciproque. L'un possède un droit de propriété absolue sur une certaine
étendue de terre et sur ses produits ; l'autre achète
le privilége temporaire de jouir des produits de la
terre, pour un prix déterminé. On peut considérer
ainsi le propriétaire d'un domaine, comme possédant un certain capital en terres, qui, au moyen
d'une culture convenable, peuvent fournir annuellement un produit d'une valeur déterminée. Le cultivateur, d'un autre côté, possède un capital mobilier, consistant dans la somme nécessaire pour
l'exploitation de la ferme, dans ses connaissances
dans l'art de l'agriculture, et dans son industrie.
Dans cette situation, les deux parties, de même
que les autres hommes qui contractent des liaisons
d'intérêt, se déterminent, pour leur avantage ré-

ciproque, à prendre des arrangements pour réunir leurs capitaux, dans le but d'aider la nature, pour la production des subsistances de l'homme ; et après avoir considéré respectivement leurs intérêts, les conditions dont ils conviennent entre eux, constituent les termes ou les articles du bail. C'est sur ces principes simples que sont fondées les relations entre le propriétaire et le fermier. Le capital fourni par le cultivateur, la rente qu'il paye, son habileté et ses travaux, les chances de pertes qui peuvent survenir par les intempéries des saisons, tout cela doit être compensé par la valeur des produits du sol. Lorsque ces principes ont été suivis, et les intérêts bien balancés, le propriétaire et le fermier sont placés dans la situation la plus favorable que puisse admettre la nature de ce contrat. Mais lorsqu'ils ont été violés, les intérêts de l'un ou de l'autre, ou peut-être les intérêts de tous deux doivent souffrir plus ou moins, selon qu'on s'est plus ou moins écarté de la ligne d'équité, qui marque si distinctement les droits et les obligations respectives.

Quant à la manière de régler les conditions d'un bail ; — l'époque de l'entrée en jouissance, et les stipulations qui s'y rapportent ; — la durée des baux ; — et les conventions qu'on doit y insérer ; comme ces particularités exigent plus de détails qu'il ne conviendrait à un ouvrage restreint à des principes généraux, on les discutera dans une notice séparée (voyez l'appendice, n° 1). Cependant, la forme d'un bail, et les stipulations essentielles pour les intérêts des deux parties, doivent varier tellement, qu'il est à peine possible de les réduire à un plan uniforme.

§ IX.

LA RENTE.

Le prix payé périodiquement au propriétaire, par le fermier, pour la jouissance de la terre, s'appelle *la rente*. Autrefois elle consistait en un nombre d'articles : Comme des services personnels, quelques sommes peu considérables en argent, et divers objets en nature, comme du grain, des agneaux, des porcs, de la volaille, etc. Dans les pays qui manquent de numéraire, ou d'autres moyens de circulation, les paiements de cette espèce sont inévitables ; mais rien ne serait moins judicieux que des paiements en nature, depuis que le numéraire est devenu plus abondant. Le grain, et les autres objets fournis ainsi, étaient constamment de qualité inférieure, et les services personnels offraient peu d'avantages aux propriétaires, tandis qu'ils formaient un fardeau pesant pour le fermier, l'obligeant d'entretenir un plus grand nombre de domestiques et de chevaux, que son exploitation ne l'exigeait, et interrompant souvent les plus importantes opérations de culture. La rente doit, en conséquence, dans l'état actuel de la société, être restreinte à des paiements en argent (1), et on doit éviter d'imposer au fermier aucun fardeau qui tende à entraver son industrie, ou à détourner son attention des opérations de sa ferme (2).

Le montant de la rente, sous un point de vue général, doit toujours dépendre d'une grande variété de circonstances ; comme, la richesse du pays ; — sa population ; — le prix des produits ; — le montant des charges publiques et autres ; — la distance des marchés ; — la facilité des transports ; — la concurrence entre les fermiers ; — et quelques autres considérations moins importantes. Mais la rente d'une ferme, en particulier, doit être déterminée : — Par la nature du sol ; — la durée du bail, et ses stipulations ; — le capital dont le fermier peut disposer pour son exploitation ; — les dépenses auxquelles il est assujetti.

Des terres pauvres ne peuvent payer une rente égale, *en proportion de leurs produits*, à celle d'une terre riche et fertile. Les travaux de labou-

---

(1) On discutera, dans la prochaine section, la convenance de faire varier, jusqu'à un certain point, les paiements en argent, selon les prix des grains.

(2) En exigeant de son fermier des paiements en nature, un propriétaire achète, dans le fait, la plus mauvaise volaille, au prix le plus élevé ; et il paye, pour un peu d'ouvrage mal exécuté, plus qu'il n'aurait payé aux meilleurs ouvriers, pour exécuter le même travail ; tandis que les améliorations de sa propriété sont entravées, et que l'élévation progressive qu'il pouvait espérer dans sa rente, est arrêtée.

rage , hersage , semaille etc. , lorsque la terre est
en culture , sont à-peu-près les mêmes ; et , cependant , le produit est très-inférieur , non-seulement en quantité , mais aussi en qualité. Et même ,
lorsque le produit est peu considérable , ou la qualité
très-inférieure , le tout , ou presque tout , peut être
absorbé par les dépenses de culture , et la terre
ne peut supporter de rente , surtout dans les mauvaises saisons.

La durée du bail peut influer considérablement
sur la fixation de la rente. Un fermier ne peut pas
payer la même somme pour une terre qu'il prend
pour un bail court , que pour un long bail. Les
stipulations du bail doivent avoir aussi une grande
influence sur le taux de la rente.

La rente doit dépendre aussi du capital que le
fermier doit employer dans la culture de la ferme.
Ainsi, si le fermier ne peut disposer que d'un capital de 4 l. par acre , il ne pourra pas , par
exemple , payer une rente plus élevée que 10 sh.
par acre ; si son capital est de 7 l. par acre , il
pourra payer 14 sh. ; et , avec un capital de 10 l.
par acre , il lui sera possible de payer 18 ou 20 sh.
de rente. C'est ce qui fait l'avantage des fermiers
riches ; et c'est aussi ce qui fait la justesse de cette
maxime : « Que le capital du fermier est d'une aussi
grande importance que la qualité de la terre (1).

------

(1) Mr YOUNG a raison de révoquer en doute le bon sens
et le jugement des propriétaires qui déclament contre de riches

Il est évident que toutes les dépenses d'une ferme doivent nécesairement être payées sur la vente des produits , avant que le fermier puisse rien mettre de côté pour le paiement de la rente ; et , lorsque ces charges absorbent plus que le produit total , il ne peut rien rester pour le propriétaire. L'accroissement des dépenses des fermiers , par les taxes de toute espèce et les dîmes , aussi bien que les pertes que leur ont fait éprouver les débiteurs insolvables , auraient éteint toute espèce de rente, il y a déjà plusieurs années , si le prix du bushel de grain et de la livre de viande ne s'était pas élevé en proportion des dépenses des fermiers , et des autres charges auxquelles ils sont assujettis. Dans les circonstances présentes de ce pays , de hauts prix pour le grain et la viande , sont indispensablement néccssaires pour que les terres puissent produire une rente , surtout, les terres de qualité inférieure.

Par rapport à la rente , nous allons considérer : 1° quelle proportion des produits doit être payée au propriétaire ; 2° si on doit fixer une somme déterminée , en argent , ou si cette somme doit varier selon les prix des produits ; 3° enfin , à quelle époque le paiement de la rente doit être fixé.

---

fermiers ; — qui sont jaloux de voir à un fermier un beau cheval ; — qui regardent comme au-dessus de son état , de boire une bouteille de vin. En d'autres mots, dit-il , c'est dire qu'on aime mieux recevoir 12 sh. de rente par acre , que 20 sh.

1.º *Proportion des produits, formant la rente.* — C'est une question qu'on a long-temps considérée comme abstraite, mystérieuse et très-difficile à résoudre. Quelques personnes ont supposé que le cinquième des produits d'une terre arable était une proportion raisonnable, tandis que d'autres soutenaient que cette proportion devrait être du quart, ou même du tiers (1). Mais tous les calculs qu'on a faits autrefois sur ce sujet, deviennent erronnés, par les effets des améliorations modernes. La rente doit dépendre certainement du montant du produit disponible ; et ce produit, en grains, est fortement augmenté par une diminution de consommation sur la ferme, produite par des instruments perfectionnés (2) et par un meilleur arrangement des travaux, ainsi que par une meilleure culture de la terre. C'est pour cela que, pendant que le prix du froment s'est élevé, dans les vingt dernières années, au-dessus du prix moyen des vingt années précédentes, la rente s'est élevée dans une proportion encore plus considérable. La même étendue

---

(1) C'est une ancienne remarque, qu'une ferme, en terre arable, doit produire trois rentes ; l'une, pour le propriétaire ; l'autre, pour les frais de culture ; et la troisième, pour le fermier. Aujourd'hui, il faut en ajouter une quatrième, pour les impôts et les charges paroissiales.

(2) L'emploi de la charrue à deux chevaux, et l'invention de la machine à battre, en augmentant le produit disponible, ont beaucoup élevé les rentes en Écosse.

de terre a produit plus de grains , d'une meilleure qualité , et les marchés ont été alimentés par une quantité plus considérable de produits disponibles (1).

Il est évident que c'est sur ce produit disponible, que la rente doit être payée. Mais il est difficile d'en fixer le partage entre le propriétaire et le fermier , parce que cela dépend beaucoup des saisons, et des prix des diverses denrées que la ferme produit. Dans les années défavorables , tout le déficit des produits , sur l'étendue de terre qui doit payer les frais de culture , doit être retranché du produit disponible ; et il n'est pas possible d'appliquer les mêmes règles à toutes les situations , à tous les sols et à tous les climats , dans les divers cantons d'un pays étendu. Il est à propos , cependant , de donner une idée générale de la proportion des produits , payée comme rente , 1° en Écosse ; 2° en Angleterre.

1° En Écosse. La table suivante présente ce qui est considéré comme une proportion convenable , sur les terres arables.

---

(2) Nous donnerons , dans le 5e Chap. , une évaluation très-importante du montant du produit disponible , dans une ferme en terre argileuse , et dans une ferme d'un sol léger , ou sol à turneps.

Table de la rente d'une ferme en terres arables.

Par acre Par hectare.

L. Sh.   F.   C.

1° Lorsque la terre produit annuellement 10 l. 10 sh. par acre (63o^f par hectare), un tiers, ou 3 18   2ı0 00

2° Lorsque la terre produit 6 l. 12 sh. (398 ^f par hectare), un quart, ou 1 13   99 5o

3° Lorsque la terre ne produit que 4 l. 5 sh. par acre (255^f par hectare), un cinquième, ou ... o 17   5ı 00

Quant aux fermes en pâturages, la rente se fixe d'après des principes tout-à-fait différents, c'est-à-dire, d'après la quantité de bétail qu'elles peuvent supporter; et, comme elles ne sont pas assujetties à autant de dépenses d'exploitation, le propriétaire et le fermier reçoivent des parts plus considérables que dans les fermes des terres arables.

2° En Angleterre, d'un autre côté, les cultivateurs et leurs propriétaires forment une espèce de société de compte-à-demi, dans laquelle le fermier fournit tout le capital, et se charge de toute l'administration. En compensation, et pour l'intérêt des sommes qu'il a déboursées, ou lui alloue une part, qu'on évalue à la moitié du produit net, déduction faite des frais de culture, des taxes aux-

quelles est assujettie la ferme qu'il exploite , et de
toute autre dépense. Les prairies exigent beaucoup
moins de soins de sa part ; et , par cette raison,
la part du fermier n'est fixée qu'au tiers du produit net. Mais les profits des fermes à pâturages
dépendant beaucoup de l'intelligence du fermier ,
dans l'achat et la vente de ses bestiaux , aussi bien
que de son habileté à prévenir et guérir leurs maladies , le fermier des exploitations de cette espèce
a droit à une part du produit net , égale à celle
du propriétaire.

On a soutenu , comme principe général , que les
dépenses de culture de la terre et la valeur de
ses produits étant infiniment variées , un fermier
doit calculer le profit qu'il peut faire sur toute sa
ferme , sans entrer dans les détails; parce qu'il est
indifférent pour lui de payer à raison de 10 l. ou
de 10 sh. par acre , pourvu qu'il tire un intérèt
égal du capital qu'il a avancé. C'est là certainement
une bonne base pour un fermier , qui a à calculer
quelle rente il peut offrir ; mais un propriétaire ,
dans l'estimation de la rente qu'il doit demander ,
doit prendre en considération le produit qu'il est
possible d'obtenir de sa terre , et quelle est la proportion de ce produit ou de sa valeur , qu'il a droit
d'exiger en moyenne , dans toutes les circonstances
du cas pariculier , qui ne doivent pas dépendre entièrement des opérations d'un fermier timide , ou
manquant de moyens pécuniaires.

On peut discuter beaucoup sur la question de savoir quels sont les profits auxquels un fermier a droit de prétendre. D'une part, on soutient que les produits du sol sont d'une nécessité si universelle et si absolue à l'existence du genre humain, qu'il n'est pas raisonnable que celui qui les cultive, prétende à un profit trop considérable. D'un autre côté, on dit qu'un fermier qui travaille avec économie, et qui dirige ses opérations avec habileté et industrie, a bien le droit d'être pleinement récompensé de l'application d'un capital considérable, exposé aux chances des saisons ; et on a aussi remarqué qu'il est rare que les bénéfices des fermiers surpassent un intérêt raisonnable du capital qu'ils ont avancé. Cela est dû à la concurrence ; les denrées qu'ils produisent, se trouvant dans un très-grand nombre de mains qui les offrent à la consommation. Cela est dû aussi à ce que les marchandises produites par les cultivateurs, ne sont pas, en général, susceptibles d'une longue conservation, et qu'ils ont besoin de vendre, pour les paiements qu'ils ont à faire, et pour la subsistance de leurs familles.

Les profits des fermiers, en général, sont tellement modérés, qu'on a trouvé, par des recherches soigneuses, que, dans les fermes de terres arables, ils excèdent rarement 10 à 14 pour o/o du capital avancé (1), ce qui est bien peu, en considé-

____

(1) D'après les rapports faits au bureau d'agriculture, ces profits sont évalués comme il suit : En *Bedfordshire* 10 p. o/o ; en *Bucks*, 10 p. o/o ; en *Berks*, 10 p. o/o ; en *Sussex*, 10 p. o/o ; en *Caithurss*,

rant qu'il y a peu d'emplois des capitaux , qui soient sujets à plus de casualités, et qui exigent des soins plus constants. Quelques fermiers en terres arables, qui possèdent une habileté et une énergie supérieures, et qui ont obtenu des baux à des conditions raisonnables , peuvent réaliser de 15 à 20 pour o/o ; tandis que d'autres , qui manquent de ces qualités, ou qui payent des rentes trop élevées , deviennent fréquemment insolvables.

Le cas est différent dans les fermes à pâturages, parce qu'elles exigent moins de dépenses de maind'œuvre , et qu'elles produisent des denrées plus recherchées et d'un prix plus élevé. Dans ces fermes, il n'est pas rare que les profits s'élèvent à 15 p. o/o et plus. En outre, le fermier d'une ferme de cette espèce est plutôt un marchand qu'un simple cultivateur; comme il achète et vend fréquemment des bestiaux , il fait quelquefois de grands profits par

---

10 p. o/o ; en *Kent* , 11 p. o/o ; en *Dumbartonshire* , 11 2/3 p. o/o ; en *Linconlnshire* , 12 p. o/o ; en *Essex* , 15 p. o/o. Les profits des fermiers ne sont pas aussi élevés que le sont ordinairement ceux des manufacturiers et des négociants , qui trouvent souvent de grands bénéfices dans de nouvelles inventions. Ces profits s'accroissent quelquefois beaucoup par la culture , en grand, de quelques nouvelles plantes ; mais, au total , il paraît que les cultivateurs de la Grande-Bretagne sont chétivement indemnisés des capitaux qu'ils emploient , et des travaux qu'ils entreprennent. Avec une perspective si peu favorable , lorsque la classe la plus utile de la société a peine à se soutenir par ses travaux, on ne peut attendre que les intérêts agricoles d'une nation s'améliorent , surtout, lorsqu'aux intempéries des saisons il faut ajouter une inondation de grains étrangers.

8 *

des spéculations judicieuses ; mais aussi une baisse soudaine dans les prix, entraîne souvent pour lui des pertes considérables. L'éleveur qui entretient des bestiaux de races supérieures, et qui se livre, pour cela, à de grandes dépenses, a certainement bien droit à des profits considérables, pour son habileté et ses soins.

On a remarqué, au reste, qu'il est rare qu'un fermier fasse une grande fortune, à moins qu'il ne soit placé avantageusement dans le voisinage d'une grande ville, ou qu'il ne réunisse à la culture, quelqu'autre spéculation profitable. Mais ceux qui ont assez de capitaux et d'habileté pour pouvoir embrasser plusieurs spéculations, méritent certainement que leur industrie et leurs talents soient amplement récompensés.

2° *Mode de paiement de la rente.* — Sous le rapport de la manière dont la rente doit être payée, il est à propos de considérer si le tout, ou, au moins, une partie de la rente, ne doit pas varier en proportion du prix des grains, non pas dans une seule saison, mais en prenant une moyenne d'un certain nombre d'années qui précèdent celle où la rente est due. Dans ce système, ni le propriétaire ni le fermier, ne peut souffrir de la fluctuation du prix des grains ; tandis que, faute de quelqu'arrangement de ce genre, le fermier, d'un côté, n'ose pas offrir une rente un peu élevée, dans la crainte que les grains viennent à baisser ; et le propriétaire, d'un autre côté, ne veut pas accorder un bail un peu long, en prévoyant que, dans l'espace du temps, le prix des grains pourrait s'élever beaucoup. Il paraît donc qu'il serait de l'intérêt des deux parties de fixer, dans les fermes de terres arables, une partie de la rente payable en argent, et l'autre, en grains, non en nature, mais en argent aussi, et d'après le prix moyen d'un certain nombre d'années.

Cependant, ce système présente quelques difficultés. Dans les fermes bien cultivées et susceptibles d'améliorations, la rente ne dépend pas, autant qu'on le croit communément, du taux du prix des grains. Une grande proportion des fermes de cette espèce, produit ordinairement des récoltes vertes, dont la valeur dépend du prix du bœuf, du mouton et de la laine, et non de celui des grains. Il se présente aussi diverses circonstances qui peuvent faire baisser le prix d'une espèce de grains, au-dessous de son niveau ordinaire ; par exemple, pour l'orge, lorsque la distillation est prohibée ; ou qui peuvent l'élever d'une manière disproportionnée, comme lorsqu'une grande proportion des récoltes de froment a été détruite par la rouille. Mais si le paiement de la rente, par la conversion du grain en argent, s'étend à toutes les diverses espèces de grains cultivés habituellement dans le canton, et si on le restreint à une moitié de la rente, ce système ne semble pas présenter de difficultés essentielles. Si on fixe le montant de cette partie de la rente, d'après le prix moyen de sept années ou plus, on écarte la principale objection contre les rentes en grains, qui est que le fermier est souvent assujetti à faire les paiements les plus onéreux, au moment où il a le moins de moyens de le faire.

3° Époques des paiements. — Elles doivent être fixées de manière que le fermier ne puisse pas se trouver forcé de vendre avec désavantage les produits de sa ferme, pour se procurer de l'argent, et qu'il ne soit pas obligé non plus de prendre la rente sur son capital, ce qui embarrasserait toutes ses opérations futures. Les époques doivent être fixées selon la nature de l'exploitation, et selon l'époque de l'entrée en bail. Il est convenable toutefois que la rente soit payable à deux époques de l'année, afin de partager le fardeau du paiement, et aussi pour que le fermier ne soit pas obligé de conserver des sommes d'argent sans emploi.

En résumé, les fermiers qui réussissent le mieux, sont ceux qui consacrent un capital suffisant à leur entreprise ; — qui regardent comme un devoir de veiller, avec des soins continus, sur la conservation de leur capital, en cherchant à l'accroître le plus qu'il est possible ; — et qui payent des terres qu'ils cultivent, une rente raisonnable, mais non exorbitante.

§. X.

CHARGES PAROISSIALES, NATIONALES ET DIVERSES.

Outre la rente payée au propriétaire, les fermiers anglais et écossais sont assujettis au paiement de diverses taxes, dont quelques-unes sont imposées pour des intérêts locaux , et les autres , pour les dépenses générales de l'État. Un fermier doit prendre une connaissance exacte du montant de ces charges, avant de faire marché pour son bail (1). On peut les classer sous les titres suivants : 1° Charges paroissiales ; — 2° charges nationales ; — 3° charges diverses.

I. *Charges paroissiales.*

Elles ont pour objet , 1° l'entretien du Clergé ; 2° l'entretien des pauvres ; 3° et , en Écosse , le salaire du Maître d'école de la paroisse.

1° L'usage d'entretenir le Clergé , en Angleterre (2), en lui payant le dixième du produit du sol en nature , a été établi dans le monde chrétien ,

---

(1) Il doit s'assurer aussi s'il n'existe pas quelque servitude locale sur la ferme , comme un droit de pâturage commun après la moisson, un privilége pour couper des bois, etc. Des servitudes semblables diminuent beaucoup la valeur d'une ferme. Le voisinage d'une garenne à lapins , — de propriétaires trop jaloux de leur gibier , — des lieux de réunion de chasse ou de courses , sont aussi des motifs de diminution de la rente d'une ferme.

(2) Le même système est établi en Irlande , et on le considère comme une des principales causes des troubles si fréquents en ce pays. On doit , cependant, rendre au clergé Irlandais la justice de dire que, en général , cet impôt est levé avec modération , lorsqu'il passe immédiatement entre les mains de ses membres ; mais il arrive trop souvent qu'ils cèdent leurs dîmes à d'autres personnes , qui, pour s'enrichir , extorquent jusqu'au dernier shelling que la loi ou la coutume les autorise à tirer.

lorsque les revenus de la Couronne et les rentes des propriétaires se payaient de la même maniére. Mais , comme ce mode de paiement a été changé pour ces deux derniers , on ne peut donner aucun motif raisonnable , pour suivre la même règle à l'égard du premier. Il est certainement très-avantageux à l'intérêt public , qu'on fasse les frais d'un établissement ecclésiastique , et même qu'on y pourvoie largement , en proportion de la richesse du pays. Ce n'est pas le montant total de la taxe , qu'on veut blâmer , mais le mode de paiement , qui est extrêmement nuisible à l'agriculture , et qui forme un obstacle à toute amélioration. Cet obstacle vient de ce qu'un fermier qui améliore ses terres , qui est plus éclairé et plus entreprenant que ses voisins , paiera , avec certitude , plus de dîmes qu'eux, sans qu'il soit certain qu'il fera de plus grands profits. Le produit sera plus considérable ; mais aussi les dépenses sont plus grandes. Rien ne peut être plus nuisible qu'une loi , d'après laquelle un homme, qui a dépensé des sommes considérables , soit à mettre en culture des terrains friches , soit à augmenter la fertilité de terres déjà cultivées , est forcé de donner une part d'un dixième de ses produits, à une personne qui n'a pas partagé ses dépenses , qui n'a couru aucun risque, et qui n'a supporté aucun des travaux de l'amélioration.

Si la culture du grain , devenant plus difficile , exigeait d'être conduite avec plus de soins , d'attention , et, par conséquent, de dépenses , le fardeau des dîmes serait encore plus fortement senti.

A présent, elles font éprouver de grandes pertes, lorsqu'elles sont levées en nature, et que le cultivateur est obligé de les conduire, non pas dans ses granges, mais dans celles du ministre. Une commutation des dîmes (1) serait donc un des plus grands bienfaits qu'on pût accorder à notre agriculture; et il n'y aurait pas la moindre difficulté à l'effectuer, en conférant à celui qui perçoit la dîme, soit la propriété d'une certaine proportion des terres, soit une rente perpétuelle en grains. L'un et l'autre de ces plans ont été adoptés en Angleterre, dans un grand nombre de cas, par des actes locaux; et la loi devrait en faire aujourd'hui un système général. Quelques personnes voudraient qu'on assignât à celui qui perçoit la dîme, une certaine proportion de la rente des terres, comme 3 ou 4 sh. par livre; elles pensent que ce serait le moyen le plus convenable pour éviter toute difficulté. Il mettrait fin, du moins, à toute incertitude sur le montant des demandes (2).

2° Une taxe pour l'entretien des pauvres, est une autre charge paroissiale, qui s'accroît annuel-

---

(1) On doit dire aussi que, en payant la dîme en nature, le fermier perd sa paille, et, par conséquent, le principal moyen d'augmenter, à l'avenir, la fertilité de ses terres.

(2) Le docteur SKEN KEITH établit qu'une étendue de plus de 2,000 acres a été défoncée dans le voisinage d'*Aberdeen*, avec des dépenses considérables, qu'on n'aurait pas voulu faire, si les terres, ainsi améliorées, avaient été assujetties à la dîme.

lement, et qui, si elle n'est pas promptement réglée d'après des principes convenables , absorbera inévitablement une proportion considérable de la rente des terres en Angleterre (1). Les enfants, les malades et les vieillards , peuvent avoir besoin de secours; mais , comme l'observe, avec justesse , MALTHUS , les lois sur les pauvres ne sont qu'un moyen de faire vivre les vicieux et les fainéants , aux dépens des hommes laborieux et industrieux. Ces paiements détruisent aussi tout esprit d'indépendance, et ces idées d'une noble fierté , qui excitent un homme à faire usage de tous ses moyens, pour se soutenir , ainsi que sa famille ; et , dans l'état actuel des choses , cet impôt est administré par les officiers de la paroissse , avec répugnance , et reçu , par les pauvres , avec mécontentement et ingratitude. On a cherché à justifier, par deux motifs, la disposition qui met le paiement de la taxe des pauvres à la charge des fermiers ; 1° parce que cette disposition tend à prévenir les dilapidations de l'impôt, auxquelles les fermiers peuvent plus facilement s'opposer que les propriétaires , qui , ordinairement , ne résident pas sur les lieux ; 2° parce qu'elle em-

----

(2) M. CURWEN remarque que l'augmentation journalière de la taxe des pauvres devient un fardeau énorme , et que, pendant que tout le monde s'élève contre ces résultats, comme devant absorber bientôt tout le produit des terres de l'Angleterre , personne n'a encore proposé un plan pour son abolition immédiate, ni même pour sa diminution progressive , ou pour son abolition dans un terme éloigné.

pêche que les paroisses ne soient assujetties à de nouvelles charges , en engageant les cultivateurs à
employer des domestiques à l'année , qu'ils fixent
dans la paroisse , avec leurs familles futures , plutôt
que des ouvriers payés à la semaine.

En Écosse , les pauvres sont , en général , entretenus par des contributions volontaires (1) ; mais
lorsqu'elles ne sont pas suffisantes , les propriétaires
de la paroisse , réunis au ministre , ou le *conseil
de la paroisse* , font une liste des personnes indi-
gentes , et imposent une taxe pour leur subsistance ;
la moitié de cette taxe est payée par les propriétaires , et l'autre , par les fermiers. Ainsi , en général , ceux qui payent la taxe des pauvres , sont
à la fois , et les juges de l'indigence de ceux qui
réclament l'aumône , et les répartiteurs de l'impôt ;
et il n'y a pas de doute que cet arrangement ne soit
la meilleure garantie possible contre des taxes ex-
orbitantes , ou une distribution prodigue.

3° L'usage adopté en Écosse , d'avoir , dans chaque
paroisse , un maître d'école , dont le salaire est
payé par les fermiers , est certainement une disposition très-sage , et digne d'une nation éclairée.
Pourquoi chaque individu , dans une nation , ne
pourrait-il apprendre à lire , à écrire , et à calculer?
L'acquisition de ces premières connaissances de l'é-

---

(1) En Irlande, on suit la même méthode ; et les hommes
d'État les plus intelligents de ce pays , sont convaincus que
c'est la manière la plus convenable d'assister les pauvres.

ducation, agrandit ses idées, améliore son moral, et le rend propre à devenir un membre plus utile de la société. Les moyens d'acquérir ces connaissances les plus essentielles, ne devraient pas dépendre de la disposition charitable d'hommes qui n'y contribuent qu'à regret ; mais ils devraient être assurés aux individus les plus pauvres, par les lois municipales du pays (1).

II. *Charges nationales.*

Les charges nationales, en général, comme les impôts sur les maisons et les fenêtres, les taxes pour l'entretien des veuves et des enfants des militaires, pour le transport des vagabonds, la poursuite des malfaiteurs, et autres impôts, ne pèsent pas plus fortement sur les fermiers, que sur les autres classes de la société. mais il y a un impôt qui est vivement ressenti par les fermiers en terres arables ; c'est la taxe sur les chevaux employés à l'agriculture. On reproche à cette taxe une grande inégalité. En effet, les pâturages, dont l'exploitation entraine nécessairement moins de dépenses, ne participent pas à son paiement ; le fardeau tombe donc exclusivement sur les terres en culture, ce qui a

---

(1) La construction et la réparation des églises, des écoles et des maisons d'habitation des ministres, sont une charge paroissiale, à laquelle les propriétaires sont assujettis en Écosse. Il se passe à peine une année, sans qu'il soit fait quelqu'appel à leurs bourses, pour l'un ou l'autre de ces objets. Le montant varie selon la population, et la masse des rentes dans la paroisse.

pour conséquence nécessaire, d'empêcher les cultivateurs de la Grande-Bretagne d'obtenir les produits de ces terres, à aussi bas prix que les cultivateurs étrangers.

III. *Charges diverses.*

Le fermier est grevé aussi de diverses charges, comme la taxe pour les ponts, qui sont d'une telle utilité publique, qu'on ne peut faire aucun reproche à un impôt modéré pour leur entretien, lorsqu'il est convenablement employé ; — les travaux exigés par la loi sur les grands chemins ; — le droit des constables, qui est rarement très-élevé ; — la taxe pour les gardiens des églises, comprenant les réparations de l'église ; — et, dans quelques paroisses populeuses, il existe aussi une taxe pour le cimetière. Toutes ces charges sont supportées par les fermiers (1).

---

(1) Comme un exemple est plus satisfaisant que des assertions générales, nous allons donner ici la note des paiements de diverses taxes faits par un fermier anglais, qui paye annuellement une rente de 500^l. (12,000^f).

	L.	Sh.	F.	C.
La dîme est abonnée pour	100	00 —	2400	00
La taxe des pauvres, à 5 sh. par liv.	125	00 —	3600	00
Taxe pour l'église	6	05 —	150	00
Taxe pour les routes ....,	13	10 —	324	00
Taxe de la maison et des fenêtres ...	10	00 —	240	00
Taxe sur les chevaux et les chiens ...	7	10 —	180	00
Timbre des quittances de ces taxes ..	1	15 —	42	00
Total	264	00 —	6336	00

Le tout se monte à environ 53 p. o/o.

La banalité des moulins est aussi une charge très-pesante, là où elle existe, non—seulement par le prix de la mouture, qui est double ou triple de ce qu'il devrait être, mais parce que le cultivateur est forcé de confier son grain à un homme dont l'habileté et la probité ne méritent pas toujours une entière confiance.

C'est une question très-importante, que de rechercher si les charges publiques doivent être supportées par le propriétaire ou par le fermier. Lorsque ce dernier les paye, cela a l'avantage que le propriétaire peut compter sur un revenu fixe, et limiter ses dépenses en conséquence.

Les vexations auxquelles les fermiers sont assujettis en Angleterre, pour plusieurs impôts variables, produisent l'effet d'une prime, en faveur de l'agriculture de l'Écosse. On a remarqué, avec justesse, que les circonstances physiques sont beaucoup plus favorables à l'agriculture, en Angleterre qu'en Écosse ; mais ces avantages sont compensés par plusieurs maladies morales, qui pourraient être écartées, si la législature voulait bien apporter aux matières qui se lient aux améliorations intérieures du pays, et aux moyens de les favoriser, une partie de l'attention qu'elle donne fréquemment à l'amélioration de nos possessions lointaines.

CONCLUSION.

Outre les objets que nous avons examinés, il y a encore plusieurs autres particularités qui exigent l'examen d'un fermier prudent , avant qu'il se détermine à entreprendre l'exploitation d'une ferme ; comme , 1° la nature du domaine dont la ferme fait partie , en particulier, si le domaine est *substitué*, et jusqu'à quel point le possesseur est autorisé à accorder un bail (1) ; 2° le caractère du propriétaire , et , en cas de sa mort , celui de ses héritiers , ainsi que des personnes desquelles il est probable qu'ils prendront conseil ; 3° — l'état réel de la ferme , sous le rapport des clôtures , du desséchement, des bâtiments, etc. ; les récoltes qu'elle a produites communément , et la manière dont elle a été traitée pendant les dernières années ; — 4° l'état général du canton , par rapport au prix de la main-d'œuvre et des denrées de première nécessité ; le caractère de ses habitants , en particulier , des fermiers et des manouvriers du voisinage , et s'il est probable qu'ils seront disposés à favoriser ou à contrarier ses projets d'améliorations.

Il est évident qu'il se rencontrera à peine un seul cas , dans lequel toutes les circonstances dont nous venons de faire l'énumération , se trouveront combinées favorablement. Mais un cultivateur actif et

---

(1) Dans le rapport de *Cornwall*, on cite une circonstance de ce genre , très-embarrassante pour l'auteur de ce mémoire, qui avait dépensé des sommes considérables sur un domaine substitué , qu'il avait pris à ferme. Cela n'arrive que trop souvent , et le malheureux fermier se trouve à la merci du successeur , si le bail excède le terme autorisé par la substitution.

intelligent ne se laissera pas décourager par les obstacles qu'il pourra avoir à vaincre ; il emploiera, avec ardeur, tous ses efforts, ses moyens, son industrie et sa persévérance, pour surmonter les difficultés qu'il doit inévitablement rencontrer.

CHAPITRE II.

DES MOYENS LES PLUS ESSENTIELS POUR AMÉLIORER ET CULTIVER UNE FERME.

Lorsqu'un cultivateur entreprend l'exploitation d'une certaine étendue de terre, un grand nombre d'objets importants, et les suivants, en particulier, doivent attirer son attention, comme présentant les moyens les plus efficaces pour favoriser ses succès. 1° L'emploi judicieux d'un capital proportionné à la ferme ; 2° la tenue de comptes réguliers, comme le fondement le plus certain d'une culture économique ; 3° une habile disposition des travaux agricoles et des arrangements domestiques ; 4° prendre à gages un nombre convenable de domestiques sûrs et fidèles ; 5° se procurer des journaliers laborieux et intelligents, pour les travaux qui exigent leurs secours ; 6° acheter et entretenir les bestiaux les plus convenables à la ferme ; 7° construire des bâtiments convenables pour le but qu'il se propose ; 8° la faculté de disposer de l'eau ; 9° la division de sa ferme en pièces d'une forme et d'une étendue convenables ; 10° enfin, la construction de bons chemins de communication, dans le cas où il n'en existerait pas déjà. Lorsque tous ces points sont arrangés d'une manière satisfaisante, il peut procéder, avec intelligence et énergie, à l'amélioration et à la culture de sa ferme.

§ I.

LE CAPITAL.

Il est indispensable, pour le succès d'une entreprise agricole, comme pour toute autre branche d'industrie, que celui qui l'entreprend, puisse disposer d'un capital suffisant. Lorsque le fermier ne possède qu'un capital inférieur à ses besoins, il ne peut pas tirer de ses travaux le profit qu'il devrait en attendre, parce qu'il est souvent forcé de vendre ses récoltes au-dessous de leur valeur, pour se procurer de l'argent comptant ; et que cela l'empêche de faire des achats avantageux, même lorsque les occasions les plus favorables s'en présentent (1). Un cultivateur industrieux, frugal et intelligent, qui est exact dans ses paiements, et qui, par cette raison, a du crédit, évite beaucoup de difficultés, et a besoin d'un capital moins considérable, qu'un homme d'un caractère différent ; mais s'il ne peut pas se procurer des bestiaux en quantité suffisante pour cultiver ses terres de la manière la plus con-

____

(1) On a remarqué, avec justesse, que, en général, les cultivateurs ne peuvent pas renouveler leurs fonds aussi fréquemment que les manufacturiers et les négociants ; ils ont donc besoin de pouvoir disposer d'un capital proportionnellement plus considérable. Les expédients auxquels un cultivateur est forcé d'avoir recours, pour se procurer de l'argent comptant, nuisent essentiellement à ses intérêts réels.

venable , et pour obtenir une suffisante quantité de fumier ; s'il manque d'argent pour l'acquisition des objets nécessaires à sa ferme , il doit , dans les circonstances ordinaires , vivre dans un état de dé-tresse , et d'un travail pénible ; et la première sai-son défavorable , ou autre événement fâcheux , le fera probablement succomber sous des fardeaux ac-cumulés. Les fermiers sont trop disposés , en gé-néral , à entreprendre l'exploitation de fermes trop considérables pour le capital dont ils peuvent dis-poser. C'est une grave erreur ; et il en résulte que bien des gens restent pauvres sur une grande ferme , tandis qu'ils auraient pu vivre avec aisance , et faire de bonnes affaires sur une ferme moins étendue. Un fermier ne peut se livrer à son entreprise avec sé-curité , s'il n'est pas en état non—seulement de payer les dépenses ordinaires de son exploitation , mais aussi de faire face aux circonstances imprévues. Lorsqu'un fermier , au contraire , prend une exploi-tation inférieure à son capital , il se met en état de profiter de toutes les occasions favorables pour acheter , lorsque les prix sont bas , et d'attendre , pour vendre , l'augmentation des prix.

Le montant du capital nécessaire doit dépendre de plusieurs circonstances ; comme 1° si le fermier est forcé de faire des dépenses pour la construction ou la réparation de la maison de ferme , ou des bâtiments d'exploitation ; 2° quelle somme le fer-mier entrant doit payer à son prédécesseur , pour les pailles ou le fumier qu'il laisse sur la ferme , et autres objets de même nature ; 3° l'état de la ferme , au moment de l'entrée en bail ; s'il faut y faire des dépenses en desséchement , clôtures , irrigation , nivellement de billons, etc. ; 4° s'il est nécessaire d'acheter de la chaux, ou d'autres amendements tirés du dehors, et dans quelle proportion ; 5° à quels termes la rente doit être payée , relativement à l'entrée en jouissance ; car il arrive quelquefois que, à l'époque où le propriétaire exige le paiement de la rente , le fermier ne peut encore compter sur le produit des récoltes qu'elle représente ; enfin , si c'est une ferme en terres arables , une ferme à pâturages , ou une ferme mixte (1).

1° *Fermes à pâturages.* — Dans les districts à pâturages , on évalue ordinairement le montant du capital nécessaire , d'après le montant de la rente ; on calcule que , dans les pâturages ordinaires , le fermier doit avoir à sa disposition, un capital de trois à quatre fois les rentes qu'il paye. Mais , dans les pâturages très-fertiles , qui peuvent supporter , par acre , des bestiaux d'une valeur de 20 à 30 l. , et même plus (de 8 à 1,200^f. par hectare) , comme c'est le cas dans plusieurs parties de l'Angleterre , un capital de cinq fois la rente est évidemment insuffisant. Lorsque les prix sont élevés, le capital doit souvent être porté à dix fois la rente, par celui

---

(1) La culture du houblon, qui se rapproche de celle des jardins , exige un capital de 50 à 60 l. par acre (3,600 à 4,320^f. par hectare).

qui veut spéculer sur des races supérieures de bestiaux, et entrer, avec distinction, dans ce nouveau champ de spéculations et d'entreprises.

2° *Fermes en terre arable.* — Le capital nécessaire pour une ferme en terre arable, varie, selon les circonstances, de 5 à 10 l. , et même jusqu'à 15 l. par acre (1) (3 , 6 et 900ᶠ. par hectare). Un fermier ignorant, timide, et manquant de moyens pécuniaires , emploie à son exploitation aussi peu d'argent qu'il lui est possible ; et il obtient ainsi de sa ferme, de petits produits et de petits profits. Ceux-ci s'accroissent toujours en proportion du capital déboursé, lorsqu'il est employé avec jugement et industrie. Ceci , cependant , ne dispense pas de porter son attention vers l'économie. Il est peu judicieux d'acheter un cheval 40 guinées, lorsque un cheval de 30 peut exécuter le travail de la ferme ; ou de dépenser inutilement de l'argent à des harnais couteux , chargés d'ornements superflus. On voit des fermiers prudents, qui ne sont pas bien au large pour leur capital, commencer par acheter quelques chevaux d'une valeur médiocre , et quelques juments

------

(1) En *Essex*, 15 l. par acre (900ᶠ. par hectare) sont nécessaires, lorsque la ferme a besoin de desséchements et de l'emploi de la chaux. En Flandre , on regarde comme nécessaires 6 l. 5 sh. par acre anglais (325ᶠ par hectare). Le capital est souvent moindre ; mais alors le fermier fait rarement de bonnes affaires , à moins qu'il ne soit aidé par une famille industrieuse , ou que les circonstances ne soient très-favorables.

poulinières , ou quelques poulains ; et , au bout de cinq ou six ans , ils ont de bons chevaux , et peuvent quelquefois revendre les anciens sans beaucoup de perte. Il faut bien avoir recours à quelques expédients de ce genre , lorsque le capital est insuffisant.

3° *Fermes mixtes.* — Ce genre d'exploitation est , au total , le plus profitable de tous. Indépendamment des avantages , toujours condidérables , qu'on peut tirer de la culture alterne , un fermier a bien plus de chances de profit , dans un système de culture variée , que lorsqu'il ne s'attache qu'à un seul objet. Lorsqu'on se livre à ce genre d'exploitation , on préfère souvent acheter des bestiaux maigres , à les élever soi-même ; et on tire de grands avantages de la promptitude de la rentrée du capital. Mais , dans ce cas , le profit dépend beaucoup du choix judicieux des bestiaux.

Il n'est pas nécessaire d'entrer dans des évaluations très-détaillées du capital nécessaire pour l'exploitation des fermes de ce genre , attendu que ce sujet a déjà été traité dans plusieurs ouvrages. On peut dire , en général, qu'une ferme en *terre à turneps,* exige , aujourd'hui , 5 à 6^l par acre (300 à 360^f. par hectare) , et , en terre argileuse , de 7 à 8^l (420 à 480^f. par hectare) , le tout , selon les circonstances.

Ce capital se divise nécessairement en deux parts. l'une est employée , en partie , à l'acquisition d'instruments, et de bétail plus ou moins périssable , et , en partie, à l'amélioration du sol. Pour celle-là, le fermier doit en tirer, annuellement, un certain profit, qui lui rende, dans un nombre donné d'années, la somme qu'il a ainsi dépensée. L'autre part est employée à solder , dans le cours de l'année, les dépenses de main-d'œuvre, etc. Celle-ci, avec ses intérêts , doit être remboursée par les produits de l'année. Le fermier doit porter son attention vers ces deux branches de dépenses, tant sous le rapport des époques où elles doivent être faites, que sous le rapport de leur montant.

Les détails les plus satisfaisants , qui aient été fournis, jusqu'ici , sur les profits qu'on peut tirer d'un capital convenable , employé dans une ferme en terres arables, sont ceux qui ont été donnés par GEORGE RENNIE , *Esq. de Phantassie, en Lothian oriental.* Dans un sol varié , de 702 acres anglais (280 hectares) , il établit les profits à 1 l. 5 sh. par acre (75^f. par hectare) , ou environ 14 p^r o/o du capital employé. A ce sujet, on a remarqué , avec raison , qu'il serait fâcheux , pour les propriétaires de terres et pour le public , que les fermiers intelligents et industrieux ne fussent pas suffisamment indemnisés du capital, de l'habileté et de l'industrie qu'ils apportent dans leur profession. Des aventuriers , ne possédant presque rien, prendraient les fermes , en trompant les propriétaires par l'offre de rentes plus élevées que ne peut supporter la ferme , avec l'emploi d'un capital insuffisant. Le sol serait , par conséquent, mal cultivé; et les propriétaires , aussi bien que le public , en éprouveraient de grandes pertes.

D'après l'importance des capitaux pour un fermier ,

il est évident que, lorsqu'il réunit la prudence à
l'activité, il serait très-utile qu'il pût se procurer
ces capitaux, à des conditions aussi raisonnables,
que les manufacturiers et les commerçants. Il doit
gagner, au moins, 10 ou 15 p^r o/o de son capital (1); il peut donc bien payer 5 p^r o/o de l'argent qu'il peut avoir besoin d'emprunter. Afin de
fournir au fermier le moyen de donner des suretés
suffisantes pour les sommes qu'il peut emprunter,
on a imaginé qu'il serait convenable de l'autoriser à
sous-louer sa ferme, ou à donner son bail pour gage,
cependant, en accordant toujours la préférence au
propriétaire, à des conditions égales. Un fermier
prudent, d'un caractère respectable, pouvant offrir
une telle sureté, ne manquerait jamais de crédit,
lorsqu'il en aurait besoin ; et les difficultés qu'il
peut éprouver relativement au capital, seraient é-
cartées en grande partie. Si ce systême était en-
couragé par des propriétaires libéraux , des personnes entreprenantes, portées, par goût, aux a-
méliorations agricoles, avec le droit de transmettre
leur bail, sous les restrictions convenables, pourraient
améliorer plusieurs fermes les unes après les autres ;

---

(1) Mr Young observe que si un fermier ne fait pas 10 p^r o/o
de profit de son capital, il faut, ou qu'il ait une mauvaise ferme,
ou qu'il la gouverne mal, ou que les circonstances soient bien
défavorables. Il doit faire de 12 à 15 p^r o/o. Quelques fermiers
font un bénéfice plus considérable, lorsque les récoltes sont
bonnes, et les grains à un prix raisonnable.

ce serait un moyen de mettre dans un état productif, de grandes étendues de pays , même dans
les districts reculés. Mais ce plan ne peut être mis
à exécution , que dans le cas où le fermier peut engager , comme sureté à ses créanciers , les améliorations qu'il a exécutées sur sa ferme.

§ II.

COMPTABILITÉ.

La tenue de comptes réguliers n'est pas auss;
commune , parmi les cultivateurs , qu'elle devrait
l'être ; et , sous ce rapport , les hommes qui se
livrent à d'autres professions , sont beaucoup plus
exacts. On trouve , il est vrai , chez de riches
propriétaires qui s'occupent d'agriculture , une comptabilité régulière ; et leurs comptes de débit et de
crédit , de dépense et de profit , sont tenus avec
autant de régularité que ceux d'une maison de banque
de la capitale. Mais cela se rencontre bien peu
chez le commun des fermiers. Il arrive rarement
que leurs livres soient tenus avec la régularité et
les détails nécessaires : un fermier riche , qui emploie
à son exploitation un capital considérable , regarde
rarement ses livres comme assez importants , pour
mériter une part d'attention égale à celle qu'y donne
un marchand , qui emploie , dans son commerce ,
un capital vingt fois moindre. Il y a certainement
quelque difficulté à tenir des comptes réguliers de

profits et de pertes, dans une entreprise aussi compliquée que celle d'un fermier, et qui dépend autant des saisons, de l'état des marchés, et d'autres circonstances qui ne dépendent pas de lui ; cependant les fermiers écrivent ordinairement la plus grande partie de leurs opérations, c'est-à-dire, les objets qu'ils vendent et les sommes qu'ils reçoivent ; de sorte qu'il y aurait peu de chose à faire pour régulariser leurs comptes sous ce rapport. Quant aux dépenses d'exploitation de la ferme, il est très-possible d'en tenir des comptes réguliers, et tout fermier prudent et industrieux ne devrait pas manquer de le faire. Les Hollandais disent très-sagement : *Qu'un homme qui tient des comptes réguliers, ne peut pas se ruiner.*

On ne peut douter des avantages qui résultent de la tenue d'une comptabilité régulière (1). En

---

(1) Outre l'avantage évident qu'un homme trouve à bien connaître ses affaires et à éviter d'être trompé, des comptes réguliers exercent encore sur le fermier un effet moral très-important, quelque petite que soit son exploitation. L'expérience montre que les petits fermiers, qui n'ont à gouverner ou à perdre qu'un capital modique, sont très-disposés à contracter des habitudes de paresse et d'indolence. Ils se persuadent qu'une chose sera faite aussi bien demain qu'aujourd'hui, et le résultat en est, que la chose n'est faite que lorsqu'il est trop tard, et qu'elle est faite à la hâte et imparfaitement. Rien ne peut contribuer davantage à détruire cette disposition, que la tenue de comptes réguliers. La seule idée qu'il doit écrire sur son livre tout ce qu'il fera, tient son attention ouverte sur tout ce qu'il a à faire ; et l'habitude de ces écritures, est le plus grand stimulant possible aux habitudes d'activité et de travail.

examinant ses livres , un fermier connaît , avec
exactitude , la nature et le montant des dépenses
auxquelles il s'est livré dans les différentes opérations de son exploitation ; il reconnaît quelles sont
les mesures particulières ou quel est le systême général qui contribue à ses profits , ou qui lui occasionne de la perte (1). On peut, de cette manière, introduire dans le gouvernement d'une ferme
le principe de l'économie ; et on trouve le moyen
de diminuer les dépenses, ce qui devient tous les
jours d'une plus haute importance , parce que, tous
les jours , elles emportent une plus grande proportion des produits des exploitations rurales (2).

Afin de faciliter l'adoption d'une méthode aussi
utile que celle de la tenue de comptes réguliers ,
il serait à désirer qu'on publiât non—seulement des
notes indiquant les opérations de chaque jour , mais
des livres de comptes réguliers , divisés en colonnes ,
contenant tous les articles que l'expérience indique
dans les opérations de l'agriculture , avec une co-
lonne plus large , pour les observations générales.

---

(1) Les Romains connaissaient parfaitement la nécessité de
l'économie dans la culture. VARRON conseille de prendre garde
" *ne sumptus fructum superet,* " que la dépense n'excède pas
le produit. Et PLINE est encore plus précis sur ce point , en
donnant pour maxime : " *Benè colere , lucrosum ; optimè colere ,
damnosum.* " La bonne culture est profitable , mais l'agriculture prodigue est ruineuse.

(2) Un cultivateur peut faire des économies importantes ,
en examinant, avec soin , les comptes du maréchal, du char-
ron , et des autres artisans qu'il emploie.

La comptabilité agricole des riches propriétaires, ou des agents qu'ils emploient, ne peut pas être trop détaillée (1). Mais, à l'égard des fermiers ordinaires, le point essentiel est que ces comptes soient courts et clairs. On en trouvera des modèles dans l'appendice N° 2.

Il est à propos d'ajouter que les comptes de recette et dépense pécuniaire, ne sont pas les seuls qui soient nécessaires à un cultivateur. Il faut qu'il procède annuellement à l'inventaire de son bétail, et à son estimation, au prix du moment ; — qu'il constate la quantité de foin qui n'a pas été consommée ; — la quantité de grains dans les greniers ou dans les meules ; — qu'il fasse un inventaire des instruments d'agriculture et des autres objets qui font partie de son capital. Il est essentiel aussi qu'il tienne des comptes détaillés de la dépense, et des produits de chaque pièce de terre ; sans cela il lui est impossible de calculer les avantages de telle ou telle rotation ; — la manière la plus avantageuse de gouverner la ferme ; — enfin, les améliorations dont elle est susceptible.

---

(3) Mr FRANCIS BLAIKIE, ancien contre-maître du Comte de CHESTERFIELD, et qui est maintenant attaché, en la même qualité, à Mr COKE de *Norfolk*, ne tient pas seulement des comptes de recettes et dépenses, ainsi qu'une évaluation exacte du bétail et du mobilier de l'exploitation, mais il tient aussi écriture des particularités les plus minutieuses ; par exemple, à l'égard d'une meule de foin, — l'époque où elle a été faite ; d'où vient le foin ; le nombre de voitures ; l'état dans lequel était le foin ; l'évaluation du nombre de *tons* ; son emploi ; l'espèce de bétail qui l'a consommé, etc.

§ III.

ARRANGEMENT DES TRAVAUX AGRICOLES ET DES OCCUPATIONS INTÉRIEURES.

Conduire avec ordre une exploitation étendue, n'est pas un objet de peu d'importance, et tout homme n'y est pas propre. Au moyen du capital, des connaissances et de l'industrie, on peut déjà faire beaucoup ; mais cela n'est pas toujours suffisant pour assurer le succès, sans un arrangement judicieux de toutes les opérations. Au moyen de cet ordre, une ferme fournit une succession de travaux non interrompus, pendant toutes les saisons de l'année ; les ouvriers et les attelages sont, autant que les circonstances peuvent le permettre, employés continuellement aux travaux qu'ils peuvent exécuter avec le plus d'avantage. Avec un système bien établi de la sorte, il n'y a presque pas de temps perdu, dans toute l'année, soit pour les hommes, soit pour les chevaux. C'est un objet d'une grande importance, car la dépense de chaque cheval peut être évaluée à 3 sh. (3^f 6o^c) par jour, et chaque homme à 2 sh. (2^f 4o^c) Ainsi, chaque journée qu'un homme et un cheval restent sans emploi, occasionne au cultivateur une perte de 5 sh. au moins (6^f).

Comme base d'un arrangement convenable des

travaux, il est nécessaire d'avoir un plan de toutes les terres de la ferme, ou, au moins, un état de toutes les pièces de terre qui la composent; indiquant leur étendue productive (1); — la qualité du sol ; — les récoltes précédentes, les cultures données à chacune, et l'espèce et la quantité des engrais que chacune d'elles a reçus. Avec ce secours, on pourra, avec plus de probabilité de succès, déterminer la rotation qu'on doit adopter pour chaque pièce de terre.

C'est à l'aide de ce plan, qu'on doit, chaque automne , disposer l'arrangement des récoltes pour l'année suivante , en classant les champs et les pièces de terre selon l'espèce de récolte à laquelle chacune est destinée. On détermine ainsi, avec exactitude, le nombre d'acres qui doivent être en terres arables, en prairies ou en pâturages. Il ne sera pas difficile alors de connaître , d'avance , de quel nombre de chevaux et d'ouvriers on aura besoin , pendant toute la saison, pour les champs en culture , ainsi que le nombre des bestiaux qui seront nécessaires pour les pâturages. On connaîtra aussi l'étendue des travaux extraordinaires, comme la moisson etc. , et on pourra engager, à temps , le nombre d'ouvriers convenables pour les exécuter.

Comme rien ne contribue davantage à faciliter le

---

(1) On ne doit compter que l'étendue de terre cultivée ; l'étendue qu'occupent les haies et les bordures de tous les champs, doit être indiquée à part, en une seule masse.

travail, que de pouvoir se préparer à ce qu'on a à faire, un cultivateur doit mettre tous ses soins à faire choix d'une rotation judicieuse de récolte, appropriée à la nature et aux qualités de son sol, et disposer en conséquence la succession des travaux. Les travaux d'attelages doivent être arrangés, d'avance, pour plusieurs mois, sauf la gelée et les mauvais temps qui peuvent survenir ; et les travaux manuels, pour quelques semaines, selon la saison de l'année. Il est fort essentiel que le cultivateur tienne un *agenda* comprenant tous les travaux qui doivent être exécutés, afin que rien n'échappe à sa mémoire, et que les travaux les plus pressants puissent être expédiés les premiers, au moment où l'état du temps est favorable à leur exécution ; de cette manière, les travaux marchent régulièrement et sans confusion, pendant que le fermier, par une attention continuelle, peut modifier la distribution du travail, ou renforcer la partie qui peut l'exiger. On peut recommander particulièrement les préceptes suivants, qui se lient à la bonne disposition des travaux dans une ferme.

1° Le cultivateur doit se lever de bonne heure, et s'assurer que tout son monde fait de même. En hiver, on doit prendre le déjeûner à la chandelle ; par ce moyen, on gagne une heure, que beaucoup de cultivateurs perdent par leur indolence ; cependant, six heures par semaine font presque l'équivalant d'une journée de travail, pendant l'hiver. C'est un objet fort important pour celui qui emploie

beaucoup de domestiques. Il est absolument nécessaire aussi, qu'un cultivateur exige rigoureusement
que les ordres qu'il donne soient exécutés avec
ponctualité.

2° L'inspection de toute la ferme doit être faite
régulièrement, et non-seulement chaque pièce de
terre, mais même chaque bête, doit être examinée,
au moins une fois dans la journée, soit par le fermier, soit par un homme de confiance.

3° Dans une ferme considérable, il est d'une extrême importance que les domestiques soient attachés en particulier à chacune des branches les plus
importantes des travaux ; car il y a bien du temps
perdu, lorsque les ouvriers changent fréquemment
d'occupations. En outre, au moyen de la division
du travail, non − seulement l'ouvrage est exécuté
plus promptement, mais aussi beaucoup mieux, parce que les mêmes mains sont toujours employées
à la même partie des travaux. A cet effet, les laboureurs ne doivent jamais être employés aux travaux manuels, mais tenus régulièrement au travail
avec leurs chevaux, lorsque le temps le permet.

4° Il est de la plus grande importance d'arranger les travaux de labourage selon la nature des
terres qu'on cultive. Dans beaucoup de fermes, il
y a des pièces de terre qui ne peuvent plus être
labourées, soit après de grandes pluies, soit après
une longue sécheresse. Dans ce cas, un cultivateur
prévoyant commence par labourer, avant la saison
humide, les terres qui courent le plus de danger

par les longues pluies ; et, avant la saison sèche de l'année, il se hâte de cultiver les terres que la sécheresse pourrait mettre hors d'état de recevoir le labour. Le temps qui s'écoule entre les semailles d'automne et l'hiver , peut être bien employé à labourer les sols argileux qu'on compte ensemencer , au printemps , en fèves, avoine, orge , etc. , en employant l'extirpateur à ces semailles. Dans les fermes où on suit exactement ce précepte , il y a toujours des terres en bon état pour être labourées, et on n'est jamais dans la nécessité de retarder l'ouvrage , ou de le mal exécuter.

5° On doit employer tous les moyens de diminuer le travail et d'augmenter la puissance des animaux qu'on y emploie. Si , par exemple , par un bon arrangement , cinq chevaux peuvent exécuter autant de travail que six , par la méthode ordinaire de les employer , un cheval peut être employé à charrier les turneps pendant l'hiver , ou à d'autres travaux nécessaires dans la ferme , dans d'autres saisons , sans qu'on soit forcé de diminuer le nombre des charrues. Lorsqu'on conduit du fumier , on doit employer trois charrettes , l'une qu'on charge dans la cour de ferme , une autre en route , chargée , et la troisième en route pour revenir ; le cheval de la charrette vide est dételé , et attelé à la charrette chargée. De même, pendant qu'une paire de chevaux labourent pour la semaille des turneps , les trois autres chevaux peuvent être employés à conduire le fumier sur le sol, avec deux ou trois charrettes, selon l'éloignement et la situation du terrain. En étendant les mêmes soins à toutes les opérations de l'exploitation, on peut épargner beaucoup de travail.

6° Un cultivateur ne doit jamais entreprendre un travail, soit qu'il rentre dans la pratique ordinaire, soit qu'il le considère comme une amélioration, sans y avoir réfléchi avec toute l'attention dont il est capable, et sans s'être convaincu qu'il est utile pour lui de l'entreprendre ; mais, lorsque les travaux sont commencés, il doit y procéder avec soin, activité et persévérance, jusqu'à ce qu'il ait obtenu les résultats qu'il s'était promis.

7° Lorsqu'on se livre à des améliorations, il est très-important de ne pas trop entreprendre à la fois, et de ne jamais commencer des travaux, sans qu'il y ait probabilité qu'on pourra les terminer en saison convenable.

8° Un cultivateur doit toujours avoir un registre sur lequel il inscrit toutes les idées utiles qui se présentent dans la conversation, dans la lecture, ou dans la pratique des opérations agricoles. Des papiers détachés s'égarent ou se perdent ; et, lorsqu'on a besoin d'une note, on perd plus de temps à la rechercher, qu'on n'en eût employé à en faire une demi-douzaine de nouvelles. Mais lorsque ces notes sont réunies dans un registre auquel on a le soin de joindre une table des matières, le cultivateur trouve, à chaque instant, ce dont il a besoin ; ses connaissances s'augmentent journellement ; et il est en état de tirer avantage de toutes ses idées et de ses expériences précédentes.

En adoptant ces règles, un cultivateur se trouve le maître de son temps, et peut exécuter chaque opération au moment le plus convenable, au lieu de la remettre, en laissant perdre l'occasion et la saison. Les obstacles qui naissent du mauvais temps, de maladies des domestiques, l'absence accidentelle et nécessaire du maître, seront alors de peu d'importance ; et rien n'empêchera le cultivateur de porter son attention sur les plus petits détails de son exploitation, dont l'ensemble influe si puissamment sur la prospérité de ses affaires.

Outre les dispositions relatives aux opérations extérieures, on ne doit pas négliger de se faire un plan fixe pour les arrangements intérieurs. Pour la dépense du ménage, la méthode la plus sûre est de ne pas permettre qu'on excède une certaine somme par semaine, en fixant une valeur déterminée, aux articles qui se prennent dans la maison. On doit fixer une certaine somme annuelle, pour l'habillement et les dépenses personnelles du cultivateur, de sa femme et de ses enfants, et ne jamais la dépasser. Toutes les dépenses, allouées ainsi, doivent être fixées beaucoup au-dessous des recettes probables ; et on doit mettre en réserve au moins un huitième du revenu réel, pour les dépenses imprévues, ou pour les améliorations extraordinaires de l'exploitation, si la ferme appartient au cultivateur, ou s'il jouit d'un long bail.

§ IV.

DES AGENTS DE CULTURE.

Les agents employés dans les opérations d'une ferme sont de quatre espèces : 1° Contre-maître (1), ou agent supérieur ; 2° Laboureurs, ou domestiques mâles ; 3° Apprentis d'agriculture , là où on en reçoit ; 4° enfin , Domestiques femelles.

1° Le *Contre-maître.* — Dans toute grande exploitation , il est nécessaire que le cultivateur ait un agent qui l'aide dans la direction d'une machine aussi compliquée , et , surtout , qui le remplace en cas d'absence ou de maladie. Cet agent doit exercer une surveillance continuelle partout où des ouvriers ou des attelages sont au travail ; par conséquent , il ne doit pas travailler lui-même , ce qui l'empêcherait de se transporter d'un lieu à l'autre. Il doit être investi d'une autorité suffisante , pour rappeler à leurs devoirs les domestiques et les ouvriers ; et si ce n'est pas lui-même qui les choisit ,

---

(1) Le mot anglais *Bailiff* désigne l'agent principal d'une exploitation , chargé de remplacer le maître dans la surveillance des opérations. Ce n'est pas notre *maître-valet* ou *premier garçon*, car ceux-ci mettent la main à l'œuvre , ce que l'autre ne fait pas ; ce sont ordinairement des hommes qui ont reçu une éducation libérale. J'ai traduit ce mot par celui de *contre-maître* , qui est employé dans le même sens dans toutes les manufactures. (*Note du Trad.*)

il doit avoir le droit de les renvoyer, sauf l'approbation du maître. Cependant, c'est toujours le maître lui-même qui doit faire tous les marchés pour achats ou ventes, et recevoir l'argent. Si le contre-maître est un homme bien élevé et célibataire, il y a de grands avantages à le faire manger à la table du maître.

2° *Domestiques mâles.* — Ils consistent en laboureurs, bergers, vachers, charretiers, etc. Parmi eux, les laboureurs sont les plus importants, parce que c'est d'eux que dépend, en grande partie, le succès des récoltes (1).

Il est intéressant de jeter un coup d'œil sur la manière dont ces domestiques inférieurs ont été entretenus dans la suite des temps passés.

Autrefois, les domestiques mangeaient à la même table que les maîtres, et c'est encore l'usage dans les cantons où les fermes sont petites (2). Aujourd'hui, dans les fermes moyennes, aussi bien que dans les grandes exploitations, on les fait manger ordinairement à une table séparée ; mais on a introduit récemment l'usage de leur donner l'équivalent de leur nourriture en argent. C'est une méthode pernicieuse,

---

(1) Les *défis de charrues*, si fréquents en Angleterre, en Écosse, et en Irlande, ont été la source de beaucoup d'améliorations dans cette opération.

(2) Cet usage est général en Flandre. Il favorise l'ordre et la décence pendant le temps des repas ; et le fermier peut ainsi retourner à l'ouvrage, avec ses gens, plus facilement que lorsqu'ils mangent séparément.

parce qu'elle habitue les domestiques à fréquenter
les cabarets, qu'elle corrompt leur moral, et nuit
à leur santé. Il vaut mieux, si on veut s'éviter
l'embarras de leur nourriture, traiter avec le contre-
maître pour cet objet; mais il est encore plus a-
vantageux, pour le cultivateur, d'avoir ses domestiques sous ses yeux, afin de pouvoir veiller
sur leur conduite morale et religieuse. Il trouvera
un bien meilleur service dans des gens d'une conduite rangée, que dans des débauchés et des paresseux.

La grande augmentation du prix des denrées, et
la difficulté qu'on trouve à satisfaire les gens de service par la nourriture qu'on leur donne, ce qui
produit souvent des plaintes peu fondées, ont en-
gagé les cultivateurs, dans le voisinage de la mé-
tropole, à diminuer le nombre de leurs domestiques
de toute espèce, et à les remplacer par des journaliers. Mais les gens de cette espèce sont ordinairement inconstants, passant continuellement d'un
maître à un autre; et ce sont de mauvais aides,
dans une ferme en terres arables, parce qu'on a
toujours à craindre de s'en voir abandonné, dans
le temps des travaux les plus pressants, à moins
qu'on ne les décide à rester, en augmentant leur
salaire; le cultivateur court ainsi risque de perdre
le temps le plus précieux de la saison. Cependant,
lorsque les journaliers sont mariés, on peut mieux
compter sur eux que sur des célibataires, surtout,
lorsque le journalier a des enfants, ce qui l'assujettit

à un travail régulier.

La méthode suivante d'entretenir les domestiques , qui est en usage dans les cantons les mieux cultivés de l'Écosse , est regardée , d'après l'expérience, comme préférable à toute autre qu'on ait adoptée jusqu'ici.

1º On construit des habitations convenables , contigues aux bâtiments de l'exploitation , pour tous les domestiques (1). Cela leur donne la facilité de se marier, et d'y fixer leur résidence , ce qui contribue beaucoup à leur bien-être futur. Le cultivateur a , de cette manière , toujours ses gens sous la main , pour l'exécution de ses travaux.

2º Les domestiques , lorsqu'ils sont mariés, reçoivent aussi la plus grande partie de leurs gages en produits du sol, ce qui leur donne un intérêt à la prospérité de l'exploitation à laquelle ils sont employés. Avec ce mode de paiement , ils sont assurés de ne pas manquer des premières nécessités de la vie, et une élévation dans les prix ne les affecte pas. Tandis que , lorsque leurs gages sont payés en argent , ils sont exposés à la tentation de

----

(1) Mr Curwen a élevé une douzaine de maisons de domestiques, pour ses charretiers , tout près de ses bâtiments de ferme , afin que la distance de leur habitation à 1 1/2 mille des étables , ne fût plus un prétexte de se dispenser des soins qu'exigent les chevaux , et, spécialement, de les nettoyer et panser tous les jours à huit heures du soir ; car il est bien vrai de dire qu'un bon pansage est presqu'aussi utile qu'une bonne nourriture. On s'aperçut bientôt des avantages de ce changement.

le dépenser , ce qui les gêne beaucoup , lorsqu'il survient une augmentation dans les prix , qui les réduit quelquefois à de grands embarras. L'adoption du système opposé a favorisé , parmi les domestiques des fermiers , en Écosse , les habitudes de sobriété et d'économie qui s'y font remarquer aujourd'hui , et qui présentent de si grands avantages.

3° Une branche très-importante de ce système , est que presque tous les domestiques mariés ont une vache , que le fermier nourrit pendant toute l'année. Cette faveur est d'une grande utilité à leur famille. Le désir de jouir de cet avantage , produit d'excellents effets sur la conduite des jeunes domestiques , qui , presque tous , s'efforcent d'économiser annuellement, autant qu'ils le peuvent , sur leurs gages , afin de se mettre en état d'acheter une vache et le mobilier d'une petite maison, au moment où ils se marieront. Dans d'autres circonstances , il est probable que ces épargnes auraient été dépensées dans la dissipation.

4° On fait encore différentes autres réserves en leur faveur, comme une petite pièce de terre , d'environ la huitième partie d'un acre (5 ares), pour chacun , qu'ils emploient à produire des pommes de terre et du lin ; la facilité d'entretenir un cochon et une demi-douzaine de poules ; on leur conduit leur combustible ; on leur donne une petite somme d'argent par jour , lorsqu'on les envoie dehors , pour conduire du grain, ou pour amener du charbon de terre ou de la chaux ; et, pendant la moisson, ils sont nourris par le fermier, afin qu'il les ait continuellement sous sa main.

On ne rencontre nulle part des domestiques plus actifs, plus probes, et d'une meilleure conduite, que ceux qui sont entretenus d'après cette méthode. Il est presque sans exemple qu'ils réclament les secours des paroisses. Ils élèvent de nombreuses familles, qui contractent des habitudes d'industrie, qui acquièrent des connaissances en agriculture, et dont le fermier tire d'excellents services, pour sarcler les récoltes, et pour d'autres travaux de ce genre. Ils s'attachent à la ferme, prennent intérêt à sa prospérité, et pensent rarement à la quitter (1).

Dans ce système, chaque grande ferme est une espèce de petite colonie, dont le fermier est le gouverneur. Il n'y a pas de spectacle plus satisfaisant, que de voir un vaste domaine dirigé par un propriétaire intelligent, ou par un agent habile et éclairé ; dont les fermes, d'une étendue convenable, sont tenues par des fermiers industrieux et expérimentés, zélés à améliorer les terres qu'ils cultivent, et dont la jouissance leur est assurée par leurs baux ; où les opérations agricoles sont exécutées par un grand nombre de domestiques mariés, jouissant d'une douce aisance, et élevant de nombreuses

----

(1) Il y a beaucoup de cultivateurs, dans les Comtés de *Berwick* et de *Roxbourgh*, qui n'ont à leur service qu'un seul domestique célibataire.

familles, suffisantes, non-seulement pour les remplacer eux-mêmes, mais aussi pour suffire, par une population surabondante, à la demande, et même *à la consommation* des autres classes industrieuses de la société. Il n'y a peut-être aucun pays en Europe, où un système semblable soit porté à un plus haut degré de perfection, et conduit sur une plus grande échelle, que dans les parties de l'Écosse où l'agriculture a reçu le plus d'améliorations.

La méthode d'engager les domestiques dans des rendez-vous publics, fixés à un certain jour de l'année, méthode si générale dans plusieurs parties de l'Angleterre, a été censurée, à juste titre, comme exposant les domestiques à prendre des habitudes vicieuses, leur donnant la facilité d'obtenir des places, sans considération de leur caractère ; exposant les bons domestiques à être corrompus par les mauvais; favorisant la dissipation, occasionnant une cessation de travaux pendant quelques jours dans le pays ; et beaucoup de désordre, pendant quelque temps, à la suite de ces espèces de foires.

Lorsqu'on engage des domestiques, il est extrêmement important de se soustraire, s'il est possible, à certains usages nuisibles aux intérêts du maître, et qui ne sont d'aucun avantage aux domestiques. Par exemple, dans le Comté d'*York*, et dans d'autres cantons, c'est l'usage de donner aux domestiques de fermes, de la bière, matin et soir, quelle que soit la nature des travaux auxquels ils sont employés. Rien n'est plus absurde que de permettre qu'un valet de charrue s'amuse, pendant une demi-heure, à boire de la bière, dans une journée d'hiver, pendant que ses chevaux sont négligés, et souffrent du froid.

3° *Apprentis.* — Dans plusieurs parties de l'Angleterre, particulièrement dans les parties occidentales, la pauvreté des habitants fait qu'ils abandonnent l'éducation de leurs enfants, et leur instruction dans les travaux de l'agriculture, à des maîtres qui les prennent comme apprentis. Cet usage est fondé sur un réglement passé sous le règne de la Reine Élisabeth, mais il n'est pas aussi généralement répandu, qu'il serait à désirer qu'il le fût. Dans quelques cas, il s'étend aux filles , quoique, dans leur jeunesse, leurs forces ne soient pas suffisantes pour plusieurs travaux ordinaires de l'agriculture. Mais il n'y a aucun inconvénient à ce que les jeunes garçons soient instruits et dressés de cette manière ; et on a constamment remarqué qu'ils font d'excellents domestiques, et des laboureurs actifs et adroits.

En Écosse, la méthode de l'apprentissage n'est pas en usage, pour dresser aux travaux de l'agriculture des domestiques ou des valets de charrue; mais cette méthode a été adoptée pour instruire les fermiers dans les devoirs de leur profession. Comme cette méthode est excellente, il est convenable d'en présenter un exemple. Mʳ WALKER, de *Mellendean,* cultivateur distingué du Comté de *Roxburgh* , qui tient à ferme environ 2866 acres (plus de 1100 hectares) de terres arables, et qui est connu par son habileté en agriculture, prend chez lui, comme apprentis, des jeunes gens qui, au-lieu de recevoir des gages, lui payent constamment 10 l. (240 ^{f}) par tête. Quelques-uns d'entre eux restent deux années chez lui, mais le plus grand nombre une année seulement. Ils mangent à la cuisine, où ils reçoivent une nourriture saine et abondante. Il n'en prend aucun qui ne consente à vivre ainsi, et à mettre la main à tous les travaux de la ferme. On lui a offert , souvent, dix fois la même somme, pour prendre des jeunes gens d'une classe plus élevée , qui auraient mangé à sa table , mais il l'a toujours refusé. Ces jeunes gens ont ainsi l'occasion de suivre et de pratiquer toutes les opérations de l'agriculture, comme on les exécute dans la ferme de Mr WALKER; ils apprennent à conduire la charrue, à semer, à construire les meules de grains, etc. Au total, il trouve que ces jeunes gens lui sont plutôt profitables qu'onéreux , et , dans certaines saisons, il trouve qu'il en tire une utilité particulière.

4° *Domestiques femelles*. — On les emploie principalement dans la laiterie, où leur adresse et leur diligence sont particulièrement utiles. Souvent ce sont des hommes qui traient les vaches ; mais ils ne conviennent pas aussi bien que les femmes, au gouvernement intérieur de la laiterie, où des soins minutieux , et la propreté , sont si nécessaires. Les femmes sont employées utilement aussi aux sarclages , aux travaux de la fenaison , de la moisson et de la grange ; et elles gagnent bien les modiques salaires qui leur sont ordinairement alloués.

§ V.

DES MANOUVRIERS.

Outre les domestiques de la ferme , un cultivateur doit employer aussi un certain nombre de manouvriers ; et s'il manque d'un nombre suffisant d'hommes de cette classe , il est impossible qu'il fasse exécuter , d'une manière parfaite , et dans les saisons convenables de l'année , les diverses opérations d'une exploitation agricole soignée. Il est évident , en effet , que lorsqu'un cultivateur ne peut disposer que de ses domestiques ordinaires , dont l'occupation principale est de travailler avec les chevaux , il faut nécessairement , ou qu'il laisse en arrière une multitude de petits travaux essentiels , qui se présentent journellement , ou s'il les fait exécuter par ses valets de charrue , les chevaux doivent rester souvent complétement oisifs. Ainsi , partout où l'agriculture est conduite avec quelque perfection , c'est un objet très-essentiel pour un cultivateur , d'avoir à ses ordres , un nombre suffisant d'aides de cette espéce.

Les particularités suivantes se lient au sujet important des manouvriers en agriculture : 1° la classification des manouvriers , sous le rapport de leurs possessions ; 2° la distinction entre les jour

naliers , et ceux qui travaillent à la [bêche] ; [3°] les
femmes employées à ces travaux ; 4° [les heures de tra-]
vail ; 5° le taux des salaires ; 6° [l'avantage de donner]
du grain , etc. , à bas prix , aux man[ouv]riers ; 7° les
effets des salaires élevés ; 8° enfin, l'avantage d'avoir
des manouvriers laborieux et actifs.

1° *Classification des manouvriers. , selon leurs
possessions* (1) — Sous ce rapport, on peut diviser
les manouvriers en cinq classes : 1° Ceux qui possèdent une maison, mais pas de terres ; 2° ceux
qui ont un droit sur des biens communs ; 3° ceux
qui ont un jardin, ou un terrain pour des pommes
de terre ; 4° ceux qui possèdent quelques terres
arables ; 5° enfin, ceux qui possèdent des prés.

1° Lorsqu'un manouvrier ne possède qu'une petite maison pour le défendre contre l'inclémence
du temps, il ne peut avoir le même attachement

---

(1) Dans tout ceci, les mots *possession*, *posséder*, doivent
être pris dans un sens un peu différent de leur signification
ordinaire dans la langue française ; la possession, telle qu'on
l'entend ici, peut être, ou perpétuelle, lorsqu'on possède *en
propriété*, ou temporaire, comme la *possession* d'un fermier ,
relativement aux terres, aux bâtiments, etc. dont il jouit pour
un temps déterminé. Lorsqu'il est question de manouvriers ,
c'est dans ce dernier sens qu'on doit prendre cette expression,
parce qu'en Angleterre, les hommes de cette classe n'ont pas,
en général, de propriétés. C'est pour cela que l'Auteur recherche
quelle est la situation la plus avantageuse des manouvriers, relativement à leurs *possessions;* car ces possessions dépendent
toujours, dans ce pays, de la volonté de ceux qui emploient
les ouvriers. (*Note du Traduct*).

à son habitation, que si une certaine étendue de
terre y était jointe; et, dans cet état, il n'est pas
aussi utile à la société. Lorsqu'il possède un jardin,
ses enfants apprennent, dès leurs premières années,
à sarcler et à manier la bêche, et, de cette manière, une certaine partie de leur temps est employée dans une utile industrie. S'il a une vache,
ils apprennent de bonne heure la nécessité de prendre
soin du bétail, et acquièrent quelques connaissances
dans l'art de le gouverner. Lorsque, au contraire,
il n'a ni un jardin à cultiver, ni une vache à soigner,
il n'est pas probable que ses enfants contracteront
des habitudes honnêtes et industrieuses (1).

Autrefois, on était tellement convaincu de ces
vérités, que, par une loi rendue sous le règne
d'Élisabeth, il était ordonné de joindre quatre acres
de terre, à toute maison de manouvriers qu'on cons-
truirait sur des terrains à défricher. Aujourd'hui,
ce serait beaucoup trop. Si on réduisait cette étendue à un demi acre, pour un jardin, et si on n'ac-
cordait un lot dans les terrains friches, qu'aux natifs

---

(1) On voit fréquemment, en Irlande, des manouvriers paresseux, et d'une mauvaise conduite, devenir paisibles et industrieux, lorsqu'ils obtiennent un acre ou deux de terre. Aussi,
le paysan irlandais préfère *un petit jardin*, à un accroissement
de gages, qu'on pourrait considérer comme son équivalent. Cependant il arrive souvent que sa pauvreté le met hors d'état de
le cultiver avantageusement, et que ce terrain devient un fardeau pour lui, parcequ'il faut qu'il en paye une rente élevée,
qui le force d'anticiper sur ses gages.

de la paroisse, ou qu'aux étrangers qui tiendraiet
à loyer, dans la paroisse, une maison et des terres
d'une valeur annuelle de 20 l., au lieu de 10, ce
arrangement serait très-avantageux aux pauvres e
au public (1).

2º Il arrive souvent, en Angleterre, que le
manouvriers ne possèdent ni terres ni jardins, ma
qu'ils ont certains droits sur des biens commune
En général, ces droits leur profitent peu, si c
n'est des droits à du combustible, ce qui est pou
eux d'un avantage considérable, et qu'on ne com
penserait pas facilement. Le droit de mettre un
vache, ou quelques brebis, aux pâturages com
muns, donne, ordinairement, aux hommes de cett
espèce, des idées chimériques d'indépendance, qu
les rendent peu propres à remplir les devoirs d
leur état. Un manouvrier de cette espèce, est comm
perdu pour le travail, et toutes les personnes qu
ont quelqu'expérience des habitudes des hommes d
cette classe, ont pu le remarquer bien souvent. Le
maisons de manouvriers, placées dans le voisinag
des forêts, sont, en particulier, des pépinières d'oi
siveté et de vices.

3º Un manouvrier, habitant la campagne, n
peut pas vivre avec aisance, sans un jardin, o
au moins un terrain où il puisse cultiver des pomme

---

(1) Le droit d'obtenir un lot dans les partages, accord
à l'homme qui a exercé un travail salarié dans la paroisse
pendant un an, est l'occasion d'une infinité de fraudes, d
querelles et de chicanes.

de terre. Nous entrerons, ailleurs, dans le détail des avantages de semblables possessions, pour les manouvriers. (voy. 4ᵉ Chap. 4ᵉ Sect).

4° Dans quelques cas, le manouvrier a un bon pâturage d'été, ou peut le louer dans son voisinage; et il peut cultiver, sur les terres qu'il possède, des turneps, ou d'autres fourrages d'hiver, pour une vache. Ce système convient aux cantons partagés entre des terres arables et des pâturages ; mais, dans les cantons plus abondants en terres arables, on trouve ce système peu convenable, parce qu'il enlève trop de temps au manouvrier (1).

5° Au reste, la méthode la plus avantageuse pour l'entretien des vaches des manouvriers, est celle qui est adoptée dans les cantons de pâturages, où chaque manouvrier a une quantité suffisante de prés clos, pour pouvoir entretenir une ou deux vaches, été et hiver, en faisant pâturer une moitié, et fauchant l'autre, alternativement (2).

Il est certain que rien ne tend plus puissamment

---

(1) En Irlande, le fermier fournit quelquefois au manouvrier de l'herbe pour une vache, pendant les six mois d'été, pour le prix de deux ou trois guinées ; et on joint à la maison, au moins un acre de terre, dont la moitié est plantée en pommes de terre, et l'autre moitié produit du fourrage d'hiver pour la vache.

(2) D'autres personnes regardent comme préférable, de faucher toujours la même partie de la terre, et pâturer constamment l'autre, parce que l'herbe est plus productive, lorsqu'on la traite toujours de la même manière.

à donner aux pauvres des mœurs honnêtes, que
de leur permettre d'avoir quelque chose qu'ils puissent
regarder comme leur appartenant en propre. Sen-
tant alors combien cette propriété est sacrée, ils
sont moins disposés à enfreindre celles des autres;
cette circonstance contribue bien davantage à faire
naître chez eux des dispositions honnêtes, que
tous les préceptes qu'on pourrait chercher à leur
inculquer. En cultivant un petit coin de terre, non-
seulement le manouvrier acquiert des idées de propriété, mais il se trouve en état de s'approvisionner
de cette variété d'aliments, comme des végétaux
frais en été, et des racines en hiver, qui est si
agréable à l'homme, et si utile à sa santé. S'il a
le bonheur de pouvoir placer quelques ruches dans
son jardin, d'élever et, encore mieux, d'engraisser
un porc, sa situation sera encore bien améliorée.
Mais si, avec tous ces avantages, il peut aussi entretenir une vache, il se trouve dans la situation
de la plus grande aisance que puisse désirer un manouvrier industrieux.

2° *Manouvriers à la journée où à la tâche.* —
Il y a une grande diversité d'opinions sur ce sujet.
On dit, en faveur du travail exécuté à la tâche:
1° que lorsque plusieurs manouvriers travaillent
ensemble, *à la journée*, il y a beaucoup de temps
perdu à de futiles conversations; 2° qu'il est extrêmement difficile de surveiller un grand nombre d'ouvriers, et de les forcer à travailler comme ils le
devraient; 3° que le travail à la tâche, est le seul
moyen par lequel un manouvrier actif et diligent

puisse trouver un salaire proportionné à la supériorité de ses travaux ; 4° qu'il travaille avec plus de promptitude et d'assiduité, lorsqu'il sait que le fruit de son travail extraordinaire tournera au bénéfice de sa famille ; 5° qu'il travaille aussi avec plus de satisfaction pour lui-même, étant plus indépendant, sous le rapport du temps qu'il emploie au travail ; 6° que celui qui emploie les ouvriers, y trouve l'avantage que ses travaux sont exécutés avec plus de promptitude ; 7° enfin, que tout le travail additionnel, exécuté ainsi par le même nombre d'individus, tourne au profit de la société.

D'un autre côté, on dit que les ouvrages exécutés à la tâche, ne le sont jamais avec autant de perfection, et que cette manière d'employer les ouvriers, les engage à faire trop d'efforts de travail ; ensorte que ceux qui ont l'habitude de travailler à la tâche, altèrent leur santé par un travail exagéré, et sont vieux à 40 ans (1).

Au reste, la méthode d'employer les ouvriers à la tâche, s'étend tous les jours davantage ; et, en particulier, dans le *Middlesex*, la moitié, ou même plus, de tous les travaux agricoles, comme fauchage, faucillage, etc., est exécutée à la tâche.

L'usage de faire faucher à la tâche, est préfé-

---

(1) Cette objection peut être vraie pour les travaux de manufactures ; mais elle n'est certainement pas applicable aux ouvriers qui sont employés dans l'agriculture.

rable par les motifs suivants : 1° parce que les ouvriers faisant plus d'ouvrage, on a besoin de moins de bras, à une époque où on ne s'en procure pas toujours facilement ; 2° parce que cette promptitude dans le travail, assure une plus prompte rentrée du foin, ce qui est souvent d'une importance incalculable.

Quant à la moisson des grains, cela dépend entièrement de la saison et du climat. Lorsque les ouvriers sont payés à la journée, à la semaine ou au mois, il faut certainement des soins pour veiller à ce qu'ils travaillent convenablement ; mais, dans la moisson, les ouvriers sont habitués à ne pas regarder aux heures ; et ceux qui y sont employés, travaillent, en général, sans répugnance, au moyen d'un encouragement modéré, lorsque le temps est favorable, aussi long-temps, dans la journée, que cela est praticable (1). Lorsque les travaux de la moisson sont exécutés à la tâche, il faut également que le cultivateur les surveille, pour empêcher qu'on ne coupe le grain dans un état humide ; que le faucillage ne soit exécuté avec négligence, ou que le grain ne soit rentré avant d'être parfaitement sec. Cependant, le faucillage des grains, le travail nécessaire pour lier les gerbes, pour les faire sécher lorsque cela est nécessaire, sont souvent exécutés à tant par acre. Le reste du tra-

______

(1) On voit souvent, dans le Comté de *Hereford*, les ouvriers travailler à la moisson 15 heures par jour.

vail, comme le chargement et le transport des gerbes, et la construction des meules, sont une affaire à part, qui est ordinairement exécutée par
les gens et les attelages du cultivateur, et sous sa
direction. Lorsque le grain est coupé avec la grosse
faucille, il est plus facile et plus expéditif de
le couper bas que haut ; c'est par ce motif, et aussi
pour obtenir plus de paille, et pour mettre la
terre dans un état plus favorable pour le labour,
que presque tous les grains se coupent ainsi dans
le voisinage de Londres.

Une grande objection contre le travail à la tâche,
c'est qu'il arrive souvent qu'il est imparfaitement
exécuté, ce qui occasionne des contestations entre
le maître et les ouvriers. On a souvent trouvé fort
utile de commencer par faire exécuter le travail
sur un petit espace de terrain, qui doit servir de
modèle pour tout le reste, en fixant une amende
pour ceux qui ne l'exécuteraient pas de même ;
ou de convenir que l'ouvrier sera forcé d'accepter
un salaire, par journée, à un taux raisonnable,
si on reconnaît, à la fin du travail, qu'il a été
mal exécuté. Au reste, en exerçant quelque surveillance sur les ouvriers qui travaillent à la tâche,
et en diminuant le taux convenu, si l'ouvrage n'a
pas été bien exécuté, on peut efficacement prévenir ou punir les fraudes.

3° *Travail des femmes.* — **Les** femmes sont très-
propres à prendre part aux travaux les moins rudes
de l'agriculture, comme les sarclages, les binages,
le faucillage, les travaux de la fenaison, etc. Une

multitude de femmes y sont employées dans le voisinage de la capitale. Elles viennent, pour la plupart, du pays de Galles septentrional, et se distinguent par leur activité, aussi bien que par leur apparence de santé. Dans beaucoup de parties du royaume, les femmes sont employées aussi à moissonner les grains ; et lorsqu'elles y ont été habituées dès leur enfance, elles y deviennent très-habiles.

4° *Heures de travail.* — Les journées de travail sont, ordinairement, de dix heures, pendant le printemps, l'été et l'automne. Au reste, tous les cultivateurs ne règlent pas de la même manière les heures du travail. Quelques-uns font commencer à cinq heures du matin, accordent un repos de trois heures pendant la plus grande chaleur du jour, font reprendre le travail à une heure après midi, pour finir à six heures. D'autres commencent à six heures du matin, et finissent à six heures du soir, en accordant une demi-heure pour le déjeûner, et une heure pour le dîner (1). Mais quoique ce soit là la règle pour les travaux ordinaires, pour les domestiques et les journaliers, cependant, dans le moment des travaux les plus pressants, les uns

----

(1) Les ouvriers lorrains sont plus laborieux que les journaliers anglais : en été, la journée de travail est constamment de douze heures, depuis cinq heures du matin, jusqu'à sept heures du soir, en prenant une demi-heure pour le déjeûner, autant pour le goûter, et une heure pour le dîner. Les hommes et les femmes supportent très-bien ce travail. (*Note du Trad*).

et les autres ne font pas de difficulté de commencer plus tôt, ou de finir plus tard, lorsque l'occasion l'exige. Quant aux mois d'hiver, on travaille tant que le jour dure, en accordant une demi-heure, à midi, pour le dîner.

5° *Taux des salaires*. — C'est un principe général, que le prix de la main-d'œuvre doit dépendre, en grande partie, du prix des grains. On a regardé, pendant long-temps, la valeur d'un peck (9 litres) de froment, pour l'Angleterre, et, pour l'Écosse, celle d'un peck de gruau d'avoine, comme l'équivalant du prix de la journée d'un manouvrier, ces deux denrées étant l'article principal de la nourriture du bas peuple, dans ces deux pays. Cependant, depuis quelques années, le prix des pommes de terre a eu une influence considérable sur le taux de la main-d'œuvre, dans un royaume et dans l'autre (1); et, en Angleterre, les lois sur la taxe des pauvres ont eu pour effet, de maintenir le taux des salaires au-dessous de celui qui devrait être fixé par le prix des denrées, et ont ainsi dérangé les progrès naturels de l'économie rurale. On s'est assuré qu'un homme, sa femme, et deux ou trois enfants, lorsque le

---

(1) On croit que, sous le rapport alimentaire, 1 peck (9 litres) de gruau d'avoine, pesant 8 3/4 livres (8 livres, poids de marc), fait le même usage pour nourrir une famille, que 4 pecks (35,26 litres) de pommes de terre, pesant 56 livres (51 livres, poids de marc). Le peck de gruau d'avoine ne coûte pas la moitié du peck de froment.

froment est leur nourriture habituelle, en consomment dix galons par semaine (44 litres). Lorsque des hommes qui travaillent fortement, se nourrissent de pain , il doit être de la meilleure qualité, comme étant le plus nourrissant. Comment serait-il possible à un manouvrier d'exister avec sa famille , moyennant un salaire de 6 à 9 sh. (7^f 20^c, à 10^f 80^c) par semaine , lorsque le froment vaut 8 , 10 ou 12 sh. le bushel (27 à 40^f l'hectolitre)? La différence est compensée par la taxe des pauvres. On ne peut guère approuver ce moyen de couvrir le déficit ; car, sans cela, le prix du travail aurait trouvé son niveau, et le manouvrier aurait obtenu, chaque semaine, le prix d'un bushel et-demi (52 1/2 litres) de froment. En Écosse, le prix de la main – d'œuvre s'est élevé dans une plus haute proportion que le prix des denrées. Avant 1792 , le prix moyen d'un peck de gruau d'avoine (9 litres) était de 1 sh. 1 den. (1^f 30^c), et le prix moyen d'une journée de travail, en été, était de 1 sh. 1 1/10 den. (1^f 31^c), ce qui correspond presqu'au principe que nous avons établi ci-dessus. Mais, en 1810, le prix du peck de gruau était de 1 sh. 3 3/4 den. (1^f 57^c), tandis que le prix moyen d'une journée de travail s'est élevé à 1 sh. 10 1/2 den. (2^f 25^c), ce qui montre, de la manière la plus satisfaisante, la grande demande de bras destinés à l'agriculture dans cette partie du Royaume-uni (1).

____

(1) Les gages des laboureurs mariés se sont beaucoup éle-

6° *Usage de donner aux domestiques, du grain, etc. à bas prix.* — Afin de compenser le bas prix de la main -- d'œuvre, comparé au prix croissant des denrées, le feu Roi Georges III, qui se livrait, sur une grande échelle, aux opérations d'agriculture, avait adopté la méthode de donner aux domestiques, de la farine, à un prix fixe, quelque soit le prix courant du froment. Ce système bienveillant a été imité par plusieurs riches propriétaires, dont quelques-uns donnent du pain en nature, et d'autres, une certaine quantité de lait, à des prix modérés. Ce système est général dans quelques-uns des Comtés occidentaux, comme en *Dorset*, *Devon* et *Cornwall*, où les domestiques reçoivent constamment leur provision de grains ; le froment à 6 sh. le bushel, et l'orge à 3 sh. (20^f, et 10^f l'hectolitre) (1)

7° *Effets des salaires élevés.* — Dans le prix de la main-d'œuvre, comme dans toute autre chose, un taux modéré est désirable. On a remarqué que l'élévation des salaires tend à laisser les manouvriers sans travail, parce que les fermiers, et même les petits propriétaires, ne peuvent plus payer ces salaires ; ils sont donc forcés de diminuer le nombre

---

vés. En 1792, on ne leur donnait que 13 bolls de grains ; depuis ce temps, l'augmentation à été jusqu'à 17 bolls, ou à raison de 30 p. o/o.

(2) En *Dorset*, on donne aux manouvriers du malt et du houblon, pour brasser la bière nécessaire à leur famille, dans le temps de la fenaison et de la moisson.

des bras qu'ils emploient, ou de remettre à d'autres temps , les améliorations qu'ils auraient entreprises. Ce n'est pas encore tout. Les manouvriers eux-mêmes souffrent de cette élévation excessive , aussi bien que le public. Dans le *Lincolnshire* , on a vu, dans le temps de la moisson , les salaires s'élever de 3 sh. 6 par jour (4^f 20^c) , à 7 sh. (8^f 40^c), et même à 10 sh. (12^f) , dans les rendez-vous où les journaliers se rendent pour chercher du travail , et où les cultivateurs , pressés par des travaux urgents , enchérissaient les uns sur les autres, et élevaient ainsi les salaires à ce taux exorbitant. Le résultat en était , que les manouvriers s'enivraient constamment , ne travaillaient que quatre jours dans la semaine , dissipaient leur argent , et nuisaient à leur santé , en contractant l'habitude de la paresse et des vices : un tiers , au moins , de leur travail, était perdu pour la société , à l'époque la plus critique des travaux.

3° *Exciter les manouvriers à l'activité et à la diligence.* — Il est d'une grande importance d'habituer à la diligence et à l'activité , les manouvriers employés à l'agriculture. Dans quelques cantons , la lenteur de leurs pas a passé en proverbe ; cette lenteur se communique nécessairement aux attelages qu'ils conduisent ; tandis que les chevaux , lorsqu'ils y sont habitués , ne se fatiguent pas davantage en prenant un pas allongé , qu'avec un pas lent, qui diminue beaucoup la quantité de travail qu'ils exécutent. Leurs charrues font rarement plus d'un mille par heure ; tandis que, dans un sol léger et sablonneux, une charrue doit marcher à raison de 3 1/2 milles par heure , (un peu moins d'une lieue commune de France). Les cultivateurs éprouvent plus de perte qu'ils ne le croyent , par les habitudes d'indolence de leurs ouvriers , indolence qui s'étend depuis le labourage jusqu'à tous les autres travaux de l'agriculture , et qui établit une différence importante dans le prix de la main-d'œuvre. Cependant , dans les sols tenaces , et dans les labours profonds , la marche de la charrue ne doit pas être trop précipitée.

§ VI.

LE BÉTAIL.

En tout pays , la plus grande partie du territoire est appliquée à produire de la nourriture pour les bestiaux. Autrefois , le bétail était la seule mesure de la richesse. Son importance est devenue beaucoup moindre , depuis l'introduction de la culture des grains ; cependant , comme les animaux doivent être rangés au nombre des principaux instruments que nous employons à cultiver la terre ; comme ils fournissent une grande partie de notre nourriture , et d'autres articles qui sont , pour nous , des objets de première nécessité ; cette branche de recherches présente toujours un intérêt particulier.

En discutant ce sujet , nous nous bornerons à un petit nombre de remarques générales : 1° sur les qualités les plus désirables dans les bestiaux ; 2° sur les principes de l'éducation perfectionnée du bétail ; 3° enfin, sur l'art de le gouverner.

Il faudrait un volume entier, pour entrer dans des détails un peu étendus sur ces divers points (1).

I. *Des propriétés les plus désirables dans le bétail.*

On comprend sous la dénomination générale de *bétail*, toutes les espèces d'animaux domestiques que l'homme emploie comme instrument, pour l'aider dans ses travaux, ou pour convertir en substances propres à son usage, les productions du sol qui, dans leur état naturel, ne sont pas propres à satisfaire ses besoins. BAKEVELL exprimait la même idée, lorsqu'il regardait les bestiaux comme des machines employées à convertir en argent, l'herbe et les autres fourrages. Mais, dans le fait, l'argent n'est que le signe de la richesse ; tandis que le bétail est une richesse réelle.

Les propriétés qu'on peut désirer dans le bétail, peuvent être classées sous les titres suivants : 1° la taille ; 2° les formes ; 3° la disposition à l'accroissement de l'individu ; 4° la facilité de s'engraisser jeune ; 5° la vigueur de constitution ; 6° les qualités prolifiques ; 7° la qualité de la viande ; 8° la disposition à prendre la graisse ; 9° enfin, la

---

(1) Il est probable que les diverses particularités qui se lient à la manière de traiter le bétail, sont plus nombreuses que celles qui se rapportent à la culture des diverses espèces de récoltes, et au traitement qu'exigent les diverses espèces de terres soumises aux procédés de l'agriculture ; par conséquent, elles exigeraient des recherches plus étendues.

légèreté des parties de l'animal , qui ont peu ou pas de valeur. Les observations suivantes , sur ces divers points , s'appliquent principalement aux bestiaux destinés à la boucherie.

1° *La taille.* — Avant les améliorations introduites par BAKEWELL , on ne jugeait de la valeur d'un animal , que par son volume ; si on parvenait à obtenir une taille considérable , on faisait plus d'attention à la somme qu'on finissait par obtenir de la bête , qu'au prix qu'avait coûté sa nourriture. Depuis que les éleveurs ont commencé à calculer avec plus de précision , les animaux de petite taille , ou de taille moyenne , ont été généralement préférés par les raisons suivantes :

1° Les animaux de petite taille sont d'un entretien plus facile ; ils prospèrent sur des pâturages à herbe plus courte , où ils s'entretiennent bien , tandis que les bêtes de plus forte taille pourraient difficilement y exister (1). 2° leur viande a un grain plus fin ', plus de suc , ordinairement une meilleure saveur , et la graisse est mieux mélangée dans la chair , surtout lorsque les bœufs ont été tenus en graisse pendant deux ans (2). 3° Un

---

(1) On a vu un fermier , en changeant la race de ses bêtes à laine de grande taille , contre une race plus petite , augmenter le nombre de ses brebis et agneaux , de 660 à 890; et le profit s'est élevé , de 450 l. , à plus de 724 l. Il ne faut pas cependant que la race soit inférieure à la qualité du pâturage ; c'est-à-dire , il ne faut pas mettre une petite race sur un sol riche.

(2) La *marbrure* de la viande , c'est-à-dire , la disposition

animal d'un grand poids ne convient pas autant pour la consommation générale, que celui d'une taille moyenne, surtout dans les temps chauds. 4° Les gros animaux pétrissent le sol des pâturages, plus que les petits. 5° Ils ne sont pas aussi actifs, exigent plus de repos, recueillent leur nourriture avec plus de peine, et ne consomment que les espèces de plantes de la meilleure qualité. 6° Les petites vaches des véritables races de laiterie, donnent proportionnellement plus de lait que les grandes. 7° Les bœufs de petite taille peuvent être engraissés uniquement à la pâture, et même sur des pâturages de médiocre qualité ; tandis que les grands exigent les pâtures les plus riches, ou l'engraissement d'étable, dont la dépense enlève tous les profits du cultivateur. 8° Il est plus facile de se procurer des bestiaux des formes les plus convenables à l'engraissement, dans les petites races que dans les grandes. 9° Les bestiaux de petite taille peuvent être nourris par des cultivateurs qui ne pourraient faire la dépense d'achat ou d'entretien de bestiaux de grande taille ; et s'il arrive un accident, la perte est bien plus facile à supporter. 10° Les bêtes de petite taille se vendent mieux ; car les bouchers savent très-bien qu'il y a, proportionnellement, plus de parties qui se vendent à un prix élevé,

---

de la graisse en couches peu épaisses dans la chair, dépend beaucoup de l'âge de l'animal. La race des montagnes d'Écosse, lorsqu'elle a pris toute sa croissance, donne une viande parfaite, même après un engraissement de huit mois.

dans un petit bœuf que dans un grand; et ils acheteront plus cher, deux bœufs de douze stones chacun, par quartier, qu'un bœuf de vingt-quatre stones.

On dit, d'un autre côté, en faveur des bêtes de grande taille, 1° que, sans chercher si un bœuf de grande taille a consommé, proportionnellement à sa taille, depuis sa naissance jusqu'à ce qu'il soit livré au boucher, plus qu'un petit, il est certain qu'il paye tout aussi bien sa nourriture à celui qui l'a acheté pour l'engraisser. 2° Que, quoiqu'on rencontre des bœufs de grande taille, dont la viande a le grain grossier, cependant il y a des races de grands bœufs, comme celle du Comté de *Hereford*, dont la viande est aussi délicate que celle des bœufs de petite taille. 3° que si les bœufs de petite race conviennent mieux pour la consommation des familles particulières, des villages, ou des petites villes, les bœufs de grande taille ont toujours la préférence, sur les marchés des grandes villes, et particulièrement de la capitale. 4° Que s'il est vrai que la viande des bœufs de petite taille est de meilleure qualité, pour être consommée fraîche, il est incontestable que la chair des grands bœufs convient mieux pour les salaisons, objet d'une haute importance dans un pays maritime et commerçant; plus les morceaux de bœufs sont épais, mieux ils conservent leurs sucs après la salaison, et mieux ils conviennent pour les voyages de long cours. 5° Que les cuirs des grands bœufs sont nécessaires

dans beaucoup de manufactures. 6° Que les bestiaux de grandes races sont, en général, d'une
disposition plus tranquille. 7° Que lorsque les pâturages sont de bonne qualité, le bétail à cornes,
et les bêtes à laine, y augmentent de taille, sans
aucun soin de la part de l'engraisseur ; les grandes
races conviennent donc naturellement mieux aux
pâturages de cette espèce. 8° Que l'art d'engraisser
le bétail, et même les moutons, avec des tourteaux
d'huile, ayant reçu beaucoup d'extension et de perfectionnement, les avantages de cette méthode ne
peuvent s'appliquer qu'à des bêtes de grande taille,
attendu que les petits bœufs s'engraissent aussi bien
avec de l'herbe et des turneps, qu'avec des tourteaux d'huile ; et, enfin, que les bœufs de grande
taille conviennent mieux pour le travail que les
petits ; deux grands bœufs faisant l'ouvrage de quatre
petits, à la charrue ou au chariot.

Tels sont les arguments qu'on emploie généralement pour soutenir les deux opinions opposées ;
il paraît, par-là, que les avantages des deux systèmes dépendent beaucoup de la qualité des pâturages, du mode de consommation, de la demande
sur les marchés, etc. Cependant, les éleveurs intelligents, à moins que leurs pâturages ne soient
d'une richesse particulière, doivent préférer, pour
les élèves qu'ils font, des bestiaux de taille moyenne.

Feu M\ DAVIS de *Longleat*, un des plus habiles
agriculteurs que ce pays ait produits, a donné d'u-
tiles observations sur le sujet de la taille des bes-

vaux. Il se plaint que, dans les tentatives qu'on a faites pour améliorer les races des vaches, des chevaux et des bêtes à laine, on se soit trop attaché à augmenter la taille des animanx ; tandis que la seule amélioration réelle qu'on ait faite dans la race des porcs, a été de diminuer leur taille, par l'introduction d'une race plus robuste, et qui arrive à sa perfection, à un âge moins avancé. Les observations qu'il a présentées, sur les inconvénients que présente l'emploi de chevaux de très-forte taille, au lieu des races nerveuses, agiles et réellement préférables, méritent une attention particuliére. Il y a quelques situations où des charrois sur des côteaux abruptes, ou l'extrême résistance du sol dans le labourage, exigent l'emploi de forces extraordinaires ; mais il soutient que, dans des cas semblables, il vaudrait mieux augmenter le nombre des chevaux, que d'en employer d'une plus forte taille. Non-seulement le prix d'achat des grands chevaux est proportionnellement plus considérable, mais ils exigent plus d'aliments, et des aliments de meilleure qualité, pour s'entretenir en bon état. On voit les laboureurs de *Wiltshire* mettre leur orgueil à entretenir leurs chevaux aussi gras que possible ; et l'orge (1), qui est leur nourriture ordinaire, leur est donné en profusion. Dans beaucoup de cas, les dépenses auxquelles on se laisse

______

(1) C'est un usage que les cultivateurs du *Norfolk* devraient adopter en partie ; l'importation de l'avoine devrait même être prohibée, attendu que l'orge convient tout aussi bien aux chevaux, surtout lorsqu'on le mélange avec des navets de Suède.

entraîner pour avoir de beaux attelages, montent aussi haut que la rente de la terre qu'ils labourent. Les cultivateurs de ce pays achètent ordinairement des poulains à l'âge de deux ans, et les vendent à cinq ou six ans, pour l'usage des brasseurs et des voituriers de Londres. Il est très-rare que la différence de prix indemnise des frais de leur entretien, surtout parce qu'on est forcé de les ménager beaucoup au travail dans leur jeunesse, afin qu'ils atteignent toute leur taille et leur beauté. La taille des chevaux de brasseurs n'est pas nécessaire pour labourer les sols légers ; et, dans des sols argileux, ces animaux nuisent à la terre par leur poids.

2° *Les formes.* — Quoiqu'il soit extrêmement désirable d'amener les races de bestiaux à cornes, à la plus grande perfection de formes possible, cependant, on ne doit pas sacrifier le profit et l'utilité, à la beauté extérieure qui peut plaire à l'œil, mais qui ne remplit pas la bourse (1); et qui, dépendant beaucoup du caprice, peut varier souvent.

Sous le rapport des formes, les éleveurs les plus expérimentés sont d'accord sur les points suivants : 1° Que la forme générale doit être *compacte*, de manière qu'aucune partie de l'animal ne soit dis—

---

(1) Mr DAVIS se plaignait que les cultivateurs du *Wiltshire* ptaient trop orgueilleux de leur bétail, ce qui les engageait à éréférer la taille et la beauté, à l'utilité et au profit.

proportionnée avec les autres , et que le tout présente une masse bien arrondie et bien remplie ; 2° que le coffre doit être large ; car une bête , dont le coffre est étroit , ne s'engraisse jamais facilement ; 3° que la carcasse doit-être profonde , et en ligne droite ; 4° Que le ventre doit-être d'une proportion moyenne ; s'il est d'une capacité extraordinaire dans un jeune animal , c'est l'indice d'un état de maladie , et , dans un adulte , on le regarde comme une preuve que l'animal ne rendra pas en viande , en lait ou en travail , la valeur de la quantité extraordinaire de nourriture qu'il consommera (1); 5° que les jambes doivent-être courtes , car on a remarqué que les individus haut montés sur les jambes , dans la même famille ou dans la même race, sont moins robustes, et plus difficiles à élever ou à engraisser; 6° enfin, que la tête , les os et les autres parties de peu de valeur , doivent être aussi petites que peuvent le permettre la force que doit avoir l'animal , et les autres qualités qu'il doit posséder. Dans les animaux élevés pour la boucherie , les formes doivent être telles , qu'ils contiennent la plus grande quantité possible des parties les plus

---

(1) Les races distinguées ont ordinairement les intestins moins volumineux , que les bêtes de races communes : on attribue cette circonstance à ce que recevant , dans leur jeunesse, des aliments très-substantiels , et qui contiennent beaucoup de matière nutritive sous un petit volume , le canal intestinal est moins distendu que dans les animaux qui ont été élevés avec des aliments plus grossiers,

12*

estimées, en proportion des parties qui ont moins de valeur. On peut atteindre ce but par un choix judicieux, et satisfaire ainsi les désirs des consommateurs. Quant aux hanches pleines, qu'on considère, dans quelques races, comme un point de perfection, il est évident que les hanches étroites des anciennes races, exigeaient une amélioration ; mais le changement a été porté à un excès nuisible, et qui occasionne souvent de grandes difficultés, et des accidents dans le vélage.

Les formes des animaux ont heureusement attiré l'attention d'un Chirurgien très-distingué (HENRY CLINE) de Londres ; voici la substance de sa doctrine : 1° Les formes extérieures ne sont que l'indication de la structure intérieure ; 2° le principal objet auquel on doit faire attention dans un animal, ce sont les poumons, car c'est de leur volume et de leur état sain, que dépendent principalement sa vigueur et sa santé ; 3° le volume des poumons est indiqué extérieurement par la forme et le volume du coffre, principalement par sa largeur (1) ; dans les chevaux de race, on doit désirer, au contraire, que le coffre soit maigre ;

------

(1) On a fait des objections contre ces règles anatomiques ; on a dit qu'un cheval à coffre large, est rarement un bon cheval de selle. Au reste, ce ne sont là que des exceptions à une règle générale. Pour les bêtes à laine en particulier, un coffre bien ouvert, et un thorax présentant une grande capacité pour le jeu du cœur et des poumons, est la marque caractéristique de la santé et de la vigueur de l'animal.

un bœuf à coffre large , a souvent peu de flanc ; et des épaules larges et bien ouvertes , indiquent un bon bœuf, plus que la distance entre les deux jambes antérieures ; 4° la tête doit être petite , parce qu'alors le part est plus facile ; indépendamment d'autres avantages , la petitesse de la tête indique , en général , un animal de race distinguée ; 5° la longueur du cou doit être proportionnée à la taille de l'animal , afin qu'il puisse pâturer avec facilité ; 6° les muscles et les tendons doivent être gros, ce qui rend l'animal bon marcheur.

Autrefois , on estimait la valeur d'un animal, par le volume de ses os. De gros os étaient toujours considérés comme une qualité précieuse. On sait bien , aujourd'hui , qu'on avait poussé cette doctrine beaucoup trop loin. La vigueur de l'animal ne dépend pas de ses os , mais de ses muscles ; et, selon l'opinion de Mr CLINE , des os démésurément gros , indiquent une imperfection dans les organes de la nutrition, BAKEWELL insistait fortement sur les avantages des petits os , et le célèbre JOHN HUNTER disait que , dans tous les individus qu'il avait eu occasion d'examiner , il avait toujours vu de petits os , accompagnés d'un grand volume de parties charnues. Cependant les petits os , étant plus pesants et plus substantiels , exigent autant de nourriture que les os creux , qui ont une plus grande circonférence (1).

____

(1) Les petits os , par exemple , ceux des chevaux de race ,

3° *Promptitude de la croissance.* — Parmi les qualités qui distinguent les races améliorées de bêtes à cornes et de moutons, on compte la promptitude de la croissance, jointe à la longueur du corps; l'animal doit non-seulement être d'une constitution saine et vigoureuse, mais arriver promptement à une taille convenable. On regarde un bœuf comme ayant eu une rapide croissance, lorsque, à l'âge de trois ans, il pèse, gras, de 80 à 90 ou 100 stones de 14 liv. (de 1,019 à 1,274 liv.); ainsi qu'un mouton de deux ans, de l'ancienne race de *Leicester*, qui pèse, immédiatement après sa seconde tonte, de 25 à 28 liv, par quartier. Les animaux qui ont la propriété de croître promptement, ont ordinairement le dos et le ventre droits; les épaules bien rejetées en arrière; et le ventre plutôt léger que volumineux. Cependant, on doit se tenir en garde contre des intestins grèles et trop peu volumineux; ce qui est un défaut essentiel, qui indique une bête qui se nourrit mal. Des os trop légers sont aussi un grand défaut. Les animaux d'une croissance prompte, ont toujours les os d'une grosseur moyenne. Un taureau qui se distingue par la promptitude de la croissance des animaux auxquels il donne naissance, est inestimable; mais on doit rejeter celui dont les productions ont des formes

---

sont compacts et pesants; tandis que les os volumineux des grands chevaux de trait, sont extrêmement poreux, et, par-conséquent, légers, relativement à leur volume apparent.

gigantesques ou disproportionnées.

4° *Faculté de s'engraisser jeune.* — La promptitude avec laquelle les animaux parviennent à leur point de perfection , non-seulement sous le rapport de la croissance et de la taille , mais aussi sous celui de l'engraissement , est un objet d'une très-grande importance pour le cultivateur , parce que ses profits dépendent , en grande partie , de là. Lorsque les animaux qu'on n'élève que pour la boucherie , peuvent s'engraisser plus jeunes , non-seulement les dépenses de leur nourriture sont plus tôt payées , avec profit pour l'engraisseur , mais , en général , les denrées qu'ils ont consommées , sont payées à un plus haut prix que par des animaux dont l'engraissement est tardif (1). Cette précieuse qualité dépend beaucoup d'un caractère doux et docile ; et cette docilité étant due , en grande partie , à la manière dont les animaux sont élevés , on doit recommander de prendre soin de les rendre très-familiers , dès leur premier âge. Une race docile présente encore d'autres avantages : on ne court pas autant de risques de voir les animaux briser les clôtures , et dévaster les pièces de terre voisines ; on peut donc les élever , les entretenir et les engraisser , avec moins de dépenses. Dans un

____

(1) De deux veaux du même âge , qu'on éleva ensemble , et dont l'un était de race améliorée , l'autre de la race commune du pays , le premier devint plus gras , et de meilleure qualité pour la boucherie , à l'âge de deux ans , que l'autre à l'âge de trois.

pays populeux , où la consommation de la viande est considérable , il est très - avantageux pour le public , que les animaux puissent - être engraissés jeunes , parce que cela tend évidemment à fournir à la consommation , une plus grande abondance de produits : la disposition d'un animal à s'engraisser jeune , est une preuve certaine qu'il s'engraissera promptement lorsqu'il sera plus âgé.

5° *Constitution robuste.* — Dans les parties les moins peuplées et les plus froides d'un pays , il est très-important que le bétail soit d'une constitution robuste. Lorsque le sol est stérile , et le climat rigoureux , il est essentiel que les bestiaux qu'on y entretient , soient capables de supporter les rigueurs et les vicissitudes des saisons , de même que la pénurie des aliments , les travaux rudes, ou autres circonstances que ne pourrait supporter une race plus délicate. Sous ce rapport , on remarque de grandes différences entre les diverses races de bestiaux ; et il est fort important de choisir , pour chaque situation , celle dont la constitution convient au local où on veut l'entretenir (1). L'opinion

---

(1) Le Docteur COVENTRY remarque , avec justesse , que les races qui se distinguent par la faculté de s'engraisser jeunes , ne semblent pas convenir aux cantons où le climat est froid , et le pâturage pauvre et rare. Il est donc possible que des animaux à croissance lente , mais capables de s'entretenir avec des aliments plus grossiers , soient en définitif plus profitables dans ces cantons , surtout s'il n'est pas possible de s'y procurer des aliments de meilleure qualité , sans de grandes dépenses ou de grandes difficultés.

populaire est que les couleurs sombres du pelage,
sont l'indice d'une constitution robuste. Dans les races
de montagnes, des bestiaux à cornes, on aime un
poil rude, surtout lorsque les bêtes doivent **rester**
dehors pendant tout l'hiver ; cela les rend beaucoup moins sensibles aux rigueurs de la saison. Les
races robustes sont moins sujettes à diverses maladies ; elles sont aussi moins sujettes à avoir la graisse
jaune, et la viande en est généralement d'une
belle couleur.

6º *Qualité prolifique.* — On désigne par
la propriété qu'ont les femelles de certaines races,
d'avoir des portées plus fréquentes, et de mettre
au monde, plus souvent, deux veaux à la fois.
Cette propriété se remarque, d'une manière plus frappante, dans quelques sous-variétés, ou dans quelques familles ; et quoi qu'elle soit due, en partie,
à quelque chose qui tient aux habitudes des animaux, et, en partie, à la manière dont ils sont
entretenus, cependant il paraît qu'elle dépend aussi
des saisons ; car on obtient, dans certaines années,
un plus grand nombre de jumeaux que dans d'autres.
Ceux qui se livrent à l'élève des bestiaux, remar-
quent que, dans quelques cas, non-seulement le
nombre, mais le sexe des rejetons, semblent dépendre de la mère. On a vu deux vaches produire
quatorze femelles chacune en quinze années, quoique le taureau fût changé chaque année. Une circonstance singulière, c'est que, lorsqu'elles produisirent chacune un veau mâle, ce fut dans la même
année. D'autres vaches, soumises au même régime

que celles-ci, ont produit, en même-temps, plusieurs mâles de suite , mais pas en aussi grand nombre.

7° *Qualités de la viande.* — Les races se distinguent aussi par les qualités de la viande. Dans quelques-unes, elle est grossière, dure et fibreuse ; dans d'autres, elle a un grain fin qu'on estime beaucoup. Il y a aussi des races qui produisent une viande d'une saveur supérieure , dont le jus , au lieu d'être blanc et insipide, est fortement coloré, et d'un parfum agréable ; et où la graisse est entremêlée dans les fibres des muscles , ce qui donne à la viande une apparence marbrée. Les races dont la chair possède ces propriétés, sont particulièrement précieuses. Deux animaux portés au même degré de graisse, du même poids, et qui ont été nourris avec des dépenses égales, se vendront cependant à des prix très-différents, uniquement à cause des qualités connues de leur viande (1).

8° *Disposition à s'engraisser.* — C'est un point très-important dans les animaux destinés à la boucherie. Il y a des races dont les animaux sont disposés à prendre la graisse pendant tout le cours de leur vie, tandis que d'autres ne s'engraissent facilement que lorsque leur croissance est complète. Il y a encore plusieurs autres distinctions sous ce rapport : 1° Plusieurs espèces de bétail à cornes

---

(1) On fait beaucoup plus d'attention à la qualité de la viande, sur les marchés d'Angleterre, que sur ceux d'Écosse.

et de bêtes à laine, qui ont été élevées dans les pays de montagnes, s'engraissent dans les pâturages des plaines, où des animaux de races plus fines n'auraient fait que s'entretenir ; 2° On remarque souvent, même dans la même race, des individus qui s'engraisssent bien plus promptement, et qui, en consommant proportionnellement une moindre quantité que d'autres, des mêmes espèces d'aliment deviennent cependant plus gras, et en moins temps. On voit de même, dans la race humaine, des individus prendre une corpulence extraordin sans consommer une grande quantité d'aliments. est probable que la propriété de s'engraisser ra dement, vient de la conformation intérieure.

Les avantages ou les inconvénients d'engrais le bétail à cornes et les moutons, ou, du moins de pousser l'engraissement au point où on l aujourd'hui, ont vivement attiré l'attention publique, depuis quelque temps. Mais toute dispute, sur ce sujet, ne peut venir que de ce qu'on ne fait pas, dans cette question, les distinctions convenables. Il n'y a nul doute que la viande grasse ne soit plus nourrissante que la viande maigre, quoique la graisse exige, pour sa digestion, un estomac robuste, et des sucs digestifs puissants et abondants ; par conséquent, cette viande ne peut être convenablement digérée, que par les individus qui jouissent d'une santé vigoureuse, ou qui sont employés à des travaux violents. Cependant, quoique la viande excessivement grasse ne convienne pas à la consommation générale, néanmoins, les expériences sur l'engraissement des animaux , doivent amener d'utiles découvertes ; et quoique, dans le cours de ces expériences , on puisse commettre des erreurs , et porter les choses à l'excès , cependant, au total , on peut tirer avantage des connaissances qu'on obtient ainsi. Comme les os n'augmentent que peu en poids dans l'engraissement , et que les autres issues deviennent proportionnellement moindres , à proportion que l'animal est plus gras , le public n'a pas beaucoup perdu par l'effet de l'engraissement exagéré des bestiaux. C'est une très-mauvaise économie que de tuer les porcs avant qu'ils soient complètement gras. Dans un bœuf ou une vache maigre , on ne trouve presque que la peau et les os , quoique la petite quantité de viande qu'elle fournit , puisse être de bonne qualité; et si on la tue dans cet état, le public ne peut qu'y perdre , et le propriétaire ne peut s'indemniser des dépenses de nourriture et d'entretien. Les bœufs à chair grossière et pesante , qui exigent un temps très-long et uue quantité énorme de nourriture , pour s'engraisser , pourraient plutôt être tués , avec avantage , avant d'être gras. Au reste, les plaintes des consommateurs ont plutôt pour objet la difficulté de se procurer de la viande maigre, que l'excès de graisse auquel on pousse les bestiaux ; car il est bien certain que les parties maigres de la chair d'un animal gras , sont d'une qualité supérieure , et contiennent plus de matière nutritive que toute autre viande (1).

____

(1) Le Docteur STARK a prétendu prouver, par ses expé-

On doit faire mention, ici, d'un indice de la disposition d'un animal à prendre de la graisse, qu'on exprime en disant, en termes de l'art, qu'une bête *manie bien*. Dans toutes les parties du Royaume, les engraisseurs et les bouchers ont recours au maniement de la main ou au tact de la peau, pour s'assurer de la disposition des animaux à s'engraisser (1); mais, depuis que BAKEWELL a dirigé, avec tant d'efficacité, l'attention du public vers l'engraissement des bestiaux, cette pratique est devenue plus générale. On ne peut pas expliquer l'art de manier le bétail; et il ne peut s'apprendre que par l'expérience. La peau et la chair d'un bœuf, lorsqu'on le manie, doivent paraître douces au toucher, à-peu-près comme la peau d'une taupe, mais présentant un peu plus de résistance sous les doigts. On conçoit qu'une peau douce et moëlleuse doit prendre, avec plus de facilité, l'extension nécessaire pour contenir une quantité extraordinaire de chair et de graisse, qu'une peau épaisse et dure. Les animaux à peau rude, doivent donc être les plus difficiles à engraisser. Dans un bon mouton, la peau est non-seulement douce et moëlleuse,

---

riences, que 3 onces de bœuf gras, bouilli, sont égales, sous le rapport de la faculté nutritive, à 1 livre de bœuf maigre.

(1) D'après la description que donne COLUMELLE, de la meilleure espèce de bœufs, il paraît que la préférence qu'on donne à ceux dont la peau est douce et moëlleuse, n'est pas une découverte nouvelle, mais qu'elle était très-bien connue des cultivateurs de l'ancienne Italie.

mais un peu élastique. Un bœuf ou un mouton, quelles que soient d'ailleurs leurs formes , ne peut être réputé bon pour l'engraissement , s'il ne *manie pas bien* (1).

La race perfectionnée des bœufs à courtes cornes, outre la qualité moëlleuse de la peau , se distingue aussi par la douceur et l'apparence soyeuse du poil.

9° *Légèreté relative des issues.* — Il est fort important que, dans un animal qu'on élève exclusivement pour la boucherie , le poids des issues , ou parties de peu de valeur , soit aussi peu considérable qu'il est possible , relativement au poids de la viande et de la graisse ; sans cependant que la proportion soit de nature à nuire à la santé de l'animal (2).

II. *Des principes de l'amélioration des races.*

L'art d'améliorer les races de bestiaux , consiste à faire un choix judicieux des mâles et des femelles employés à la reproduction , afin de produire une race qui ait moins de défauts , et de meilleures

---

(1) C'est là l'expression technique , quoique , à proprement parler , ce soit l'homme qui manie , et la peau de l'animal qui est maniée. Nous disons, dans un sens analogue, qu'un cheval *monte bien.* *

* J'ai cru devoir traduire iittéralement ces expressions anglaises, quoiqu'elles ne soient pas prises dans la même acception , dans notre langue. (*Note du Trad.*)

(2) La perfection d'un animal consiste en ce que, lorsqu'il

qualités que les races originaires , en conservant

---

a été tué, le poids des parties qui se mangent, s'approche le
plus possible de celui de l'animal en vie. La détermination
suivante , des poids des diverses parties d'un bœuf de *Devonshire* , âgé de trois ans et dix mois , servira d'exemple de
la manière de faire ce calcul.

	liv. franç.	*liv. franç.*
Poids en vie.		1439.
Issues.		
Suif.	133	
Peau.	79	
Tête et langue.	34	
Cœur, foie et poumons.	19	
Pieds	16	
Entrailles et sang.	152	
	433.	
Viande de boucherie, consistant dans la carcasse, ou les quatre quartiers . . .		1006.
		1439.

On voit que c'était un bœuf de première qualité , puisque
la viande de boucherie forme plus des deux tiers du poids de
l'animal en vie, dans ce cas, 10 stones (de 14 livres) de l'a-
nimal en vie , ont produit 6 stones 13 livres de viande de boucherie. Dans d'autres expériences, le terme moyen a été de 6
stones 10 livres, à 6 stones 13 1/2 livres de viande de boucherie, pour 10 stones du poids de l'animal en vie. (de 67 à 70
livres de viande de boucherie, pour 100 livres du poids de
l'animal en vie). Lorsqu'on engraisse un bœuf pendant deux
années de suite, on obtient une bien plus grande proportion
de viande de boucherie ; cependant elle n'excède presque jamais les trois quarts du poids de l'animal en vie.

Dans les moutons, on obtient, en moyenne, 6 livres 7 onces
de viande de boucherie, pour 10 livres du poids de l'animal
en vie. Sous ce rapport , les bêtes à laine sont inférieures aux
bêtes à cornes.

les perfections de ces races , et en corrigeant leurs
défauts mutuels.

Le but de l'amélioration est donc de corriger les
défauts d'une race , en obtenant et en perpétuant
les qualités qu'on doit y désirer ; ainsi , lorsqu'une
race d'animaux a possédé , dans un haut degré ,
pendant plusieurs générations , les qualités qu'on
cherche à obtenir , et qu'on en a extirpé toute tendance à produire des qualités défectueuses , on
peut la regarder comme foncièrement améliorée ,
et se livrer , avec assurance , à son éducation (1).

C'est sur ce principe que BAKEWELL a formé
sa célèbre race de bêtes à laine , n'ayant épargné
ni peines ni dépenses , pour se procurer les individus les plus parfaits , dans les meilleures races
de moutons à laine longue , partout où il pouvait
en rencontrer ; et on ne peut pas douter que quelque
race que ce soit , ne puisse être améliorée de la
même manière ; c'est-à-dire , en unissant les mâles
les plus parfaits , aux plus belles femelles. Cependant , lorsqu'on a obtenu ainsi une race supérieure,
on a beaucoup disputé sur la question de savoir si
on doit la perpétuer , soit en accouplant des individus de la même famille , ou des individus de
même race , mais de familles différentes , ou enfin,

---

(1) Cependant il faut des soins et une attention non inter-
rompue , pour maintenir la race au point de perfection où elle
a été portée ; et cette circonstance est plutôt heureuse que fâ-
cheuse , parce qu'elle perpétue le mérite de ceux qui se livrent
à l'amélioration . et la rivalité entre les améliorateurs.

des individus de race différente.

1° *Accouplement dans la même famille.* — Cette méthode est appelée : Propager la race *toujours dedans* (*in-and-in*), et elle consiste à accoupler les animaux du degré de parenté le plus rapproché (1). Quoique ce système ait été à la mode pendant quelque temps, d'après l'autorité de BA-KEVELL lui-même, cependant l'expérience a prouvé, aujourd'hui, qu'on ne pouvait pas continuer de le suivre avec succès. Il peut être avantageux, il est vrai, lorsqu'il n'est pas poussé trop loin, pour fixer une variété qu'on regarde comme précieuse ; mais, en définitif, on peut s'abuser facilement sur ce point. En suivant cette méthode, le jeune animal vient au monde très-petit, comparativement parlant. En l'entretenant très – gras dès les premiers moments de son existence, on parvient à lui faire atteindre un volume plus considérable que sa nature ne le comportait ; et son poids total devient, en conséquence, très-considérable, en proportion du volume de ses os. On peut obtenir ainsi une génération ou deux d'animaux de formes extraordinaires, et qui pourront se vendre à des prix énormes ; mais cela ne prouve pas que

---

(1) Comme on a trouvé que ce système produit des animaux qui manquent de vigueur, les personnes qui possèdent beaucoup de bestiaux, ont soin, aujourd'hui, de conserver deux ou trois lignes distinctes dans la race, afin d'éviter les accouplements à des degrés trop rapprochés de parenté.

la pratique soit bonne, si on y persistait long-temps (1). Au contraire, si on continue à suivre le même système, la race devient faible et déli-cate, et les animaux s'engraissent difficilement ; et quoiqu'ils conservent leurs formes et leur beauté, ils décroissent en vigueur et en activité, et finissent par devenir nains, et incapables de propager la race. Les exemples de ce genre sont nombreux. Le célèbre éleveur PRINSEP, a trouvé que ce dé-croissement de taille était inévitable, malgré tous ses efforts pour le prévenir, par le régime des jeunes animaux. SIR JOHN SEBRIGHT a fait beaucoup d'ex-périences, en multipliant *toujours dedans*, des chiens, des poules et des pigeons, et il a trouvé que les races dégénéraient constamment. Un pro-priétaire qui a essayé ce système sur des porcs, finit par les amener à un tel état, que les femelles cessèrent presqu'entièrement de produire ; et lors-qu'elles engendrèrent, les petits furent si chétifs et si délicats, qu'ils moururent presqu'aussitôt qu'ils furent nés. Les expériences de Mr KNIGHT l'ont même pleinement convaincu que dans les végétaux, aussi bien que dans les animaux, la progéniture

---

(1) Ces mâles de conformation naine, ne produiraient ce-pendant pas un effet nuisible sur le bétail d'une autre personne, principalement dans le premier croisement, si les femelles sont d'une race vigoureuse, et, d'après le principe de Mr CLINE, si elles sont de plus grande taille que les mâles qu'on leur donne.

d'un mâle et d'une femelle qui n'ont pas une origine commune, possède plus de force et de vigueur, que lorsqu'ils sont de la même famille. Cela prouve combien de telles unions sont peu profitables. Ce n'est cependant pas une raison pour qu'un éleveur ne puisse pas tirer parti très-avantageusement d'une famille particulière d'animaux ; il ne s'agit pour cela que de la croiser judicieusement, au lieu d'accoupler les pères ou mères avec les enfants (1). C'est pour cela qu'il est convenable de se procurer des mâles, dans d'autres troupeaux de la même race, ou d'une race semblable. On a remarqué que les cultivateurs qui emploient toujours les béliers nés chez eux, ont, en général, les plus mauvais troupeaux, et qu'un échange de mâles est mutuellement avantageux.

Quelques personnes disent que, lorsqu'on est arrivé au point de ne plus pouvoir trouver de mâles meilleurs que les siens propres, on ne doit pas en employer d'autres pour la réproduction ; mais cette doctrine est réfutée victorieusement par un habile écrivain, qui a apporté beaucoup d'attention à l'amélioration des races du bétail. Il observe qu'il n'a jamais existé un animal, dans lequel on ne puisse

____

(1) La même règle s'applique aussi à l'espèce humaine. Par un concours de circonstances malheureuses, un frère et une sœur se marièrent ensemble, ignorant la proximité de leur parenté. Ils eurent dix enfants, qui moururent tous avant leurs parents.

remarquer quelques défauts dans sa constitution, dans ses formes, ou dans quelqu'autre qualité essentielle ; et que ce défaut, quelque petit qu'il paraisse d'abord, s'accroîtra dans les générations suivantes, et finira par prédominer de manière à rendre la race de peu de valeur. Ainsi, la propagation *toujours dedans*, ne tendrait qu'à accroître et à perpétuer ce défaut, qui pourrait être déraciné par un choix judicieux, fait dans une autre famille de la même race.

2° Il est donc préférable de poursuivre l'amélioration, en employant les individus de la même race, mais de différentes familles. Lorsqu'elles ont été entretenues pendant quelque temps dans des situations diverses, que quelques légères différences se sont établies entre elles, [par l'effet de l'influence des climats, des sols et du traitement, on a reconnu qu'il est avantageux d'échanger les mâles, afin de fortifier les bonnes qualités, et de remédier aux défauts de chaque famille. D'après ce principe, le célèbre CULLEY a continué pendant plusieurs années à employer des béliers, qu'il prenait à loyer chez BAKEWELL, dans le même temps que d'autres éleveurs lui payaient un prix fort élevé, pour le loyer des siens propres ; cette même pratique est suivie aujourd'hui par les plus habiles éleveurs.

3° Les tentatives d'améliorations, par le croisement de deux races distinctes, dont l'une possède les qualités qu'on veut obtenir, ou est exempte du

défauts qu'on veut corriger, exigent, pour la réussite de ce plan, un degré de jugement et de persévérance qu'on rencontre très-rarement. Quoiqu'on
réussisse d'abord quelquefois, par de semblables
croisements suivis avec attention, cependant on a
remarqué généralement qu'il résulte de semblables
mélanges, de grandes différences individuelles ; et
on a reconnu souvent qu'on ne pouvait pas prendre
confiance dans quelques races de bêtes à cornes
produites ainsi, quoiqu'elles parussent réunir d'excellentes qualités.

On a essayé quelquefois d'employer au croisement, des mâles d'une plus grande race, provenant d'un autre pays, avec l'intention d'augmenter
la taille de la race originaire. Mais ces tentatives
ne doivent être faites qu'avec beaucoup de précaution ; car on peut faire un mal irréparable,
par une pratique erronnée, suivie sur une grande
échelle. Lorsqu'une race particulière d'animaux a
habité un pays pendant des siècles, on peut présumer que la constitution de la race est adaptée au
sol et au climat. En conséquence, toute tentative
pour accroître la taille de cette race, sans améliorer
la nourriture, qui a tant d'influence sur la taille
des animaux, est un vain effort pour contrarier
les lois de la nature. A mesure que cette race prend
de l'accroissement en taille par les croisements, ses
formes se détériorent, elle devient moins vigoureuse, et plus sujette aux maladies. Le seul moyen
judicieux d'accroître la taille et le volume des ani-

maux d'une race, est de leur donner, surtout dans leur jeunesse, une nourriture plus abondante ou de meilleure qualité que celle que reçoit ordinairement la race du pays. Dans tous les cas, lorsque le but qu'on se propose, est l'augmentation du volume du corps, la race croisée doit être mieux nourrie que la race originaire. Par conséquent, on doit éviter le croisement, si on peut se procurer autrement une bonne race de bétail ; car on produit ainsi une espèce de métis ; et il est plus difficile ensuite, qu'on ne le croit communément, de se débarrasser des imperfections qu'on a introduites dans une race (1).

L'habile chirurgien dont nous avons déjà parlé, Henry Cline, pense que pour améliorer les formes par le croisement, on doit avoir principalement soin de choisir une femelle bien formée, de plus forte taille que la proportion ordinaire entre les femelles et les mâles (2). De cette manière, le

---

(1) Quelquefois le produit du premier croisement, sans en employer les mâles ou les femelles à la réproduction, est plus profitable que la race pure ; mais si on continue le croisement, on trouvera, dans les produits, beaucoup d'animaux inférieurs. C'est pour cela qu'on trouvera plus d'avantages permanents, à améliorer une race déjà établie, par un choix judicieux des individus.

(2) La doctrine de Mr Cline a été souvent mal comprise. Il ne demande pas que la femelle soit plus grande que le mâle, mais que sa taille soit supérieure à la taille ordinaire des femelles, comparée à celle des mâles. Lorsque la femelle est trop petite, et le mâle trop grand, les produits sont ordinai-

fœtus sera mieux nourri , ce qui est si essentiel à la perfection des formes de l'animal ; l'abondance de la nourriture étant nécessaire, depuis les premières périodes de l'existence, jusqu'à l'achèvement de la croissance. C'est sur ce principe que la race des chevaux anglais a été améliorée par le croisement avec de petits étalons barbes ou arabes. La célèbre race de chevaux de *Clydesdale*, en Écosse, doit son origine à l'introduction, dans ce pays, de quelques grandes juments flamandes ; et nos porcs ont été améliorés par le croisement avec de petits verrats chinois. On a obtenu un égal succès dans d'autres expériences faites sur le même principe. Mr SPEARMAN , cultivateur du *Northumberland*, a essayé de croiser un petit taureau des montagnes, avec la grande race de vaches à cornes courtes ; et il a obtenu des succès pendant une expérience de vingt années. Mr VANDERGOES a réussi parfaitement aussi , en suivant le système recommandé par Mr CLINE , près de *Hague* , et il a peut-être le plus beau troupeau de vaches laitières de la Hollande. Il attribue uniquement l'excellence de sa race, au soin qu'il a de ne jamais employer que de jeunes taureaux , qui n'ont pas encore atteint toute leur croissance , et qu'il réforme toujours à l'âge de trois ans.

---

rement mal formés. Un propriétaire de *Forfarschire* a formé une excellente race , en croisant les grandes vaches d'*Angus*, avec un petit taureau de la race des montagnes.

Cependant, l'amélioration de la toison dépend du mâle; car il est prouvé qu'en employant constamment des béliers mérinos, on peut obtenir, dans le cours de quatre ou cinq générations, des brebis anglaises, une laine qui rivalise avec celle d'Espagne.

Quant à l'âge auquel on doit commencer d'accoupler les animaux, une vache ne doit pas, en général, faire son premier veau avant l'âge de trois ans. On peut commencer à employer le taureau à quatorze ou dix-huit mois; il montre alors beaucoup de vigueur, qui se communique à ses produits. A l'âge de deux ou trois ans, les taureaux deviennent souvent méchants, et on les tue. Quelques personnes prétendent que les produits d'un taureau s'améliorent généralement, jusqu'à ce qu'il ait atteint l'âge de sept ou huit ans, et même jusqu'à ce qu'il s'affaiblisse par la vieillesse; mais cette doctrine ne s'accorde pas avec la pratique de Mr VANDERGOES, en Hollande. Cette question ne pourra être résolue d'une manière décisive, que par un cours régulier d'expériences. Dans la propagation des bêtes à laine, l'âge du bélier n'est pas regardé comme un point très-important.

Quelques éleveurs pensent que les produits se rapprochent beaucoup plus du père que de la mère. On croit, au reste, que certaines parties des animaux tirent plutôt leur ressemblance du père, et d'autres de la mère. Si la femelle est petite, et que cette manière d'être soit permanente dans sa famille, la longueur des jambes des animaux qui en proviendront, sera rarement influencée par le mâle, mais beaucoup par la femelle, et cette manière d'être se perpétuera dans la race. Le volume du corps, et, par conséquent, le poids de l'animal, sera fortement influencé par le mâle ; et si celui-ci est d'une forte taille, les produits présenteront un poids considérable, sous un petit volume. Cela a été prouvé par le croisement d'une vache des montagnes occidentales, avec un taureau de *Hereford*, non pas avec l'intention de propager la race croisée, mais de disposer des animaux qui en sont résultés. Ceux-ci ont les jambes courtes des vaches de montagnes, avec l'accroissement de poids qu'on pouvait attendre d'un taureau de *Hereford*. Ils sont extrêmement robustes, leur viande est d'excellente qualité, et, à l'âge de deux ans, ils ont presque les proportions qu'ont à six ans, les bêtes d'une autre race. On peut donc engraisser les femelles dès l'âge de deux ans ; les mâles exigent une année de plus. Cependant, le croisement d'une genisse de *Hereford*, avec un taureau de la race des montagnes occidentales, réussirait mieux, s'il était question de former une nouvelle race constante.

On doit regarder comme règle générale, dans l'éducation du bétail, que les mères doivent mettre bas dans la saison de l'année la plus convenable, pour que les jeunes animaux reçoivent, en abondance, une nourriture convenable. Cela est bien plus essentiel dans les situations élevées, où les pâturages sont à-peu-près le seul moyen de nourriture. Lorsqu'on n'a pas fait attention à cette règle, on a éprouvé de grandes pertes. Il est nécessaire en même-temps de se tenir en garde contre l'extrême opposé, et d'avoir soin que la naissance des jeunes animaux n'ait pas lieu dans une saison assez avancée, pour qu'ils courent le risque de ne pouvoir supporter le froid, et les rigueurs de l'hiver suivant.

Une autre règle, dans l'éducation des bêtes à laine, est de ne jamais se déterminer sur le choix des brebis qu'on doit donner à un bélier d'élite, avant d'avoir examiné les agneaux qui ont été produits par celui-ci, l'année précédente. On reconnait ainsi les perfections ou les défauts particuliers à sa progéniture, et les béliers sont choisis en conséquence. Par ces attentions, et en choisissant avec soin les agneaux, en rejetant tous ceux qui sont douteux, on conserve un troupeau dans un état constant d'amélioration progressive.

On doit observer aussi, comme troisième règle, dans le choix des mâles, de ne pas prendre le plus faible, quoique ses formes soient les plus parfaites; car si on continuait ce système pendant quelques générations, il est facile de présumer que la race s'affaiblirait, comparée à celle qui serait produite par le procédé ordinaire de la nature, suivant lequel les mâles les plus forts, écartant les faibles, sont employés seuls à la reproduction de l'espèce.

On doit remarquer encore que tout défaut qui existe dans une race, non-seulement se transmettra aux descendants, mais même tendra à s'accroître ; puisque la tendance à ce défaut sera hérité du père et de la mère, qui descendent l'un et l'autre immédiatement de l'individu qui l'a propagé. Ce défaut peut se rapporter à la taille, aux formes, à la disposition à prendre la graisse, dans un âge peu avancé, à s'engraisser avec une petite quantité de nourriture, aux parties de l'animal qui prennent le plus de graisse, ou à la saine constitution des bêtes ; et selon la nature de ce défaut originaire, la race produira des animaux d'un engraissement peu avantageux, ou d'une santé peu vigoureuse.

Il est à propos d'ajouter, relativement à cette branche de notre sujet, que le justement célèbre BAKEWELL, a été le père du système amélioré de l'éducation du bétail. C'était un homme doué d'une grande force d'esprit, et un excellent juge du bétail, pour le temps où il vivait. Cependant, on a fait, depuis lui, des expériences qui ont perfectionné cet art, quoiqu'il soit peut-être, de tous, celui où il est le plus facile de commettre des bévues. Cet art est d'une haute utilité, et il est susceptible d'améliorations presqu'illimitées ; mais il exige tant d'attention, et entraîne tant de dépenses, qu'on ne peut pas y espérer de grands perfectionnements, sans des encouragements libéraux, et des prix d'une grande valeur.

III. *De l'art de gouverner le bétail en général.*

Nous ne pouvons traiter ici ce sujet, que très-légèrement (1). C'est un objet d'une haute importance pour tout cultivateur, d'employer, de la manière la plus économique et la plus avantageuse, les produits végétaux destinés à la nourriture de ses bestiaux, et de les appliquer à ceux qui peuvent lui procurer les bénéfices les plus considérables et les plus prompts. Malgré quelques améliorations récentes, on rencontre encore trop souvent, sous quelques rapports, un mélange fâcheux de profusion d'un côté, et de parcimonie mal entendue de l'autre. Une attention soigneuse dans la nourriture du bétail, procurerait une économie très-utile au public dans tous les temps, et d'un avantage incalculable dans les moments de disette. Pour atteindre ce but, on doit faire attention, 1° à la

---

(1) Les améliorations dans le bétail, ne peuvent pas se répandre aussi facilement, que celles qui se rapportent à la culture de la terre. Lorsqu'un cultivateur a connaissance de quelque méthode de pratique plus avantageuse que celles qu'il connaissait auparavant, il peut l'adopter promptement. S'il découvre une nouvelle variété de quelqu'espèce de grains, plus productive et plus précieuse que celles qu'il cultivait, il peut la multiplier si vite, qu'elle est bientôt répandue ; mais les races améliorées du bétail, ne peuvent se répandre aussi promptement ; leur propagation est beaucoup plus lente, elles dégénèrent bien plus facilement, et on ne peut les conserver dans leur perfection, qu'avec beaucoup d'attention et de jugement.

préparation la plus convenable , et à la distribution la plus économique de la nourriture du bétail ;
2° à approprier les nourritures de diverses espèces ,
aux différentes races de bétail , à leurs diverses habitudes , ou à leur degré de vigueur , et au régime,
ainsi qu'à l'exercice auquel les bêtes sont soumises ;
3° enfin , à la diversité des saisons , et à l'état des
animaux eux-mêmes , sous le rapport de l'âge , du
degré d'engraissement, etc.

Les règles générales suivantes , méritent attention,
dans la nourriture et l'engraissement du bétail.

1° Les animaux destinés à la boucherie , doivent
être entretenus dans un état constant d'accroissement. Les bêtes de races précieuses sont fortement
nourries dès leur naissance , et sont presque toujours grasses. Avec d'autres races , et sur des pâturages de qualité inférieure , cela n'est ni nécessaire ni praticable. Mais , dans tous les cas , on
doit s'attacher au principe d'entretenir toujours les
animaux dans un état constant d'accroissement , et
ne jamais leur laisser perdre leur chair , dans l'espoir de les rétablir par une meilleure nourriture.

2° La taille ne doit jamais être supérieure à celle
que le pâturage peut entretenir dans un état d'embonpoint ; et rien n'est moins judicieux que de s'efforcer à accroître la taille du bétail par des croisements , sans améliorer les pâturages. Les bestiaux
de toute espèce , et de toutes les races , doivent ,
sous le rapport de la taille , être proportionnés à
la quantité et à la qualité de la nourriture qu'on leur

destine.

3° Les meilleurs pâturages doivent toujours être donnés à la portion du bétail qui doit être vendue la première ; ceux d'une qualité inférieure, aux animaux producteurs ; et ceux de la dernière qualité, au jeune bétail. Cette division est très-avantageuse. 100 acres, en suivant cette méthode, nourrissent plus de bestiaux que 120, qu'on fait pâturer en commun par les animaux de toutes les classes.

4° On doit avoir grand soin de ne pas mettre sur un pâturage, plus de têtes de bétail qu'il ne peut en nourrir convenablement ; cette faute entraîne de grandes pertes pour le cultivateur et pour la société. On doit l'éviter principalement pour les jeunes animaux qui prennent leur accroissement. S'ils sont mal nourris pendant une partie de l'année, on aura bien de la peine à leur faire reprendre ensuite leur embonpoint, et ils n'atteindront jamais la taille et les proportions qu'on pouvait espérer ; cependant les jeunes bêtes, jouissant d'une plus grande puissance de digestion, peuvent être nourries avec des aliments plus grossiers, que ceux qui sont d'un âge plus avancé, et en état d'être engraissés.

5° Le genre de nourriture donnée aux animaux, doit être adapté à leur âge. Dans la première jeunesse, il paraît nécessaire à leur santé, que les aliments aqueux et succulents soient en grande proportion dans leur nourriture ; mais ensuite, lorsqu'ils deviennent plus vigoureux, et leur pouvoir digestif plus considérable, comme leur accroisse-ment exige une certaine lenteur, leur nourriture peut être moins immédiatement nutritive, et plus grossière. Les nourritures sèches paraissent conve-nir davantage aux animaux, en hiver, lorsque la transpiration est moins considérable qu'en été, sai-son pendant laquelle les aliments frais leur convien-nent mieux. Lorsque le bétail est nourri avec des aliments secs, et surtout lorsqu'ils sont de qualité grossière, on ne doit pas le laisser manquer d'eau, afin de favoriser la digestion dans l'estomac. C'est même une bonne méthode, que d'humecter le foin, avant de le donner au bétail à cornes ; cela est éga-lement utile pour les chevaux, quoique moins né-cessaire.

6° Sous le rapport des maladies du bétail, on peut remarquer, en général, que le soin principal du cul-tivateur, doit être de les prévenir, en écartant leurs causes éloignées ; car la plus grande partie des maladies qui attaquent les animaux domestiques, ne se guérissent pas facilement, lorsqu'elles sont déclarées ; en partie, à cause de l'obscurité de leur nature, et, en partie, à cause de la difficulté d'ad-ministrer des remèdes au grand nombre d'animaux qui sont souvent attaqués en même-temps, dans le même canton. Dans quelques districts, les troupeaux sont éclaircis presque tous les ans, par des mala-dies inflammatoires ou autres, qu'il serait facile de prévenir par quelques soins, et par un bon traite-ment appliqué à temps.

Enfin, quels que soient les aliments qu'on donne aux animaux, on ne doit jamais les changer subitement. Il est rarement profitable de mettre immédiatement, sur de riches pâturages, des animaux maigres, qui sortent de pâturages grossiers; et on doit faire passer graduellement les animaux, de la nourriture sèche aux aliments frais, *et vice versa.* Cependant, un changement de pâturage de même qualité, tend à favoriser l'engraissement.

Il est à propos d'ajouter que la nature semble avoir destiné les différentes races d'animaux, à divers objets. On ne connaît pas une race de bétail à cornes, également bien adaptée à la boucherie, à la laiterie, et au trait (1); et, autant que l'expérience nous permet d'en juger, les qualités qu'on doit rechercher pour ces divers usages, sont incompatibles entre elles, et appartiennent à des animaux de formes et de proportions différentes. Par exemple, un gros bœuf du *Hereford*, dépérirait dans des pâturages de montagnes; et un mouton de la grande race de *Leicester*, n'est pas destiné à voyager à une grande distance, ou à chercher sa nourriture dans

(1) Parmi les grandes races de bétail à cornes, celle du Comté d'*Hereford* approche peut-être le plus près de cet état de perfection. Les bêtes sont de bonne heure propres à l'engraissement, et conviennent bien pour le travail; mais c'est une variété particulière de la même race, qu'on préfère pour la laiterie. Mr COKE d'*Holkham*, a donné la préférence à la race du *Devon* septentrional; et, au moyen des soins qu'il a accordés à cette race, il a déjà obtenu des succès considérables.

un canton aride et montagneux. Un éleveur judicieux doit donc déterminer le principal objet qu'il
a en vue, et s'efforcer d'élever la race du bétail
qui convient le mieux à ce but, ou, en d'autres
termes, qui payera le mieux la nourriture qu'il
lui consacrera. Il ne peut y parvenir qu'en appor-
tant une grande attention aux principes généraux
de l'éducation du bétail, au système qui est le mieux
adapté à sa situation particulière, et aux procédés qui ont été pratiqués par les cultivateurs qui
se sont le plus distingués dans cet art.

Ont peut remarquer, en parlant du bétail en
général, qu'on doit avoir en vue de varier leurs
races, leur taille et leurs habitudes, de manière
à les adapter le mieux possible à fournir à nos
principaux besoins, et de manière à les approprier
à la situation, au climat, aux produits et aux autres
circonstances générales du pays.

§ VII.

INSTRUMENTS D'AGRICULTURE.

La supériorité des agriculteurs anglais sur ceux
des autres nations, peut être attribuée, en grande
partie, au grand nombre d'instruments précieux
qu'ils emploient à l'exécution des procédés de l'a-
griculture. Cet important avantage a pour cause
l'abondance des capitaux, aussi bien que les talents
de nos mécaniciens. Cependant le nombre de ces
instruments est si grand, qu'un cultivateur prudent

ne doit pas perdre de vue l'économie, ici comme dans plusieurs branches de son art. Il ne doit pas se livrer à des dépenses superflues, par l'acquisition d'instruments qui ne lui seraient pas nécessaires, ou dont il ne pourrait faire un usage profitable. Cette maxime ne doit pas être perdue de vue, surtout par les jeunes améliorateurs, qui sont souvent tentés, sous le spécieux prétexte de diminuer les frais de main – d'œuvre, de faire l'acquisition d'une quantité superflue d'instruments qui se trouvent ensuite leur être très-peu utiles (1).

Dans l'acquisition des instruments d'agriculture, on doit observer les règles suivantes : 1° Ils doivent être simples dans leur construction, afin que leur usage soit plus facile, et qu'ils puissent être réparés par les ouvriers ordinaires, lorsque le cas l'exige. 2° Les matériaux qui entrent dans leur construction, doivent être durables, afin d'éviter, autant que possible, l'interruption du travail qu'entraînent les réparations. 3° Ils doivent être d'une construction solide, afin qu'ils ne puissent pas être endommagés par les secousses et les heurtements auxquels ils sont exposés, et pour qu'ils puissent être ma-

---

(1) Un cultivateur habile a remarqué qu'une grande diversité d'instruments, dont on fait rarement usage, devient pour le cultivateur une source d'embarras et de mécomptes, plutôt que de satisfaction. Ces instruments ne peuvent être employés utilement aux opérations de l'agriculture, qu'autant que les ouvriers qui en font usage, ont acquis une grande habitude de leur emploi.

niés sans danger par les ouvriers ordinaires, qui n'ont pas l'habitude d'employer des instruments délicats. 4° Dans les machines volumineuses, on doit faire une attention particulière à la légèreté de la construction : un pesant chariot, de même qu'un gros cheval, s'use par son propre poids, presque autant que par celui des denrées dont il est chargé. 5° Le bois doit être coupé et placé de la manière la plus convenable pour résister à la fatigue ; et on doit éviter, autant que possible, les mortaises, qui occasionnent tant d'affaiblissement au bois. En même-temps, les instruments doivent être construits avec toute la légèreté compatible avec leur solidité. 6° Leur prix doit être tel, que les cultivateurs d'une fortune médiocre, puissent en faire la dépense ; cependant le bas prix ne déterminera jamais un cultivateur judicieux à faire l'acquisition d'un instrument peu solide, ou de construction vicieuse. 7° Enfin, les instruments doivent être adaptés à la nature, soit montueuse, soit plane, du pays, et surtout à la qualité du sol : ceux qui conviennent à des terres légères, ne rendraient pas d'aussi bons services dans un sol pesant et tenace.

Le sujet des instruments d'agriculture peut se diviser ainsi qu'il suit : 1° Instruments à cultiver la terre ; 2° à semer les grains ; 3° instruments à moissonner les grains ; 4° conservation des grains en gerbes ; 5° machines à battre et à nettoyer les grains ; 6° instruments employés à la fenaison ; 7°

instruments de transport ; 8° de desséchement ; 9°
harnois ; 10° rouleaux ; 11° instruments de laiterie ; 12° instruments divers. Un cultivateur intelligent pourra juger , par la description que nous
allons mettre sous ses yeux , quels sont les instruments les plus essentiels et les plus convenables
pour les diverses opérations auxquelles il doit se
livrer.

I. *Instruments à cultiver la terre.*

Ils consistent en charrues , herses , houes-à-cheval , extirpateurs , et en instruments d'une invention plus récente , connus sous différents noms , et
que nous appellerons scarificateurs.

1° *La charrue.* — Il est à propos de commencer par la charrue , le principal de tous les instruments employés dans l'art de l'agriculture. Les
cultivateurs emploient plusieurs instruments qui ne
sont pas entièrement indispensables ; mais il est impossible de cultiver avantageusement une étendue
de terre un peu considérable , sans la charrue : car
c'est au moyen de cet instrument , que la force des
animaux domestiques peut être le plus utilement
employée à la culture du sol. On remarque de grandes
différences dans la construction des charrues ; et cette
construction varie même dans presque tous les Comtés,
selon la nature du sol, et d'autres circonstances. Mais
la distinction principale à laquelle nous devons nous
attacher ici , est celle des charrues avec ou sans
avant-train.

1° *La charrue sans avant-train.* — Les avantages de la charrue simple comparée à la charrue
à avant-train , sont , que son prix d'achat est
moindre ; — que les réparations sont moins couteuses ; — que, lorsqu'elle est bien faite, elle exige
moins de force de tirage ; — qu'elle est moins sujette aux dégradations ; — qu'elle est particulièrement convenable pour les sols légers ; — enfin ,
que , lorsque la terre est humide , celle-ci s'attache
moins à l'instrument (1).

On cite un fait qui est une preuve décisive en
faveur des charrues sans avant-train : un fermier
accoutumé à l'usage des charrues à roues , dans le
sol léger du *Norfolk* , voulut les employer également, dans une ferme qu'il avait prise en *Suffolk*,
et dont le sol était un *loam* constant ; mais , après
avoir essayé comparativement des charrues avec et
sans avant-train , il s'est bientôt convaincu que les
premières fatiguaient ses chevaux plus que les dernières ; et qu'avec les charrues à avant-train , il
ne pouvait pas entretenir ses chevaux en aussi bon
état qu'avec les autres. L'opinion de ce cultivateur

----

(1) On a beaucoup disputé sur la question de savoir si les
charrues sans avant-train occasionnent plus ou moins de frottement que les charrues à avant-train. L'action additionnelle
des roues , doit certainement occasionner plus de frottement ;
mais , d'un autre côté , on a prétendu que comme une charrue
doit avoir une tendance à pénétrer à une certaine profondeur,
la pression est diminuée , et le tirage est allégé par l'effet de
l'avant-train.

est maintenant , qu'il en serait de même dans les sols légers.

Au reste, ces observations s'appliquent aux charrues simples, d'une bonne construction, et non à celles qu'on emploie en *Middlesex* et d'autres districts, qui sont d'une construction si pesante et si massive, qu'elles exigent le tirage d'un, ou même de deux chevaux de plus (1).

On doit remarquer en même-temps , au sujet des charrues sans avant-train, qu'elles exigent des laboureurs expérimentés. Mais lorsqu'on les possède, une charrue sans avant-train , avec une paire de chevaux de front, est un excellent instrument. On a élevé des doutes sur la possibilité de labourer , avec elle , toute espèce de terre , et en toute saison. On a prétendu , d'un côté , que , lorsque des vents desséchants , joints à une chaleur considérable, ont duré pendant quelques semaines en été , les terres argileuses se durcissent, et deviennent très-difficiles à labourer ; et que , dans ce cas , si l'argile se trouve mêlée de pierres ou de cailloux , ceux-ci s'y trouvent si solidement fixés , qu'ils défient les efforts de la charrue sans avant-train. D'un autre côté , on a observé que , quand même on admettrait la vérité de ce fait , il ne s'ensuivrait pas que l'avant-train est nécessaire pour labourer les terres

---

(1) On trouvera , dans l'appendice , une figure de la charrue sans avant-train perfectionnée, ainsi que l'explication des principes d'après lesquels on doit la construire.

amenées à l'état de dureté que nous venons de décrire. Qu'il n'est pas douteux que les charrues sans avant-train, avec l'attelage ordinaire, suffisent pour cultiver ces sols, *en saison convenable*; et que lorsqu'on a négligé le moment opportun, tout ce que peut exiger la charrue, c'est qu'on augmente la force du tirage, au moyen de quoi toute difficulté est écartée.

2° *Charrues à avant-train.* — Les avantages des charrues à avant-train, sont, qu'elles exigent moins d'adresse de la part du laboureur; — qu'elles conservent une profondeur de sillon plus régulière (1), et qu'elles peuvent prendre une bande de terre plus mince; — qu'elles aident le laboureur dans les sols rebelles, tenaces ou pierreux; — enfin, qu'elles conviennent mieux pour les labours à tranches.

Mais, d'un autre côté, les charrues à avant-train sont plus couteuses pour l'achat et pour les réparations; — elles sont plus facilement mises hors de service; — elles exigent un attelage plus considérable; — leur marche est plus facilement dérangée par les inégalités de la surface; — elles favorisent la mauvaise habitude des laboureurs, de faire peser une partie du poids de leurs corps sur

____

(1) C'est certainement un avantage, lorsqu'on rompt un tréfle, ou une terre sur laquelle lee bêtes à laine ont consommé des turneps, parce que, dans ces cas, il est particulièrement désirable que les sillons soient d'une profondeur régulière.

les manches de la charrue, ce qui augmente tellement la force de tirage et les frottements, que les
chevaux et l'instrument en sont considérablement
fatigués (1); — Enfin, on n'aura jamais beaucoup
d'habiles constructeurs, ni de bons laboureurs, tant
qu'on leur présentera la facilité de remédier à leur
ignorance et à leur maladresse, par l'addition d'une
paire de roues à la charrue. C'est pour cela que,
dans les divers cantons où on a pu se procurer
de bons laboureurs, on a abandonné les charrues
à avant-train, comme entraînant trop de dépense
et d'embarras.

Cependant l'avant-train est utile, lorsqu'on veut
employer la charrue à tranches, ou la charrue à
deux socs.

1° *La charrue à tranches* divise la bande de terre
en deux ou trois tranches. Elle enlève d'abord les
herbes et les éteules, avec une tranche superficielle, qu'elle dépose au fond du sillon ; la seconde
tranche, prise plus profondément que la première,
se retourne sur celle-ci, et la couvre complètement. Ce procédé ne convient qu'aux sols un peu
profonds ; dans ceux de cette nature, beaucoup de
cultivateurs le considèrent comme un mode de culture avantageux. Les charrues destinées à cet usage,

______

(1) Afin d'obliger le laboureur à marcher le corps droit,
et à supporter lui-même le poids de son corps ; les charrues
de *Suffolk* et de *Norfolk* n'ont qu'un seul manche, ce qui fatigue bientôt l'homme qui veut s'y appuyer.

doivent toujours avoir un avant-train , afin qu'on puisse régler convenablement la profondeur du sillon, ou l'épaisseur des tranches (1).

2° Les charrues à deux socs sont recommandées par l'imposante autorité de Lord SOMMERVILLE , comme économisant l'emploi d'un homme , et faisant presque le double d'ouvrage , avec une addition peu considérable dans l'attelage (2). Elles paraissent être bien adaptées aux sols plats et exempts de pierres , ou aux terrains qui ont préalablement été

---

(1) Dans la Belgique , on exécute la même opération , avec une perfection qui n'est certainement surpassée par le travail d'aucune charrue à tranches, en usage en Angleterre, et on n'y emploie pas d'autres instruments que la charrue simple ordinaire de ces cantons. Seulement on adapte, à la partie antérieure de l'âge, une espèce de sabot, qui , sans s'appuyer constamment sur la terre, rase la surface, et s'oppose à l'inclinaison que pourrait prendre l'âge. Cette construction , ou quelqu'autre analogue , est nécessaire , toutes les fois qu'une charrue sans avant-train ne doit qu'écrouter le sol à très-peu de profondeur. Le labour à tranches s'exécute avec la charrue belge , au moyen de deux charrues qui se suivent dans le même sillon, à des profondeurs différentes , ou en y faisant passer deux fois la même charrue. Les deux charrues n'exigent pas un attelage plus nombreux qu'une seule charrue à tranches. C'est surtout pour rompre les tréfles , que les cultivateurs belges emploient ce procédé. (*Note du Trad.*)

(2) Feu JOHN BILLINGSLEY a cité un exemple dans lequel 385 acres (154 hectares) de terre ont été labourés , dans onze mois , par une charrue à deux socs, avec un attelage de six bœufs , un laboureur et un aide. Ils ont hersé en même-temps 291 acres (116 hectares).

préparés par d'autres charrues ; mais elles conviennent évidemment moins que les charrues à un seul soc, pour l'usage ordinaire. Elles peuvent être employées, avec succès, pour donner le labour de semaille pour les orges, dans les sols sablonneux et plats ; mais elles ne peuvent être employées, lorsque le terrain est divisé en billons étroits et élevés.

La charrue à écrouter, qu'on a employée pendant long-temps dans les marais desséchés, porte, en place de coutre, une roue formée d'une plaque de fer circulaire, tranchante à sa circonférence, qui est acérée, ainsi que le soc; on l'aiguise, lorsque cela est nécessaire, afin qu'elle coupe bien le gazon.

Au total, les charrues sans avant-train sont de beaucoup préférables pour l'usage ordinaire. La charrue de *Rotherham* ou *d'Yorkshire*, portant un versoir presque droit, a été la première charrue légère, sans avant-train, qui ait été employée, dans ce pays, avec deux chevaux. Elle a ensuite été introduite en *Suffolk* et d'autres comtés de l'Angleterre, et en Écosse, vers l'an 1742. Mais ce n'est qu'en 1764, qu'on a commencé à employer généralement, dans ce pays, une charrue avec versoir courbe, perfectionnée par SMALL, né dans le comté de *Berwik*. JAMES VEITCH, mécanicien ingénieux, près de *Jedburgh*, y a apporté quelques changements. La charrue sans avant-train, construite par le célèbre ARBUTHNOT, en *Surrey*, a été recommandée par l'autorité respectable d'ARTHUR YOUNG ; et aujourd'hui, on peut se procurer des

charrues sans avant-train, de construction perfectionnée, dans presque toutes les parties du royaume,
ainsi qu'en Irlande (1).

2° *Les herses.* — Les instruments de cette espèce
sont nécessaires dans la pratique de l'agriculture,
pour pulvériser le sol, — pour le nettoyer des mauvaises herbes, — pour le préparer à la semaille,
— et pour recouvrir la semence. Il est évident que
la construction des herses doit dépendre de la nature du sol : celles qui conviennent le mieux pour
une argile tenace, ne peuvent pas être adaptées à
un sol sablonneux et léger. Voici les principales
règles qu'il est important de suivre, dans la construction des herses : 1° chaque dent doit former sa
trace, de sorte que deux dents ne marchent jamais
sur la même ligne ; 2° les traces des dents doivent
être à une égale distance l'une de l'autre ; 3° les
dents doivent être rondes, ou présenter un tranchant
par devant, comme autant de coutres, parce qu'elles
se nettoient ainsi plus facilement que lorsqu'elles

---

(1) Le célèbre JEFFERSON, ancien Président des États-Unis
d'Amérique, et qui a étudié, avec beaucoup de succès, la
partie mécanique de l'agriculture, a recommandé une amélior-
ration dans la construction des charrues. Sa méthode a été
essayée, d'après le désir du Bureau d'Agriculture, par Mr
WESTERN, de *Felix-Hall*, en *Essex*. On a trouvé que le principe de cette construction était neuf et très-ingénieux ; mais
on a remarqué que ce versoir était sujet à un inconvénient :
la partie antérieure étant plate, ou plutôt concave, la terre
meuble du sillon s'y arrête facilement.

sont carrées, ou de toute autre forme, et les chevaux tirent l'instrument plus facilement. Souvent on fait les dents des herses d'inégale longueur : la première rangée a environ un demi-pouce de longueur de plus que la seconde, et la troisième un demi-pouce de moins que cette dernière ; de sorte que les dents de chaque rang sont d'un demi-pouce plus courtes que celles du rang qui les précèdent.

Dans les récoltes semées en lignes, on emploie, avec beaucoup d'avantages, une petite herse, qui détruit complètement les mauvaises herbes, dans les intervales des lignes.

. 3° *Les houes-à-cheval.* — Ces utiles instruments sont destinés non – seulement à détruire les mauvaises herbes, mais aussi à ameublir la terre, entre les lignes des plantes, comme turneps, pommes de terre, ou de toute espèce de grain qui a été semé en lignes également distantes. Ces instruments simples et efficaces économisent beaucoup de travail manuel. Cependant l'emploi de la houe-à-main est toujours nécessaire pour détruire les herbes, et donner une culture à la terre, entre les plantes, le long des lignes, où la houe – à – cheval ne peut atteindre.

. 4° *L'Extirpateur.* — Cet instrument était originairement une petite herse triangulaire, pesante, avec de longues dents inclinées en avant, et aigues, mais ne portant pas de socs plats à leur extrémité inférieure. Ensuite, on y a ajouté un certain nombre de socs plats triangulaires, acérés sur leurs bords, et fixés, à l'extrémité, d'autant de barres de fer, le tout ressemblant assez bien à la jambe et au pied d'un canard. Cet instrument est utile dans les sols légers, plats et exempts de pierres ; non – seulement il coupe les mauvaises herbes, mais il ameublit la terre. Dans les terres fortes, le travail de l'extirpateur est beaucoup préférable aux hersages, qui tendent à consolider la surface ; mais il est nécessaire, avant de l'employer, que la terre soit bien ameublie.

5° *Le Scarificateur*. — Cet instrument est imité de l'extirpateur ; il en diffère, parce que, au lieu des barres de fer qui portent les pieds, il présente des espèces de coutres courbés en avant, qui pénètrent dans le sol, et amènent à la surface, les racines des mauvaises herbes (1). Cet instrument est si efficace, qu'il devrait se trouver dans toutes les grandes exploitations. Lorsque le sol a été préalablement ameubli par les labours, il ramène à la surface, les racines de chiendent et d'autres mauvaises herbes ; il agit à la fois, comme une charrue, et comme une herse. Les coutres sont assemblés sur un chassis de bois triangulaire ou carré, portant à chaque angle, une petite roue de fer fondu, qui roulent sur la terre, et qui règlent la profondeur à laquelle on veut faire pénétrer les socs.

---

(1) Ces coutres ne doivent pas être tranchantes, parce que les racines des mauvaises herbes seraient coupées, et qu'il serait plus difficile de les amasser.

Telle est l'utilité de cet instrument , par l'écono[m]
qu'il procure sur les labours , et par la facilit[é]
qu'il donne , de nettoyer les terres de mauvai[ses]
herbes , qu'on le regarde comme ayant ajouté bea[u-]
coup à la valeur des fermes sur lesquelles il a [été]
introduit. Il est vrai que non-seulement le scar[i-]
ficateur diminue beaucoup le travail des labou[rs,]
mais peut aussi être employé avantageusement da[ns]
les cas suivants : 1° Le terrain destiné à recev[oir]
de l'orge ou des turneps , peut , après avoir re[çu]
un seul labour à la charrue , être rendu propre [et]
meuble , par le moyen de cet instrument ; et [l'on]
se dispense ainsi des labours et des hersages s[ui-]
vants. 2° Lorsque le sol a été labouré en autom[ne,]
on évite , par l'emploi du scarificateur , les inco[n-]
vénients des semailles de printemps sur les labo[urs]
d'hiver (1) ; non-seulement l'orge , mais au[ssi]
l'avoine , pourvu qu'elle ne soit pas semée s[ur]
une prairie rompue , ainsi que les pois , les fè[ves]

---

(1) M^r De Fellenberg , célèbre agriculteur suisse , a [en-]
voyé , au Bureau d'Agriculture , le modèle d'un scarificate[ur]
avec des coutres extrêmement courbes , et sans roues ; par c[on-]
séquent, la machine sera beaucoup moins chère , si l'expérie[nce]
montre qu'elle est également efficace. *

* L'extirpateur de M^r De Fellenberg , avec des pieds [en]
bois inclinés en avant , produit absolument tous les effets [des]
extirpateurs et des scarificateurs anglais. Je puis en parler d['a-]
près une expérience de plus de dix ans , et je n'hésite pas [à]
le considérer comme un des instruments les plus précieux [dont]
notre agriculture puisse s'enrichir. Sa construction est sim[ple]
et son prix peu élevé. (*Note du Trad*).

et les vesces , peuvent être semés sans autres la-labours. 3° Le même instrument peut aussi, avec avantage , permettre de diminuer le nombre des labours de jachères , et d'exécuter ce procédé plus tôt dans la saison , et avec moins de dépenses (1). 4° On peut l'employer efficacement pour les pré-parations à donner à la terre, pour les pommes de terre et les turneps , et , ensuite , pour arracher les pommes de terre. 5° Enfin , son utilité, pour mélanger avec la terre , la chaux ou les composts, est de la plus haute importance ; non-seulement il exécute cette opération plus efficacement que la charrue , mais il n'enterre jamais ces amendements au delà de la profondeur qui leur convient. C'est par-tous ces motifs , qu'on considère le scarifica-teur comme un des plus grands perfectionnements que les temps modernes ayent introduits dans l'art de cultiver la terre.

II. *Instruments à semer les grains.*

On sème les grains , 1° à la main ; 2° avec des semoirs ; 3° à l'aide du plantoir.

1° *Semailles à la main.* — Quoiqu'il y ait des machines au moyen desquelles on répand les grains

---

(1) Mr ROBERT HOPE observe que la charrue est néces-saire dans les jachères, pour déraciner les chardons , qui tien-nent très-fortement dans le sol; mais le scarificateur extirpe les racines de toutes les autres mauvaises herbes.

et les autres petites semences , sans les mettre e
lignes régul ères , cependant la méthode la plus gé
nérale , lorsqu'on ne cultive pas les grains en lignes
est de les semer à la main. Dans la semaille à l
main , il est nécessaire que l'ouvrier soit muni d'u
semoir en toile , ou d'une corbeille. La corbeill
est très commode pour cette opération , parce qu'ell
laisse à l'ouvrier beaucoup de liberté dans sa marche
ce qui est très-important pour qu'il puisse bien ré
gler le mouvement de son bras. Le semeur peu
facilement aussi remplir sa corbeille , sans l'aid
d'une autre personne. Dans plusieurs cantons , or
emploie une corbeille tressée en paille ou en écorce
ces corbeilles sont échancrées au point où elles s'ap
pliquent sur le corps du semeur , et elles sont sus
pendues à une courroie qui passe au – dessus d
l'épaule. Mais d'autres personnes trouvent que l
semeur marche encore avec plus d'aisance en por
tant le grain dans un semoir de toile , que dans
une corbeille.

2° *Les semoirs.* — Il est certainement à désirer
que toutes les espèces de semences soient répan
dues d'une manière régulière , et enterrées à una
profondeur convenable ; on a inventé , dans ce but ,
plusieurs machines utiles. On a objecté contre leur
emploi , qu'elles sont compliquées et couteuses ;
mais , sous ces points de vue , elles ont déjà été
améliorées , et on peut espérer qu'on les amènera
encore à une plus grande simplicité , et à un plus
bas prix.

Beaucoup d'artistes ont montré de grands talents, dans le but de faciliter la semaille des céréales. Les semoirs de Mr COOKE et de Mr BAILEY, de *Chillingham*, ont été vantés avec raison. Une nouvelle machine, inventée par Mr FROST, a été produite à *Holkham*, et a été fort approuvée. On a trouvé qu'elle s'appliquait aux sols argileux ou humides, ou aux terrains en billons, aussi bien qu'aux terres légères, sèches et plates. La différence de forme des coutres, dans les divers semoirs, mérite attention : dans le semoir ordinaire, la rigole dans laquelle est déposée la semence, est faite par pression, de sorte que le fond en est étroit et tassé, ce qui le rend sujet à durcir, lorsqu'il survient une sécheresse ; tandis que, dans la machine de Mr FROST, la terre est coupée et enlevée, pour tracer la rigole, ce qui laisse le fond et les côtés dans un état parfaitement meuble et friable. Par ce motif, cette machine est particulièrement propre à la culture des terres argileuses. Dans les semoirs ordinaires, la semence répandue, varie souvent en quantité, selon qu'on va en montant ou en descendant ; on peut, il est vrai, régler, jusqu'à un certain point, cette quantité, au moyen d'une grande attention de la part de la personne qui manœuvre l'instrument ; mais, avec la machine de Mr FROST, la semaille est parfaitement régulière, sans une attention particulière de l'ouvrier, les réservoirs de la semence étant suspendus sur un centre, ce qui les maintient toujours de niveau , soit que le sol soit uni ou inégal , soit qu'on marche en montant ou en descendant. Ces perfectionnements diminuent beaucoup les objections qui ont été faites contre l'adoption générale de la culture au semoir.

La machine simple , au moyen de laquelle on sème les turneps , ne peut pas être trop recommandée. Elle a puissamment contribué à étendre rapidement la culture de cette plante précieuse. On a construit aussi plusieurs machines utiles , pour semer , en lignes , les pois et les fèves ; et on a même inventé un instrument qui non-seulement sème les céréales et les turneps , mais qui répand également dans les lignes , les engrais en poudre, qu'on veut leur appliquer.

Divers instruments , dont on se sert pour les binages , se lient au système de culture au semoir ; en particulier , une machine , inventée par l'ingénieux Mr BLAIKIE , appelée la *houe-à-cheval-retournée* , qui apporte beaucoup d'amélioration au système de semaille des turneps , en billons ; la terre étant ramenée dans l'intervalle des lignes , au lieu d'être rejetée sur les jeunes plantes. Ce système s'applique , à volonté , aux turneps semés en lignes isolées , doubles ou triples , ainsi qu'au froment semé en lignes à neuf pouces de distance, et aux pois ou aux turneps , à dix-huit ou vingt-sept pouces.

Parmi les autres machines employées pour la culture en lignes , nous ne devons pas omettre la *brouette-à-semoir* ; qui convient particulièrement aux petites exploitations. Cet instrument est très-simple, et peut-être employé de deux manières : — 1° Quelquefois on l'attache à la charrue, et il répand la semence dans le sillon qu'elle ouvre ; la semence est recouverte par le sillon suivant ; — 2° un jeune garçon suit la charrue avec la brouette, et dépose la semence au fond du sillon.

3° *Plantation des semences.* — Cette pratique a beaucoup d'admirateurs, et elle a été employée pendant quelques années en *Norfolk*, pour le froment, jusqu'à ce que le haut prix de la main-d'œuvre l'a rendue trop couteuse. Au total, cette pratique commence à se restreindre, parce qu'on la trouve minutieuse et embarrassante. Les instruments avec lesquels elle s'exécute, sont très-simples ; ils consistent en plantoirs de fer, d'environ trois pieds de longueur, avec lesquels l'ouvrier fait des trous pour recevoir la semence. Le planteur marche à reculons, tenant dans chaque main un plantoir, qui fait en même-temps deux trous d'un ou deux pouces de profondeur, et distants d'environ quatre pouces l'un de l'autre ; il est suivi par des femmes ou des enfants qui distribuent la semence dans les trous. Dans les sols légers, cette méthode paraît bien convenir aux semailles de froment sur tréfles rompus, pour lesquelles il n'est pas avantageux que la terre soit ameublie ; au moyen de ces instruments, on peut placer la semence au centre même de la bande de terre retournée, en faisant deux lignes sur chaque bande ; la plante a ainsi plus de tenue

15*

dans le sol. Mais toutes les fois que la terre est
mêlée d'argile, la plantation du froment produit un
mauvais effet, qui arrête la croissance des plantes(1).
Dans le Comté de *Gloucester*, on plante les fèves
et les pois, et beaucoup de personnes considèrent
cette pratique comme préférable à l'emploi du semoir, pour ces plantes, dans les sols loameux.
Cependant le semoir à fèves exécute cette opération d'une manière plus expéditive et plus efficace,
dans les argiles tenaces.

III. *Instruments à moissonner les grains.*

Les cultivateurs anglais font couper les grains par
le moyen de la petite faucille, ou de la grosse,
ou enfin de la faulx.

La petile faucille est légère et étroite, et son
tranchant est dentelé ; la grosse est large et pesante,
et son tranchant n'a pas de dents. Autrefois on dif-
férait d'opinion sur la supériorité relative de ces deux
instruments : mais, aujourd'hui, il est généralement reconnu que, pour l'opération qu'on appelle
proprement faucillage, en terme technique, les
faucilles à tranchants dentelés, sont préférables aux
autres, à cause du temps qu'on perd à aiguiser ces

______

(1) Dans ce cas, le plantoir place la semence dans un
creux formé par de la terre tassée, qui réunit et conserve
l'humidité : de sorte que la plante, emprisonnée, ne peut
étendre ses racines, et souvent la graine se pourrit avant de
germer.

dernières ; celles qui sont dentelées , peuvent être employées, pendant plusieurs semaines, sans être aiguisées, tandis que les autres ont besoin de l'être plusieurs fois dans une heure. Là où on a introduit le procédé appelé *bagging* (1), l'emploi de la grosse faucille à tranchant non dentelé , est indispensable. Mais , dans les contrées marécageuses , on faucille , à la manière ordinaire , l'avoine , et quelquefois l'orge , en employant la grosse faucille tranchante ; la paille étant très-haute et souvent versée , le travail ne pourrait pas s'exécuter commodément avec la petite faucille.

L'emploi de la faulx est moins couteux que celui de la faucille ; et , dans les saisons humides , les grains coupés par la faulx, s'enlèvent plus promptement, et sont moins disposés à s'échauffer dans les meules. Le célèbre CULLEY préférait le fauchage pour l'orge. On objecte cependant contre cette opération, qu'elle ne range pas les épis du grain aussi régulièrement qu'on le fait avec la faucille. C'est un grand désavantage , lorsqu'on emploie la machine à battre , parce que la paille doit être disposée aussi régulièrement qu'il est possible , pour être soumise à l'action de la machine.

---

(1) Je suis forcé d'employer ici l'expression anglaise , parce que je ne lui connais pas d'équivalant dans notre langue, l'opération qu'elle désigne n'étant pas pratiquée en France , du moins à ma connaissance. On trouvera une description succinte de ce procédé , Chap. 4., Sect. 1ʳᵉ, Nº 8. (*Note du Trad.*)

On a introduit récemment , de Flandre , une nouvelle méthode pour couper les grains. Elle s'éxécute de la manière suivante : Le moissonneur porte, de la main gauche , un crochet de fer , avec un manche de bois , et il réunit , avec cet instrument , autant de grain qu'il peut en couper d'un seul coup , avec une faulx courte , qu'il porte de la main droite. Avec de l'habitude , les ouvriers exécutent cette double opération très - rapidement et avec beaucoup de dextérité. On a essayé aussi des faulx à berceau , mais elles ne font pas un bon ouvrage , lorsque la paille est haute , ou versée , ou lorsque le grain a été semé en lignes.

On a fait récemment plusieurs tentatives pour construire des machines à moissonner les grains. Si on pouvait se les procurer à des prix raisonnables, elles seraient très-avantageuses. Car quoiqu'on ne puisse guère les employer dans les terrains dont la surface est inégale ou raboteuse , cependant elles peuvent réussir sur un sol plat. Le prix ordinaire du faucillage , à la grosse ou à la petite faucille , est d'environ douze shelings par acre anglais (36^f par hectare). Mais avec une machine bien construite , si on peut en inventer une semblable , la dépense serait nécessairement beaucoup diminuée (1).

---

(1) Mr Smith , près *Dumblane* , en Écosse , a inventé une machine très-ingénieuse pour cette opération.

IV. *Rentrée et conservation des grains.*

On reconnait généralement que les charrettes sont beaucoup plus commodes que les chariots, pour la rentrée des récoltes de grains ; il est plus facile de les manœuvrer, de les charger et de les décharger.

Pour la conservation des grains, les meules sont beaucoup préférables aux granges, surtout depuis qu'on a adopté la méthode de les placer sur des piliers de pierre ou de fer fondu (1), au moyen de quoi le grain est isolé du sol, conservé parfaitement sec, et à l'abri des souris. Les avantages qui résultent de ces procédés, peuvent être évalués à la trentième partie de la récolte (2).

Dans quelques cantons, lorsque la saison est humide, on place au centre de la meule, un triangle en bois, qui permet à l'air de circuler librement, presque jusqu'au sommet de la meule, ce qui est très-utile pour empêcher le grain de se gâter, lors-

---

(1) On a apporté une grande amélioration dans la forme des piliers en fonte. Ils doivent être coulés en deux pièces, la partie supérieure, ou le chapiteau, séparée du reste. Cette construction est plus économique ; et en faisant le chapiteau recourbé en dessous, l'accès des souris, en haut du pilier, devient impossible.

(2) On doit mettre un soin particulier à ne laisser jamais d'échelle, ni aucune autre chose semblable, appuyées contre les meules, parce que les souris pourraient y grimper.

qu'il a été rentré sans être parfaitement sec. (**voyez** les fig. pl. 3e).

V. *Instruments à battre et nettoyer les grains.*

Il y a trois sortes de machines destinées à cet usage : 1° la machine à battre ; — 2° une machine à nettoyer l'orge ; — 3e les machines à vaner.

1° La machine à battre est considérée comme le plus précieux instrument qui ait été inventé dans les temps modernes. L'économie de travail manuel qu'elle procure, est immense, et le travail qu'elle remplace, était un des plus rudes de toutes les opérations agricoles ; en même-temps, le grain est séparé de la paille, d'une manière plus parfaite et plus expéditive, qu'on n'avait pu le faire jusqu'ici, par toute autre méthode. Rien n'est plus barbare que l'usage adopté par quelques nations de l'antiquité, de séparer les grains de la paille, en brûlant celle-ci, ou en la faisant fouler aux pieds des chevaux ou des bœufs ; et il n'y a aucun travail plus fatigant que le battage, avec un instrument aussi imparfait que le fléau. C'est pour cela qu'on a fait, à diverses époques, des tentatives pour construire des machines destinées à produire le même effet, d'une manière plus parfaite. C'est au génie d'un mécanicien écossais, ANDREW MEIKLE, que nous devons le perfectionnement, et peut-être l'invention d'une machine qui atteint ce but. C'est à lui qu'on doit bien certainement attribuer le mérite d'avoir eu la première idée du cylindre, portant des battoirs fixes , qui sépare la paille du grain , de la manière la plus satisfaisante. Dans d'autres tentatives pour construire cette machine , on avait imité le moulin à lin (1).

On applique divers moteurs aux machines à battre, comme les chevaux ; — les bœufs (2); — le vent seul ; — le vent, ou des animaux , lorsque le premier manque ; — l'eau seule , ou remplacée, en cas de besoin, par des animaux ; — enfin, des machines à vapeur. On emploie , dans diverses parties de l'Angleterre , des machines à battre portatives , et, avec elles, on bat souvent 16 à 24 quarters de froment, ou 33 quarters de seigle par jour (45 à 68 hectol. de froment, et 93 hectol. de seigle). Quelques machines sont mues à bras , et elles peuvent convenir pour battre les récoltes des petites fermes , en introduisant seulement la tête de la paille dans la machine (3) ; mais, même dans ce cas, un cheval, un bœuf, le vent ou l'eau , seraient des moteurs plus avantageux. Au

---

(1) Toutes les personnes qui s'intéressent au sort d'un homme rempli de talents, apprendront, avec plaisir, que les dons volontaires de ses compatriotes reconnaissants, ont mis l'inventeur de cette machine, dans un état d'aisance, sur la fin de sa vie, et ont pourvu à la fortune de sa famille.

(2) On ne peut guère douter de l'avantage d'employer les bœufs, comme les meilleurs moteurs animaux , pourvu que les machines soient d'une grande force.

(3) Cette méthode sera peut-être la première adoptée dans les pays étrangers.

total, on doit conseiller de construire la machine d'une manière très-solide. C'est une mauvaise économie que d'épargner un peu d'argent pour acquérir une mauvaise machine. Une machine à six chevaux n'est pas trop forte pour toutes les opérations nécessaires, dans une ferme où on se livre à la culture des grains. Cependant, en raccourcissant le cylindre, on peut employer moins de chevaux.

Les avantages particuliers qui résultent de cette invention, peuvent être établis comme il suit : 1° Par la supériorité de cette méthode, on obtient, du même nombre de gerbes, un vingtième de grain de plus que par l'ancienne méthode ; 2° le travail est exécuté bien plus promptement ; 3° on évite le pillage des batteurs ; 4° le grain souffre moins ; 5° on peut, sans difficulté, se procurer, pour les semailles d'automne, du grain de la dernière récolte ; 6° dans les temps de disette, les marchés peuvent être fournis plus promptement ; 7° la paille, attendrie par la machine, forme une meilleure nourriture pour le bétail ; 8° s'il arrive qu'une meule de grain s'échauffe, elle peut être battue dans un jour, et en faisant sécher le grain à l'étuve, on le préserve de toute avarie ; 9° la machine à battre diminue le dommage causé par la carie, les grains cariés n'étant pas brisés par la machine, comme ils le sont par le fléau ; 10° enfin, la même machine sépare le grain de la menue paille et des petites graines qui s'y trouvent mêlées, aussi bien que de la paille. Avant l'invention de la machine à battre, les domestiques de ferme et les manouvriers étaient assujettis à un travail très-pénible ; les cultivateurs qui produisent beaucoup de grains, éprouvaient beaucoup de dommages , par l'effet du mauvais battage ; et ils étaient exposés à beaucoup d'embarras , de désagréments et de pertes, par la négligence ou l'infidélité des domestiques ; mais maintenant , depuis l'introduction de cette précieuse machine , toutes ces difficultés ont disparu.

Mᵣ BROWN , de *Markle* , dans son ouvrage intitulé *On rural affairs* , a présenté l'évaluation suivante du profit qui résulterait pour le public , si les machines à battre étaient employées exclusivement, dans ce pays, pour séparer le grain de la paille.

Il l'évalue ,

1° Le nombre d'acres produisant des grains dans la Grande-Bretagne , à 8,000,000— 3,200,000 hect.

2° Le produit moyen , à 3 quarters par acre, à 24,000,000—67,000,000 hect.

3° La quantité de grain additionnelle produite par l'emploi de la machine à battre, au lieu du fléau , à la vingtième partie du produit, ou, en quarters 1,200,000— 3,335,000 hect.

4° La valeur de ce surplus, à 40 shelings par quarter, en liv. ster. 2,400,000—57,600,000 Fr.

5° L'économie sur la main-d'œuvre, à 1 sh. par quarter , liv. st. 1,200,000—28,800,000 Fr.

6° Le profit total, par
année, en livres st.   3,600,000—86,400,000 Fr.
7°Le profit actuel, par
année, en supposant
que la moitié seule-
ment du grainproduit
est battue par des ma-
chines, livres ster.   1,800,000—43,200,000 Fr.

On ne doit pas s'étonner, d'après cela, qu'il déclare que la machine à battre est le plus précieux
instrument que puisse posséder un cultivateur ; as-
surant qu'elle ajoute plus au produit du pays, que
quelqu'autre invention que ce soit, faite jusqu'à
ce jour ; et qu'on doit la considérer comme le plus
important perfectionnement qu'ait reçu l'agriculture
anglaise, dans les temps modernes (1).

2° On a inventé une machine destinée à nettoyer
l'orge, ou à séparer du grain, les épis et les barbes;
ceux qui en font usage, la recommandent comme une
grande amélioration. Quelquefois elle est jointe à la
machine à battre, et elle n'occasionne qu'une dépense additionnelle de force peu considérable. Mais
dans les machines à battre bien construites, cette
opération est souvent exécutée par la machine elle-
même.

3° Autrefois on employait des procédés très-im-

---

(1) On a objecté contre l'usage de la machine à battre,
qu'elle diminue le travail pour les manouvriers, mais ceux qu'elle
prive d'ouvrage, peuvent être employés, avec bien plus d'avantages, à construire des chemins d'exploitation.

parfaits, pour séparer le grain, de la menue-paille ; on le faisait passer à travers un tamis ou un crible, entre les deux portes de la grange, exposées au vent ; ou on le jetait au loin avec des pelles ; ou on employait le petit van ordinaire, à l'action duquel on ajoutait souvent un nettoyage à la main. On a construit récemment des machines qui vanent et criblent tout à la fois. Par l'emploi de ces instruments, le cultivateur peut nettoyer ses grains promptement, au moment où cela est nécessaire (1). Depuis l'introduction des machines à vaner, elles ont été beaucoup améliorées, et aujourd'hui elles sont en usage, non-seulement dans tous les moulins à farine, mais presque dans toutes les granges des fermes où on cultive les grains avec quelqu'étendue. Lorsqu'elle est jointe à la machine à battre, qu'elle est bien construite, et munie de cribles convenables, le grain est quelquefois propre à être conduit au marché, tel qu'il sort de la machine.

VI. *Instruments de fenaison.*

La faulx est un instrument trop bien connu, pour

---

(1) On dit que cette utile machine est originaire de la Chine, d'où elle a été introduite en Hollande, et de là en Écosse, avec la machine à monder l'orge, il y a environ un siècle, par Mr JAMES MEIKLE, père de M. ANDREW MEIKLE, inventeur de la machine à battre. M. FLETCHER, de *Salton*, l'envoya pour cela en Hollande.

qu'il soit nécessaire de la décrire ici (1).

Pour remplacer la manière ordinaire de répandre les andins sur le sol, afin de faire sécher l'herbe promptement, on a inventé une machine circulaire, garnie de pointes, par le moyen de laquelle la récolte la plus abondante est soulevée, divisée et répandue de la manière la plus parfaite. Par ce moyen, le travail manuel nécessaire à cette opération, est abrégé, et l'ouvrage est exécuté plus promptement et mieux. Cependant cette machine ne doit pas être employée pour le tréfle, qui doit être secoué le moins possible, à cause de la facilité avec laquelle les feuilles et les fleurs se détachent des tiges.

Lorsqu'on veut mettre le foin en meules, sur le terrain même qui l'a produit, après qu'il a été disposé en gros tas, on peut le transporter à l'endroit où on veut le mettre en meules, au moyen d'une machine de bois, appelée une *rafle*, qui est tirée par quatre chevaux, et qui traîne le tas de foin, en le faisant glisser sur le sol. Le service de cette machine est si prompt, qu'elle peut être très-utile, pour mettre en sureté une récolte de foin, lorsque le temps est incertain.

---

(1) Il est convenable de dire que la forme des faulx varie, dans divers cantons, et qu'il est des lieux où on les monte d'une manière très-défectueuse, pour un fauchage soigné et bien uni. Dans quelques parties du *Bedfordshire*, on excèle sur ce point.

VII. *Machines de transport.*

On rencontre rarement aujourd'hui des exemples des anciennes méthodes, couteuses et embarrassantes, de transporter des productions agricoles, soit sur le dos des chevaux, soit sur des hottes ou des traineaux. Les moyens de transports ordinaires sont, aujourd'hui, la charrette ordinaire, la charrette irlandaise, le tombereau et le grand chariot.

1° La charrette est, sans contrédit, le moyen de transport le plus économique et le meilleur pour les cultivateurs. On peut l'employer presque dans toutes les situations. Dans les pays plats, elle est évidemment préférable à toute autre construction ; et quoiqu'on y trouve quelques inconvénients, dans les montées et dans les descentes des pays montueux, cependant, au total, ce sont elles qui occasionnent le moins de tirage dans les montées ; et on a imaginé des moyens pour faciliter et assurer leur service dans les descentes. On peut aussi les rendre propres à la conduite d'une quantité considérable de gerbes, de foin, de paille, ou d'autres objets volumineux, au moyen d'un châssis léger qu'on y adapte à volonté.

On a discuté la question de savoir s'il est avantageux d'atteler à une charrette, un, deux, ou un plus grand nombre de chevaux.

Nous allons établir, en peu de mots, les avantages des charrettes à un seul cheval, à cause de l'importance du sujet, et de la difficulté de sur—

monter les préjugés qu'on rencontre contre cet attelage , dans les cantons où on a l'habitude d'employer de plus fortes charrettes. On dit en faveur
des charrettes à un cheval : Qu'elles sont moins dis-
pendieuses , et pour l'achat, et pour l'entretien ;
— que chaque cheval conduit une plus forte charge
(1) ; — qu'elles font plus d'ouvrage que les grands
chariots , dans les travaux de la moisson (2) ; —
que les accidents entraînent moins d'inconvénients ;
car si une roue d'un grand chariot vient à se rompre ,
tout l'attelage est arrêté ; — qu'il est utile de diviser le tirage , parce qu'il est impossible au plus
habile charretier , de faire en sorte que tous les
chevaux d'un grand chariot prennent une part égale
au tirage ; — qu'il est bien plus facile de les charger , et qu'on peut en disposer presque pour toute
espèce d'usage : — que la hauteur des roues peut
être adaptée , avec la plus grande exactitude , à

---

(1) Quelques personnes assurent qu'un cheval seul peut conduire 20 à 25 quintaux. Mais , en général , 16 à 20 quintaux
sont une charge suffisante pour un cheval , même sur de bonnes
routes , lorsque le transport est un peu long.

(2) Le Docteur ANDERSON assure même qu'avec des charrettes bien construites , le même nombre de chevaux peut faire
le double d'ouvrage à la moisson , qu'on ne le ferait avec de
grands chariots ; mais quand même la différence ne serait que
de deux ou trois jours de travail par semaine , elle serait d'une
immense importance, sous un climat où le temps est fréquemment mauvais. Un grand chariot est quelquefois retenu pendant deux heures dans le champ, avant que sa charge soit
complète.

la taille des chevaux ; — qu'on peut placer la charge de la manière la plus convenable pour diminuer le tirage ; — que, dans les charrettes, le poids de la machine est moins considérable, en proportion de la charge ; — que la puissance est plus rapprochée de la résistance ; — qu'elles occupent moins de place que les grands chariots, lorsqu'on ne s'en sert pas ; — qu'il vaut beaucoup mieux que les chevaux agissent isolément qu'en commun, parce que, dans le premier cas, un cheval n'a à faire qu'à sa propre charge ; tandis que dans le second, il est presque toujours gêné par quelques différences avec ses compagnons de travail, sous le rapport de l'allure, de la taille, de la force, de l'ardeur, etc. (1); — enfin, que les charrettes à un cheval méritent une grande préférence, sous le rapport de la conservation des routes (2).

D'autres personnes prétendent que les charrettes à un cheval ne peuvent être employées avantageusement que dans les temps secs, et sur de bonnes routes ; et que, s'il est vrai que sur des routes sem-

---

(1) Lord ROBERT SEYMOUR assure que deux chevaux attelés isolément, font autant d'ouvrage que trois attelés ensemble.

(2) En Irlande, on emploie généralement le hacquet et la charrette écossaise ; le premier, pour le transport des marchandises ; et l'autre, pour les travaux de l'agriculture. 20 à 25 quintaux sont une charge très-commune pour un hacquet traîné par un cheval, qui fait ordinairement 20 milles par jour (environ 6 lieues).

blables , un homme suffit pour conduire deux charrettes , cependant , en général , il faut compter un
homme pour conduire chaque charrette; cette objection est importante , surtout pour les travaux
de la moisson , époque à laquelle les ouvriers sont
rares.

Quant aux charrettes à deux chevaux , beaucoup
de cultivateurs en sont partisans , lorsqu'il y a beaucoup de travaux à exécuter dans les champs, ou
lorsque les chemins sont si mauvais , qu'une charrette à un cheval ne ferait que peu d'ouvrage. Il
peut être convenable aussi d'atteler deux chevaux
dans les pays très-montueux, ou pour aller chercher de la chaux à une grande distance , etc ; mais
la charge que peuvent conduire deux chevaux est
si pesante , que , dans les conduites qui ont lieu
sur les terrains de la ferme , les roues s'enfoncent
dans le sol , et lui font beaucoup de tort , particulièrement s'il est en prairie.

On ne peut que réprouver l'usage d'atteler trois
ou quatre chevaux à une charrette , comme on le
fait dans le voisinage de la capitale. Lorsque des
charrettes de cette espèce sont vides , elles font plus
que la charge ordinaire d'un cheval ; et il est rare
qu'elles conduisent plus d'un ton (1200 kilogr.),
mêmes lorsqu'elles sont attelées de trois ou quatre
chevaux (1).

____

(1) Il est surprenant qu'on ne se soit pas aperçu de cela
depuis long-temps, chez un peuple aussi industrieux et aussi
intelligent que les Anglais.

Lorsqu'on emploie des bœufs , il est préférable qu'ils soient accouplés par paires , et Lord So-MERVILLE , avec son zèle ordinaire pour les améliorations de l'agriculture, a donné la description d'une charrette destinée à deux bœufs , au moyen de laquelle ils peuvent trainer une charge considérable, même dans les cantons montagneux.

2° Les charrettes irlandaises ont leurs avantages : elles sont faciles à charger ; — elles passent aisément dans les portes étroites ; — elles font peu de tort aux prairies et aux terres labourées sur lesquelles elles passent ; — leurs roues étant cylindriques, elles sont moins destructives pour les routes. Elles ont été recommandées, par ces motifs, par BAKEWELL , et par feu Mr WILKES, de *Measham;* mais elles ne peuvent conduire d'aussi fortes charges que les charrettes ordinaires à un cheval. La charrette irlandaise a été fortement améliorée depuis peu , par l'application d'essieux en fer.

3° Les tombereaux portant trois roues , sont utiles pour quelques usages particuliers ; comme pour la conduite du fumier ou de la marne. Ils sont si avantageux dans ce dernier cas, que Mr KENT calcule qu'on peut économiser 30 p. o/o par leur emploi.

4° Lorsque le pays est plat, et les routes belles, quelques personnes riches , comme les brasseurs, les distillateurs, et quelques fermiers, en *Surrey* et en *Middlesex*, emploient des chevaux d'un grand prix, et des attelages de parade; mais, en général, ces attelages conviennent peu aux travaux a—

gricoles , surtout à la moisson et à la fenaiso
Les grands et pesants chariots présentent au:
beaucoup d'inconvénients dans les cantons montueu:
où on est forcé d'enrayer souvent les roues, ce q
fait beaucoup de tort aux chemins.

VIII. *Harnais des bêtes de trait.*

Les harnais nécessaires aux animaux de trait , so
un objet de dépense considérable, mais d'une grand
utilité. Si on fait des recherches sur la manière la pl
convenable de construire les harnais des différents an
maux employés au tirage , ainsi que sur les matériau
dont il convient le mieux de les former , il demeu
rera évident que ce sujet est d'une plus grand
importance que les cultivateurs ne semblent , e
général, le croire. On doit s'attacher ici à l'éco
nomie , autant qu'elle peut s'accorder avec la bonn
qualité et la commodité de ces objets ; on doit
par-dessus tout , éviter de dépenser de l'argen
pour des ornements inutiles. On doit aussi prendr
de grands soins pour la conservation des harnais
parce qu'ils dépérissent très-rapidement , si on le
néglige.

IX. *Instruments employés aux desséchements.*

L'Angleterre excelle dans les instruments employé
à cette importante opération. Lorsque le sol es
meuble , les saignées peuvent être faites avec l
bêche ; mais lorsqu'il est dur ou rempli de pierres ,

on doit employer la pioche. Les instruments employés à pratiquer des saignées souterraines, selon la méthode d'*Essex*, sont extrêmement ingénieux, et atteignent bien le but. On a inventé diverses espèces de charrues, pour partiquer les saignées ; mais, à raison de leur construction compliquée, on en a rarement fait un usage avantageux. La *charrue-taupe* peut être employée dans les sols exempts de pierres ; et on l'a trouvée particulièrement utile dans les terres en pâturages. Nous parlerons plus amplement de ces instruments, lorsque nous traiterons des desséchements. (Voyez Chap. 3. Sec. 3)

X. *Des Rouleaux.*

Le rouleau est l'instrument le plus précieux , qn'on ait encore inventé , pour briser les mottes durcies , d'une manière expéditive , et pour ameublir la surface des terres en labour. Il est également utile dans les prairies destinées à être fauchées ; et l'emploi de pesants rouleaux empêcherait la formation de ces fourmilières qui déparent tant de pâturages (1). On fait des rouleaux de diverses substances ; comme, de bois , de pierre , de granit ou de fer fondu. Il est important que le poids du rouleau soit proportionné à sa longueur , et

---

(1) M. COKE , de *Holkham* a un rouleau de fer fondu , qui coûte 60 l. (15oo^f). Il pèse 3 tons et-demi (environ 4ooo kilog). Il a 6 1/2 pieds de diamètre, et autant de longueur. Il laisse les champs en herbage , dans le meilleur état possible.

à la nature de la terre sur laquelle il doit opérer. La meilleure méthode est de réunir, dans le même châssis, deux rouleaux d'environ 2 1/2 pieds de longueur chacun, et ayant un mouvement de rotation indépendant l'un de l'autre. C'est la construction la plus convenable pour les récoltes de grains, ainsi que pour les jeunes prairies, parce qu'un rouleau semblable ne déchire jamais les sols mous, et ne fait aucun tort aux jeunes plantes ; son travail est meilleur aussi, lorsque la surface offre des inégalités. En outre, dans les tournées, le rouleau ne fatigue pas autant l'attelage ni le châssis. Une exploitation doit toujours être pourvue de rouleaux de différents diamètres, et de différents poids, de manière qu'on en ait toujours de convenables pour les opérations auxquelles on veut les appliquer. Les rouleaux de petits diamètres sont employés communément dans les terres arables ; ceux d'un diamètre considérable, et à double cylindre, dans les prairies. Les rouleaux pesants sont aussi d'une grande utilité pour détruire les vers, les limaces et autres insectes (1).

XI *Ustensiles de laiterie.*

Les ustensiles les plus importants d'une laiterie,

---

(1) Le rouleau à pointes convient bien aux sols argileux, et les ameublit à peu de frais. Le rouleau ordinaire ne peut briser de très-grosses mottes, à moins que le sol ne soit humide ; tandis que le rouleau à pointes produit cet effet, quelques grosses et dures que soient les mottes.

sont : les vases à conserver et écrémer le lait ; les barattes, les formes à fromages et les presses.

1° On a employé un grand nombre de substances, pour en former les vases à lait, comme le bois, le grès ou d'autres poteries, et le plomb ; mais aucuns des vases de cette espèce ne présentent autant d'avantages que ceux de fer fondu, qu'on a inventés récemment. On adoucit la fonte par un recuit, dans du charbon de bois, on les polit en dedans sur le tour, et ensuite on les étame, pour empêcher que le lait soit en contact avec le fer, dont la rouille pourrait lui nuire. Pour empêcher la rouille, on couvre aussi l'extérieur d'une peinture. Ces vases s'entretiennent propres avec facilité, et le lait qu'ils contiennent étant tenu dans une fraîcheur convenable, donne plus de crême que dans des vases de bois. Ils ne sont pas coûteux, car un vase suffisant pour contenir un *quart* (un peu plus d'un litre), ne coûte que 1 sh. 2 den. (1^f 40^c).

On a objecté contre l'usage des vases de poterie, que le plomb entre ordinairement dans la composition de la couverte, et que l'acide du lait dissolvant très-promptement ce métal, il en résulte un composé très-nuisible à la santé. Mais d'autres personnes regardent ces craintes comme chimériques, attendu qu'on a employé, pendant des siècles, des vases formés de plomb même, et qu'on les emploie encore dans les Comtés de *Cambridge*, de *Lincoln*, etc., sans qu'on en éprouve aucun mauvais effet ; et souvent on laisse le lait s'aigrir dans ces vases.

2° On emploie des barattes de diverses constructions. Parmi elles, on approuve beaucoup celle qui
a la forme d'un baril, parce qu'elle est simple,
facile à construire, et peut facilement se faire dans
de petites ou de grandes dimensions, selon l'importance de la laiterie. D'autres personnes recommandent une baratte dont la forme ressemble un peu
à celle d'un berceau, mais placée sur un châssis
de bois. On la met en mouvement par un balan-
cement régulier, aussi lent que celui du balancier
d'une horloge, et le beurre s'y fait parfaitement
bien (1).

---

(1) On en trouvera une figure dans l'appendice, planche
4ᵉ. La première connaissance que le bureau d'agriculture a
eue de cet instrument, venait du pays de Galles. Depuis cela,
le Docteur Skene Keith a dit qu'il était employé, depuis
quarante ans, dans le Comté d'*Aberdeen*. Lambert, dans ses
voyages dans le bas Canada et dans les États-Unis d'Amérique,
rend compte, dans les termes suivants, de la *baratte en berceau*, employée en Amérique : « Nous vîmes chez un cultiva-
« teur, près du lac Champlain, une machine à battre le beurre.
« C'était une espèce de demi-baril, portant un siège sur lequel
« un des enfants du fermier se plaçait à cheval. Les balance-
« ments de l'instrument remplissaient le double but de battre
« le beurre, et d'amuser l'enfant ». On trouve, dans un ouvrage imprimé à Philadelphie, sous le titre de *Domestic En-
cyclopœdia*, la description d'une baratte qui doit certainement
présenter des avantages essentiels, et dont l'usage est très-ré-
pandu dans les États-Unis. C'est un cylindre en tôle, de la
forme d'un tonneau, et monté sur un axe. Le cylindre a une
ouverture carrée, placée comme la bonde d'un tonneau ordinaire, et d'une grandeur suffisante pour y introduire la crême,
et en tirer le beurre. Quelques barreaux en forme de grillage,

3º Dans les fabriques de fromages, les formes et les presses sont des objets importants. Les meilleures formes sont faites en fer fondu ; et les presses qu'on estime le plus, sont celles de granit. On emploie avec avantage, pour presser les fromages, de grosses pierres taillées qu'on soulève avec une vis.

XII. *Articles divers.*

Il est nécessaire d'avoir divers petits instruments pour la grange, les étables, et les autres dépendances de la ferme ; mais nous n'en ferons pas d'énumération particulière. Il y a cependant quatre machines plus importantes que les autres, dont nous dirons quelque chose : 1º le hache-paille ; 2º le

---

attachés à l'axe, gênent le mouvement du liquide, lorsque la machine est en action. Les deux extrémités de l'axe du cylindre étant placées sur les bords d'une cuve de dimensions convenables, et l'ouverture en dessus, formée d'une portière, on donne à la machine un mouvement de va et vient, d'un tiers ou d'un quart de tour, au moyen d'une espèce de manivelle. Jusqu'ici, cette machine ne se distingue par rien de bien essentiel des innombrables espèces de barattes, plus ou moins ingénieuses, dont on fait usage en divers pays. Mais ce qui la caractérise d'une manière particulière, c'est qu'en remplissant la cuve au-dessus de laquelle est placée la baratte, d'eau tiède ou froide, selon la saison, la crème est tenue ainsi au bain Marie, au degré qu'on juge le plus convenable pour la préparation du beurre. Cette construction sera appréciée par les personnes qui savent avec quelle difficulté le beurre se fait dans les temps très-froids et très-chauds.

coupe-racines ; 3° la machine à concasser les fèves, les pois et l'avoine ; 4° la balance.

1° Les machines destinées à couper la paille et le foin, sont certainement utiles, en empêchant les bestiaux de gâter une grande quantité de fourrage, et pour leur faire consommer des substances dures et grossières, comme la paille. Jusqu'a ces derniers temps, ce travail était exécuté à bras, et par des machines isolées; mais le couteau travaille bien plus efficacement, lorsqu'il est réuni à une machine mue par l'eau, le vent, ou des animaux, comme la machine à battre.

2° On a aussi inventé des machines pour découper les turneps ou les pommes de terre qu'on donne au bétail. Cependant, quant aux dernières, il paraît préférable de les faire cuire, soit à l'eau, soit à la vapeur, soit au four (1). Le suc des pommes de terre crues contient un principe nuisible, que la coction détruit, ou qui est volatilisé par la chaleur. On ne s'est cependant pas encore assuré jusqu'à quel point l'accroissement de valeur que reçoivent les aliments cuits, compense la dépense du procédé.

3° C'est une méthode très-utile que celle de concasser les fèves, les pois ou l'avoine, pour la nour-

---

(1) **M. Pierrepont** a communiqué au bureau d'agriculture, la méthode, qu'il pratique, de faire cuire les pommes de terre au four, ainsi qu'un dessein de son four. Cette méthode réussit si bien, que les pommes de terre préparées ainsi, engraissent même les plus gros bœufs.

riture des chevaux. L'expérience a prouvé que ,
de cette manière , sept bushels font autant de profit
que huit de grains entiers (1). Cette économie
est en tout temps un objet important , mais surtout
dans les temps de disette.

4° Une forte balance forme certainement une dépense considérable pour un cultivateur ; mais lorsqu'il peut la faire , cet instrument lui est très-utile ,
surtout s'il se livre à l'engraissement du bétail. Sans
cela , le cultivateur ne peut pas s'assurer de l'accroissement progressif du poids des animaux qu'il
engraisse ; ni de la valeur relative des aliments qu'il
leur donne ; ni du profit que lui rapportent ces aliments. Il travaille à-peu-près au hazard ; et on a
donné comme vérités , plusieurs assertions vagues ,
qui ont été reconnues erronées , lorsqu'on les a
soumises à des expériences exactes (2).

On trouve encore dans les collections des socié-
tés d'agriculture, qui accueillent, à juste titre, toutes
les nouvelles inventions qui semblent devoir être
utiles , une grande variété d'autres machines ; mais
peu d'entre elles peuvent être employées par les
cultivateurs , avec un profit réel. Quoique les ma-

---

(1) M. EDWARD BURROUGHS porte ses calculs encore plus
loin : après une expérience de quatre ans, il assure qu'il a
économisé un tiers du grain qu'il aurait dû donner à ses chevaux s'il n'avait pas été concassé.

(2) M. SALMON , de *Woburn*, a inventé une machine por-
tative pour peser les bœufs , qui est du prix de 25 à 3o l.
(6oo à 72o^f).

chines compliquées puissent produire de bons effets, entre les mains d'un ouvrier habile, cependant il est rare qu'elles puissent être employées, avec avantage, par la classe ordinaire des manouvriers des campagnes.

Il y a encore quatre points qui doivent être considérés, relativement aux instruments d'agriculture : 1° les matériaux qui entrent dans leur construction ; 2° les moyens de les réparer et de les conserver ; 3° la convenance d'introduire de nouveaux instruments dans un canton ; 4° enfin, les moyens d'améliorer leur construction.

1° Les instruments d'agriculture étaient construits autrefois presqu'entièrement en bois ; mais aujourd'hui, dans beaucoup de cas, on les construit, soit en totalité, soit en partie, de fer forgé ou fondu.

L'extension rapide des grandes améliorations que Small a apportées à la charrue, est due principalement à l'application, qu'il lui a faite, d'un versoir, ainsi que d'autres parties de l'instrument, coulés en fer, d'après des modèles en bois ; les constructeurs de charrues possédant ainsi les parties les plus difficiles de l'instrument, faites sur un modèle invariable, ont été bientôt en état de construire le reste, et de répandre, dans toute l'Écosse, l'instrument amélioré. Il est probable que, dans beaucoup d'autres cas, l'usage du fer remplacera celui du bois. Il convient particulièrement aux climats chauds et secs, étant inaccessible aux attaques des insectes. On doit observer, de plus, que quoiqu'on puisse construire en bois, soit totalement, soit en partie , les instruments dont on fait un constant usage , on doit , s'il est possible , construire en fer , ceux qui ne doivent être employés que rarement , parce que , lorsque le moment de leur emploi est passé , il arrive fréquemment qu'on les abandonne avec négligence ; et alors ceux qui sont construits en bois , se détériorent rapidement (1).

2° Tout cultivateur soigneux doit se faire une règle d'avoir un inventaire de tous ses instruments, et de tous les objets de même nature ; il doit les inspecter souvent , ensorte qu'il puisse les faire réparer immédiatement , aussitôt qu'il survient la moindre détérioration. Aussitôt qu'un instrument ne doit plus être employé pendant la saison , on doit non-seulement le remettre soigneusement à sa place , mais , auparavant , il doit être bien nettoyé , et enduit d'huile , lorsqu'il est parfaitement sec ; ou , s'il est construit en fer , recouvert d'une couche de peinture , et conservé de manière qu'on le trouve en bon état, lorsqu'on en aura besoin. Rien n'indique mieux le caractère d'un cultivateur soigneux, que les grands soins qu'il donne à ses instruments agricoles. Dans toute ferme, on doit avoir une ou plusieurs places abritées , pour y loger les instruments volumineux ; et un autre lieu fermé , pour y placer les petits instruments. Lorsque les machines doivent être exposées dans les champs pendant une grande

---

(1) Lorsqu'on rentre une charrue , le soc doit toujours être démonté , et le dessous du sep bien nettoyé de la terre qui s'y attache.

partie de la saison, elles doivent être recouvertes d'une peinture à l'huile, au moins tous les deux ans. Cela les garantit non-seulement de la sécheresse, mais aussi de la pluie et de la rouille.

3° Il est souvent très-difficile d'introduire de nouveaux instruments dans un canton, à cause de l'ignorance, des préjugés et de l'obstination des ouvriers et des valets de ferme. Beaucoup de cultivateurs conservent, contre toute raison, par ce motif, leurs anciens instruments, quoiqu'ils soient convaincus de leur infériorité, craignant de déplaire à leurs domestiques, en faisant des tentatives pour en introduire de nouveaux. Cependant, dans beaucoup de cas, on a réussi dans les tentatives de ce genre, avec de l'attention, de la persévérance, et en récompensant à propos les valets qui avaient le mieux réussi dans l'essai d'une machine nouvelle.

4° Telle est l'importance des bons instruments, que l'amélioration de ceux dont on fait usage, procurerait des avantages essentiels à l'agriculture; et quelque grandes que soient les améliorations mécaniques qu'on y a apportées jusqu'ici, plusieurs instruments peuvent être encore amenés à une bien plus grande perfection. On doit donc encourager les hommes habiles et expérimentés, à consacrer leurs soins et leur temps à cet objet important, et à s'occuper, soit à améliorer, d'après les principes de la science, les diverses espèces d'instruments qui sont actuellement en usage, soit à en inventer de meilleurs, lorsque le cas l'exige. On ne peut pas encourager trop fortement l'invention d'un instrument utile, capable d'abréger les opérations de l'agriculture, ou de les rendre plus parfaites, et d'en diminuer en même temps les dépenses : les inventions de ce genre sont un service essentiel, rendu à la fois, et aux cultivateurs et au public. On a calculé qu'il résulterait d'immenses avantages, de l'adoption générale de quelques instruments améliorés, qui ne sont encore employés que dans quelques cantons particuliers. Mr CURWEN pense que les cultivateurs des Comtés méridionaux de l'Angleterre perdent 25 p. o/o, par l'usage des pesants chariots et des charrettes massives qu'ils emploient. Et il n'y a pas de doute que, par l'introduction des charrues à deux chevaux et des machines à battre, là où ces instruments ne sont pas employés, on ne puisse y diminuer la dépense des travaux, d'au moins 10 p. o/o.

§ VIII.

BATIMENTS DE FERME, ET LOGEMENTS POUR LES MANOUVRIERS.

La prospérité agricole d'un canton dépend considérablement de l'état des maisons de ferme, de leurs dépendances, et des bâtiments dans lesquels on loge les manouvriers. On ne peut trop répéter ces vérités. La santé et le bonheur des hommes employés à l'agriculture, exigent qu'ils puissent se retirer dans des habitations commodes, après s'être livrés aux travaux agricoles. Dans les fermes de terres arables, il est aussi d'un grand avantage que les bâtiments d'exploitation soient solides, bien disposés, proportionnés à l'étendue de la ferme, et adaptés au genre de culture qu'on y pratique ; sans cela, les travaux des domestiques ne peuvent être réglés d'une manière profitable ; le bétail ne peut prospérer ; et on ne peut attendre d'aucune opération agricole, autant de succès que si les bâtiments étaient disposés convenablement.

En discutant ce sujet, nous considérerons brièvement : — les principes généraux d'après lesquels les bâtiments ruraux doivent être construits ; — la position la plus convenable d'une maison de ferme et de ses dépendances ; — la construction de la maison d'habitation ; — la disposition des bâtiments d'exploitation ; — leur construction ; — les bâtiments extérieurs, lorsqu'ils sont nécessaires ; — les bâtiments destinés aux domestiques de la ferme et aux manouvriers ; — par qui les bâtiments de la ferme doivent être construits ; — comment ils doivent être entretenus ; — comment ils doivent être assurés.

1° *Règles générales pour la construction des bâtiments de ferme.* — Dans la construction des bâtiments de ferme, on doit faire attention aux règles suivantes :

Quoiqu'un cercle contienne le plus d'espace possible dans la plus petite enceinte, cependant, à peu d'exceptions près, c'est la figure la moins commode pour les subdivisions, et la plus couteuse dans l'exécution ; tandis que le carré et le parallélogramme

entraînent moins de dépenses, et sont plus commodes. Dans les bâtiments bas, où les toitures sont
l'article le plus dispendieux, la forme oblongue est
préférable ; d'ailleurs, sous d'autres rapports, c'est
celle qui s'adapte le mieux aux distributions.

Les bâtiments les moins coûteux sont ceux qui
sont contenus entre quatre lignes droites. Toutes
les projections extérieures augmentent beaucoup les
dépenses, à cause des angles saillants, des irrégularités dans les toitures, etc. (1)

Afin d'empêcher, autant que possible, la communication du feu, il est extrêmement important que
tous les murs de refend soient élevés jusqu'à la
toiture, et même qu'ils la dépassent.

Le plan des bâtiments doit être fait d'après l'é-
tendue et les produits de la ferme. Une ferme en
pâturages , ou une ferme à foin, exige peu de
bâtiments d'exploitation ; une ferme à laiterie , en
exige davantage ; mais une ferme à grains doit avoir
des bâtiments d'exploitation nombreux , malgré l'in-

---

(1) On trouve dans le rapport du Comté de *Bedford*, le
plan de deux maisons d'une surface égale ; l'une carrée , dont
la dépense est estimée à 733 l. ; et l'autre octogone, qui ne
coûterait que 671 l. Mais, excepté pour des maisons très-vastes,
ou lorsque les bois sont extrêmement chers, on considère la
forme carrée comme la plus économique. Il n'est pas hors de
propos d'ajouter ici, que lorsqu'on prépare la chaux pour enduire l'intérieur des maisons , elle doit être éteinte avec de
l'eau chaude, au lieu d'eau froide ; cela raréfie et fait dégager
l'air contenu dans la chaux , qui devient ainsi plus facile à employer, et qui n'est plus sujette à se boursoufler.

vention de la machine à battre , qui dispense de granges étendues.

Quoique l'économie soit le point essentiel dans l'exécution des bâtiments ruraux , cependant , même ici , un homme de goût et de jugement s'efforce toujours de les disposer de manière qu'ils présentent un coup-d'œil flatteur.

2° *Position de la maison de ferme et de ses dépendances.* — Lorsqu'on veut construire une maison de ferme , le premier point est de déterminer une situation convenable , qui doit se rapprocher, le plus qu'il est possible , du centre de l'exploitation , surtout si c'est une ferme arable. Rien n'est plus mal entendu que de s'assujettir à l'ancien système , dans lequel les maisons de ferme sont placées dans les villages , et entièrement séparées des terres ; méthode qui doit son origine au défaut de sécurité domestique , dans les temps de la féodalité , ou à la crainte des invasions étrangères. Dans beaucoup de cas , une position centrale , relativement à l'étendue de la ferme et aux autres circonstances locales , apporte une différence considérable dans le montant de la rente. Il est même certain que si la maison et ses dépendances sont placées à l'extrémité d'une ferme étendue , on doit s'attendre à ce qu'une partie des terres sera négligée ; — on y mettra moins d'engrais ; — les dépenses de culture seront essentiellement augmentées ; — les attelages seront assujettis à une fatigue inutile , en allant et en revenant ; — enfin , les parties les plus éloignées de la ferme seront laissées en état de misérable pâturage ; ou lorsque ces pâturages seront accidentellement rompus, les récoltes seront certainement inférieures à ce qu'elles auraient été, si les bâtiments de la ferme eussent été mieux placés (1).

On allègue quelquefois pour motif de ne pas placer la maison d'exploitation dans une position centrale, qu'on a pu se procurer plus facilement, dans une autre partie de la ferme, de l'eau pour l'usage de la famille, pour le bétail de la ferme, ou pour faire mouvoir une machine à battre, ce qui apporte beaucoup d'économie dans le travail des chevaux. Ceci, au reste, n'est qu'une exception à la règle générale ; et on peut donner comme un axiome, « que la maison de ferme, et ses dé- « pendances, doivent être placées le plus près qu'il « est possible, du centre de l'exploitation ». Et même, quand l'eau manquerait dans cette position, on peut ordinairement s'en procurer par divers moyens, dont nous parlerons dans la suite ; (voy. 9ᵉ Sect.) Et, en général, on peut éviter les diffi-

---

(1) Il est très-fâcheux qu'on conserve, dans plusieurs parties de l'Angleterre, l'ancienne méthode de ne pas clôre les pièces de terre arable, et de réunir, sur un même point, toutes les maisons de fermes du voisinage. Là où on suit encore ce misérable système, il faut charier tous les grains jusqu'au village, et recommencer à charier tous les engrais sur les terres, quelquefois avec un immense travail, en montant et en descendant des côtes rapides, et avec un grand accroissement de fatigue pour les attelages, les harnais et les chariots.

17 *

cultés de cette espèce, sur un grand domaine, par une nouvelle délimitation des fermes.

Lorsque les circonstances le permettent, la maion de ferme doit faire face au midi, parce qu'elle est moins exposée ainsi aux vents froids du nord. Les bâtiments doivent être placés sur un sol bien aéré et sec ; et, si cela est possible, une situation élevée est toujours préférable. Non-seulement cette position est plus saine, mais elle peut procurer un avantage d'une grande importance ; celui de permettre au fermier d'apercevoir ce qui se passe dans toutes les directions. D'un autre côté, lorsque la maison est construite dans un lieu bas et humide, les récoltes du fermier, quoique rentrées bien sèches et en bon état, contractent bientôt de l'humidité, et peut-être de la moisissure, qui diminue beaucoup leur valeur. Lorsqu'on construit une maison de ferme dans un climat froid, on doit aussi faire attention aux abris, car le jeune bétail prospère bien mieux dans des cours chaudes, que dans des lieux non abrités ; dans les climats semblables, il est prudent de se garantir, autant qu'il est possible, des vents violents.

3° *Construction de la maison d'habitation.* — Il n'est pas nécessaire d'insister sur la convenance de préparer, pour le fermier, sa famille et ses domestiques, des logements commodes, proportionnés à la rente qu'il paye. Dans la construction de la maison d'habitation, on doit avoir principalement en vue, l'utilité et non l'élégance ; par exemple, les maisons de ferme construites comme des châteaux, sont évidemment absurdes et inconvenantes. Cependant un propriétaire qui a du goût, ne doit certainement pas négliger entièrement l'embellissement du pays, en déterminant le site et le plan d'une nouvelle maison de ferme et de ses dépendances. On a discuté la question de savoir si la maison d'habitation doit avoir des ailes ou plusieurs corps-de-logis, ou si le tout doit être placé sous une seule toiture. Beaucoup de personnes pensent qu'une maison à trois étages, avec la cuisine un peu enfoncée au-dessous du sol, est le genre de construction le plus sain, le plus économique et le plus convenable. D'autres personnes préfèrent placer la cuisine dans une aile en retour de la maison d'habitation, système qui, au total, mérite d'être recommandé (1).

Une maison de ferme doit être propre et commode, de manière à présenter l'idée de l'aisance et du bonheur de ceux qui l'habitent. Elle doit avoir un petit terrain, en jardin ou en plantation,

---

(1) Dans les situations exposées, lorsqu'aucune partie de la maison ne doit être ombragée du soleil de l'après-midi, par un bâtiment contigu, la maison doit faire face au midi, et l'angle sud-ouest doit être prolongé, pour contenir la cuisine, en laissant, à l'ouest, un passage, ou porte d'entrée, entre la cuisine et le parloir. Dans ce cas, la laiterie, le cellier, le garde-manger et la chambre des provisions, peuvent être facilement garantis du soleil du midi et du couchant, et on obtient un libre courant d'air par le passage.

placé , soit au-devant , soit par derrière ; dans ce dernier cas , la maison se trouve plus éloignée des émanations des tas de fumier ; et , dans l'autre , les bâtiments d'exploitation , les domestiques et le bétail , sont plus immédiatement sous les yeux du fermier. Les croisées doivent être grandes , et les châssis doivent être placés un peu plus près de la face extérieure du mur , qu'on ne le fait ordinairement ; parce que , dans les temps humides , ils se dessèchent plus facilement. La maison doit être placée à une certaine distance des bâtiments d'exploitation , non-seulement afin qu'on y jouisse d'un air plus pur , mais afin d'éviter , pour les granges et les étables , le danger du feu provenant des étincelles qui s'échappent des cheminées de la maison. C'est un motif de plus pour placer le jardin entre la maison et les bâtiments d'exploitation.

4° *Disposition des bâtiments d'exploitation.* — Lorsqu'on construit une maison de ferme , il est très-important de disposer convenablement les bâtiments d'exploitation ; car il est rare qu'on puisse corriger ensuite les fautes qu'on a commises en ce genre. Des particularités locales , comme un courant d'eau pour faire mouvoir une machine à battre , la pente du terrain , etc. , peuvent faire varier les dispositions ; mais on ne peut dire qu'une maison de ferme est bien construite , que lorsque les travaux de l'exploitation peuvent s'y exécuter de la manière la plus économique. Ainsi, les principales conditions de cette disposition , sont un accès facile de l'emplacement des meules à la grange ; — de la grange aux greniers ; — le rapprochement des étables et des cours du bétail , du magasin de paille ; — de turneps , etc. ; — un accès facile , depuis le chemin jusqu'aux halliers , étables , et autres dépendances ; — et , en même temps , une exposition et des abris convenables. Avec une bonne disposition des bâtiments d'exploitation , on peut obtenir des domestiques une plus grande quantité de travail , et toutes les opérations de la ferme s'exécutent avec plus de facilité et de célérité.

5° *Construction des bâtiments d'exploitation.* — Rien n'est moins judicieux que d'entasser les bâtiments de la ferme autour d'un petit espace , par exemple de 60 à 70 pieds. Lorsqu'une ferme contient de 300 à 600 acres (de 120 à 240 hectares), l'espace qu'occupent les bâtiments d'exploitation , ne doit pas avoir moins de 100 à 150 pieds de côté , et il doit être partagé en plusieurs divisions , afin qu'il soit plus facile de distribuer la nourriture aux bestiaux. Si on trouve qu'il serait trop coûteux d'entourer de bâtiments tout ce carré , un simple mur suffira pour procurer un abri , jusqu'au moment où on jugera convenable d'agrandir les bâtiments. Il est certain qu'il n'y a pas un cultivateur-praticien , habitué à rentrer des récoltes considérables , à entretenir un grand nombre de bestiaux pendant l'hiver , et à voir les domestiques conduire , avec négligence , les chariots et le bétail , dans des cours resserrées , qui ne sente combien il est précieux d'avoir des bâtiments d'exploitation disposés sur un grand espace.

Quoique les dépendances d'une maison de ferme soient très-utiles au cultivateur , pour toutes ses opérations , cependant on doit éviter avec soin , tous les bâtiments superflus. On ne peut que blâmer ces granges immenses , qui sont ordinairement attachées aux fermes anglaises ; car le grain en gerbes se conserve infiniment mieux en plein air que dans des granges fermées ; et , en le mettant en meules, il est moins exposé aux ravages des souris ; il y a moins de danger d'incendie ; et on on évite les dépenses de construction et d'entretien des granges (1). Les machines à battre , lorsque leur usage sera général , rendront inutiles la construction et l'entretien de ces bâtiments.

6° *Bâtiments extérieurs*. — Dans les fermes très-étendues , il est souvent nécessaire de construire des abris pour le bétail , ainsi que d'autres bâtiments , à une certaine distance de la maison. Le charroi des récoltes vertes , au centre de l'exploitation , ainsi que celui des engrais , sur les champs éloignés , entrainent tant d'inconvénients et de dé-

---

(1) Les granges présentent plusieurs inconvénients. Lorsque le grain est humide , si on le renferme dans une grange , il est plus exposé à s'échauffer , et il est plus difficile de le retourner. Sous un climat tardif et humide , où il est souvent difficile de conserver le grain en meules , c'est certainement une folie de le mettre dans des granges.

penses, qu'il est très-utile d'avoir des abris pour le bétail, dispersés dans toutes les parties d'une grande ferme ; il est même quelquefois avantageux d'avoir des granges situées dans les parties éloignées de l'exploitation.

7° *Logements pour les domestiques et les manouvriers.* — Les habitations des ouvriers salariés employés à l'agriculture, consistent en petites maisons dépendantes des fermes, et destinées à loger les domestiques et les manouvriers. Les bâtiments de cette espèce, destinés à une classe aussi précieuse de la société, méritent un intérêt particulier.

Les habitations des domestiques de la ferme doivent être placées à une distance raisonnable des bâtiments d'exploitation, et avoir un petit jardin attaché à chacune d'elles. Dans les districts les mieux cultivés de l'Écosse, on permet ordinairement aux domestiques mariés d'avoir des vaches et des cochons ; et, lorsque leurs vaches ne sont pas nourries avec celles du maître, on construit des abris pour elles, soit derrière la maison, soit à l'extrémité de la ligne des maisons qu'occupent les domestiques. En Écosse, les maisons destinées aux journaliers sont semblables à celles qu'occupent les domestiques de la ferme ; mais, en Angleterre, elles sont souvent construites avec des soins et une propreté particulière.

On construit ces maisons, soit à deux étages, soit à un seul. La première méthode est très-générale en Angleterre ; et la dernière est plus usitée en Écosse , parce qu'on suppose que les maisons , ainsi construites , sont plus chaudes , et que les toitures courent moins de danger d'être endommagées par les vents violents , qui sont si fréquents dans ce pays.

Par un motif d'économie , ces petites maisons sont ordinairement construites en lignes , au moyen de quoi , un seul mur sert pour deux. Cette disposition présente aussi l'avantage que , les maisons étant contigues , ceux qui les habitent , peuvent plus facilement s'entr'aider , en cas d'accidents ou de maladies.

Là où il existe des carrières de pierres plates et minces (1) , et où les matériaux qui entrent dans la construction des toitures ordinaires , sont chers , on a recommandé de construire ces maisons avec des toits voûtés (2). Non-seulement les maisons, ainsi construites , sont sèches , chaudes et commodes, mais elles sont très-solides. Lorsqu'on ne peut pas se procurer des ardoises à bas prix , un enduit de ciment romain , étendu au-dessus de la voûte , rend

----

(1) Les toitures voûtées en pierres , ont été beaucoup améliorées par la pratique adoptée dans le Comté de *Dumfries* , de les enduire de gaudron tiré de la houille. On a rendu ainsi imperméables à l'eau , des couvertures qui étaient très-peu durables sous un climat humide ; et , en se dispensant d'employer la paille à la couverture de ces maisons , on a augmenté beaucoup la masse des fumiers.

(2) Dans le Comté de *Monmouth*, on construit deux logements l'un au-dessus de l'autre , dont l'inférieur est voûté.

le bâtiment également sec et durable.

Lorsque ces maisons ont des chambres au-dessus du rez-de-chaussée, et qu'elles sont couvertes en tuiles ou en ardoises, elles sont si chaudes en été, et si froides en hiver, qu'elles sont à peine habitables. C'est pour ce motif que quelques personnes préfèrent les couvertures en chaume, lorsque le premier étage est habité. Sans la taxe sur les briques, on pourrait en construire les toitures voûtées, qui ne seraient pas très-chères, et qui seraient solides.

8° Par qui doivent être construits les bâtiments de fermes. — Des bâtiments commodes augmentent si considérablement la valeur d'un domaine, que le propriétaire, qui a un intérêt permanent à la valeur du sol, doit faire la dépense d'une amélioration si importante. Mais il y a quelques cas où il ne peut se livrer à cette dépense ; comme lorsqu'un domaine est substitué, et que son possesseur n'en a que l'usufruit. Quelquefois le fermier peut disposer d'une plus grande somme d'argent comptant, que le propriétaire, et, presque toujours, il peut l'employer à cet usage, avec plus d'économie et d'avantages. Dans un cas semblable, il peut être utile aux deux parties de prendre des arrangements au moyen desquels les bâtiments sont construits aux frais du fermier, la rente étant diminuée proportionnellement à l'étendue des bâtiments demandés. Dans d'autres cas, lorsque le fermier prend à sa charge la construction des bâtiments, le propriétaire lui fait remise, pour cela, d'une, deux ou même trois années de rente.

On a vu, au reste, plusieurs fermiers industrieux se faire la réputation de mauvais économes, pour avoir imprudemment épuisé leurs capitaux à construire des bâtiments, en se mettant dans l'impossibilité de consacrer une somme suffisante à l'achat des bestiaux ou à la culture de la terre. Et on peut poser comme maxime, que quoiqu'un fermier ait bien le droit de prétendre à jouir d'un logement proportionné à l'étendue et au produit de sa ferme, cependant, c'est une prodigalité ruineuse, que de les construire sur uue plus grande échelle que les circonstances ne l'exigent. On doit éviter, pardessus tout, d'augmenter la dépense par des constructions de pur ornement. On doit déjà regarder, comme une charge bien pesante pour un fermier, l'obligation de faire la dépense des réparations des bâtiments pendant le cours de son bail, et surtout à sa sortie, lorsqu'il doit rendre le tout en bon état. Il n'y a pas de doute qu'un fermier ne doive être logé d'une manière convenable et commode ; mais si les bâtiments n'existent pas lorsqu'il entre dans la ferme, et qu'il soit question de les construire, il ne doit pas perdre de vue une prudente économie.

9° *Par qui doivent être exécutés les réparations de la maison de ferme et de ses dépendances.* — Les réparations peuvent être faites, 1° par le propriétaire ; 2° par le fermier ; 3° par l'un et par l'autre, à frais commun.

1º Lorsque le propriétaire est chargé des réparations, le fermier est trop disposé à négliger de
petites dépenses d'entretien, pour des dégradations
peu importantes, mais qui entraînent ensuite de
grandes dépenses. Lorsque le propriétaire en est
chargé, on évalue, en moyenne, les réparations
des bâtiments, à 10 p. o/o de la rente, en y comprenant l'achat des matériaux. Dans quelques cas,
cette dépense est si énorme, qu'on a vu, sur un
domaine dont la rente était de 15,000 l., les réparations se porter, en onze ans, à 40,000 l.

2º Dans la plus grande partie de l'Écosse, les
réparations des maisons de ferme et de leurs dépendances, sont à la charge des fermiers. C'est
une grande augmentation de revenus pour les propriétaires Écossais, que d'être débarrassés d'un fardeau si pesant, et on n'a pas remarqué qu'il en ré-
sultât des pertes essentielles pour les fermiers. Les
bâtiments, au moins dans les districts les mieux
cultivés de l'Écosse, sont, en général, solides, ce
que le climat rend nécessaire ; et les matériaux étant
bons, les bâtiments sont d'un entretien moins dispendieux.

En Irlande, on a apporté jusqu'ici peu d'attention à rendre commodes les maisons de fermes et
leurs dépendances. On voit peu d'exemples de grands
propriétaires qui aient fait quelques remises à leurs
fermiers pour des améliorations, ou de fermiers qui
aient été indemnisés des dépenses nécessaires ou
utiles, auxquelles ils se sont livrés. Dans ce système,

le fermier se trouve dans l'impossibilité de cultiver le sol avec de grands profits , parce qu'il est obligé de dépenser peut – être une grande partie de son capital , pour des objets étrangers à l'amélioration de la terre.

3° Quelques personnes pensent que le fermier doit être chargé de la moitié des frais de main-d'œuvre , ce qui l'intéresserait à la conservation des bâtiments , et que le propriétaire doit fournir les matériaux , et payer l'autre moitié de la main-d'œuvre. D'autres personnes veulent que l'achat des matériaux et les frais de main-d'œuvre , soient payés en commun et par moitié , par le propriétaire et le fermier. L'usage le plus commun est que le propriétaire mette les bâtiments en bon état , à l'entrée du fermier , et que celui-ci les rende en même état à sa sortie ; mais souvent on lui fournit les bois bruts dont il a besoin pour les réparations.

La planche première donnera une idée générale des dispositions les mieux calculées dans l'intérêt du fermier , pour la maison de ferme , les jardins , les logements des domestiques , les bâtiments d'exploitation , et la cour des meules. Les limites de cet ouvrage ne pouvaient permettre d'entrer dans les détails.

10° *Assurance des bâtiments.* — C'est un objet très-essentiel pour le propriétaire et pour le fermier , et tous les baux doivent contenir une stipulation sur ce point. Comme il est coûteux et embarrassant pour le fermier , d'aller tous les ans faire assurer les bâtiments d'exploitation , il est plus convenable que le propriétaire fasse assurer les bâtiments de toutes les fermes de son domaine , en les réunissant dans une seule police. Il est probable qu'il obtiendra de meilleures conditions que le fermier. On doit aussi prendre des moyens pour préserver les bâtiments des dangers de la foudre (1).

§ IX.

PROXIMITÉ DE L'EAU.

Les personnes qui ont de bonnes eaux à leur disposition , ne peuvent pas se former une idée des embarras qu'on éprouve lorsqu'on en manque , ou lorsqu'on n'en a qu'en petite quantité , ou de mauvaise qualité. Dans les parties basses du Comté de *Lincoln* , l'eau est presque partout saumâtre , et la bonne eau de rivière ou de source est si rare , qu'on

---

(1) A cet effet , le Professeur JAMESON , d'*Édimburgh* , recommande de placer un barreau de fer ou de cuivre , de trois quarts de pouce d'épaisseur , pointu à ses deux extrémités , de manière que l'extrémité supérieure dépasse les parties les plus élevées du bâtiment , et que l'extrémité inférieure s'enfonce au-dessous de la maison , et soit mis en communication avec le réservoir d'eau le plus voisin. Toutes les parties métalliques de la toiture , doivent être en communication avec le barreau ; et comme les cheminées sont de bons conducteurs , à cause de la suie dont elles sont enduites , le barreau doit être placé dans leur voisinage , mais toujours plus élevé qu'elles.

est obligé, dans quelques cas, d'en envoyer chercher, par des voitures, à 16 ou 17 milles de distance (5 lieues). Sur les hauteurs du *Yorkshire*, on conserve la mémoire de circonstances où un grand nombre d'animaux ont péri de soif, avant qu'on eût découvert la manière perfectionnée de faire des étangs artificiels ; et on a vu en *Hampshire*, après une longue sécheresse, les puits tellement épuisés pendant l'automne, qu'on était forcé à beaucoup de travail, et à beaucoup de dépenses, pour faire venir, sur des chariots, l'eau nécessaire aux hommes et aux bestiaux (1). Afin d'éviter ces inconvénients, on était, autrefois, dans l'usage de construire les maisons de ferme dans des endroits bas, près des rivières ou des ruisseaux. Cependant cette méthode présentait divers désavantages : la maison était humide ; les grains souffraient souvent, par l'effet de l'humidité de l'atmosphère, et le voisinage de l'eau occasionnait fréquemment des accidents de diverses espéces. En conséquence, lorsqu'on eut reconnu les avantages qu'on trouve à placer les bâtiments d'exploitation au centre de la ferme, et dans une situation un peu élevée, on a imaginé divers moyens d'obtenir la quantité d'eau dont on avait besoin. Les principaux sont : 1° de recueillir l'eau de pluie qui tombe sur les toitures des bâtiments ; 2° les sources naturelles ; 3° les puits ;

----

(1) On disait dans quelques endroits, qu'il y avait plus de bière que d'eau, sur tout le territoire de la paroisse.

4° les étangs artificiels ; 5° les canaux.

1° *Eau des toitures.* — Dans beaucoup de situations, on peut se procurer l'eau nécessaire pour les usages communs, en recueillant l'eau de pluie qui tombe sur les bâtiments occupés par la famille et par les bestiaux ; les moyens de la dépouiller de toute impureté, sont simples et faciles (1). On évalue que l'eau qui tombe sur les divers bâtiments d'une ferme, suffit, si elle est recueillie avec soin, pour fournir à la consommation de la famille et du bétail, pendant une partie considérable de l'année ; et on peut, dans toute espèce de situation, construire des étangs artificiels, pour fournir au reste de la consommation. De cette manière, il n'est pas nécessaire, pour abreuver les bestiaux, de les conduire hors des limites de leurs pâturages ; et on n'est pas forcé de faire venir de l'eau par des chariots.

2° *Sources naturelles.* — Lorsqu'on peut rencontrer des sources naturelles, elles suffisent ordinairement pour fournir aux besoins de la famille. Mais elles sont rarement suffisantes pour tous les besoins d'un grand établissement agricole. Ainsi, si on n'a pas fait des dispositions pour recueillir

---

(1) On peut le faire par le moyen de filtres placés dans des tonneaux, de manière que la filtration de l'eau se fasse par ascension. Depuis le filtre, l'eau doit être conduite à un réservoir placé sous terre, où on la conserve pour l'usage. Lorsqu'on a besoin d'eau, on l'élève au moyen d'une pompe, de même que c'est l'usage pour l'eau qu'on tire des puits.

les eaux des toitures des bâtiments d'exploitation,
il devient nécessaire d'avoir recours aux puits ou
aux étangs artificiels (1).

3° *Les puits.* — En *Middlesex* et en *Surrey*,
on a creusé des puits jusqu'à la profondeur de 100
à 560 pieds , avant de pouvoir obtenir de l'eau.
En *Essex* , on a été obligé d'aller jusqu'à 500 pieds,
pour obtenir de l'eau de bonne qualité , et à cette
profondeur on a réussi. En *Hampshire* , on a également creusé des puits de 300 à 400 pieds de profondeur , à travers un roc calcaire rempli de fissures , et on s'est procuré ainsi une suffisante quantité d'eau pour fournir à la consommation de villages entiers , excepté pendant les sécheresses de
l'automne.

4° *Étangs artificiels.* — Dans différentes parties
de l'Angleterre , comme en *Hampshire* , en *Lincolnshire* et en *Norfolk* , on a construit des étangs
artificiels , avec plus ou moins d'habileté , et avec
des succès variés. Dans le Comté de *Gloucester* ,
on fait ces étangs d'une forme ronde ou carrée ,
et on les place ordinairement de manière à pouvoir
abreuver les bestiaux , renfermés dans quatre enclos
contigus. Trois couches d'argile , exempte de la

---

(1) On rencontre peu de sources semblables à celle de S^t
Winifred , en *Flintshire* , qui , d'après des expériences soignées,
fournit , par minute , 120 tons d'eau (1440 hectolitres) , et
qui , dans le court espace d'un peu plus d'un mille , fait mouvoir onze moulins ou autres usines.

plus petite pierre ou caillou , sont mises en œuvre de manière à former un ciment impénétrable ; on recouvre ensuite le tout de sable , et enfin d'un pavé. Dans les pâturages secs et rocailleux du Comté de *Derby* , on construit , avec beaucoup de succès , des lacs ou étangs artificiels , pour l'usage du bétail. Après avoir choisi , à cet effet , une situation basse , on l'approfondit encore sur une largeur de 10 ou 20 yards (10 ou 20 mètres), et on répand , sur la surface de toute l'excavation , une couche , d'environ cinq pouces d'épaisseur , de chaux éteinte , et de cendre de houille ; on recouvre cette couche d'un lit de quatre pouces d'argile bien préparée , qu'on foule et bat avec force ; sur celle-ci , on place une seconde couche d'argile de même épaisseur ; on pare ensuite le fond de l'étang , ainsi que ses bords ; et on recouvre le pavé , de quelques pouces d'épaisseur de pierrailles.

Dans l'année 1775 , ROBERT GARDENER , constructeur de puits , né à *Kilham* , en *Yorkshire* , a inventé une nouvelle espèce de réservoir d'eau, très-ingénieuse et très-économique. Avant l'introduction de cette manière de construire les étangs artificiels, plusieurs parties des hauteurs du *Yorkshire* étaient presqu'inhabitables. Mais le génie d'un seul individu a écarté ce grave obstacle à l'amélioration d'un district étendu. Aujourd'hui, on rencontre partout des étangs de cette espèce, dans la partie orientale de ce Comté , et cette pratique s'est étendue considérablement dans la partie septentrionnale , partout où les circonstances l'exigeaient. On trouvera une description de cette utile découverte, dans l'appendice n° 3.

Les étangs artificiels valent beaucoup mieux que les puits , pour abreuver les bestiaux , parce qu'ils dispensent de beaucoup de travail , et qu'on regarde leur eau comme plus saine. Le travail nécessaire pour tirer l'eau des puits , n'est pas ordinairement du goût des domestiques ; il résulte de là que , lorsqu'on n'a d'autres ressources que les puits , les bestiaux risquent d'avoir trop d'eau dans certains instants , et d'en manquer dans d'autres. Ces sortes d'étangs sont mieux placés dans des situations é-levées ; ils courent moins de risques d'être comblés par le limon qui s'y amasse.

5° *Canaux*. — Dans la partie septentrionnale du *Yorkshire* , on rencontre une étendue de plusieurs milles , qui manque entièrement d'eau, excepté celle qui coule dans les profondes vallées qui coupent ce canton , et qui présente peu de ressources aux habitants des plaines élevées, qui en sont fort éloignées. Vers l'an 1770 , un nommé FORD imagina de four-nir de l'eau à ce district, au moyen de canaux alimentés par les sources qui sortent du pied des montagnes du *Moorland* , et qui coulaient au nord de ce canton , à la distance d'environ dix milles , et parallellement à cette chaîne de montagnes.

Il réunit ces sources dans un canal qu'il con-duisit dans une direction fort tortueuse , suivant le niveau du terrain qu'il devait traverser , et le long des flancs des montagnes, jusqu'a ce qu'il eut atteint le sommet du canton aride auquel il voulait fournir de l'eau ; et lorsqu'il fut terminé, l'eau arriva facilement aux lieux où on en avait besoin, et put alimenter tous les étangs placés dans les champs, sur une étendue de terre très-considérable.

C'est une idée très-précieuse que de fournir ainsi de l'eau à un pays élevé et sec. La dépense primitive est bien compensée par les avantages importants qui en résultent pour les cultivateurs, et par l'accroissement de valeur des propriétés. Quoique cette méthode ne puisse être appliquée dans toutes les localités, cependant on pourrait certainement l'adopter, avec avantage, dans quelques autres situations (1).

Il nous reste à dire quelque chose sur la manière de distribuer l'eau en quantité suffisante, dans les cours de fermes et dans les enclos en pâturages.

Cours de ferme. — Lorsque le bétail consomme, en hiver, des aliments secs, comme du foin ou de la paille, on ne doit épargner aucune dépense pour leur fournir une quantité d'eau suffisante. On s'est assuré qu'un bœuf, nourri de paille, lorsqu'il peut aller à l'eau aussi souvent qu'il le veut, boit com-

---

(1) Il serait très-avantageux d'employer un canal artificiel, pour amener de l'eau en quantité suffisante pour faire mouvoir une machine à battre. Mais, pour cela, il serait presque toujours nécessaire de construire un réservoir d'eau considérable.

munément huit fois par jour ; il est évident , d'après cela , qu'il n'est pas suffisant de le conduire deux fois le jour à l'abreuvoir. La meilleure méthode , toutes les fois que cela est possible , est d'amener l'eau dans un réservoir situé dans la cour où se tient le bétail, afin qu'il puisse boire aussi souvent qu'il en a besoin. Le réservoir peut être fait en maçonnerie brute , ce qui n'exige pas une grande dépense. Il n'y a pas de doute que le bétail à cornes ne prospère beaucoup plus , en lui fournissant ainsi de l'eau à volonté , que lorsqu'on le conduit à l'abreuvoir à des heures fixes , surtout lorsqu'il consomme des aliments secs.

En *Derbyshire* , on place des abreuvoirs creusés dans de grosses pièces de bois , non-seulement dans presque toutes les cours où on renferme le bétail, mais aussi dans les enclos , lorsqu'il est possible de les remplir au moyen des sources qui se rencontrent sur le flanc des collines. On les place souvent de manière que les bestiaux peuvent les aborder des deux côtés , et éviter d'être maltraités par une bête plus forte , pendant qu'ils boivent. Pour conduire l'eau dans ces abreuvoirs , on fait quelquefois usage de tuyaux minces en zinc, à cause de leur bas prix. Lorsque l'eau entre par une des extrémités de l'abreuvoir , au niveau de la surface , et qu'elle s'écoule par l'autre extrémité , l'agitation constante que cause le courant à la surface de l'eau, l'empêche de se geler , même dans les hivers les plus rudes , ce qui est d'une grande importance pour la santé des bestiaux.

Dans les enclos. — Il est très-important aussi qu'il se rencontre de l'eau dans tous les enclos destinés à former des pâturages. Lorsqu'il se rencontre un petit ruisseau dans le voisinage de l'exploitation, on peut souvent le diviser en plusieurs branches, afin de fournir de l'eau à plusieurs enclos. On peut aussi employer au même usage, les sources, ou l'eau qu'on recueille pendant les pluies. Toutes les terres employées comme pâturages, doivent être bien fournies d'eau.

En conduisant l'eau à travers les champs, on doit avoir le plus grand soin que les pentes soient douces, et pas plus fortes qu'il n'est nécessaire pour l'écoulement facile de l'eau, parce que, lorsqu'elle coule dans des rigoles qui ont trop de pente, elle est très-disposée à dégrader les bords de la rigole. Quelquefois on forme, dans un champ, un réservoir d'eau, destiné non-seulement à abreuver les bestiaux qui y pâturent, mais aussi pour l'employer ensuite à d'autres usages, comme pour mouvoir une machine à battre ou d'autres machines, pour l'irrigation, pour alimenter des étangs, pour le blanchiment des toiles, etc. Dans ce cas, pour prévenir les dommages que peut causer le courant d'eau, les conduits, les écluses, les ponts, les portières et les fossés de clôture, doivent être construits et disposés avec habileté, et selon les principes de l'art.

§ X.

ÉTENDUE ET FIGURE DES PIÈCES DE TERRE.

C'est un grand avantage, pour celui qui exploite une ferme, que ses pièces soient d'étendue et de figure convenables. Et il est exposé à des pertes inévitables, lorsqu'elles sont divisées au hasard, sans attention au système particulier de culture qu'on doit y suivre. Lorsqu'une ferme entière est divisée en pièces de diverses étendues, il est difficile d'y établir une rotation régulière de récolte, et d'y tenir des comptes de culture très − exacts. Tandis que, lorsque presque toutes les pièces sont d'une grande étendue, toutes les forces de l'exploitation, et toute l'attention du cultivateur, se dirigent constamment sur un seul point ; l'émulation des laboureurs est fortement excitée aussi, lorsqu'ils se trouvent réunis de manière à faciliter la comparaison du travail qu'ils exécutent. Il est certainement convenable d'avoir, dans toute ferme, quelques pièces de peu d'étendue, pour en former des pâturages, ou pour d'autres destinations dont nous parlerons plus loin. Dans les situations élevées, les abris que présentent de petits enclos, ont aussi leur avantage.

Au reste, rien n'est moins convenable que d'avoir, dans les fermes à grains, un grand nombre de petits

enclos de forme irrégulière , entourés d'arbres ou
de haies élevées , surtout dans les contrées plates,
où les abris ne sont pas nécessaires. Sans compter
la dépense primitive , nécessaire pour faire ces
clôtures , — le tort qui résulte , pour les récoltes
de grains , du défaut de libre circulation de l'air ,
— de l'inconvénient qu'il y a à présenter un asile
à un grand nombre d'oiseaux , — il est certain que
l'emplacement de ces haies nombreuses , en y comprenant les fossés , et les bandes de terre qu'on est
forcé de laisser sans culture , des deux côtés , fait
perdre une plus grande étendue de terrain qu'on
ne l'imagine communément. Les haies , surtout
lorsqu'elles sont accompagnées de lignes d'arbres ,
épuisent fortement le terrain voisin. Elles nourrissent
des plantes nuisibles , dont les graines se répandent
au loin ; et , en s'opposant à la circulation de l'air,
elles nuisent au desséchement des récoltes , au moment de la moisson. Même dans les prairies , les
haies de clôture trop rapprochées sont nuisibles,
en retardant la dessication du foin. Les petits
enclos entourés de haies et d'arbres , font aussi un
très-grand tort aux chemins voisins.

D'un autre côté , lorsque les pièces de terre sont
d'une grande étendue , il y a moins de terrain perdu ,
et moins de clôtures à exécuter, Les récoltes de
grains , étant plus exposées au vent , peuvent être
rentrées plus promptement , et souffrent moins dans
les saisons humides. Dans les pâturages , les petits
enclos sont plus productifs pendant l'hiver , parce

qn'ils sont mieux abrités ; mais , en été , les plus grands enclos sont les meilleurs , parce que , dans les temps très-chauds , les bêtes à cornes et les moutons recherchent toujours les places les plus aérées. Il est plus facile aussi de fournir de l'eau pour abreuver le bétail , dans de grands enclos , que dans de petits ; on voit même des enclos si petits , qu'il est fort difficile de leur procurer à tous de l'eau , même en hiver. Mais l'argument le plus concluant en faveur des pièces de terre arable d'une grande étendue , est que , dans les petites pièces , on perd beaucoup de temps et de travail, par les tournées trop fréquentes , et on s'est assuré que lorsque les pièces de terre sont de figure régulière , et les sillons d'une longueur convenable , on fait autant d'ouvrage avec cinq charrues , qu'avec six , travaillant dans de petites pièces , de forme irrégulière ; et presque toutes les autres espèces de travaux , comme la conduite des fumiers , la semaille , les hersages , le faucillage , et les autres travaux de la moisson , présentent , sinon une proportion tout-à-fait égale , au moins une proportion qui s'en rapproche.

Les circonstances desquelles doit dépendre l'étendue des pièces de terre, sont : — l'étendue de la ferme dans laquelle elles sont situées ; — la nature du sol et du sous-sol ; — les rotations adoptées dans l'exploitation ; — le nombre de charrues employées dans la ferme ; — l'inclinaison du terrain ; — son état, soit en pâturages , soit en terres arables ; —

enfin la nature du climat.

1º *Étendue de la ferme.* — L'étendue des pièces de terre doit certainement dépendre , jusqu'à un certain point , de l'étendue de l'exploitation. Dans de petites fermes situées près des villes , c'est peut-être assez de 6 à 12 acres (2 h. 40 a. à 4 h. 80 a.) ; mais lorsque les fermes sont d'une grande étendue, on peut donner , avec avantage , aux pièces de terre , depuis 20 jusqu'à 50 acres , et même , dans quelques cas particuliers , jusqu'à 60 acres (8 hec. 20 ares , et jusqu'à 24 hectares). Cependant , en général , des juges compétents préfèrent les pièces d'une étendue moyenne , comme de 15 à 24 acres (de 6 hectares à 9 hectares 60 ares), même dans les grandes fermes , lorsque les circonstances locales le permettent.

2º *Le sol et le sous – sol.* — Lorsqu'on divise une ferme en plusieurs pièces , on doit faire attention à la nature du sol et du sous-sol. Lorsque le sol est varié , il est convenable de séparer les terrains légers , des terrains argileux. Non – seulement il est plus facile ainsi de les consacrer à différentes récoltes , et de les soumettre à des assolements différents , mais il est plus commode d'éxécuter les cultures qui doivent être faites dans des saisons différentes. Par ce motif , c'est un grand inconvénient d'avoir des sols de diverses natures , réunis dans une même pièce. Mais lorsque cela a lieu pour une petite partie , par exemple , lorsqu'il n'y a qu'un acre ou deux de sol léger , à côté de dix ou vingt de terre forte, on peut adopter la méthode suivante : Dans quelques saisons de l'année où les attelages ne sont pas très-occupés, soit en été, soit en hiver, et principalement lorsque la pièce de terre est en jachères, on peut employer deux voitures à un cheval, servies par quatre ouvriers, pour couvrir la petite étendue de sol léger, de terre forte prise à côté ; la pièce de terre deviendra d'une nature plus uniforme. Si c'est le sol léger qui prédomine, on fera l'inverse. Quoique cette méthode soit d'abord dispendieuse, cependant ses résultats sont si avantageux, qu'on doit y avoir recours, partout où cela est nécessaire et praticable.

3° *La rotation adoptée.* — On doit considérer comme une règle générale, qu'une ferme doit être divisée conformément à l'assolement qu'on doit y suivre ; c'est-à-dire, qu'une ferme où on adopte un assolement de six ans, doit être divisée en six pièces ou en douze, selon les circonstances. Il est bon qu'une pièce entière, si le sol est uniforme, soit chargée de la même récolte ; et tout cultivateur expérimenté sait combien il est avantageux que les produits de chaque année soient égaux sur la ferme, autant que le sol et les saisons peuvent le permettre.

4° *Le nombre des charrues.* — Il est également convenable que l'étendue des pièces de terre soit, en quelque façon, proportionnée au nombre de chevaux et de charrues qu'on emploie sur la ferme.

Par exemple, lorsqu'on emploie six charrues à deux chevaux, et qu'il est difficile, d'après la nature du sol, de saigner convenablement des pièces de terre d'une plus grande étendue, on considère 18 à 25 acres (7 hect. 20 ares, à 10 hect.), comme l'étendue la plus convenable. Avec douze chevaux, une pièce de cette étendue peut toujours être terminée en quatre jours, ou en cinq au plus ; il y a, par conséquent, moins de risque d'être surpris par le mauvais temps, de manière à ne pouvoir pas achever la culture préparatoire pour la récolte qu'on a en vue. Lorsque les pièces sont d'une trop grande étendue, en proportion du nombre des bêtes de travail, il se trouve un intervalle considérable entre le commencement et la fin de la semaille ; et, à la moisson, on doit désirer que la récolte d'une pièce de terre se fasse tout à la fois. Les hersages se font aussi plus économiquement, lorsque la semaille est faite en une fois, que lorsqu'on la fait en plusieurs parties ; et si on emploie le rouleau, cette opération, qui est beaucoup plus efficace en roulant en travers, ne peut s'exécuter que lorsque la semaille de la pièce est terminée.

5° *Inclinaison du terrain.* — Il est évident que l'étendue des pièces de terre doit être influencée aussi par l'état du sol, soit plat, soit incliné. Même dans des terres bien desséchées, si le sol va en montant, on ne peut faire les sillons très-longs, parce que les attelages seraient trop fatigués s'ils étaient forcés de labourer d'une traite, en montant, une trop longue étendue. On peut au reste parer, jusqu'à un certain point, à l'inconvénient que présenteraient, dans ce cas, des pièces de terre étendues, en donnant aux billons qui se trouvent sur le flanc d'un coteau, une obliquité suffisante pour diminuer la difficulté des montées (1).

6º *Pâturages.* — Lorsqu'on adopte la méthode d'employer alternativement le sol en pâturages et en terre arable, surtout lorsque l'état de pâturage doit durer deux ou trois années successives, les pièces de terre de 20 à 30 acres (8 à 12 hectares), sont avantageuses. Le cultivateur peut ainsi diviser son bétail, ce qu'il ne peut faire avec des pièces de terre plus étendues. Les bêtes à cornes et les moutons sont plus tranquilles que lorsqu'on en réunit ensemble un plus grand nombre ; et il y a moins d'herbe détruite par le piétinement.

Lorsqu'une pièce de terre a été pâturée pendant quelque temps, on met le bétail dans une autre, jusqu'à ce que les herbes de la première aient re-poussé, et soient en état de recevoir le bétail de nouveau. En général, les cultivateurs qui se livrent à l'éducation du bétail, trouvent commodes les pièces de terre de cette étendue ; et, par cette raison, elles

---

(1) Lorsque les pentes sont très-rapides, il est préférable de les labourer horizontalement, *dans les sols légers*, parce qu'on ne court pas autant de risques que les pluies élargissent les billons, et entraînent la terre. Cette méthode a été adoptée en Amérique.

se louent plus cher , lorsqu'elles sont en pâturages.

7° *Le climat.* — La dernière circonstance qu'on doit prendre en considération , lorsqu'on a à déterminer l'étendue qu'on doit donner aux pièces de terre , est la nature du climat. Dans les climats secs et froids , on doit désirer de petits enclos , à cause de l'avantage des abris ; tandis que , dans les pays humides , les pièces de terre en culture , ne peuvent être trop ouvertes et trop aérées , afin que le sol se dessèche plus promptement , que les grains croissent et mûrissent avec plus de facilité , et que le cultivateur , favorisé par une libre circulation d'air , soit moins gêné pour rentrer ses récoltes , dans une saison défavorable.

Mais quoique , dans les grandes exploitations , les pièces de terre doivent être , en général , d'une grande étendue , cependant il est très-utile d'avoir, près de la maison de ferme , quelques enclos plus petits , pour y tenir les vaches qui alimentent la famille ; — pour y renfermer les poulains et les juments ; — pour y cultiver une grande variété de végétaux ; — et pour y faire , en petit , des expériences qu'on peut étendre ensuite , si leurs résultats sont avantageux.

Lorsque les enclos sont trop étendus pour quelques destinations particulières , et lorsqu'on n'a pas disposé de petites pièces , comme nous venons de le recommander , on est forcé de subdiviser les grandes pièces , au moyen de claies à moutons. On peut, par ce moyen , mettre à profit le sol qui aurait été

occupé par des clôtures permanentes ; et on évite
ainsi la dépense des clôtures de subdivisions, qui
devraient être nombreuses dans une grande exploitation. Ce genre de clôture suffit parfaitement pour
les moutons ; mais il ne convient pas autant à
de plus gros animaux. Dans les sols secs, qu'on
emploie généralement aux pâturages des moutons,
il est probable qu'on pourrait diminuer considérablement la dépense des clôtures permanentes, par
l'emploi des claies mobiles. On emploie fréquemment aussi, comme clôtures temporaires, des claies
en fer fondu, ou d'autres, beaucoup plus légères,
en fer forgé. Les claies en fer de fonte, destinées
pour les bêtes à laine, coûtent 7 sh. chacune (8^f 40^c) ;
celles qui coûtent 9 sh. (10^f 80^c), sont assez
fortes pour le bétail à cornes.

La figure des pièces de terre peut être carrée ou oblongue.

Figure carrée. —— Il est incontestable qu'il y a
de grands avantages à ce que les clôtures forment
des lignes droites, et à ce que les pièces de terre,
lorsqu'elles sont étendues, soient de forme carrée ;
car, de cette manière, le labourage peut être exécuté d'une manière beaucoup plus expéditive. [Quel-
ques cultivateurs dirigent leurs clôtures le long des
fonds, et dans les meilleurs terrains, dans l'intention d'avoir de bonnes haies, sacrifiant ainsi à la
clôture, la figure de leurs pièces de terre. Cepen-

dant il est bien préférable de les faire en lignes droites, même quand il serait nécessaire de se livrer à quelques travaux, pour enrichir le terrain où on plante la haie, dans les sols élevés, pauvres ou peu profonds. La forme carrée permet de labourer dans toutes les directions, lorsque cela est néces-saire ; et cette figure est celle qui entraîne le moins de perte de temps dans toutes les opérations de l'agriculture. Lorsqu'il devient nécessaire de donner une direction tortueuse aux fossés, pour assurer l'écoulement de l'eau, on doit, malgré cela, dis-poser les plantations de manière à réduire les pièces de terre à la figure carrée ou oblongue, et les clô-tures à des lignes droites. Les champs rectangulaires ont encore un autre avantage : c'est qu'il est facile de connaître si les laboureurs ont bien employé leur temps, attendu qu'on peut aisément calculer la surface qu'ils ont labourée, d'après la longueur et la largeur des billons.

Figure oblongue. — Lorsque les pièces de terre sont petites, on doit préférer la figure oblongue, afin que les labours s'exécutent avec moins de tour-nées. Cette forme a encore d'autres avantages : il est plus facile de subdiviser ces pièces, et on peut, presque dans tous les cas, se procurer de l'eau, en construisant des étangs artificiels, au point de réunion de trois ou quatre pièces, dont les fossés de clôture conduisent l'eau dans l'étang. Dans les sols à turneps, la figure oblongue permet de di-viser plus facilement la récolte des turneps, par des claies , pour la faire consommer successivement par les moutons. Si les billons sont trop longs , et que la pièce soit sèche et plate , on peut diminuer la longueur , en faisant , en travers , des sillons de tournée , aux endroits que le cultivateur juge les plus convenables.

La même figure (N° 1) montrera la manière la plus convenable de diviser, en pièces carrées , les fermes en sol argileux , ainsi qu'en sol à turneps ; elle montrera aussi les rotations qu'on peut adopter dans les unes et dans les autres.

§ XI.

CHEMINS D'EXPLOITATION.

Pour qu'on puisse exploiter une ferme avec profit , il faut que les chemins qui la traversent , soient d'abord construits judicieusement , et ensuite entretenus en bon état. Ce sont des soins qu'on néglige souvent ; mais cette négligence fait beaucoup de tort au propriétaire et au fermier. Les chemins particuliers , de même que toutes les autres améliorations foncières, doivent être construits aux frais du propriétaire ; mais s'il ne peut pas en faire l'avance , on doit encourager le fermier à exécuter les travaux nécessaires , en lui accordant une prime , pour chaque yard de chemin qu'il construit d'une manière convenable , ou on doit lui donner l'assurance qu'il en sera indemnisé dans une certaine proportion , à la fin de son bail.

Lorsque la ferme est divisée régulièrement en enclos d'une grande étendue , il est rarement difficile
de se procurer l'avantage d'avoir des chemins qui
présentent un accès facile , des bâtiments d'exploitation , à chaque pièce de terre ; et il est toujours
facile de construire de bons chemins , pourvu qu'on
adopte , pour ces travaux , une méthode régulière :
On doit employer les valets de ferme à amasser
et à briser les pierres , dans les moments où , d'après
l'état du sol , on ne pourrait pas se livrer avantageusement à d'autres travaux ; et si on s'imposait
la loi d'exécuter , chaque année , une certaine é-
tendue de chemin , par exemple , de 50 à 500 yards
(50 à 500 mètres) , selon l'étendue de l'exploitation , les chemins se trouveraient exécutés progressivement , même dans une très-grande ferme ,
et sa valeur serait considérablement augmentée.

Il est particulièrement nécessaire de faire un bon
chemin près de la porte de chaque enclos , parce
que c'est la partie qui est la plus fatiguée. Sans
cette précaution , il arrive souvent qu'à cet endroit , le chemin ne présente qu'un bourbier où
les voitures risquent de verser au moment de la
moisson ; et si on cherche à éviter ce bourbier ,
les montants de la porte et les clôtures voisines
sont fréquemment endommagés.

Afin de prévenir les accidents , il est nécessaire
que les portes des enclos soient larges ; et , quelque
soit le genre de clôture , on doit arrondir les angles
des pièces de terre , ce qui donne bien plus de facilité pour tourner avec les voitures , et ce qui

évite beaucoup d'accidents fâcheux pour les chariots et pour les attelages.

Le moyen le plus efficace, par lequel on puisse entretenir en bon état les chemins publics ou particuliers, est l'emploi des roues larges cylindriques, qui conviennent tout aussi bien aux opérations de l'agriculture qu'à tout autre usage. Un homme qui a fait beaucoup d'expériences sur ce point, assure qu'il n'est pas possible de douter que ces roues ne présentent une grande supériorité sur les roues étroites et coniques. Il est convaincu que les chemins de sa ferme seront entretenus moyennant un quart de la dépense qu'ils exigeaient auparavant. Il regarde leur supériorité comme si évidente pour les opérations de l'agriculture, qu'il pense que tous les cultivateurs qui dirigent de grandes exploitations, devraient les adopter immédiatement. Il les considère comme la plus grande amélioration qui ait été apportée dans les instruments d'agriculture, depuis l'invention de la machine à battre ; et, dans son opinion, chaque mois de délai, pour leur adoption générale, entraîne une grande perte pour les individus et pour la nation.

Lorsqu'un cultivateur jouit de bons chemins particuliers, les avantages qui en résultent pour lui, sont d'une haute importance : Ses travaux s'éxécutent à moins de frais ; — ses chevaux sont moins fatigués ; — il peut transporter promptement une plus grande quantité de grains, ou d'autres récoltes ; — les engrais sont conduits avec plus de facilité dans les champs ; — la moisson peut se terminer avec plus de célérité ; — et les dégradations de toute espèce qu'éprouvent les équipages, sont beaucoup diminuées.

CONCLUSION.

Tels sont les moyens les plus essentiels par lesquels on peut procéder, avec succès, à l'amélioration et à la culture d'une ferme. C'est par l'attention à ces différents points, qu'un bon cultivateur se distingue d'un mauvais, et que l'économe industrieux pose les fondements d'un système qui deviendra la source de sa prospérité future. Pour arriver à ce but, il est nécessaire, — qu'il proportionne l'étendue de sa ferme, au capital dont il peut disposer ; — qu'il tienne une comptabilité régulière ; — qu'il dispose, d'une manière judicieuse, la culture de sa ferme ; — qu'il se procure des ouvriers intelligents et industrieux ; — qu'il élève ou qu'il achète des bestiaux bien choisis ; — qu'il se procure des instruments remarquables plutôt par leur utilité que par leur nombre ; — qu'il ait soin que ses bâtiments soient bien disposés, et abondamment pourvus d'eau ; — enfin, qu'il divise sa ferme en pièces de terre régulières, avec des chemins de communication entretenus en bon état. S'il s'attache bien à tous ces points, il peut, à juste titre, espérer des succès ; mais en proportion qu'il les négligera, il doit s'attendre à des mécomptes, et, dans beaucoup de cas, à éprouver des pertes réelles.

CHAPITRE III.

DES DIFFÉRENTES MANIÈRES D'AMÉLIORER LE SOL.

L'INDUSTRIE de l'homme n'a jamais été plus utilement employée, et ne s'est jamais montré d'une manière plus remarquable, que dans les différents procédés qu'il a découverts, pour rendre la surface du sol plus productive. Non-seulement de vastes étendues de terres ont été rendues propres à la culture, mais, par les procédés que nous allons décrire, la culture du sol a été améliorée ; — la quantité de ses produits a été augmentée, leur qualité a été rendue meilleure ; — par le moyen de l'art des encaissements, des milliers d'acres ont été protégés contre les ravages destructifs de l'eau. Dans ce chapitre, on se propose de donner un aperçu de la nature de ces différents procédés, sous les titres suivants :

1° Culture et amélioration des terrains en friche ; — 2° Clôture ; — 3° Desséchements ; — 4° Amandements ; — 5° Écobuage ; — 6° Jachères ; — 7° Nettoyement du sol ; — 8° Irrigation ; — 9° Submersion ; — 10° Limonage ; et — 11° Encaissements. Les améliorations du sol par le moyen des *plantations*, sont réservées pour la 4ᵉᵐᵉ section du chapitre suivant.

§ I.

CULTURE ET AMÉLIORATION DES TERRES EN FRICHE.

Les produits naturels de la terre inculte ne fournissent à l'homme que de chétifs moyens de subsistance. Quelques fruits, les feuilles et les racines de quelques végétaux, peuvent être employés comme aliments. Cependant, la population qui pourrait être soutenue par ces moyens, par la chasse des animaux sauvages, par la viande et les produits des animaux domestiques, nourris sur un sol inculte, seraient très-peu considérables, comparée aux millions d'êtres humains qui jouissent des nécessités et des agréments de la vie, lorsque le sol est convenablement cultivé. En conséquence, le premier objet qu'on doit avoir en vue, pour obtenir des aliments du sol, est de le mettre en état de culture ; et le second est, non-seulement de prévenir son épuisement, mais, s'il est possible, d'accroître sa fertilité (1).

----

(1) La fertilité de tous les sols est plus ou moins diminuée par la série des récoltes. De là la nécessité de renouveler sa fécondité par des amandements de divers genres. On a vu des terres porter des récoltes de grains pendant un grand nombre d'années, sans donner aucun signe d'épuisement. Mais c'est une propriété qui est due, en général, à quelque circonstance particulière dans leur situation, leur composition ou celle du sous-sol.

En discutant ce sujet , on se propose de considérer : 1° les diverses espèces de terres en friche ; 2° les obstacles naturels à leur culture et à leur préparation pour la production des récoltes ; 3° les différents moyens de défricher ces terrains ; 4° les règles qu'on doit observer sur le genre d'améliorations qui leur conviennent ; 5° les avantages publics et particuliers qu'on peut en tirer.

I. *Des diverses espèces de terres en friches.*

On peut les classer comme il suit : — 1° terres de montagnes , ou en pentes rapides ; — 2° sols marécageux ; — 3° sols tourbeux ; — 4° sols sujets aux inondations ; — 5° dunes ; — 6° rivages ou côtes de la mer.

1° Les surfaces les plus élevées des montagnes sont ordinairement composées de granits , de schistes ou de productions volcaniqnes. Leurs pentes les plus élevées , et le sommet de celles de hauteur moyenne , sont ordinairement couverts d'un sol peu profond , produisant des herbes courtes et peu aqueuses , qui sont fréquemment mêlées à de la bruyère. Lorsque le sol n'y est pas humide , il convient parfaitement à la pâture des moutons. Lorsque la hauteur des montagnes excède 800 pieds au-dessus du niveau de la mer , on ne peut l'employer profitablement qu'en pâturages , à moins qu'il ne soit couvert de forêts naturelles , ou de plantations d'arbres. Les coteaux moins élevés ont ordinairement un sol plus profond et plus humide ,

et produisent , en général , un herbage plus abondant , mais de qualité grossière ; c'est pourquoi ils
conviennent mieux à du bétail à cornes de race peu
élevée et robuste. Quoique les sommets des coteaux
soient , en général , peu propres à la production
des grains , cependant la culture s'élève graduellement le long de leurs pentes ; et , depuis trente
ans, plusieurs milliers d'acres , dans cette situation,
ont été défrichés dans le Royaume uni.

Quelques terrains escarpés , situés le long des
rivières ou des ruisseaux , restent encore dans un
état inculte , n'étant pas accessibles à la charrue.
Les plus escarpés d'entre eux conviennent à la plantation de futaies ou de taillis ; ceux qui sont situés
plus favorablement , peuvent être convertis en vergers.

2° Les sols marécageux sont de plusieurs espèces.
Quelquefois leur situation est basse et dans un climat doux , tandis que le sol cultivable est peu profond ou peu fertile par sa nature ; et le fond , ou
sous-sol, est imperméable et stérile. Ceux-là peuvent,
en général , être soumis à la culture avec plus ou
moins d'avantage , selon qu'ils sont placés plus près
des marchés , des engrais ou d'autres moyens d'a-
mélioration.

D'autres , au contraire , sont placés dans une
situation plus élevée ; leur surface est couverte de
bruyère et d'autres plantes grossières , et ils sont
fréquemment encombrés de pierres. De tels marais
méritent rarement les frais nécessaires pour les mettre
en culture ; et, à cause de leur élévation, ils ne

sont guère propres qu'à des plantations de bois ou à des pâturages.

Cependant les marais qui ne sont pas placés dans des situations élevées et froides, et où la surface est une terre fertile et couverte de plantes, où le sous-sol n'est pas naturellement trop humide, ou peut être suffisamment desséché avec une dépense modérée, ceux-là peuvent non-seulement être défrichés, mais peuvent souvent présenter de très-grands produits. Partout où on rencontre de tels sols, on ne doit jamais permettre qu'ils restent soumis à des droits communs, qui leur ôtent presque toute leur valeur, tandis qu'ils pourraient être améliorés et rendus très productifs, s'ils étaient partagés en enclos.

3° Les sols tourbeux occupent une portion considérable de la surface des Iles Britanniques (1). Il y en a de deux espèces ; l'une, noire et solide ; l'autre, spongieuse, fibreuse, et contenant une grande quantité d'eau.

Les tourbes noires, qu'on regardait autrefois

---

(1) Mr Grifiths le jeune, recommande, comme la meilleure rotation dans les sols de cette nature, celle-ci : — 1° navette, pour semence ; — 2° pommes de terre en lignes : — 3° avoine, avec graines de prés ; — 4° prairies. Il pense que cette rotation porterait ces sols à un haut produit, et payerait les dépenses nécessaires pour les amener à un état de fertilité. On assure aussi que le seigle y réussit fréquemment, lorsque les autres grains manquent. Mr Burroughs observe qu'il n'y a pas de récolte plus abondante et moins casuelle, dans les sols tourbeux, que la navette.

comme incultivables , peuvent être , aujourd'hui , par les procédés qu'on a découverts , culivées avec beaucoup de profit. Par la culture , on peut changer complètement leurs qualités et leur apparence; et la tourbe devient une terre végétale , douce et d'une grande fertilîté. On peut les convertir en pâturages ; — ou , après les avoir complètement saignées , on peut y élever de belles plantations ; — avec un traitement judicieux , on peut leur faire produire de belles récoltes de grains ou de racines ; — ou on peut les convertir en prairies d'une grande valeur (1).

Les tourbes molles , peu consistantes ou spongieuses , abondent dans plusieurs parties des Iles Britanniques. Ces tourbes ont quelquefois de 10 à 20 pieds de profondeur , et même plus ; mais leur profondeur moyenne peut être évaluée de quatre à huit pieds. Dans des situations élevées , leur amélioration exige tant de dépense , et les produits en sont si chétifs , qu'il est prudent de les abandonner dans leur état ; mais lorsqu'elles sont situées d'une manière avantageuse , il est prouvé maintenant qu'on peut , avec profit , les convertir en terres arables ou en bonnes prairies. Si elles ne sont pas situées à une trop grande élévation au-dessus du niveau

---

(1) Quant aux engrais qui conviennent aux sols de cette espèce , on a remarqué que la tourbe , dont la texture est la moins fibreuse ou poreuse , est celle qui se divise le plus facilement , et à laquelle les engrais putrescents conviennent le mieux. La tourbe fibreuse exige l'application de la chaux.

de la mer , on peut y cultiver , avec avantage, des récoltes arables. Les pommes de terre , et autres récoltes vertes , peuvent y être cultivées avantageusement, partout où l'on peut se procurer des engrais (1).

La tourbe est certainement une substance capable d'entretenir la végétation de plusieurs sortes de plantes précieuses ; mais , pour cela , elle doit être amenée à un état tel , qu'elle puisse leur fournir des aliments , soit par l'application du feu , soit par l'influence de la putréfaction : par l'un ou par l'autre de ces deux moyens, elle peut être changée en un sol propre à la production des grains , des herbages ou des racines.

L'application d'une quantité suffisante de chaux, de craie ou de marne , prépare également bien la tourbe pour la production des grains. Mais , dans le cas où elle est trop humide pour produire de bons herbages ou de bons grains, la première opération doit être un desséchement complet ; ensuite, on doit lui appliquer des substances calcaires ou des engrais putrescents.

4° Les sols sujets aux inondations , sont de deux sortes ; les uns inondés par l'eau douce , et les autres par l'eau salée.

On rencontre souvent des terrains inondés par l'eau douce , parmi les terres arables , dans les en-

----

(1) Le docteur COVENTRY recommande de pratiquer les saignées de desséchement , dans les tourbes fluides , plusieurs années avant d'entreprendre leur culture.

droits où il se rencontre des sources, et où on n'a pas procuré un écoulement suffisant à l'eau. On peut les améliorer en les saignant, et en les labourant en billons relevés. Lorsqu'il se rencontre de vastes marais presque constamment couverts d'eau douce, ou qui présentent un sol extrêmement humide, on peut les dessécher par des saignées, comme on l'a fait dans de vastes cantons du Comté de *Lincoln*, qui ont été rendus très-fertiles. On doit avoir pour but, dans ce cas, de convertir ces marais en pâturages, en prairies, ou même en terres arables, au moyen de saignées, d'encaissements, ou d'autres moyens d'amélioration. Lorsqu'il est impossible d'obtenir un desséchement complet, on peut y multiplier, soit par plans enracinés, soit par boutures, les plantes aquatiques les plus utiles, comme les saules, les osiers, etc.

Quelques personnes ont fortement recommandé le *Fiorin* (*agrostis stolonifera*), comme un fourrage très-précieux, dans les sols bas et humides ; d'autres le *Poa aquatica*, qui réussit bien dans l'argile, et lorsque le sol est couvert d'eau pendant tout l'hiver.

A l'égard des marais d'eau salée, les encaissements sont le seul moyen par lequel on puisse les améliorer ; et on peut tripler leur valeur présente, si on parvient à les mettre à l'abri des marées du printemps. Dans ces sols, les pâturages manquent en général ; mais ces pâturages opèrent, comme un remède, sur le bétail malade ; agissant, comme le

sel, dans les aliments de l'homme, qui y est stimu=
lant, mais non nourrissant (1).

5° Les dunes sablonneuses des côtes de la mer,
sont souvent plus utiles dans leur état naturel,
qu'après qu'on les a soumises à la culture. Dans
leur état de nature, elles fournissent souvent de bons
pâturages pour les moutons et les lapins, et d'autres
fois elles produisent des herbes qui peuvent être
employées comme nourriture pour le bétail à cornes,
ou comme litière. Mais le grand objet serait d'y
élever des plantes, qui contribueraient à fixer ces
sols, et empêcheraient qu'ils ne fussent déplacés
par les vents, ce qui cause souvent de très-grands
dommages (2).

Dans les sols sablonneux, pauvres, et dans les
districts intérieurs, les lapins forment le genre de
bétail ordinaire. On a cultivé plusieurs garennes,
pour y élever les récoltes de grains ; mais les la-

---

(1) Il est difficile d'améliorer les terres qui ont été couvertes d'eau dans les basses marées. Un champ de cette espèce, qu'on a conquis sur la mer, près d'*Exmouth*, il y a
déjà sept ans, refuse encore de produire, soit du grain, soit
des herbages, soit des légumes, de quelqu'espèce que ce soit;
la terre reste parfaitement stérile, quoiqu'elle paraisse bonne,
et riche en qualité. Elle est probablement saturée de quelque
principe particulièrement délétère, qui se rencontre dans les
eaux de la mer.

(2) Dans plusieurs parties du continent, et, en particulier,
sur les côtes de l'Océan Germanique, on apporte une grande
attention à prévenir ces inondations de sable. Un petit ruisseau,
où la plantation du *Juncus arenaceus*, sont les moyens qu'on
a trouvés les plus efficaces contre leur envahissement.

pins sont souvent plus profitables. On peut aussi y faire des plantations d'arbres, dans les localités où le bois a une valeur élevée.

6° Le long des rivages des lacs et des rivières, de même que sur les côtes de la mer, il y a de grandes étendues de terrain, qui sont dans un état inculte, et qui, probablement, resteront encore long-temps négligées, par défaut de terre végétale. Cependant, partout où le sol est composé d'alluvions, on peut l'encaisser, et ensuite l'améliorer par les procédés ordinaires de l'agriculture.

II. *Des obstacles naturels au défrichement des terres incultes.*

Les principaux obstacles naturels à l'amélioration des terres incultes, sont : — 1° les forêts ; — 2° les buissons ou broussailles ; — 3° la fougère ; — 4° la bruyère ; — 5° les herbages grossiers ; — 6° les pierres ; — 7° les roches.

1° *Les forêts.* — La présence d'arbres de haute stature, quoiqu'elle soit un grand obstacle à la culture, est cependant le signe que le sol est naturellement fertile. Il doit aussi s'être enrichi successivement, par le moyen des feuilles qui sont tombées sur le sol, et qui y ont pourri pendant une très-longue suite d'années. Les effets en sont si puissants, que, lorsque les arbres ont été détruits, on voit souvent le sol produire des récoltes de grains pendant un grand nombre d'années, sans interruption et sans addition d'engrais. Cependant la terre traitée ainsi, finit par s'épuiser tellement, qu'elle ne peut plus produire une récolte qui paye les frais de culture, et la semence. Il est évident, toutefois, que cette détérioration vient entièrement du procédé imprévoyant qu'on a adopté.

Dans le défrichement de ces terrains, les branches des arbres sont ordinairement amassées et brûlées; et les cendres, soit en totalité, soit en partie, sont répandues sur le sol, ce qui augmente beaucoup sa fertilité. Et même, lorsqu'on ne peut pas trouver à vendre, sur place, les tiges des arbres, ou les transporter avantageusement à un lieu où on puisse les employer, la totalité du bois est brûlée, et les cendres appliquées comme engrais.

Dans plusieurs parties de l'Angleterre, on a défriché, et mis en culture, de grandes étendues de taillis. Dans le Comté d'*Oxford*, la tentation est puissante, car on peut obtenir du défrichement, 30 à 35 l. par acre, et le sol reste propre à être labouré. Quelquefois on défriche des bois, uniquement pour les convertir en pâturages; dans ce cas, on doit rompre le sol aussi peu que cela est possible, parce que la terre de la surface est toujours plus fertile que celle de dessous. Ces terrains se convertissent bientôt en bons pâturages, sans y rien semer. Mais le meilleur moyen pour convertir les bois en terres arables, est de se contenter de couper les arbres, et de laisser la terre en état d'herbage, jusqu'à ce que les racines des arbres soient détruites ; en coupant de temps en temps, avec la faulx, toutes les jeunes pousses des arbres, qui se montrent de cette manière, les racines, aulieu d'être une cause d'embarras et de dépense, deviennent un moyen d'amélioration ; et on prépare ainsi une surface couverte d'herbes, pour l'opération de l'écobuage (1). Partout où cela est praticable, on doit appliquer au sol une bonne quantité de chaux, ce qui augmente beaucoup sa fertilité.

En Écosse, on a défriché, avec beaucoup de succès, des forêts naturelles et des plantations. En *Torwood* et en *Stirlingshire*, une grande étendue de taillis naturels a été nettoyée, avec une dépense de 15 à 20 l. par acre, et le sol est devenu d'aussi bonne qualité qu'aucun autre du voisinage. Sur les bords de la Clyde, et l'Avon, des taillis ont été rasés, et après avoir été saignés, cultivés et amendés, le sol a été converti en vergers productifs. Dans le *Perthshire*, aussi, plusieurs milliers d'acres de plantations ont été arrachés, convertis en terres arables, et employés ainsi très-utilement (2).

-----

(1) Dans le Comté d'*Oxford*, cependant, la rareté du bois est si grande, que les racines payent la moitié des frais de défrichement. En Amérique, on a trouvé que les racines de l'érable et du hêtre, se pourrissent d'elles-mêmes, en quatre ou cinq ans. Les racines du chêne exigent plus long-temps.

(2) Lorsque les racines ne valent pas la dépense nécessaire pour les arracher, on peut les laisser, et percer un trou au milieu, ce qui hâte leur destruction, en les faisant pourrir souvent en deux ou trois ans.

2° *Broussailles.* — Les sols couverts de genêt,
et d'autres plantes semblables, sont, en général,
très-propres à la culture ; le genêt épineux (*ulex
europeus*), se plait dans un sol argileux, riche ;
et partout où on le trouve en état de forte végétation, toutes espèces de grains, de racines ou
d'herbages, peuvent être cultivées avantageusement.
Le genêt, au contraire, préfère un sol sec, graveleux ou sablonneux, propre à la culture des turneps. Une grande partie des terres arables, dans
les parties les plus riches de l'Angleterre et de
l'Écosse, était originairement couverte de ces deux
plantes, et il en reste encore de vastes étendues,
qui pourraient être cultivées avec profit ; à cet effet,
les broussailles doivent être coupées, le sol dé-
foncé, ou les racines des plantes arrachées par une
forte charrue traînée par quatre ou six chevaux,
les racines, ainsi que les tiges (si on ne les emploie pas à d'autres usages), brûlées en tas, et
les cendres répandues également sur la surface.
Dans beaucoup de lieux, les buissons et les broussailles peuvent être vendus pour plus que la dépense d'arrachement des racines. Si le charbon de
terre n'est pas abondant, et qu'on puisse se procurer de la pierre à chaux, ou de la craie, les
genêts peuvent être employés à brûler la chaux
dont on a besoin pour l'amélioration. Lorsque le
sol est mis en pâturage, on doit employer des soins
constants pour empêcher les anciennes plantes d'en
reprendre possession. On peut y parvenir en labourant le sol de temps en temps, pour y prendre

quelques récoltes de pommes de terre , de turneps
ou de vesces, en lignes, et en reposant le sol par
le pâturage des moutons. On doit aussi, dans les
temps humides, arracher à la main, et détruire
les jeunes pousses des broussailles, qui se montrent.

3° *La Fougère.* — C'est une plante très-in-
commode et très-difficile à extirper, attendu que,
dans beaucoup de sols, ses racines pénètrent bien
au-dessous de la profondeur à laquelle peut atteindre quelque charrue que ce soit ; mais, lorsque
cette plante croît vigoureusement, c'est toujours
le signe d'un sol très-fertile. La meilleure saison
pour la détruire, est en Juin et Juillet, pendant
que les plantes sont pleines de suc ; on doit alors
les couper fréquemment, le plus bas possible. Cependant on ne s'en rend pas facilement maître : il
arrive souvent qu'elles reparaissent après une rotation de sept ans , comprenant une jachère ; et
quelquefois elles ne disparaissent complètement ,
qu'après une seconde rotation, pendant laquelle
elles sont coupées fréquemment (1). La
chaux , dans son état caustique , est un puissant
ennemi de la fougère ; cependant on ne peut complètement la détruire , que par des cultures fréquentes , et par des récoltes vertes , travaillées à
la houe (2).

---

(1) Dans les pâturages , on détruit souvent la fougère , en
la coupant deux fois dans la saison, avec la faulx ou la faucille.

(2) Le révérend Robert Hoblyn a complètement détruit

4° *La Bruyère.* — Cette plante est mangée par les bêtes à laine ; et, sous sa protection, il croît souvent un herbage grossier. Lorsqu'elle est jeune et en fleurs, on peut la couper, et en faire une provision d'hiver, de peu de valeur, pour le bétail. Mais partout où on peut y parvenir, il est à désirer qu'on la remplace par de bonnes herbes. Pour cela, le sol peut être inondé, ou la bruyère brûlée en Mars ou Avril ; si on laisse ensuite le terrain, pendant dix-huit mois, sans en permettre l'entrée aux bestiaux, il y croîtra beaucoup de nouvelles plantes, favorisées par la destruction de la bruyère, et par la qualité fertilissante des cendres. L'augmentation de valeur que reçoit le sol, par ce procédé, est très-considérable, surtout s'il est bien égouté, et si on l'amende avec de la chaux ou des composts. Mais si on fait pâturer trop tôt le terrain, les herbes étant encore faibles et tendres, le bétail les arrache avec leurs racines, et le pâturage en souffre beaucoup. Lorsqu'on se propose de convertir le sol en terre arable, la chaux qu'on y applique doit être finement pulvérisée, très-caustique, et répandue aussi également que possible.

5° *Herbages grossiers.* — Il est souvent néces-

---

la fougère, par un procédé minutieux, mais efficace : il employait une femme pour couper, à la surface du sol, la fougère encore jeune, et pleine de suc (ayant environ cinq ou six pouces de hauteur) ; et une autre femme, avec un baquet de vieux sel, en appliquait une pincée sur la blessure du collet des plantes ; l'âcreté du sel les faisait périr.

saire de brûler les herbages grossiers, avant que la surface puisse être écobuée. Quelques personnes ont recommandé de faire, avec les gazons de la surface, un *compost* avec de la chaux, ou de construire, avec les gazons, des espèces de murailles, ce qui les rend très-meubles et très-fertiles, en les exposant à l'effet des influences de l'atmosphère ; mais ces procédés sont bien moins efficaces, et d'un effet plus lent que l'écobuage.

Dans les pâturages grossiers, on rencontre souvent une grande quantité de fourmillières. On a essayé, avec succès, d'en mêler la terre avec de la chaux ; on a trouvé que ce *compost* réussissait bien sur l'orge et les graines de prés. Mais, s'il est possible, on doit les brûler.

6° *Les Pierres.* — Les pierres qui forment un obstacle à l'amélioration du sol, sont ou roulantes, de manière à pouvoir s'enlever lorsque la terre est labourée ou défoncée, ou fixées dans la terre, de manière à ne pouvoir en être tirées sans beaucoup de travail et de dépenses. On peut souvent utiliser les pierres roulantes, en les employant dans la construction des saignées couvertes, des murs de clôture, ou à la réparation des chemins de la ferme ou du voisinage ; la valeur qu'elles acquièrent pour ces divers usages, paye quelquefois la dépense nécessaire pour les amasser. C'est lorsque le sol est en jachère, qu'il est le plus convenable de procéder à cette opération. Lorsque les pierres roulantes sont d'une grosseur modérée, on a remarqué quelquefois qu'elles sont plus avantageuses que nuisibles , comme dans quelques sols du Comté de *Sommerset* , et d'autres districts. Elles empêchent l'évaporation , et conservent ainsi l'humidité dans le sol. Quelques cultivateurs se sont déterminés à ramener sur leurs champs de grains , les mêmes pierres qu'ils y avaient amassées , et qu'ils avaient conduites dehors.

Lorsque les pierres sont très-grosses et fixées dans la terre , si elles paraissent au-dessus de la surface, il est nécessaire de les enlever , avant de commencer le labourage pour le défrichement. Mais lorsqu'elles sont cachées sous la surface , on a trouvé diverses manières de s'en débarrasser.

Dans quelques parties du *Yorkshire* , on parcourt toute la surface avec des fourches pointues , avec lesquelles on sonde la terre , de douze en douze pouces , jusqu'à la profondeur d'un pied , pour reconnaître les points où il existe des pierres. La place est marquée par un petit bâton , et on arrache les pierres avant de labourer la terre. Quelquefois on laboure sans prendre cette précaution , et lorsqu'on rencontre des pierres , on marque la place , pour les arracher ensuite ; quelquefois aussi, on défonce le terrain à la bêche , pour trouver et arracher ces pierres.

Lorsque les pierres paraissent au-dessus de la surface , le laboureur peut les éviter , mais non sans perdre du terrain ; quant à celles qui sont sous la surface , on ne les reconnaît souvent que lorsque la charrue heurte contre elles , ou peut-être lorsque la charrue est brisée , d'où résulte la perte d'un jour de travail. Non-seulement on évite ces accidents en débarrassant le sol des pierres , mais cette opération est accompagnée aussi de quelques autres avantages : les pierres ainsi arrachées peuvent être employées à divers usages , et coûtent souvent moins que celles qu'on acheterait à la carrière. La terre qui environne une grosse pierre , est ordinairement aussi la meilleure du champ , et on l'achète à bas prix , dans beaucoup de cas , par la dépense nécessaire pour enlever la pierre. Dans les sols pierreux , le labourage s'exécute lentement , et une charrue ne fait souvent que la moitié du travail qu'elle devrait faire ; mais lorsque le champ est épierré , on le laboure bien plus facilement , à moins de frais , et d'une manière plus parfaite. Il arrive fréquemment qu'en travaillant des sols pierreux , il en coûte plus dans une saison , pour réparer les charrues brisées , outre le tort que reçoivent les chevaux et les harnais , qu'il n'en aurait coûté pour remédier au mal.

Il y a différentes manières de se débarrasser des pierres : leur volume permet ordinairement de les transporter hors du champ , sur des chariots ; quelques artistes ont construit des machines destinées à enlever celles qui sont très-pesantes. Dans quelques occasions , on a creusé , à côté d'une très-grosse pierre , un trou , dans lequel on l'a fait tomber , de manière qu'elle fût assez profondément enterrée pour ne pouvoir être atteinte par la charrue ; mais il est souvent nécessaire , pour diminuer leur volume , d'employer la force de la poudre , avant de pouvoir les enlever.

7° *Les Roches*. — Lorsque la culture est inter-
rompue par des roches, on doit avoir recours à
la mine, à moins que leurs couches ou lits, ne se
laissent facilement séparer par l'action des coins.

III. *Moyens de mettre en culture les terres en friches*.

Les terrains friches, selon leur nature et leur
situation, peuvent être préparés à la production
des grains, de six manières différentes : 1° Écobuer ; — 2° défoncer à la bêche ou à la pioche ;
— 3° labourer profondément à la charrue ; — 4°
appliquer sur la surface une couverture de terre ;
— 5° faire entraîner, par l'eau, la tourbe de la
surface, lorsqu'il se rencontre au-dessous un sol
de bonne qualité ; — 6° employer le rouleau,
dont l'utilité, en consolidant les sols tourbeux,
n'a pas encore été assez reconnue.

1° *Écobuer*. Nous discuterons, dans la Section
suivante, avec plus de détails, les avantages de
cette opération. Il sera suffisant de dire, ici, qu'elle
doit être préférée à toute autre méthode de mettre
en culture les terrains friches, *lorsque le gazon
peut produire une quantité suffisante de cendres*.
L'expérience prouve qu'elle est beaucoup moins coûteuse que le nettoyement de la terre par les cultures ; qu'elle produit des récoltes plus abondantes;
et qu'elle laisse le sol dans un meilleur état de
culture. Mais lorsque le sol ne contient pas une

quantité suffisante de substances végétales ; lorsqu'il est rempli de pierres , de roches , ou lorsqu'il est couvert de bois , on doit avoir recours à d'autres moyens. Lorsqu'il est couvert de bois , au lieu d'essayer de brûler la surface , on doit couper les arbres et les broussailles , et les réduire en cendres, ce qui assure plusieurs bonnes récoltes. Dans les terrains couverts de genêts , ces plantes doivent être brûlées sur le sol ; non pas avec l'intention de les détruire , mais afin d'obtenir les cendres qui en proviennent, qui , avec les cendres des autres herbes et des racines , fertiliseront beaucoup le terrain.

2° *Défoncer*. — Lorsque le sol cultivable est peu profond , et qu'il repose sur une couche peu fertile et pierreuse , il est souvent convenable , après avoir extirpé les plantes de mauvaise nature, d'amender la surface , et de la convertir en un pâturage permanent, sans tenter d'enlever les pierres; mais lorsque les circonstances font désirer de convertir ce sol en terre arable , le moyen le plus efficace d'y parvenir , est l'emploi de la bêche et de la pioche. Dans ce cas , si la surface est peu fertile , on l'enterre au fond de la tranchée , ce qui fait l'effet de saignée couverte. Par le moyen du défoncement , toutes les pierres qui pourraient gêner le labour, sont mises à découvert et enlevées, soit par le moyen des instruments ordinaires , soit en faisant usage de la mine ; le sol est approfondi jusqu'à treize ou quatorze pouces ; et , comme il est bien purgé de mauvaises herbes , il n'a besoin

que d'une suffisante quantité de fumier et de matière calcaire , pour produire des récoltes de grains.
Par cette méthode , exécutée avec plus ou moins
de perfection , on a réuni plus de vingt-mille acres
aux terres cultivées d'un seul Comté (*Aberdeenshire*).
Lorsque les pierres sont en très-grande abondance,
on a trouvé que le procédé devenait très-dispen-
dieux : il a coûté jusqu'à 40 et 5o l. , et , dans
quelques cas , 100 l, par acre (de 2,5oo à 6,ooo^f
par hectare); mais la moitié de la dépense a souvent été payée par la vente des pierres, pour les
pavés ou les bâtiments ; et, dans le voisinage de
la ville d'*Aberdeen* , la terre a ensuite été louée
5 l. par acre (3oo^f par hectare), au moyen de
quoi la dépense a été couverte. Cependant les sols
qui ne présentent pas des difficultés particulières ,
peuvent être défoncés pour 8 ou 10 l. par acre
(5 à 6oo^f par hectare), et même moins (1).

3° *Labourer profondément à la charrue.* — Cette
méthode , pour mettre en culture les terrains friches , est applicable aux argiles pauvres , couvertes
de bruyère et de genêt , souvent humides et pierreuses. Dans les terres de cette nature , le sous-
sol étant très-rebelle , il est nécessaire d'employer
au moins quatre , et quelquefois six forts chevaux,

---

(1) Mr MONTEATH, de *Closburn* , et Mr MACLEAN, de *Mark*,
recommandent , comme une excellente pratique , de défoncer
les sols tourbeux , afin d'enfouir la tourbe légère de la surface , et de ramener au-dessus la tourbe noire , déjà altérée,
qui est bien plus facile à améliorer.

pour ouvrir un sillon d'une profondeur suffisante.
On doit aussi avoir soin de renverser la bande de
terre à plat, et de la laisser ainsi pendant quinze
ou dix-huit mois, afin que le gazon soit entièrement pourri. Lorsque le sol est sec, on peut répandre de la chaux à la surface, et la laisser ainsi,
pendant deux ans, avant de labourer de nouveau.
Par ces moyens, on a mis en état de culture régulière, de grandes étendues de terrains incultes.
Mais c'est une méthode longue et coûteuse.

Les améliorations les plus extraordinaires qui
ayent été exécutées dans ce genre, sont celles qui
ont été entreprises par Mr BARCLAY D'URY. Les
instruments dont il se servait, étaient extrêmement
forts ; et il employait au tirage, six et jusqu'à
huit chevaux très-vigoureux. Malgré tous les obstacles, il faisait pénétrer la charrue, du premier
trait, jusqu'à seize et dix-sept pouces de profondeur. Après avoir fait enlever les pierres que la
charrue avait ramenées à la surface en grande a-
bondance, il répétait ces opérations, et finissait
par obtenir un sol, net de pierres, de douze à
quatorze pouces de profondeur, et propre à tout
genre de culture. Quelquefois il a enlevé jusqu'à
mille voitures de pierres d'un seul acre ; et la surface du sol se trouvait abaissée de plusieurs pouces,
avant que l'opération fût complète. De si grandes
dépenses peuvent bien difficilement être couvertes
par les produits. Lorsqu'un champ ne contient que
quelques places pierreuses, il peut être convenable
de les extirper ; mais on ne peut recommander

cette méthode comme un moyen général d'améliorer les terrains incultes.

4° *Couvrir de terre la surface du sol.* — En Angleterre, on a mis cette méthode en pratique non-seulement sur des terrains marécageux, mais aussi sur des sables sans consistance. Le célèbre Duc de BRIDGEWATER a effectué une amélioration fort étendue, par cette méthode. Il a couvert une vaste prairie tourbeuse, de débris de houille, d'un mélange de terres et de pierres, de différentes natures et grosseurs, qui étaient amenées de l'intérieur d'une montagne ; et en comprimant la surface, il l'a mise en état de supporter le pàturage du bétail. Sa fertilité a été favorisée par le limon du marais, qui, comprimé par des matériaux plus pesants, s'est élevé à la surface.

La méthode de couvrir d'argile ou de marne la surface des bruyères, a été fortement recommandée dans un écrit relatif aux améliorations du *Huntingdonshire*. Il paraît que, sous les bruyères de ce Comité, et à peu de profondeur, on trouve une espèce d'argile marneuse, de bonne qualité, et d'un emploi facile. Lorsque cette substance est mêlée avec le sol d'un marais, les bonnes herbes augmentent beaucoup de vigueur ; et lorsque le sol, ainsi mélangé, est labouré et ensemencé en céréales, la terre calcaire rend les récoltes moins sujettes à se coucher, le produit est plus grand, et le grain de meilleure qualité que dans tout autre sol. Dans quelques parties des marais de *Thorney*, dans les domaines du Duc de BEDFORD, les fermiers ont commencé à employer la méthode de couvrir le sol d'argile, en défonçant à la bêche.

Mr RODWELL, en *Suffolk*, s'est distingué, en couvrant d'argile et de marne, une étendue extraordinaire de bruyère. Dans le cours de deux baux, comprenant un espace de vingt-huit ans, il a couvert d'argile et de marne 820 acres (328 hectares), et il a employé 140,000 tombereaux de terre, qui, à raison de 8 1/2 d. par *yard* cube, lui ont coûté 4958 l. (118,992^f). Ayant conclu un troisième bail, dans l'espace d'environ quarante-neuf semaines, il a employé encore 11,275 *yards* cubes d'argile, pour couvrir le sol. Il préfère l'argile à la marne, dans les sols sablonneux, dont quelques-uns ne sont qu'un sable grossier et très-pauvre. Le résultat a été très-satisfaisant : la rente du domaine a été augmentée de 350 l. (8,400^f), ce qui présente une amélioration foncière de 10,500 l. ; et le public a joui d'un produit en grains, viande et laine, d'une valeur de 30,000 l. (720,000^f) de plus, dans les vingt-huit années qui ont suivi l'amélioration, que dans les vingt-huit années précédentes.

Dans plusieurs cantons, on couvre le sol de craie, à raison de soixante à cent voitures par acre, et on considère cette pratique comme excellente (1).

---

(1) On a plusieurs exemples des succès de ce genre d'amélioration. L'addition de craie ajoute un peu plus d'un demi pouce d'épaisseur au sol.

En Écosse, cette pratique est restreinte aux sols tourbeux. Quelquefois on en a couvert toute la surface de terre, d'argile, de sable, de gravier, de coquillages ou de sable de mer, à l'épaisseur de deux ou trois pouces, ou même plus ; et des terres qui n'avaient originairement aucune valeur, ont été portées à une rente de 2, 3, et jusqu'à 4 l. par acre. Dans les sols de cette nature, les chevaux doivent porter des patins de bois, ou n'y entrer que pendant les gelées de l'hiver, lorsque la surface de la tourbe est durcie. L'argile dure et tenace est particulièrement appropriée à cet usage, parce que, lorsqu'elle est incorporée avec la tourbe et un peu de matière calcaire, elle offre toutes les propriétés d'un sol fertile. C'est là certainement une méthode très-coûteuse d'améliorer le sol, à moins que les matières qu'on doit y conduire, ne soient placées à une très-petite distance. Mais lorsqu'on peut l'exécuter sans trop de dépense, la tourbe devient solide ; et lorsqu'on lui a fourni des matières calcaires, on peut la cultiver, comme tout autre sol, par une rotation de céréales et de récoltes vertes. Dans le voisinage des villes populeuses, où la rente des terres est élevée, on peut amener les substances destinées à l'amélioration, d'une plus grande distance.

5° *Entraîner la surface des tourbières, par l'inondation.* — Cette singulière manière d'améliorer les terres incultes, est applicable seulement dans le cas où on peut faire affluer sur le terrain une grande quantité d'eau, et où le sol est inférieur à une argile fertile , ou une terre d'alluvion. On amène dans la tourbière un cours d'eau qui détrempe et entraîne d'abord la tourbe molle et spongieuse de la surface , et ensuite la tourbe plus dense ; on dirige le tout, par le moyen du courant d'eau , dans une rivière voisine , et , de là , dans la mer. L'exemple le plus remarquable d'une opération semblable , a eu lieu à *Blair Drumond* , en *Pertshire* , où la tourbe avait , en moyenne , une épaisseur de sept pieds. On a disposé des machines très-ingénieuses , pour fournir l'eau nécessaire pour entraîner la tourbe. Il fallait tout le génie et toute la persévérance du Lord KOMES , pour accomplir cette entreprise. Mais , par l'effet de cette singulière méthode d'amélioration , environ dix-mille acres anglais sont déjà nettoyées ; une population d'environ neuf-cents habitants, y trouve des moyens de subsistance ; et un canton étendu , qui n'entretenait que des bécassines et d'autres oiseaux aquatiques , est maintenant converti , comme par une puissance magique , en un sol d'alluvion , qui se loue trois à quatre livres par acre.

Emploi du rouleau. — L'emploi du rouleau sur les sols tourbeux et marécageux , conjointement avec les opérations que nous venons de décrire , est de la plus haute importance. Le plus grand défaut de ces sols , est qu'ils deviennent facilement *creux* , parce que la sécheresse les pénètre promptement. Le roulage est un puissant remède contre ce mal ; et la dépense est la seule objection qu'on puisse faire contre cette pratique. L'action du rouleau détruit aussi beaucoup de vers , de limaces et d'autres insectes , dont les sols marécageux sont ordinairement infectés.

Dans cette espèce de sol , le rouleau ne doit pas être trop pesant , ni d'un petit diamètre ; car , dans ce cas , le rouleau s'enfonce , et , refoulant la terre , l'élève devant et derrière lui , ce qui l'empêche de consolider le sol. Une pression modérée consolide la tourbe ; mais un poids plus considérable produit un effet contraire. Un rouleau destiné aux sols tourbeux , doit être de bois , d'environ quatre pieds de diamètre , et disposé de manière à être tiré par deux ou trois hommes. Si on y employe des chevaux , ils doivent être munis de patins , dans le cas où ils s'enfonceraient trop. Plus souvent on peut rouler des sols spongieux , sans nuire aux récoltes , plus les résultats sont avantageux.

Lorsque les terrains friches ont été mis en état de culture , par les moyens que nous venons de décrire , ils s'améliorent ensuite bien plus promptement , par les procédés ordinaires de la culture , dont nous parlerons sous les titres de *clôture* , *desséchement* , *engrais* (1), *irrigation* , etc. Mais

––––––––––

(1) Il est à propos de faire mention, ici , de l'extrême importance de la chaux , dans la culture des terrains friches. M. Simpson , près *Pickering* , en *Yorkshire* , dans le cours des améliorations qu'il a exécutées dans des terres incultes , laissa un acre de sol aussi bon que tout le reste , sans y appliquer de la chaux. La première récolte fut des turneps , sur lesquels la différence ne fut pas sensible ; mais elle fut extrêmement

lorsque des terrains incultes se trouvent dans une position froide et trop élevée , ou lorsqu'ils sont encombrés de roches et de pierres , de manière que le défrichement deviendrait trop coûteux , ou qu'ils ne pourraient fournir qu'un mauvais pâturage ; la meilleure manière de les améliorer , est de les consacrer à des plantations. On a même trouvé , en Écosse et en Belgique , que la plantation des terrains incultes , même dans des situations basses , est le moyen le plus assuré de jeter les fondements de leur fertilité à venir , pour la culture. La surface étant ainsi couverte , le sol s'enrichit annuellement par la chute des feuilles.

IV. *Règles à observer sur l'amélioration des terres*
incultes.

On peut établir les règles suivantes , pour la mise en culture des terrains friches.

1° N'adopter un plan d'amélioration qu'après beaucoup de réflexions, et avec la faculté de disposer d'un capital suffisant.

---

frappante sur l'avoine qui vint ensuite, et plus encore sur la prairie artificielle qui suivit , dans laquelle on ne vit presque pas de tréfle sur cet acre. Le reste de la pièce forma une assez bonne prairie, dans laquelle on apercevait seulement quelques pieds de fougère; mais la partie du champ qui n'avait pas reçu de chaux , n'offrait presque pas d'hérbe , et était couverte de fougère.

2° Ne pas commencer sur une trop grande échelle, et attendre que l'expérience ait montré si le plan convient bien au sol, à la situation et au climat.

3° Lorsqu'on a intention de mettre en culture des marais ou des tourbières, ne commencer les opérations qu'une saison au moins après le complet desséchement, et lorsque le sol est bien purgé de l'humidité surabondante. Dans les marais qui abondent en tourbe demi – fluide, un espace de temps encore plus long est nécessaire.

4° Labourer ou défoncer la tourbe en automne, afin qu'elle soit exposée aux pluies et aux gelées de l'hiver, et non aux chaleurs de l'été, qui la durciraient et retarderaient sa décomposition.

5° Quoiqu'on entreprenne de conduire l'opération avec vigueur (1), ne pas penser à mettre sur quatre acres, l'engrais nécessaire à trois ; ni sur deux acres, la chaux, la craie, la terre, l'argile, le sable ou le gravier qui auraient dû n'en couvrir qu'un.

6° Procéder à l'amélioration des terres incultes, sans y employer le fumier nécessaire à l'amendement du reste de la ferme ; car l'engrais, produit par un bon sol, ne doit jamais être destiné à en améliorer un mauvais. Ainsi, à moins qu'on ne puisse se procurer du fumier dans le voisinage, il vaudra

---

(1) C'est ainsi qu'ont agi les Flamands, qui ont amélioré de si grandes étendues de terres. Jamais ils ne mettaient en culture à la fois, que l'étendue de terrain inculte, pour laquelle ils pouvaient disposer d'une *grande abondance* d'engrais.

mieux laisser les terres incultes dans leur état naturel; excepté dans le cas où le sol, par le moyen de l'écobuage, de la chaux, de la marne, de la craie, de l'argile, de la terre, etc., pourra payer les dépenses de l'amélioration, et être porté à un état de fertilité suffisant pour être maintenu en bon état, par ses propres ressources.

7° La dernière règle est de remettre en herbages, le plus tôt possible, les terrains améliorés, lorsqu'ils sont situés dans une position froide et élevée, et de les conserver en cet état le plus long-temps qu'on le pourra. Car quoique les grains et les racines puissent être cultivés dans les terrains friches, lorsqu'ils ont été convenablement améliorés, et qu'ils sont bien situés; cependant c'est principalement sur le pâturage, et surtout sur celui des bêtes à laine, qu'on doit compter, pour s'indemniser des dépenses premières, et pour améliorer les sols médiocres.

V. *Des avantages qu'on peut tirer de la culture des terrains friches.*

Ils se rapportent à l'intérêt privé, ou à l'intérêt public.

1° *Intérêt privé.* — Quelques personnes ont pensé qu'on peut tirer plus de profit de l'amélioration des terrains incultes, que de sols semblables, qui ont été long-temps soumis à la charrue. La rente est nécessairement moins élevée, ils sont plus exempts de mauvaises herbes, et lorsqu'une fois ils ont été

mis en bon état , et qu'ils sont ensuite convenabl
ment gouvernés , ils donnent des produits très-l
cratifs. On peut citer des exemples à l'appui
cette doctrine ; mais malheureusement , l'expérien
ne l'a pas sanctionnée dans tous les cas. La cau
réelle de ces mécomptes , c'est qu'on a commen
à se livrer à de grandes dépenses , tandis que l
avantages qu'on pouvait en tirer , étaient incertain

Comme il est impossible , dans un cadre aus
resserré que celui de cet ouvrage , de passer
revue les nombreux exemples d'améliorations
terrains incultes , qui ont été exécutées avec profi
nous nous bornerons à exposer deux de ces exempl
les plus importants , fournis respectivement pa
l'Angleterre et l'Écosse.

Il a été fait, dans les domaines de CHARLES DUN
COMBE . *Esq.* de *Duncombe Parck*, en *Yorkshir*
une grande variété d'expériences sur l'amélioratio
des terrains incultes ; leurs principales particularité
sont détaillées dans les communications qu'il a faite
au bureau d'agriculture (1). Ces travaux embrasser
une étendue de 840 acres (336 hectares) ; et c
qui donne à ces expériences une importance par
ticulière , c'est qu'une étendue considérable de cé
terres a été améliorée, par petits lots , par diverse
personnes , et par des méthodes différentes. Ce
expériences ont présenté les résultats suivants : 1°

---

(1) Le Bureau d'Agriculture lui a décerné, pour ces travaux, trois prix , consistant en des médailles d'or.

qu'au moyen de l'écobuage , la subsiance de la tourbe et les racines de la bruyère ont été réduites en des matières qui aident puissamment la végétation , et que le sol étant mis ainsi en bon état de culture, plus promptement que par tout autre procédé , on doit donner la préférence à celui-là (1). 2° Que dans une situation élevée , et sous un climat froid , le seigle doit être la première récolte. 3° Que les pommes de terre sont la récolte la plus productive , pourvu qu'on puisse leur donner du grand fumier. 4° Que l'emploi de la chaux est très-avantageux , en favorisant la décomposition des substances végétales , et en améliorant le sol. 5° Enfin , que lorsque ces terres sont mises en prairies artificielles, on doit les tenir en pâturage , et se garder de les faire faucher.

Les travaux exécutés pour l'amélioration des marais de *Chat-Moss* , dans le Comté de *Lancaster* , font honneur à l'intelligence et à l'habileté de Mr ROSCOE. Ils s'étendent sur environ 2,500 acres (1,000 hectares) entièrement composés de tourbe, jusqu'à la profondeur de dix à trente pieds. Le desséchement a été commencé en novembre 1805 ;

______

(1) Dans le compte précieux qu'à rendu Mr SIMPSON de l'amélioration d'une grande étendue de terre , dans les marais de *Pickering* en *Yorkshire* . il observe que la grande faute dans laquelle plusieurs personnes sont tombées , a été de labourer le gazon tourbeux sans l'écobuer, ce qui a produit des récoltes presque nulles , et par conséquent le défaut d'engrais pour la rotation qui devait suivre.

mais ce n'est qu'en 1809 , qu'on a commencé à y cultiver des récoltes , et seulement vingt acres d'avoine et de turneps. L'année suivante, on a ensemencé environ quatre-vingts acres , dont vingt en froment; et on fut assuré qu'avec un judicieux assolement , on pourrait compter sur d'abondantes récoltes de froment , de fèves , d'avoine , de pommes de terre et de tréfle (1).

Mr ROSCOE a donné le calcul de la dépense de défrichement et culture d'un acre , ainsi que de son produit. La dépense , en y comprenant 20 tons (20 voitures de 1100 kilogrammes environ) d'engrais , achetés à *Manchester* , qui se portent à 5 l. (120^f), tant pour l'achat que pour la conduite , monte en tout à 20 l. 7 sh. par acre (1220^f par hectare). Il établit que les récoltes , en y comprenant la valeur de la paille , payent toute la dépense dès la première année , lorsque le prix des grains est élevé. Mais en supposant même les prix bas , il n'y a pas de doute que les avances faites pour l'amélioration , ne soient promptement remboursées.

Mr ROSCOE considère les engrais calcaires comme essentiels pour l'amélioration des tourbes. Comme la quantité de chaux nécessaire pour cela , est beaucoup moindre que celle de marne , on doit lui donner la préférence , lorsque la distance est

______

(1) On aurait pu aussi essayer les carottes.

grande , et le prix du transport élevé ; mais lorsque
la marne est sur place , et peut s'obtenir en quantité suffisante , avec une dépense modérée , son
emploi paraît préférable.

Le résultat des expériences de Mr ROSCOE , est
qu'il ne faut pas songer à employer des demi-
moyens ; et que la seule méthode convenable pour
l'amélioration des tourbières , est l'application de
substances calcaires , en quantité suffisante pour
convertir la tourbe en terre végétale , avec l'emploi
d'engrais animaux , dans la proportion qu'exigent
la nature des récoltes , et la rotation qu'on adopte.

En Écosse , les améliorations les plus importantes de terres incultes , ont été exécutées par
Mr SMITH , de *Swimbridge* ; — MOOR , près *Beith*,
en *Ayrshire* ; — et par Mr MACLEAN , de *Mark*
en *Galloway*.

Mr SMITH commença , en 1783 , à défricher
quelqnes tourbières de son domaine ; il a peut-être
été le premier qui a recommandé l'emploi de la
chaux pour l'amélioration des tourbes , et qui en
a prouvé l'efficacité. Après avoir ouvert des fossés
d'écoulement , en automne , il mit , au moyen de
la bêche , le sol tourbeux en billons de sept ou
huit *yards* de largeur (sept ou huit mètres) ,
mais d'une hauteur modérée. Le plus tôt possible
après cette opération , les billons furent amendés
avec de la chaux (la plus caustique est la meilleure),
sur le pied de 100 à 200 bushels de *Winchester*,
par acre anglais (*Winchester - bushels*), et on

sema de l'avoine le printemps suivant. Ordinairement les pommes de terre sont plus profitables, mais elles exigent du fumier. Le profit net annuel, pendant les cinq premières années , fut, en terme moyen , de 2 l. 10 sh. par acre anglais (150^f par hectare) , et la terre ainsi améliorée, auparavant sans nulle valeur , se loua 1 l. par acre (60^f par hectare). Ce système a été jugé si avantageux , qu'il s'étend déjà en Russie et en Suède.

Mr MACLEAN a amélioré une étendue de 687 acres (275 hectares) de terres incultes. Il conduit ses opérations avec tant d'habileté et tant d'économie , qu'il n'a jamais amélioré un acre , sans avoir été complètement remboursé du capital qu'il y avait dépensé. Les terres qu'il a défrichées, sont situées à quatre cents pieds au-dessus du niveau de la mer , et d'une nature très-variée. Son exemple doit encourager puissamment tous les propriétaires de terrains incultes , à s'occuper de leur amélioration , comme d'une opération qui peut être très-utile à leurs intérêts. Il a opéré quelquefois par l'écobuage , et d'autres fois en couvrant la surface de substances apportées, selon la nature du sol , et d'autres circonstances.

Parmi les différentes méthodes d'améliorer les terrains incultes , on a trouvé très-avantageuse au propriétaire et au public , celles qui consistent à y établir des colonies de manouvriers , de pêcheurs ou de marchands, lorsque la situation est avantageuse. Le propriétaire y trouve l'avantage que le sol est mis en culture , presque sans dépense pour lui ; quant au public , l'avantage qu'il en retire, consiste en ce que , selon la remarque qui en a été faite par un homme d'un caractère distingué , lorsqu'on donne à un manouvrier, pour un certain nombre d'années , un lot de terre , sous la réserve d'une faible rente , lui et sa famille emploient à sa culture , une quantité de travail , *qui, sans cela, n'aurait pas existé* , et par le moyen duquel on pourrait mettre en culture plusieurs milliers d'acres de terre qui , par toute autre méthode , ne payeraient pas la dépense du défrichement.

2° *Intérêt public.* — Les travaux exécutés pour l'amélioration des terres incultes , peuvent être profitables ou ruineux pour celui qui les entreprend ; mais , dans tous les cas , ils sont avantageux au public. Par ces moyens , il a déjà été ajouté à la masse de terres arables de l'Empire Britannique , des milliers d'acres , qui , en proportion de leur étendue , continueront de fournir des aliments à notre population croissante. Indépendamment du grand nombre de bras employés à ces défrichements , cette opération assure du travail à tous les hommes qui , dans la suite , sont employés à leur culture ; et le surplus des aliments nécessaires à la population des cultivateurs , accroît la masse des provisions qui doivent nourrir la population employée aux manufactures et au commerce. Sous tous ces rapports , le défrichement des terres incultes, est un objet de très-haute importance nationale , et qui

mérite bien l'attention , et même les encouragements
de la législature.

§ II.

DE LA NATURE ET DES AVANTAGES DES CLOTURES.

On a déjà parlé (Chap. II , Sect. X.) des
avantages qu'on trouve à diviser les terres cultivées
en pièces régulières. Nous considérerons ici les a-
vantages ou les désavantages qu'on peut trouver
à défendre ces pièces de terres par des clôtures ;
des diverses sortes de clôtures adaptées aux différents sols et aux différentes situations ; des principaux genres de clôtures qu'on peut recommander ;
des effets des clôtures ; enfin , de quelques objets
particuliers qui se lient à cette question.

I. *Avantages ou désavantages des clôtures.*

Les clôtures , lorsqu'elles sont tracées judicieusement , et bien exécutées , présentent les avantages
suivants :

1° Les clôtures seules peuvent poser les fondements de la fertilité future des terres incultes. En
abritant ainsi le sol , et en le défendant des atteintes
du bétail , on permet aux bonnes plantes naturelles
de végéter plus vigoureusement, que si le champ
était laissé ouvert et sans abri ; et , au moyen du fu-

mier qu'y dépose le bétail qu'on y met en pâture ,
le sol s'enrichit graduellement , et devient enfin
propre à produire une série de récoltes , lorsqu'on
veut le soumettre à la culture.

2°. Lorsque le sol est humide , les fossés de clôture le dessèchent. en même-temps qu'ils peuvent
servir à y amener de l'eau courante , dans les situations où on peut l'employer utilement.

3° Dans les climats et les situations froids ,
les effets que produisent les clôtures , en favorisant la végétation , au moyen des abris qu'elles
fournissent , sont à peine croyables pour les personnes qui n'en ont pas l'expérience (1). Dans
un canton montagneux où on a adopté ce plan , le
climat est devenu plus doux , le sol plus productif , les fermiers plus aisés ; et quelques-uns se sont
assez enrichis pour pouvoir acheter la propriété de
leurs fermes.

4°. Dans les pâturages , les avantages des clôtures
sont de la plus haute importance. Le cultivateur
est , jusqu'à un certain point , débarrassé de la forte
dépense nécessaire pour faire garder son bétail ; et il
devient le maître de placer ses bestiaux selon leur

---

(1) Dans les sols secs et les climats chauds , des arbres
peu élevés sont employés comme abri , pour protéger les récoltes contre l'ardeur du soleil ; et l'évaporation qu'il occasionnerait sans cela. On l'a reconnu dans la Belgique , particulièrement dans le pays de *Waes* , et le même système pourrait
être utile dans quelques parties de l'Angleterre.

âge , leur état, ou d'autres circonstances. Les bêtes au pâturage sont non-seulement exemptes de la fatigue que leur causent souvent des chiens ou des passants , en les tourmentant ; mais , en général , elles ont accès à l'eau quand il leur plaît , au moyen de quoi , elles profitent beaucoup plus que dans le même pâturage non clos ; — l'herbe , à cause de la chaleur et de l'abri , est plus hâtive et plus abondante , lorsqu'elle est protégée par des haies de clôture , que dans un sol et une situation semblables , mais sans abri ; — le bétail, pendant l'été , souffre moins de la chaleur , et, dans les temps froids , il est protégé contre les vents (1), et trouve des places abritées où il peut prendre du repos et ruminer ; — les bêtes , étant plus tranquilles , ne pétrissent pas autant le sol dans les temps humides. d'après ces avantages , joints à celui, très-important aussi, de pouvoir faire passer le bétail d'un champ à l'autre , pour lui procurer un pâturage frais , les nourrisseurs de bétail expérimentés, se font une très-haute opinion de l'utilité des clôtures.

5°. Dans la culture des terres arables, les clôtures procurent divers avantages solides. Lorsque les champs sont ouverts , ils sont sujets aux anti-

---

(1) Le Docteur SKENE-KEITH remarque que la différence de température entre les terrains clos , et ceux qui sont sans abris , d'ailleurs , dans les mêmes circonstances , est souvent de huit degrés du thermomètre..

cipations, qu'on évite par les clôtures ; — on devient ainsi le maître d'adopter une rotation correcte et profitable, et de recueillir ses récoltes avec sureté ; — une augmentation de produits, est une conséquence nécessaire de ces avantages. Cependant, lorsque la culture des grains est l'objet principal, les enclos doivent être d'une grande étendue.

6° Dans quelques parties de l'Angleterre, la houille est chère, et le bois rare ; là, les haies, entremêlées d'arbres, sont considérées comme profitables, à cause de la grande quantité de bois qu'elles produisent. Cependant ces sortes de haies ne font pas une aussi bonne clôture, et il est nécessaire de leur consacrer plus de terrain.

7° Le bois des chênes qui croissent dans les haies, est plus estimé que tout autre pour la marine, fournissant des pièces courbes, nécessaires à la construction des bâtiments de guerre.

8° La seule apparence des clôtures présente l'idée de l'aisance et de la sécurité ; aussi les propriétaires ne manquent jamais de trouver des rentes élevées pour des terres bien closes. En général, elles se louent depuis 2 sh. jusqu'à 10 ou 15 sh. par acre, de plus que les terres non closes, de la même nature, qui se trouvent dans leur voisinage immédiat. Indépendamment de cette rente additionelle, le fermier est si convaincu des avantages qu'il tire des clôtures, qu'il lui arrive souvent d'y contribuer à ses frais pendant la durée du bail.

9° Les clôtures contribuent aussi, par le moyen

des fossés, à rendre le climat d'une contrée, plus sec et plus sain ; tandis que le voisinage des champs ouverts, ou communs, tend à accroître la rigueur du climat.

Quant au *désavantage des clôtures*, ils ne peuvent exister que par l'abus ou la mauvaise exécution de ce système. Les clôtures trop rapprochées, surtout dans un sol bas et fertile, multiplient beaucoup les insectes, et produisent trop d'ombre, ce qui contribue à détériorer la qualité des produits ; les bestiaux sont aussi plus exposés, alors, à être tourmentés par des mouches de diverses espèces.

Un autre désavantage des clôtures, peut venir aussi de la figure vicieuse des enclos, et de ce qu'ils n'ont pas été placés, comme l'exigeait l'exposition ou la pente. Ces erreurs entraînent tant d'inconvéniens, que, dans quelques circonstances, on a pris le parti de diviser sur un nouveau plan, d'anciens terrains clos, en détruisant les haies qui existaient.

On a remarqué aussi que les clôtures présentent le désavantage de retenir l'humidité, et d'empêcher l'entier effet du vent pour dessécher les récoltes, pendant la moisson. Mais cet inconvénient est un peu compensé, parce que la maturité du grain est rendue un peu plus hàtive par la chaleur que produisent les clôtures.

Qqelques personnes ont imaginé que l'évaporation pouvait être augmentée par la chaleur qui est produite par les clôtures, et que le sol pouvait

en souffrir. Mais on ne peut pas douter que l'évaporation ne soit favorisée , au contraire , par la
libre circulation de l'air.

Au total , il paraît que la balance penche beaucoup en faveur des clôtures , comme systême général. On doit dire aussi qu'elles contribuent es-
entiellement à orner un pays , et à le rendre
plus pittoresque.

I. *Des espèces de Clôtures adaptées aux différents sols et aux différentes situations.*

La nature et l'étendue des clôtures doivent varier selon la situation et d'autres circonstances. Nous
allons exposer brièvement ces principes.

1° *Clôtures dans le voisinage des villes.* — Près
d'une ville, on préfère ordinairement les petits
enclos. On peut considérer , en général , cinq à
dix acres comme l'étendue la plus convenable.
Comme les haies mortes sont fort sujettes à être
endommagées , il est préférable d'entourer ces
enclos , soit de haies vives , tenues basses et serrées,
soit de murailles.

2° *Clôtures dans les sols bas et riches.* — Lorsque
le sol est sujet à retenir l'humidité , on emploie
les saignées ouvertes , ou des fossés , dans le double
but de diviser les champs , et de les débarrasser
de l'eau surabondante ; mais , à moins que les bêtes
ne soient habituées à cette espèce de clôture , il
leur arrive souvent de tomber dans les fossés , ce

qui dégrade ceux-ci, et peut les détruire; si, pour prévenir ces accidents, on établit des barrières avec des poteaux. Il est rare qu'elles durent long-temps. Si on n'a besoin que de petites saignées, on doit les couvrir, afin de perdre le moins possible de la surface d'un sol précieux. Lorsque le sol a trop de valeur pour qu'il soit convenable d'en consacrer beaucoup à la plantation des haies, on doit préférer les murailles. Les haies d'aube-épine conviennent aussi dans ce cas; mais il sera nécessaire de les protéger, d'un côté, par une barrière en bois ou une muraille basse, et, de l'autre, par un fossé. Lorsque la haie a pris une certaine croissance, la barrière temporaire peut être supprimée, le fossé comblé; et la haie occupera seule le terrain, à moins qu'une saignée ouverte ne soit nécessaire.

3° *Clôtures dans les terres arables basses*. — Dans cette situation, lorsque les circonstances le permettent, les champs doivent être de quinze à vingt-cinq ou trente acres, et les clôtures consisteront soit en murailles, soit en haies tenues basses et serrées. Il est utile de se réserver près des bâtiments d'exploitation, de plus petits enclos, proportionnés à l'étendue de la ferme, et destinés à divers usages, comme à élever des veaux ou des poulains; là, ils sont mieux placés, parce qu'ils sont plus immédiatement soumis à la surveillance.

●●●●●●●●●●

4° *Clôtures dans les exploitations en sols élevés.* — Les sols élevés sont ordinairement froids et d'une qualité inférieure. Pour s'assurer des herbages riches et hâtifs, et pour abriter le bétail, les enclos doivent être beaucoup plus petits que dans les lieux bas; on peut les entourer de plantations d'arbres de diverses espèces, ou de haies de hêtres ou de houx, qui, quoique d'une croissance lente, réussiront certainement dans des sols secs et graveleux, où l'épine ne prospérerait pas. En *Devonshire* et en *Cornwall*, il est commun d'établir des haies de taillis, sur de larges levées de terre; dans la suite, elles payent bien la dépense qu'elles ont occasionnée, par le combustible qu'elles fournissent, et par l'abri qu'elles offrent au sol et au bétail.

5° *Clôtures sur les fermes à moutons, en pays de montagnes.* — Celui qui veut spéculer sur les bêtes à laine, ne peut pas travailler commodément et avec profit, sans quelques enclos. Il doit avoir au moins un enclos pour les béliers; un autre pour les bêtes malades, qui exigent une meilleure nourriture, et plus d'abri, que le reste du troupeau; un enclos de prairies arrosées, pour avoir des pâturages hâtifs; et, enfin, quelques terres arables closes. Sans ces secours, on ne peut espérer d'échapper aux désastreux effets des maladies, ni améliorer la race et le caractère de son troupeau; ni entretenir les bêtes pendant les rigueurs de l'hiver, lorsqu'elles ne peuvent chercher leur subsistance sous la neige gelée; ni les sauver d'une destruction générale, pen-

dant les averses de neiges, si la ferme est entièrement ouverte. Par toutes ces raisons, une ferme
à moutons doit, s'il est possible, être ponrvue de
plusieurs enclos de murailles solides et bien construites.

6°. *Clôtures sur de nouvelles exploitations.* —
Le plan qu'on doit adopter, pour la clôture des
nouvelles exploitations, dépend des circonstances.
Si on veut séparer une grande étendue de terres
arables, de pâturages de montagnes, on doit construire une enceinte de fortes murailles, couvertes
en pierres brutes, et renfermant les terres arables,
les prairies et les pâtures à vaches. Le long de
cette clôture générale, on plantera des arbres,
comme abri et comme ornement. Si toute la ferme,
quoique placée dans une situation froide, est susceptible d'être mise en culture, on doit former
des abris, par des plantations, dans les parties les
plus exposées, et subdiviser l'enceinte générale
par des haies. Outre les plantations des clôtures,
les angles des enclos, qui ne sont pas accessibles
à la charrue, doivent être également plantés ; ces
massifs doivent être disposés de manière à permettre
de tourner facilement avec la charrue ; un seul
abreuvoir, placé dans le voisinage de ces massifs,
peut servir à plusieurs enclos.

III. *Nature des clôtures.*

Il y a une grande variété de clôtures, appropriées aux différents buts qu'on peut se proposer ; mais les plus généralement usitées, sont, 1° les murailles en pierres ; et, 2°, les haies d'épines ou d'autres plantes.

1° *Les murailles.* — Cette espèce de clôture a l'avantage que, selon une expression usitée, *elle est majeure dès sa naissance*, ou, en d'autres mots, qu'elle atteint sa perfection dès qu'elle est faite. Les murailles ont cependant ce désavantage, qu'elles se détériorent continuellement ; et, à moins qu'elles n'aient été bâties à chaux, elles exigent, en général, une dépense d'un ou deux pour cent par an, pour leur entretien, selon qu'elles ont été plus ou moins bien construites. La convenance de construire une clôture de cette espèce, dépend beaucoup de la nature et de la qualité du sol qu'on veut enclore ; — de la quantité et de la forme des pierres roulantes qu'on peut trouver dans le sol ; — du voisinage des carrières d'où les pierres sont extraites ; — et de la possibilité de se procurer, à un prix modéré, de la chaux, au moyen de laquelle la construction est bien meilleure, et plus durable. Lorsque ces circonstances favorables se trouvent réunies, les murailles sont préférables aux haies, sous le point de vue de l'utilité, quoiqu'elles ornent moins le paysage ; parce qu'alors, on tire immédiatement tout l'avantage de la clôture. Les murailles causent aussi moins de perte de terrain ; — elles ne nuisent pas aux récoltes de grains ; — si elles sont bien construites, et enduites de mortier ,

22 *

elles ne produisent pas d'insectes ; — elles sont exemptes des mauvaises herbes et des broussailles qui accompagnent presque inévitablement les haies vives (1).

La construction des murailles entraine des dépenses considérables. Lorsqu'on les bâtit à chaux, en leur donnant cinq pieds trois pouces de hauteur, la dépense de clôture d'une pièce d'étendue moyenne, ne peut pas être évaluée à moins de 10 l. par acre , même dans le cas où les lignes de division ne seraient pas courbes ou irrégulières.

Lorsqu'on n'emploie pas de chaux , le genre de construction appelé *digue de Gallaway* , est préféré à toute autre espèce de murailles sèches. Ces murs sont construits *doubles* , c'est – à – dire , que les deux faces de la muraille sont formées de deux assises de pierres distinctes, placées l'une contre l'autre , et liées par de plus grosses pierres , qui , de temps en temps, sont placées dans toute l'épaisseur du mur. Selon les améliorations les plus récentes , on complète le tout en couvrant la tête de la muraille , de pierres placées *de champ* , serrées l'une contre l'autre autant que possible ; et lorsqu'on a terminé ainsi une étendue considérable , on consolide le tout en introduisant , de distances en distances , des pierres minces , qui font l'office de

---

(1) Les clôtures en murailles indiquent généralement un sol léger et peu profond ; là , il serait difficile d'élever de bonnes haies vives.

coins , et qui serrent si bien le tout ensemble , que lorsque la muraille est construite , à peine peut-on en arracher une pierre , sans une pince de fer (1). Une longue expérience a prouvé que les animaux sont moins disposés à chercher à franchir cette clôture brute , qu'un mur plus solidement construit , même d'une plus grande hauteur , mais qui ne porte pas cette espèce de chaperon.

Sur toute la ligne des hauteurs de *Cotswold* , dans le Comté de *Gloucester* , on a adopté la méthode des clôtures formées de murailles d'environ cinq pieds de hauteur , à cause de la disposition naturelle aux pauvres , de piller tout ce qui peut leur offrir du combustible dans les haies ; cette pratique s'étend de jour en jour dans les vallées adjacentes.

La pierre est blanche , et se trouve ordinairement en couches plates , près de la surface du sol. Cette pierre est attaquée par les gelées , à cause d'une certaine humidité contenue dans son intérieur. L'usage de la chaux , ou d'autres mortiers , *est donc nécessairement rejeté ;* et la convenance d'adopter ce genre de clôtures, ne dépend en aucune manière du voisinage des fours à chaux. Si les pierres plates sont choisies avec soin, et mises en œuvres par des maçons accoutumés à cet ouvrage , la muraille dure un temps infini , et se répare à très − peu de frais. La dé-

---

(1) Il est très-avantageux d'introduire un peu de mortier , pou lier aux pierres voisines , celles qui font l'office *de coins.*

pense d'établissement d'un mur de cette espèce, de cinq pieds de hauteur , lorsque la pierre est à portée , comme c'est ordinairement le cas , ne passe pas 4 sh. 6 d. à 6 sh. la perche.

Il n'est pas possible de dire quelle est la dépense , par acre , des clôtures de cette espèce , sans déterminer l'étendue et la figure de l'espace qu'on veut enclore. En supposant , par exemple , une pièce de dix acres , enclose en carré, la dépense sera d'environ 4 l. par acre. Si cette pièce formait un parallélogramme de 80 sur 20 , la dépense , par acre , s'éleverait à 5 l. ; la dépense ne passera guère cette somme , toutes les fois que la pierre sera à une distance modérée , et que la figure de la pièce ne s'éloignera pas considérablement du carré.

2° *Haies d'épines*. — L'Aube-Épine (*Cratægus Oxi-acantha*) est regardée, à juste titre, comme la meilleure plante , connue jusqu'ici en Europe, pour les clôtures (1). Lorsqu'elle est placée dans

---

(1) Il y a lieu de croire qu'on pourrait importer d'Amérique , des plantes très - utiles pour les clôtures : *l'épine de Newcastle* , qui se trouve dans l'état de *Delaware*, et qui y est cultivée, a des épines fortes et aigues, d'un pouce et-demi jusqu'à trois pouces de longueur. *L'épine de Virginie* est d'une croissance encore plus rapide et plus uniforme ; on en fait d'excellentes clôtures, armées d'une très-grande quantité d'épines d'un pouce de longueur, et extrêmement aigues, Il serait bien à désirer qu'on pût se procurer ces plantes, pour les comparer à l'aube-épine d'Europe.

un sol convenable , sa croissance est prompte. Elle
est robuste, produit des branches nombreuses , armées d'épines ; elle augmente toujours en force ;
et , lorsqu'elle est convenablement conduite , et re-
cépée lorsqu'il est nécessaire , on ne connaît pas
de terme à sa durée. Lorsqu'on lui laisse prendre
trop de hauteur , elle forme une mauvaise clôture,
en se dégarnissant par le bas , et en nuisant , par
son élévation , aux récoltes voisines. Ainsi , lorsque
les haies sont parvenues à une hauteur suffisante
comme clôtures , on doit les couper uniformément,
à l'élévation la plus convenable pour ne pas gêner
la circulation de l'air , et pour ne pas nuire aux
champs et aux chemins du voisinage.

Si on peut se procurer du plant de cinq ans, le
lord KAMES prétend qu'on ne peut pas le payer
trop cher , parce qu'on économise beaucoup ainsi,
sur la construction des barrières nécessaires pour
le protéger. C'est pour cela qu'on a recommandé
fortement l'établissement de pépinières destinées à
fournir du plant propre à former des haies qui
puissent se défendre elles-mêmes le plus tôt possible.
Des plants semblables seraient particuliérement u-
tiles pour remplir les vides des haies ou les ouvertures qu'on voudrait supprimer (1).

---

(1) D'autres pensent que le plant âgé ne doit être employé
que pour remplir les vides des haies, et qu'à cet effet, on
doit le planter avec de bonnes racines , et en défonçant profondément le terrain. On doit aussi les laisser plus hauts d'un

Au lieu d'employer des barrières avec des poteaux , qui sont sujettes à être détruites , quelques
personnes ont employé , pour protéger les jeunes
haies , des murailles basses , en pierres ; et d'autres
ont planté la haie , en la protégeant par une levée
de terre placée entre deux fossés , le tout occupant une largeur d'environ 14 pieds. Lorsque la
haie devient forte , on comble les fossés avec la
terre de la levée , de sorte qu'il n'y a pas de
terrain perdu (1).

Lorsqu'une ferme est enclose de haies , et cultivée selon le systême de culture alterne (grains et
pâturages) , c'est une excellente méthode que de
couper les haies des champs qu'on met en culture ;
on remédie ainsi au tort que ces haies pourraient
faire aux récoltes de grains. La manière de les couper , varie selon les circonstances. Si la haie est
claire , on la coupera à six pouces environ au-
dessus de terre ; mais à trois ou quatre pieds , si
elle est suffisamment épaisse. Dans ce cas , toutes
les ouvertures doivent être remplies avec soin par
des plantations : on peut le faire non-seulement
par de nouveaux plants , mais aussi en couchant
des branches de la haie de manière à leur faire

---

pied et-demi que la haie voisine , parce qu'ils ne pousseront
pas aussi promptement.

(1) Ce plan a été adopté par un propriétaire d'Écosse , feu
Mr Fords , de *Callander* , qui a planté 6,000,000 de plants
d'épines , et qui a exécuté des clôtures dont la longueur dé-
veloppée formait environ 400 milles (plus de 100 lieues).

prendre racine.

On recommande les règles suivantes aux personnes qui veulent planter des haies d'épine :

1° Sous le rapport de l'utilité , il vaut mieux
former toute la haie d'une seule espèce de plantes,
que d'un mélange de plusieurs espèces : ces dernières
font rarement une bonne défense , parce qu'il se
trouve dans le nombre , des plantes qui croissent
plus faiblement , et qui sont gênées par les autres ;
d'ailleurs , les feuilles poussent dans diverses saisons , et le tout présente une apparence désagréable
et discordante.

2° Si le sol est de bonne qualité , on peut planter sans l'amender : de cette manière , les racines
trouvent une nourriture abondante , et croissent
dans toutes les directions avec autant de liberté
que si la plante était dans son état naturel. Mais ,
lorsque la ligne de clôture traverse des sols de
différentes qualités , il est convenable , soit de choisir des espèces de plantes appropriées aux divers
sols , soit d'amener le terrain , autant qu'il est
possible , à la même qualité , dans toute l'étendue
de la ligne , au moyen des saignées , de la culture
et des engrais. Dans les sols pauvres , il est convenable de répandre un peu de fumier consommé
aux pieds des plantes.

3° Les jeunes plants d'épines doivent être plantés , aussi promptement qu'il est possible , après
leur sortie de la pépinière ; — ils ne doivent pas
être placés plus profondément dans le sol, qu'ils
n'étaient précédemment ; — ils doivent être placés

au pied d'une pente douce , afin de faciliter la trans-
mission de l'humidité aux racines ; — on ne doit
les couper qu'après la plantation , afin de pouvoir
le faire avec plus de régularité ; — il est bien plus
important de s'assurer que les plants sont vigoureux
et d'une belle venue , que de faire attention s'ils
sont âgés d'un ou deux ans.

4° La manière de tailler les haies , est une chose
fort importante. Elles doivent toujours être coupées
du bas en haut ; et la meilleure forme à leur donner,
est celle d'une toiture surhaussée ; c'est – à – dire ,
qu'elles doivent être étroites au sommet , et larges
à la base ; de cette manière , chaque bourgeon reçoit les influences de la pluie , du soleil et de l'air ,
et les branches basses ne sont pas endommagées
par la chute des gouttes d'eau qui tombent des
branches supérieures.

5° Outre la préparation du sol , pour les jeunes
plants , au moyen de la culture des pommes de
terre , des turneps ou de la jachère , et le soin
d'enrichir le sol , s'il est pauvre , par du fumier
ou du compost ; il est nécessaire de sarcler la haie
une fois par an , et même deux fois , lorsqu'elle est
très-jeune , afin de détruire toutes les mauvaises
herbes qui nuiraient à la croissance des plants.

6° Mais la règle la plus importante, est de placer
les plants enracinés , à neuf ou douze pouces de
distance entre eux , selon la fertilité du sol ; quelques personnes r commandent même une distance
plus considérable ; mais à douze pouces , ils four-

nissent plus de bois, et forment plus tôt une haie forte et durable. Plus on les plante rapprochés, plus ils ont de peine de trouver de la nourriture, et plus il en périt. Il est bien connu que lorsqu'une haie vive arrive à l'âge de vingt ou trente ans, on y trouve peu de pieds d'épines plus rapprochés que douze ou dix-huit pouces.

Comme les haies prospèrent rarement lorsque les racines des épines ont atteint la couche de terre imperméable sur laquelle reposent ordinairement les sols argileux ; on a trouvé qu'il est utile de faire une tranchée profonde, là où la haie doit être plantée, de la remplir de pierrailles, et de la couvrir de bonne terre. Les épines prospéreront autant, par cette méthode, que dans tout autre sol (1).

On peut élever les épines, des rejetons qui poussent sur leurs racines, aussi bien que de semences. On doit, pour cela, placer les *mères* qu'on destine à ce genre de propagation, dans une bonne terre fraîche, afin d'en obtenir une succession de rejetons vigoureux.

En plantant les haies, on doit assortir les plants, en mettant ensemble tous ceux de même force. Lorsqu'on ne peut les avoir d'une force uniforme, les plus vigoureux doivent être placés dans les sols les plus pauvres, en réservant les plus faibles pour

----

(1) Lorsqu'on plante des épines dans un sol stérile, on a trouvé qu'il était utile de tremper leurs racines dans de l'huile commune, avant de les mettre en terre.

les sols les plus riches.

Dans plusieurs circonstances , on emploie, pour la formation des haies , d'autres arbrisseaux que l'épine blanche , quoique , au total , aucun ne lui soit comparable , dans les terrains qui lui conviennent , et ne forme des haies aussi fortes et aussi durables , lorsqu'elles sont bien soignées,

L'Ajonc (*Ulex europeus*) croît bien dans les sols pauvres et les situations non abritées ; mais il a l'inconvénient que ses capsules , en s'ouvrant, répandent la semence à quelque distance , et , en curant les fossés , on la transporte sur les champs, où il est difficile de détruire cette plante. On doit donc préférer le hêtre , là où il peut croître , principalement à cause de l'abri qu'il procure , parce que les feuilles anciennes, subsistant jusqu'à la pousse des nouvelles , procurent un abri aux champs voisins , et aux troupeaux qui y pâturent , même au milieu de l'hiver. Le *mélèze* a été aussi essayé avec quelques succès ; cependant on conçoit bien qu'une clôture de cette espèce , ne peut pas convenir pour renfermer des moutons.

Le *Houx* (*Ilex aquifolium*) est lent dans sa croissance , mais il forme une haie toujours verte, serrée et très-agréable. Il doit être élevé de semence, et transplanté la première année , en Mai ou Juin , ce qui assure presque toujours son succès.

Le *Horn-beam* (1) a été fortement recommandé,

----

(1) Probablement le cornouiller. (*Note du Trad.*)

et semble mériter plus d'attention qu'on ne lui en a accordé jusqu'ici dans ce pays. Il n'est pas délicat sur le sol, et réussit dans des terrains stériles en apparence. Sa croissance est prompte, et il forme des clôtures solides et durables (1). Son bois est préférable à celui de l'*if*, pour la construction des dents des roues de moulins, etc. On peut le transplanter déjà grand, et le placer de manière que les tiges se croisent, en formant entre elles des espèces de croix de St André, la haie présente ainsi une sorte de palissade vive, qui a l'apparence de *chevaux de frise*. En Allemagne, il n'est pas rare de voir les grandes routes bordées ainsi dans un espace de dix milles.

En Angleterre, on emploie dans les haies une grande variété d'arbres, comme le coudrier, le chêne, le frêne, l'érable, le pommier sauvage, le saule, etc. Elles fournissent des matériaux pour divers objets de manufactures ; — des perches à houblon ; — du combustible. Quelquefois on rencontre des pruniers, des groseilliers et d'autres plantes qui fournissent des fruits utiles et agréables ; mais c'est une tentative dangereuse, parce que ces fruits forment un appat aux jeunes gens désœuvrés, déjà assez disposés à dégrader les haies. Quelquefois aussi, l'églantier, et d'autres variétés de rosiers

---

(1) Il réussirait très-probablement dans le voisinage de la mer. On peut le juger par la roideur de ses branches.

sauvages entrent dans la composition des haies , et plaisent par leur beauté et leur odeur.

Plantations d'arbres dans les haies.

On ne doit pas approuver , en général , la plantation d'arbres dans les haies. L'épine ne réussit pas bien près des racines des arbres ; et les gouttes d'eau qui en tombent , lui font du tort. Les racines des arbres , en s'étendant dans le champ , dans toutes les directions , endommagent ou font rompre souvent la charrue , et interrompent les travaux de culture. Les grains qui croissent à l'ombre , ou sous les gouttes qui tombent des arbres , sont toujours de peu de produit , inégalement mûrs , et ne peuvent pas se rentrer en même — temps que ceux du reste du champ. Dans les saisons humides et tardives , il est même rare qu'on y recueille le grain en bon état , et quelquefois il est entièrement perdu. Le frêne , en particulier , est un formidable ennemi pour les céréales. L'influence de ses racines , pour absorber l'humidité et les principes nourriciers du sol , s'aperçoit facilement , par le cercle qui se trouve formé autour de chaque arbre , dans les terres arables.

On a appelé cet arbre le larron complice du propriétaire , parce qu'il dérobe , chaque année , aux récoltes du fermier , dix fois la valeur qu'il acquiert lui-même. Sous ces arbres , les herbages sont aussi fort inférieurs , comparés aux autres parties

du champ , et ils sont mal-sains pour le bétail (1).
1 vaut donc mieux , dans les contrées plates , se
contenter de planter les angles des champs , ainsi
que les autres parties qui ne sont pas accessibles
à la charrue , et où on peut élever un grand nombre
d'arbres utiles. Dans les pays de montagnes , au
contraire , des ceintures de plantations sont convenables , à cause de l'abri et de l'élévation de température qn'elles procurent.

Il y a toutefois quelques arbres qui , comparativement parlant , sont moins nuisibles que d'autres :
l'orme à feuilles étroites , et le peuplier noir , sont
de cette classe , et surtout le chêne , qui , dans les
clôtures , produit un bois particulièrement propre
aux constructions navales. On ne doit donc pas
décourager les propriétaires des plantations de chênes,
pourvu qu'elles soient faites judicieusement ; car la
croissance et la prospérité de ces arbres, ont une
grande importance sous le rapport de l'intérêt national aussi bien que privé.

Les arbres à fruits , dans les clôtures , promettent
un profit qu'ils ne réalisent jamais ; les fruits étant
presque toujours volés , et les arbres mutilés.

----

(1) Mr MIDDLETON pense qu'on peut remédier en grande
partie à ces inconvénients des arbres , par le soin de les tenir
bien élagués , jusqu'à la hauteur de quinze pieds.

V. *Diverses particularités.*

Ces principales particularités se rapportent aux portes, et aux barrières ou tourniquets.

1º *Les portes.* — C'est un sujet très-important, et qu'on peut considérer sous les points de vue suivants : leur position ; — les matériaux qui servent à les fixer ; — leurs dimensions ; — leurs formes ; — les matériaux employés à les construire.

1º On peut déterminer la position la plus convenable des portes , en prenant en considération les chemins , et autres communications avec lesquelles elles doivent être en rapport, l'étendue et la forme des enclos dans lesquels elles introduisent , et les divers buts qu'on peut avoir en vue , en les établissant.

2º Les portes peuvent être fixées de différentes manières ; quelquefois on emploie à cet usage , des poteaux de chêne ou de mélèze , comme plus durables que le sapin ; quelquefois on transplante, avec leurs racines , des arbres déjà grands , pour former les jambages de la porte , pratique qu'on ne peut guère recommander. Quelquefois on peut se procurer des blocs de pierres propres à former le jambage d'une seule pièce , ce qui est beaucoup préférable aux arbres ; et quelquefois on construit en maçonnerie des piliers ronds ou carrés , dans lesquels on place de grosses pierres , dans les parties où doivent se trouver les gonds auxquels la porte est suspendue.

3° On ne doit pas donner moins de neuf pieds de largeur (8 1/2 pieds environ) aux portes destinées aux voitures ; et , si le passage est fréquent , il vaut mieux leur donner dix pieds (9 1/2 pieds environ .) ; la hauteur ordinaire ,est d'environ cinq pieds , ou à-peu-près la même que celle de la clôture.

4° Quant à leur construction , on a un grand choix parmi les formes actuellement en usage. Pour les divisions intérieures , on adopte généralement une méthode simple et économique , qui consiste à faire glisser dans les piliers des côtés , quatre barres horizontales , ou plus , qu'on peut ôter à volonté. Cette méthode ne convient cependant pas là où les passages sont très-fréquents. Les portes qui sont le plus communément employées dans les clôtures , sont celles qui tournent , d'un côté , sur des gonds , et qui se ferment , de l'autre , par un verrou , qu'on peut assujettir, quand on le veut, par une chaîne et un cadenat. Dans tous les lieux où le passage est fréquent , ces portes doivent être suspendues de manière à pouvoir être ouvertes aisément , même par un homme à cheval , et à se refermer d'elles − mêmes. Les portes à deux ventaux conviennent lorsque l'ouverture est très−large, lorsqu'une seule porte , fermant tout l'espace , serait trop large et trop pesante.

Tout cultivateur expérimenté connait bien l'importance d'avoir des portes qui s'ouvrent et qui se ferment facilement. Lorsqu'une porte est laissée ouverte , on peut être assuré que le bétail la trouvera bientôt ; il s'échappera dans les champs voisins de turneps , de céréales ou d'herbages , où il commettra beaucoup de dégats ; ensuite , les bêtes restent inquiètes , et recherchent continuellement d'autres pâturages , pendant plusieurs jours , et même plusieurs semaines ; ainsi , le cultivateur éprouve du dommage non-seulement dans ses récoltes , mais encore dans son bétail.

5° Les meilleurs matériaux sont le chêne refendu ou le mélèze , qui ne sont pas très-pesants , et qui durent long-temps. Si on ne peut pas se procurer de chêne , on peut construire les portes d'enclos ruraux , en pins à goudron. Dans quelques parties de l'*Écosse* , ainsi qu'à *Birmingham* , on construit des portes en fer fondu. On peut les faire aussi légères que celles de bois , et dans les lieux où le fer n'est pas cher , elles ne coûtent presque pas davantage. En *Cheshire* , on fait quelquefois les portes en barreaux de fer d'une grosseur moyenne; elles coûtent de 2 à 3 l. (48 à 72 francs); on doit avoir grand soin de protéger les portes et les piliers par de grosses bornes , et de tenir toujours en bon état , et bien solides, les chemins qui y passent.

Malgré toutes les précautions , les portes sont toujours , pour le cultivateur , une source de dépenses et d'embarras. On a suggéré l'utile méthode de s'abonner avec un charpentier , moyennant une certaine somme annuelle , pour les tenir toujours en bon état. Cela l'engage à visiter fréquemment toutes les portes , et à ne pas négliger les petites réparations , pour les tenir en bon état. Un respectable magistrat (SIR JOHN THOMAS STANLEY) voudrait qu'on rendît une loi expresse , pour punir les malfaiteurs qui endommagent des constructions qui sont un moyen de protection pour la propriété agricole. Aujourd'hui, il est si commun , dans quelques endroits , de voir voler les ferrements des portes , que cela engage les fermiers à employer à leurs constructions , des gonds et des verroux de bois ; ils sont plus économiques , mais moins sûrs et moins durables que ceux de fer.

2° *Barrières et tourniquets.* — Ces constructions sont nécessaires dans les clôtures , pour permettre le passage des piétons , en arrêtant les chevaux et le bétail. Elles doivent être simples dans leurs formes , et faites de matériaux durables.

En résumé , une ferme bien enclose excite vivement celui qui l'exploite , à employer toute l'énergie possible à exécuter toutes les espèces d'améliorations qui peuvent être entreprises avec avantage ; d'un autre côté, les clôtures embellissent un pays , améliorent son climat , et en augmentent sensiblement les produits.

●●●●●●●●●●

23 *

§ III.

DES DESSÉCHEMENTS.

L'art de débarrasser le sol de l'humidité surabondante, forme une des branches les plus importantes de l'agriculture (1).

Souvent, toute tentative pour améliorer le sol, reste sans succès, tant que cette opération n'est pas accomplie. Heureusement, il n'y a aucune partie dans l'agriculture qui ait été étudiée avec plus de soins dans ces derniers temps, et qui ait présenté plus de succès dans la pratique. Les bases de cet art ont été posées par les découvertes d'un cultivateur du Comté de *Warwick* (JOSEPH ELKINGTON), qui y a été conduit par le hasard. C'est un événement heureux pour la société, que de tels hasards se présentent à ceux qui ont assez de jugement et de talent pour se prévaloir des indications que la fortune leur offre (2).

---

(1) On conçoit facilement que, sous le climat de l'Angleterre, les desséchements sont encore bien plus importants, et que la nécessité de leur emploi se rencontre plus fréquemment qu'en France, et surtout dans les parties méridionales de ce Royaume. (*Note du Trad.*)

(2) Ce fut en 1764, qu'ELKINGTON commença à dessécher, dans sa ferme, quelques champs qui étaient si excessivement humides, qu'ils avaient fait périr de la pourriture, plusieurs centaines de ses bêtes à laine. Il avait creusé, dans ce dessein,

En discutant ce sujet , nous considérerons les particularités suivantes : 1° les avantages du desséchement ; — 2° les causes de l'humidité ; — 3° les diverses espèces de saignées employées communément ; — 4° les instruments dont on se sert ; — 5° la manière de dessécher divers sols , et les objets auxquels cette amélioration est applicable.

---

une tranchée de quatre à cinq pieds de profondeur , mais elle n'était pas assez profonde pour atteindre le principal réservoir d'eau qui causait le mal. *Par hasard*, pendant qu'il délibérait sur ce qu'il devait faire , un domestique passait près de lui , portant une pince de fer , dont il avait besoin pour enfoncer les pieux destinés à fixer les claies du parc, dans une pièce voisine. ELKINGTON soupçonnant que sa tranchée n'était pas assez profonde , et désirant savoir quelle espèce de couche de terre gissait au-dessous , prit la barre de fer , et l'enfonça, avec force, à environ quatre pieds de profondeur , dans le fond de la tranchée. En la retirant , il fut très-étonné de voir jaillir du trou qu'il avait fait, une grande quantité d'eau, qui prit son cours dans la tranchée. Ce fait lui fit connaître que l'humidité du sol pouvait être produite par de l'eau renfermée sous la surface, à une plus grande profondeur que celle à laquelle on peut atteindre par les saignées ordinaires , et qu'une tarière serait un instrument fort utile dans ce cas. Le parlement d'Angleterre lui a accordé une récompense de 1000 l. (24,000 francs), pour les succès qu'il a obtenus par ce mode de desséchement , et pour le zèle avec lequel il a communiqué au Bureau d'Agriculture , les principes sur lesquels ses opérations sont conduites. Il enseigna cet art à Mr JOHNSTON , qui a publié , sur ce sujet , un excellent traité , qui nous a été d'un grand secours pour la rédaction de cette partie de l'ouvrage. Il est remarquable que c'est encore au hasard qu'on doit la découverte d'une autre amélioration agricole récente , d'une haute importance , je veux dire le *limonage*.

I. *Avantages des desséchements.*

On éprouve les avantages des desséchements, 1º dans les terres arables, 2º dans les prairies, 3º dans les bois et plantations, 4º dans l'amélioration des terres incultes ; 5º dans son influence sur le climat ; 6º sur divers objets particuliers.

1º *Terres arables.* — Aussi long-temps que le sol reste dans un état d'humidité, les engrais putrescents ou calcaires (1), qu'on peut y mettre, produisent, comparativement parlant, très-peu d'effets ;— les semences périssent souvent (2) ;— les récoltes ont peu de vigueur, et leur maturité est tardive ; — les opérations de la moisson sont incertaines, dangereuses, et occasionnent souvent du dommage au sol même. Lorsque, au contraire, un terrain est entièrement égoutté, on peut le labourer, en toute saison, avec avantage ; — sa culture devient facile, et on peut le tenir net de mau-

---

(1) On a des exemples, en *Cheshire*, et en *Roxburghshire*, d'application de la chaux à des sols humides, sans qu'elle ait produit aucun effet sensible ; mais le sol n'a pas plutôt été desséché, même plusieurs années après l'application de la chaux, qu'il a produit de magnifiques récoltes, sans addition de matières calcaires.

(2) Trop d'humidité dans le sol empêche les plantes de lever, parce que la plante ne peut se défendre contre l'humidité, que lorsqu'elle a poussé des feuilles vertes. On doit donc tirer les sillons d'écoulement aussi-tôt après la semaille, lorsqu'il y a lieu de craindre l'humidité.

vaises herbes, avec une dépense modérée ; — tous les travaux d'une bonne agriculture s'y exécutent avec succès ; — il souffre moins de l'inclémence des saisons ; — les produits sont , en général , considérables ; — la qualité du grain excellente ; — et le fermier se place dans un état de prospérité , là où son prédécesseur , cultivant un sol humide et non saigné, s'était appauvri, et peut-être totalement ruiné.

2° *Prairies.* — Le desséchement produit également des avantages immenses dans les prairies. Elles souffrent moins du piétinement du bétail ; — les joncs et autres plantes aquatiques ne tardent pas de disparaître ; — les herbes de bonne qualité croissent en abondance ; — le pâturage peut entretenir un plus grand nombre de têtes de gros bétail ou de bêtes à laine ; — le bétail s'améliore en taille et en qualité , et devient moins sujet aux maladies (1) ; — la maladie destructive , appelée la pourriture , si fatale aux bêtes à laine, disparaît ; — et , si on fauche la prairie , le foin est de bien meilleure qua-

---

(1) Dans les districts méridionnaux de l'Écosse , particulièrement dans les Comtés de *Berwick* , de *Roxburgh* , de *Selkirk* et de *Peebles* , un grand nombre des principales *fermes à moutons* , ont éprouvé de grands travaux de desséchements , et la conséquence de ces opérations a été que la taille , les qualités et la santé du bétail de ces cantons , se sont améliorés à un point qui paraîtrait incroyable aux personnes qui ne connaitraient pas l'ancien état des troupeaux dans ce pays. Dans plusieurs de ces fermes , la rente a été quadruplée , et aujourd'hui on y connaît à peine la pourriture.

lité et de plus haute valeur.

3° *Bois et plantations.* — Le desséchement est aussi une amélioration de la plus haute importance pour les plantations, lorsqu'elles ne consistent pas en arbres aquatiques. Le sol destiné à la plantation de presque tous les arbres forestiers, doit nécessairement être saigné, s'il est humide ; car, comme les racines des arbres pénètrent à une plus grande profondeur que celles des autres plantes, il est évident qu'on doit purger des eaux, le soussol aussi bien que la surface. Lorsqu'on a pris ce soin, les arbres prospèrent beaucoup plus, et arrivent plus promptement à une taille considérable, qu'on n'aurait pu l'espérer autrement.

4° *Amélioration des terres incultes.* — Le défrichement des sols marécageux doit toujours être précédé du desséchement, parce que l'eau stagnante est nuisible aux espèces de plantes les plus précieuses. On doit, en particulier, avoir le plus grand soin de dessécher complètement le sol, avant l'application de la chaux, du fumier ou du compost ; sans cela, on ne peut espérer aucun succès. Aujourd'hui, les terres incultes possédées en commun, sont dans un misérable état, sous le rapport du desséchement. Dans tous les lieux bas, le sol absorbe autant d'eau qu'il peut en contenir, et le surplus reste à la surface dans un état stagnant, très-insalubre pour tous les lieux habités du voisinage.

5° *Amélioration du climat.* — En écartant les eaux stagnantes, et en prévenant les exhalaisons nuisibles, on rend le climat plus salubre, et plus favorable à la vie animale et végétale. On a même remarqué que, depuis l'introduction des desséchements dans ce pays, les fièvres, et autres maladies du même genre, occasionnées par l'humidité du sol et l'état impur de l'atmosphère, qui en est la conséquence, sont devenues beaucoup moins fréquentes, et que, en général, la santé de tous les habitants s'est beaucoup améliorée. Un sol aquatique remplit l'atmosphère d'humidité, par la transpiration des plantes qu'il produit ; et c'est une circonstance curieuse et importante, que celle qu'on rencontre dans une expérience, dont il a été rendu compte, où le thermomètre se tenait seulement à 57° au-dessus d'un sol humide, tandis qu'il se tenait beaucoup plus haut, dans les parties sèches du même territoire et d'un sol semblable.

6° *Objets divers*. — Le desséchement d'une grande étendue de terre peut aussi fournir de l'eau dont on peut tirer parti pour divers objets d'utilité ; — comme pour l'irrigation ; — pour des moulins ou d'autres usines ; — pour alimenter les habitations, des étangs, des fossés de clôture, des canaux de navigation. Au moyen d'une application particulière de l'art des desséchements, on peut aussi parvenir à diminuer la quantité d'eau qui se trouve dans les mines ou les carrières, soit en interceptant celle qui s'y écoule, soit en écartant les obstacles qui l'empêchent de prendre son cours à travers des couches poreuses situées au-dessous.

Au total, de tous les moyens qu'on peut employer pour augmenter la valeur du sol , il n'y en a aucun dont on puisse tirer autant d'avantages , et avec des dépenses modérées , que des desséchements, lorsqu'ils sont appliqués judicieusement. Le propriétaire y trouve l'avantage d'une augmentation de rente , le fermier une plus grande abondance de produits , et le public , l'augmentation de la quantité des objets les plus essentiels à la vie , et la production d'une grande quantité d'objets qui fournissent de l'occupation aux classes laborieuses de la société. Malheureusement, dans toutes les parties du Royanme-uni , on rencontre bien plus de terres qui auraient besoin de desséchement , que de celles qui manquent d'engrais ; et il n'y a qu'un très-petit nombre de districts, où les connaissances, sur ce moyen essentiel d'amélioration , soient aussi générales et aussi parfaites , qu'il serait à désirer qu'elles le fussent.

II. *Des causes de l'humidité de la terre.*

Pour procéder dans l'art des desséchements avec quelque espoir de succès, il est nécessaire de s'assurer d'abord des causes qui produisent l'humidité du sol, et des différentes apparences qu'elle prend selon le sol et la situation. Ces causes sont , 1° les eaux de la surface ; 2° les sols qui absorbent et retiennent une quantité surabondante d'eau , soit par leur propre texture , soit par la qualité du sous-sol ; 3° les sources provenant des eaux de la surface; 4° les sources provenant de l'eau sub-jacente ; 5° les infiltrations des fossés ou des étangs ; 6° enfin , les débordements des rivières , des lacs ou de la mer.

1° *Eau de la surface.* — Dans les sols argileux, l'humidité provient souvent de l'eau qui séjourne à la surface. Ces sols sont de différentes sortes , variant en couleurs et en textures ; mais ils possèdent tous , à un degré plus ou moins considérable , la propriété de retenir l'eau qui tombe sur leur surface , jusqu'à ce qu'elle en soit écartée par les opérations de l'art , ou qu'elles soient évaporées par l'action du soleil et de l'air. Des sols de cette espèce ne peuvent donc être débarrassés de l'humidité surabondante , que par des saignées superficielles.

2° *Sols absorbants.* — Les sols loameux absorbent facilement l'eau , et se gonflent par cette absorption. Ils retiennent ordinairement une plus grande quantité d'eau qu'il n'est nécessaire. Cela arrive surtout lorsqu'ils reposent sur un sous – sol de nature argileuse , et à travers lequel l'eau ne peut pénétrer. Comme cette quantité surabondante d'humidité est nuisible à la végétation , on doit s'en débarrasser par des saignées , soit superficielles , soit souterraines. Les sols sablonneux , reposant sur un sous-sol imperméable , exigent aussi des saignées , parce que l'eau contenue dans la couche superficielle ne peut pas descendre plus bas ; mais il est ordinairement suffisant d'enfoncer les saignées , seulement de quelques pouces , dans l'argile sur laquelle le sol supérieur repose.

3° *Les Sources provenant des eaux de la surface.* — Dans beaucoup de cas, le sol supérieur varie, de place en place, dans sa nature ; et on trouve dans le même champ, le sable à côté de l'argile, ou un sol poreux, à côté d'un terrain qui retient l'eau. Dans ce cas, le desséchement présente plus de difficultés, et exige plus d'habileté que lorsque les couches de la surface et de l'intérieur sont épaisses et régulièrement disposées. Pour arriver à ce but avec une dépense modérée, la première chose à faire, est de s'assurer de la nature du sol, par l'examen des circonstances qu'on observe à sa surface. Les sols poreux forment des réservoirs d'eau, qui, s'augmentant, en temps de pluie, jusqu'au niveau des argiles qui les environnent, donnent naissance à des espèces de sources temporaires, qui rendent les terrains, sur lesquels elles s'écoulent, humides et improductifs. Cette eau pourra être ensuite absorbée par une autre veine poreuse, pour reproduire encore des effets semblables. Autrefois, on s'efforçait de remédier à ce mal, en pratiquant de petites saignées sur toute la surface du champ ; mais on le guérit radicalement, en pratiquant une tranchée profonde, depuis la partie la plus basse du champ qu'on veut dessécher, jusqu'à la partie sablonneuse la plus élevée, en lui donnant une direction telle, qu'elle traverse toutes les taches sablonneuses intermédiaires. Indépendamment de cette tranchée principale, il est souvent nécessaire toutefois, de pratiquer des saignées latérales qui y aboutissent.

4º *Sources provenant d'eaux subjacentes.* — La connaissance des causes et de la nature des sources qui proviennent d'eaux subjacentes, est si intimement liée avec les principes des desséchements , qu'il est nécessaire de les expliquer un peu plus longuement. On sait que la terre est composée de différentes couches , qui , d'après la différence de leur nature et de leurs propriétés , ont reçu les noms respectifs de couches *poreuses* et *imperméables.* Le sable , le gravier , la terre calcaire et diverses espèces de roches, divisées par de fréquentes crévasses ou fissures , sont appelés *sols poreux* ; les argiles de diverses sortes , certaines espèces de graviers empâtés par un mélange d'argile , et les roches solides , compactes et sans fissures , sont les principales couches qui résistent au passage de l'eau , et qui , en conséquence, sont appelées *imperméables.* Il est évident , en conséquence, que les sources doivent leur naissance à l'eau qui tombe sous la forme de pluie ou de rosée , ou qui provient de la fonte des neiges ; lorsque cette eau pénètre dans des couches poreuses et absorbantes , elle s'enfonce profondément , jusqu'à ce qu'elle soit arrêtée par des substances imperméables , en formant ainsi des réservoirs d'une grande étendue ; et l'eau qu'ils contiennent, s'échappant au-dehors , forme les sources, avec leurs diverses apparences. Elles sont plus ou moins considérables , selon l'étendue des terres élevées qui reçoivent et retiennent l'eau des pluies , et selon la capacité des réservoirs.

5º *Infiltrations.* — Une cause fréquente d'humidité , est la stagnation de l'eau dans les fossés qui entourent les champs , principalement dans ceux qui se trouvent à la partie supérieure des enclos ; l'eau qui y est renfermée , trouve des issues au travers du sous – sol , et vient sourdre à la surface , en présentant , dans les temps humides , toutes les apparences d'une source naturelle, et en produisant les mêmes effets nuisibles. Le même effet est quelquefois produit par l'eau contenue dans une saignée , ou dans l'étang ou le canal d'un moulin. Lorsque cela arrive dans les saignées , on doit donner plus d'écoulement à l'eau , en augmentant la profondeur ou la pente du fossé ou du canal. Lorsque le mal vient d'un étang , on doit pratiquer une tranchée près de sa partie inférieure , afin d'intercepter toute l'eau qui peut en provenir. D'anciennes marnières remplies d'eau , et les étangs servant d'abreuvoirs au bétail , lorsqu'ils sont mal construits , occasionnent quelquefois le même inconvénient.

6° *Débordement des rivières , des lacs ou de la mer.* — Le remède approprié à ces cas , est l'encaissement , dont nous parlerons plus loin (Sect. II). Mais il devient souvent nécessaire d'appeler les machines à l'aide du desséchement.

III. *Des diverses espèces de saignées.*

Il y a quatre sortes de saignées : 1° les saignées ouvertes ; 2° les saignées couvertes ; 3° les saignées voutées ; 4° enfin , les saignées verticales ou *puits perdus.*

1° *Saignées ouvertes ou fossés.* — Elles ont souvent pour double but, d'emmener les eaux superflues, et d'enclore les champs. Cependant un simple fossé forme certainement une très – mauvaise clôture, lorsqu'il n'est pas accompagné d'une levée de terre, d'une muraille, d'une haie ou d'une palissade.

Dans les terres cultivées, lorsque les billons sont d'une largeur, d'une longueur et d'une hauteur convenables, que les raies sont suffisamment profondes, et dirigées avec adresse, une grande partie des eaux de la surface s'écoule naturellement ; mais lorsque le pays est plat, et le sol très – argileux, un desséchement complet est absolument nécessaire, comme la base de toute amélioration future. La méthode mise en pratique dans le *Carse de Gowrie*, district d'Écosse, contenant environ trente mille acres de sols riches, argileux et loameux, a été suivie de si grands succès, qu'il est convenable de l'expliquer avec quelques détails, attendu que la même méthode peut être appliquée à tous les sols argileux, placés dans des circonstances semblables.

Les propriétaires déterminèrent, d'un commun accord, les directions les plus convenables, pour y exécuter de larges saignées de quinze à vingt pieds de profondeur, ressemblant à de petits canaux, et destinées à conduire à la rivière voisine, les eaux qu'on y réunit. 2° Des fossés de plus petites dimensions ont ensuite été tracés, de manière à former les divisions des champs de chaque ferme, et les eaux qui s'y réunissent, sont conduites dans ce canal ; la profondeur de ces fossés est rarement

de moins de quatre pieds ; leur largeur supérié
est de six pieds , et celle du fond . de un pied à
pied et-demi. Ils doivent être curés tous les a
3° Lorsque la surface des champs est d'un nive
uniforme , les raies ordinaires , entre les billo
pourvu qu'on les tienne bien nettes , sont al
suffisantes pour tenir le sol sec ; mais comme
est rare que les champs ne présentent pas quelqu
inégalités , la dernière opération , après la semai
et le hersage , est d'ouvrir une rigole profond
traversant tous les endroits bas du champ , et da
une direction telle , qu'elle communique avec
raies des billons , ainsi qu'avec les fossés de clé
ture. Ces *rigoles de traverse* s'ouvrent avec la cha
rue ; mais on les élargit , on les nettoie , et on le
donne la forme convenable , avec la bêche , af
qu'ils présentent aux eaux un écoulement bi
libre. Une partie essentielle des soins d'un cultiva
teur en sols argileux , doit être de tenir toutes l
raies bien nettes. Les effets de ce système de de
séchement sont tels , que la terre devient bie
plus facile à cultiver , et exige bien moins d
travail pour la préparer à recevoir les semences
— qu'on emploie une moindre quantité de se
mences ; — qu'une moindre quantité d'engrais e
nécessaire ; — et que l'humidité ni la sécheresse
ne produisant plus d'effets nuisibles sur le sol , o
peut attendre une récolte abondante dans toute
les saisons ordinaires.

On ne peut pas trop se pénétrer de la nécessit

d'ouvrir *des raies d'eau*, ou sillons d'écoulement, dans les champs humides, aussitôt qu'ils sont labourés ; la fertilité et le desséchement futurs de la terre en dépendent. Les rigoles doivent être examinées fréquemment, principalement après les fontes de neige, afin d'empêcher qu'elles ne s'obstruent, et pour que l'eau y circule toujours librement. On ne doit pas négliger non plus d'ouvrir les rigoles d'écoulement, après les labours de printemps, afin d'empêcher les eaux de séjourner dans quelques parties du champ ; pour cela, on doit faire des tranchées, partout où cela serait nécessaire, afin que les eaux provenant d'un débordement subit, puissent se retirer promptement ; la terre qu'on tire de la rigole, doit être jetée du côté où le sol est le plus bas, et la terre meuble doit être répandue, à la pêle, sur la surface du champ. La simple opération de confection des *rigoles d'écoulement*, est si avantageuse par elle – même, qu'on peut souvent, par ce moyen seul, remédier à l'humidité du sol, sans l'aide d'autres saignées ; tandis que la négligence à les construire, non-seulement diminue la récolte, mais même laisse le sol en mauvais état pour long-temps.

Les rigoles d'écoulement sont aussi d'une grande utilité dans les pâturages ; et elles doivent être curées avec soin, avant l'hiver. On empêche ainsi l'eau de séjourner dans le sol, qui devient moins sujet à être pétri dans les temps humides ; et les racines des herbes n'étant pas noyées, celles-ci seront plus hâtives au printemps.

Dans les cantons non clos , les saignées ouvertes peuvent être faites de la forme suivante , et gazonnées au fond , de manière à ne pas perdre de terrain pour les herbages. Il ne doit jamais rester d'eau dans ces saignées. Une partie du Comté de *Worcester* (les domaines de *Coventry*), qui n'était qu'un marais , il y a cinquante ans , est devenue , par le moyen de ces saignées , parfaitement sèche, et saine pour les bêtes à laine , ainsi que pour le bétail à cornes. Mr JOHNSTON recommande de ne pas labourer ces saignées avec le reste du champ, mais de les laisser toujours en herbes ; car si la terre est ameublie par le labour , les côtés de la rigole sont entraînés par les eaux , et sa forme est détruite.

Il est de règle générale , pour les saignées ouvertes , de leur donner , à la partie supérieure , une largeur égale à trois fois celle qu'on doit leur donner au fond ; cela est nécessaire pour donner aux côtés une pente et une solidité suffisantes ; dans les sols tourbeux ou sans consistance , la proportion doit être encore plus considérable. Quant à la pente qu'on donne aux rigoles , elle doit être suffisante pour permettre à l'eau de s'écouler sans stagnation , mais aussi sans lui faire prendre un courant assez rapide pour endommager la rigole.

Dans toute espèce de saignée , on doit commencer les travaux par la place la plus basse , et travailler en remontant ; par ce moyen, l'eau indique toujours son niveau à l'ouvrier ; et cela lui permet de ne pas interrompre le travail pendant les temps de pluie, ce qui arriverait nécessairement sans cette précaution.

Il est très-essentiel, pour tout cultivateur en sols bas et humides, de parcourir fréquemment toute sa ferme, afin d'examiner l'état des saignées, et de reconnaître tout ce qui pourrait y gêner le cours des eaux. Un trou de taupe, traversant une rigole, ne doit pas échapper à sa surveillance.

2° *Saignées couvertes.* — Dans beaucoup de cas, on emploie de préférence les saignées couvertes, parce que les rigoles ouvertes diminuent la surface du sol, et sont souvent incommodes pour le bétail. Nous considérerons ici : — la saison convenable pour les exécuter ; — la manière de le faire ; — leurs dimensions ; — si on doit les laisser vides ou les remplir ; — les matériaux convenables pour les remplir ; — la distance qu'on doit laisser entre elles ; — leur durée ; — la dépense ; — l'état du sol ; — les causes qui tendent à les détruire.

1° L'été est, en général, la meilleure saison pour exécuter ces saignées, parce que les ouvriers peuvent travailler plus commodément ; — on peut se procurer plus facilement les matériaux nécessaires pour les remplir ; — la terre supporte mieux le charriage des pierres ; — enfin, on fait plus d'ouvrage dans la journée (1).

---

(1) Dans quelques cantons, on considère le mois de Mars comme l'époque la plus convenable de l'année, pour déter-

2° On ouvre quelquefois, à la charrue, les sai-gnées qui doivent être couvertes. C'est la méthode qui entraîne le moins de dépenses ; mais on ne peut exécuter ainsi que de petites saignées ; et, comme dans la plupart des cas, les saignées doivent avoir au moins quatre pieds de profondeur, il devient indispensable d'y employer des bêches de diverses dimensions. La dépense additionnelle est bien com-pensée par la perfection de l'ouvrage. Cependant on commence souvent la tranchée avec la charrue, et on la finit à la bêche.

3° Les dimensions des saignées couvertes doi-vent se régler sur la quantité d'eau qu'elles doi-vent évacuer. Quant à la largeur, elle doit seu-lement être suffisante pour la commodité des tra-vailleurs, à moins que le peu de consistance du sol ne rende nécessaire un talus plus considérable. Un excès de largeur rend nécessaire l'emploi d'une plus grande quantité de matériaux pour la remplir, ce qui, dans beaucoup de cas, est une considéra-tion majeure. La profondeur doit être assez con-sidérable pour qu'on puisse recouvrir le tout d'une épaisseur de terre telle que, dans l'opération du

---

miner la ligne de direction des rigoles. Si ce mois est sec, on distingue plus facilement, que dans toute autre saison de l'année, les parties naturellement humides ou sèches dans une terre labourée. C'est donc dans ce mois, pendant qu'on prépare le sol pour les turneps, qu'on trace et qu'on exécute les saignées. Mais on ne pourrait pas adopter la même mé-thode dans les sols humides et argileux.

labourage , les chevaux ou les bœufs ne puissent déranger , ni les matériaux avec lesquels on a rempli la saignée , ni la couverte.

4° Lorsque la quantité d'eau que doivent décharger les saignées , est considérable , et que les matériaux sont de bonne qualité , on les laisse souvent creuses , en forme de canaux. Cela peut se faire , lorsque la saignée est construite en pierres , soit qu'on lui donne une forme triangulaire , soit qu'on la construise de deux murs recouverts de pierres plates ; ou lorsqu'on emploie des briques fabriquées pour cet usage. Celles-ci sont préférables aux pierres , sous deux rapports : d'abord , parce qu'il faut moins de temps pour les arranger avec uniformité , et, ensuite , parce qu'elles interrompent moins le cours de l'eau , que les faces brutes des pierres. On construit aussi , sans les remplir , des saignées en gazon (1), ainsi que des tuyaux d'argiles , moulés sur place. (2). Cependant ces

____

(1) On les construit en creusant une tranchée d'une largeur convenable , sur trois pieds au moins de profondeur ; on creuse , au fond de cette tranchée , une rigole étroite et profonde , avec une bêche construite pour cet usage , et de manière qu'au-dessus de cette rigole, le fond de la première tranchée présente , des deux côtés , un épaulement , sur lequel on place , comme couverte , des gazons , en mettant en dessous , le côté de l'herbe ; et on recouvre ces gazons de terre. Ces saignées sont les moins coûteuses de toutes ; et elles fonctionnent bien dans des sols un peu consistants ; le vide s'y conserve pendant plusieurs années.

(2) Pour cela , on creuse une tranchée aussi étroite que

dernières conviennent mieux pour de petites conduites d'eau, que pour le desséchement des terres, attendu que lorsqu'elles sont finies, l'eau ne peut pas pénétrer du dehors au dedans.

5° Il y a une grande variété de matériaux qu'on peut employer à remplir les saignées ; tels sont la *pierraille*, qui fait un ouvrage durable, pourvu que la saignée soit assez large au fond, que la couverte soit construite avec soin, et qu'elle soit recouverte d'une grande épaisseur de terre ; — les *briques*, qu'on fabrique quelquefois exprès pour cet usage, et qui, par ce motif, sont exemptes de droits ; — les *gazons*, que beaucoup de personnes recommandent comme préférables à toute autre substance ; — le *bois*, principalement de vieux pieds d'épines, qu'on coupe en billots, et qui conviennent particulièrement aux sols tourbeux et mous qui ne pourraient supporter la pression des pierres ; — les *branchages verts*, mais sans feuilles (on a

---

possible, et de la profondeur nécessaire ; on y couche une pièce de bois bien arrondie, de dix ou douze pieds de long, de cinq pouces de diamètre à un bout, et de six à l'autre, portant à ce dernier bout, un anneau auquel on attache une corde. Après avoir répandu un peu de sable sur la pièce de bois, on remplit le fond de la tranchée, de la terre la plus tenace, qui en a été tirée, et on achève de la remplir avec le reste de la terre, en tassant le tout très-fortement. On tire ensuite la pièce de bois, par le moyen de la corde, en la faisant avancer d'un pied ou deux, et on recommence la même opération. On pourrait employer aussi une pièce de bois du même genre, dans la construction des saignées découvertes, comme une espèce de moule, pour leur donner une figure uniforme.

quelques exemples de l'emploi des *branches vertes* de saules qui ont duré pendant très-long-temps); — l'*épine noire*, qui est la matière favorite en *Essex*; — la *bruyère*, qu'on a trouvée aussi fort durable ; — la *fougère* ; — et, lorsque les saignées sont petites, et qu'on ne peut se procurer de meilleurs matériaux, on emploie même la *paille*, soit dans son état naturel, soit tordue en cordes de la grosseur de la jambe d'un homme. La durée de ces matériaux est d'une moins grande importance dans les sols argileux, que le soin de conserver une ouverture suffisante pour l'écoulement des eaux ; car l'argile forme souvent, au-dessus de ces matériaux , une voûte capable de supporter , après leur destruction, le poids du sol supérieur, et de donner un passage continu à l'eau. Ces divers matériaux doivent être recouverts de paille, de chaume, de fougère, etc. ou de gazons , avant de les recouvrir par la terre qu'on a retirée de la tranchée. On doit avoir soin de remplir les saignées le plus tôt possible après qu'elles ont été faites, et d'employer à cette besogne les ouvriers les plus soigneux. Elles doivent toujours être terminées avant l'hiver ; car les gelées endommagent presque toujours les tranchées ouvertes.

6° Lorsque le sol est très-humide , il est nécessaire de faire de petites saignées très-rapprochées l'une de l'autre. On mettra 40 à 50 pieds de distance dans les sols ordinaires , et 20 à 30 pieds dans les sols les plus tenaces. De larges et profonds fossés doivent être ouverts autour de toutes les pièces de terre humides , et on doit y diriger les eaux de toutes les saignées.

7° Lorsque les saignées sont exécutées avec assez d'intelligence et d'habileté , elles durent 20 , 25 et 30 ans , et , dans beaucoup de cas , leur durée est beaucoup plus longue.

8° On calcule la dépense , depuis 20 sh. jusqu'à 60 sh. par acre , excepté dans des sols très-humides , où elle s'élève quelquefois au — dessus de 60 sh. ; mais , dans beaucoup de cas , on est indemnisé de toute la dépense , par la première récolte.

9° Le meilleur moment pour exécuter ces saignées , est celui où la terre est en herbages ou en jachère.

10° Les saignées couvertes ont différents ennemis , comme les taupes , les rats , les racines des arbres (principalement celles du peuplier et du frêne) , ainsi qu'une plante qui croît quelquefois dans leur intérieur , et qui , diminuant par degrés la force du courant , finit par obstruer entièrement la saignée (1).

3° *Saignées voûtées.* — La dépense qu'entraînent les saignées voûtées , construites en pierres ou en briques , s'oppose à leur adoption , si ce n'est dans les cas où le terrain n'a aucune consistance , et où il serait impossible de pratiquer des saignées ou-

---

(1) Cette plante , (*Equisetum palustre*), a été remarquée d'abord par Mr FAREG, dans quelques saignées , près de l'Abbaye de *Woburn*. SIR JOSEPH BANKS en a donné une description dans les communications au Bureau d'Agriculture.

vertes. Dans les cantons où on peut se procurer abondamment des pierres plates , on peut donner aux saignées, recouvertes par ces pierres , une largeur suffisante pour tous les buts qu'on peut se proposer.

4° *Saignées verticales ou Puits perdus.* — Les saignées de cette espèce peuvent être utiles dans quelques circonstances. Si on reconnaît un réservoir inférieur d'eau , ce qu'on peut faire quelquefois, en perçant avec une tarière , on creusera à cette place un puits d'un diamètre suffisant pour qu'un homme puisse y travailler (environ trois pieds de diamètre) , jusqu'à ce qu'on atteigne l'eau qu'on veut faire remonter ; celle-ci s'élevera aussi-tôt que le puits aura atteint sa surface. On remplira alors le puits avec des pierres ou des cailloux , et on conduira l'eau, par le moyen d'une rigole , jusqu'au fossé le plus voisin , qui la déchargera dans une rivière ou un ruisseau.

Il arrive aussi , mais ces cas sont rares , qu'une fausse source , qui rend humide une partie d'un champ , peut être desséchée par le moyen d'un puits semblable , percé au travers d'une couche d'argile, et qui conduit l'eau jusqu'à une couche poreuse , située au-dessous , par où elle s'échappe.

IV. *Des instruments.*

Les instruments qu'on emploie dans les desséchements , sont plus nombreux qu'on ne le croit communément. Les principaux sont — les Charrues à saignées ; — le Mineur ; — la Charrue - taupe ; — les Bêches de diverses espèces ; — le Coupe-gazon ; — la Tarière.

1° On emploie fréquemment la charrue ordinaire pour ouvrir les tranchées ; on a aussi inventé plusieurs charrues destinées spécialement à cette opération, et leurs inventeurs ont même reçu des prix pour leur construction ; mais, d'après le nombre de chevaux ou de bœufs qu'elles exigent pour les faire manœuvrer, les charrues destinées à exécuter les saignées, entraînent plus de dépenses que le travail de la bêche, et elles ne pourront jamais être d'un usage général.

2° En *Lancashire*, feu Mr ECCLESTON a inventé un instrument qu'on appelle le *mineur*, C'est une espèce de soc de charrue, fixé à un age très-fort, sans versoir, et qui est tiré, par quatre chevaux ou plus, au fond d'un sillon ouvert par une charrue ordinaire. Elle pénètre dans la terre inférieure sans la retourner, et ameublit le sol à huit ou dix pouces de profondeur de plus que la première charrue n'avait pénétré. Cette opération rend le sous-sol poreux et perméable pour plusieurs années. Dans quelques cas, on a trouvé cette pratique très-utile ; et la dépense qu'elle entraîne, n'est pas considérable.

3° On a rendu compte, dans un ouvrage estimable, des premières expériences qui ont été faites avec la *charrue-taupe*, inventée par Mr ADAM-SCOTT. Elle a été essayée, pour la première fois, en 1795, sous les auspices de la Société des Arts de Londres.

On a conseillé alors d'y ajouter des roues, ce qui a été exécuté depuis. Elle peut réussir lorsque le sous-sol est formé d'une couche régulière d'argile ou de marne compacte ; mais non lorsqu'il a peu de consistance, ou n'est pas d'une nature uniforme. Sans roues, elle exige dix à quatorze chevaux, dont le piétinement doit être très-nuisible dans un sol humide ; mais, au moyen des roues, l'attelage peut être réduit à six chevaux. Il est quelquefois manœuvré à bras d'hommes, au moyen d'un appareil particulier ; mais il ne pourra jamais devenir d'un usage général, jusqu'à ce qu'on trouve le moyen de le faire manœuvrer avec une puissance modérée, soit qu'on y emploie des hommes ou des chevaux.

4° Les bêches qu'on emploie pour creuser les saignées, sont d'une forme particulière. Celles dont on se sert pour creuser la tranchée supérieure, est étroite par son extrémité ; et celle dont on se sert pour creuser la partie inférieure, dans laquelle doit couler l'eau, est presque pointue. On emploie aussi une pêle très-étroite, pour unir et nettoyer le fond des saignées, avant de les remplir de branchages, de paille ou d'autres matériaux. On emploie quelquefois aussi la bêche à écobuage ordinaire, dont les bords sont relevés ; un homme la pousse en avant, de même que pour l'écobuage.

5° *Le Coupe-gazon*, qu'on emploie ordinairement pour extraire la tourbe (1), est utile aussi pour

______

(1) C'est sans doute notre louchet. (*Note du Trad.*)

vider les tranchées , il est plus expéditif que
bêche , et fatigue moins les ouvriers.

6° *La Tarière* qu'on emploie dans les desséche
ments , est semblable à celle dont on se sert pou
la recherche de la houille ou d'autres substanc
minérales souterraines.

V. *Modes de desséchement applicables aux différen*
sols, et objets auxquels ils s'appliquent.

1° *Les sols argileux.* — La largeur qu'il con
vient de donner aux billons , dans les sols argileux
pour leur desséchement, est un sujet très-contr
versé , et que nous discuterons plus tard (Chap
IV. Sect. 1ere Paragraphe **I**). La seule questio
que nous traiterons ici , se rapporte à la convenanc
des saignées couvertes ou découvertes, dans les sols ar
gileux. En général, les saignées ouvertes, méritent l
préférence,comme entraînant moins de dépenses dan
leur construction, comme étant plus faciles à tenir e
bon état, et comme plus sûres dans leurs effets
Cependant , les saignées couvertes ont réussi dan
quelques cas particuliers. Dans le Duché de *Lim-*
berg , on préfère pratiquer des saignées de cett
espèce , sous les raies qui séparent les billons dans
les terres fortes ; par ce moyen , il y a moins de
terrains perdus , et le sol devient accessible à la
culture en toute saison. Le célèbre ARBUTHNOT
(que Mr ARTHUR-YOUNG regardait comme le
meilleur cultivateur qu'il eût jamais rencontré dans
le cours de ses longues recherches), a pratiqué
ce système près de *Mitchal* , en *Surrey* ; et un

cultivateur Écossais très-intelligent (Mr JAMES-ANDREW , d'*Atillylumb* , près *Perth*), a exécuté le même plan, avec le plus grand succès. Il était auparavant l'esclave de chaque saison , et n'en trouvait jamais d'assez sèche pour qu'elle ne lui fût pas plus ou moins nuisible ; mais depuis qu'il a adopté la méthode des saignées couvertes sous chaque raie , il peut labourer presqu'en tout temps ; une seule journée sèche lui permet de faire ses semailles ; dans le cours ordinaire des choses , il peut toujours compter sur une récolte ; et, son sol étant toujours à-peu-près dans le même état , les récoltes sont toujours égales.

2° *Les Loams*. — Lorsque les loams ont été laissés long-temps sans culture , ils acquièrent un degré de cohésion peu inférieure à celle de l'argile. En général, ils absorbent l'eau avec assez de facilité, et, après en avoir retenu une quantité suffisante pour la végétation , ils laissent écouler le surplus selon la pente du terrain. Mais on facilite cette opération par les saignées couvertes , les rigoles d'écoulement , et les fossés qui , réunissant les eaux , les conduisent au canal principal , par où elles s'écoulent.

3° *Les Prairies*. — Le long des rivières ou des ruisseaux , on rencontre beaucoup de terrains précieux qui souffrent des eaux ; quelquefois les terres ainsi situées , sont protégées contre les débordements de la rivière , par des encaissements , comme cela devrait être fait pour les belles prairies des Comtés de *Derby* et de *Stafford* , sur les rives de *la Dove* ; mais il arrive souvent qu'en approfondissant le lit de la rivière ou du ruisseau, ou, dans quelques cas, en lui creusant un nouveau lit étroit et plus profond, on peut atteindre un double but, celui du desséchement, et celui d'une augmentation d'étendue de la prairie.

Quelquefois l'humidité a pour cause, des sources qui viennent de quelque hauteur voisine. Mr Edward-Webbs a employé, d'une manière très-ingénieuse, les eaux qui s'écoulent des saignées supérieures, à faire mouvoir une roue, qui sert à élever les eaux des parties les plus basses, et à leur donner ainsi un écoulement au-dehors.

4° *Pâturages élevés.* — Le desséchement des pâturages élevés est une branche très - importante de ce sujet. La qualité malsaine des plantes produites par ces pâturages, lorsqu'il s'y rencontre une surabondance d'humidité, soit qu'elle soit produite par de l'eau stagnante à la surface, soit qu'elle provienne du dessous, donne naissance à la maladie appelée *la pourriture*, ainsi qu'à d'autres maladies, qui font périr chaque année des milliers d'animaux précieux. Dans les fermes à moutons des hauteurs de *Cheviot*, on a atteint le but avec beaucoup de succès, en creusant des saignées superficielles, d'un pied de largeur sur autant de profondeur, dans une direction oblique à la pente du terrain. Ailleurs, on a desséché le sol par le procédé simple suivant : On ouvre un sillon profond, avec une forte charrue ; on divise la tranche qu'elle a enlevée, en séparant le gazon, qu'on réduit à

une épaisseur de trois pouces, de la terre qui y
était adhérente, et on replace le gazon sur le sillon
d'où il a été enlevé, le côté des herbes en dessus.
Il reste ainsi, en dessous du gazon, un espace creux,
suffisant pour entraîner les eaux de la surface qui
s'y réunissent. L'eau qui s'écoule de ces saignées,
est quelquefois employée à l'irrigation de quelques
terrains inférieurs, d'une nature sèche, et couverts
de bruyère, qu'elles détruisent promptement, en
favorisant une végétation abondante de bonnes plantes.
Aucun mode d'amélioration n'occasionne moins de
dépense que celui-là, et ne produit plus de profit.

5°. *Terrains marécageux.* — La manière de dessécher avec succès les terrains marécageux, inventée
par ELKINGTON, et si bien décrite par JOHNSTON,
ne peut être décrite ici avec tous ses détails ; il
sera suffisant d'établir les principes généraux sur
lesquels elle est fondée : ils consistent 1° à découvrir la source du mal, c'est-à-dire, le réservoir
d'où provient l'eau ; 2° à prendre le niveau, et à
déterminer la position du réservoir, dans l'intérieur du sol ; 3° à faire usage de la tarière, lorsque cela est nécessaire, si la profondeur des saignées n'est pas suffisante pour atteindre le réservoir, et à donner ainsi un écoulement à l'eau qui
forme les sources. On peut citer comme un exemple
de cette opération, celle qui a été exécutée près
de *Taneworth* en *Staffordshire* ; en perçant un trou
à trente pieds de profondeur, l'eau s'en est écoulée,
à raison de trois hogsheads (7 à 8 hectolitres)
par minute, et une grande étendue de terres hu-

mides du voisinage, a été complètement desséchée.
Dans beaucoup de cas, la méthode d'ELKINGTON
a été suivie de résultats extraordinaires, non-seulement par le desséchement des terres voisines de
la saignée , mais aussi en exerçant une action marquée sur des sources, des puits , ou des terrains
marécageux , situés à de grandes distances, et avec
lesquels il n'existait pas de communication apparente (1).

6° *Les Lacs.* — On peut avoir trois objets en
vue : 1° l'acquisition du sol qu'on se procure, en
donnant un écoulement aux eaux ; l'acquisition de
la marne ou de la terre riche qui se trouve au fond
du lac ; 3° enfin , d'obtenir un abaissement de niveau , afin de pouvoir dessécher des prairies ou des
sols marécageux adjacents, qu'on n'aurait pu saigner sans cela. Par l'effet de cette opération, le
climat du voisinage se trouve aussi amélioré. Dans
beaucoup de cas, des lacs ont été desséchés en
totalité ou partiellement, par le moyen de tranchées
profondes ; mais quelquefois on est forcé d'avoir
recours aux machines.

7° *Marécages qui manquent de pente pour l'é-
coulement.* — En diverses parties du Royaume ,
on trouve des sols qui deviennent marécageux , par
l'accumulation de l'eau des pluies , qui restent en

______

(1) On avait remarqué les mêmes effets dans diverses parties de la Grande-Bretagne , en creusant les puits des mines
de houille. Mais , jusqu'au temps d'ELKINGTON, ils n'avaient
jamais été produits par les opérations des saignées des terres.

stagnation sur un sous-sol imperméable, et qui ne peuvent pas s'écouler au – dehors, parce que le terrain est entouré de parties plus élevées. Le moyen de dessécher cette espèce de marais, est de percer la couche d'argile imperméable qui retient l'eau, pour donner un écoulement à celle-ci à travers les couches poreuses situées au-dessous de l'argile.

8° *Mines et Carrières.* — Dans beaucoup de cas, les travaux des mines et des carrières sont contrariés par un afflux d'eau, qu'on peut, ou détourner entièrement, ou, au moins, diminuer beaucoup, en l'interceptant, avant son arrivée dans la mine ou dans la carrière, par des opérations de desséchements. Pour atteindre ce but, il est nécessaire de dessécher tout le terrain situé plus haut que les puits des mines, ou qui y est contigu. Il y a aussi quelques occasions, mais elles sont rares, où on peut se débarrasser de l'eau dans l'intérieur de la mine, en perçant la couche imperméable qui les retient, jusqu'à une couche poreuse située au-dessous.

CONCLUSIONS SUR LES DESSÉCHEMENTS.

Les propriétaires de terres connaissent si bien le grand intérêt qu'ils ont à l'exécution libérale, et sur une grande échelle, de ce puissant moyen d'amélioration, que plusieurs d'entre eux ont adopté la méthode d'établir un plan général de desséchement et, en même-temps, de divisions de leurs

différentes fermes , au moment du renouvellement
des baux de leurs domaines ; profitant ainsi d'une
occasion qui leur permet d'exécuter le plan , d'une
manière méthodique , efficace et permanente , en
confiant ces travaux à des hommes qui en font leur
profession , et qui n'ont d'autre emploi que ces importantes opérations. En traçant ainsi les desséchements sur une grande échelle , le voisinage de plusieurs fermes ou de plusieurs parties d'un domaine
permet d'atteindre le but d'une manière plus complète et avec moins de dépenses. Les fermiers connaissent si bien les avantages de ce système , qu'ils
le préfèrent à la faculté d'exécuter l'opération à
leurs frais, et selon leurs propres idées, avec la certitude du remboursement de leurs dépenses (1).

Les avantages qui dérivent des desséchements
étant aussi considérables , il est malheureux qu'il
se rencontre des obstacles à une amélioration aussi
importante. Cependant , à moins que le Parlement
ne dirige son attention sur cet objet , et ne fasse
des réglements pour favoriser les desséchements ,
les efforts individuels seront souvent impuissants ,

––––––––––––––––––––

(1) Il est assez commun de partager les travaux de desséchement , entre le propriétaire et le fermier. Le premier fait
exécuter les tranchées, dans la direction et à la profondeur
convenables. Tandis que le fermier supporte la moitié des frais
de l'achat des pierres , de leur conduite et de leur placement
dans la tranchée. Le propriétaire doit choisir lui-même les
hommes chargés de mettre les pierres dans la tranchée , et
de les recouvrir de terre.

et beaucoup d'excellentes terres resteront improductives. Une exemption plus complète de la taxe
sur les briques destinées aux canaux de desséchement, serait fort utile sous ce rapport. On pourrait aussi faire une loi qui autoriserait les propriétaires des domaines substitués, à charger leurs terres
des trois quarts de la dépense des desséchements,
comme ils sont autorisés à le faire pour les clôtures ;
on pourrait aussi faire participer à la dépense du
desséchement, les propriétaires voisins qui y ont
intérêt, comme cela se pratique en Écosse, pour
les haies qui servent de limites à des domaines
appartenaut à deux propriétaires.

Les lois d'une nation doivent recevoir, de temps
à autre, des améliorations, afin qu'elles soient en
rapport avec les nouvelles connaissances qu'acquièrent les habitants, et avec les besoins du pays,
à mesure que la population y devient plus nombreuse. Malheureusement, le code de législation
rurale de la Grande-Bretagne ne s'est pas amélioré dans la proportion de l'accroissement de sa
population ; et c'est pour cela qu'il est aussi peu
approprié au nombre actuel des habitants du
Royaume, que les produits du sol, tels qu'ils e-
xistaient il y a un siècle, ou même un demi-siècle,
seraient insuffisants pour fournir à la subsistance de
la population actuelle. On ne veut pas dire, ici,
que les lois doivent intervenir dans les droits de la
propriété privée, plus que ne l'exige rigoureusement le bien public. Il est certain, toute-fois,

qu'il serait nécessaire de faire des réglements plu
efficaces, pour encourager la culture, le desséche
ment et les clôtures, attendu que les lois actuelle
sont insuffisantes pour favoriser des amélioration
si essentielles (1).

---

(1) Un véritable homme d'état ne devrait jamais perdr
de vue la maxime, » que les lois doivent changer avec le
» circonstances d'un pays; et surtout que le même sys
» tême, qui était bien calculé pour gouverner six millions d'ha
» bitants, et pour assurer leur subsistance, ne peut pas con
» venir également bien, lorsque la population s'est élevée
» douze millions, et même au-dessus ». Les changements doi
vent toute-fois être graduels, et faits en temps convenable
Si on résiste avec trop d'obstination à les opérer, le mal s'accroît; de trop grands changements deviennent nécessaires
la fois; et le passage à un nouveau système, expose l'état au
chances d'une convulsion.

Puissent ces vérités être méditées par les hommes qui pour
raient faire jouir la France, des avantages d'un code rural
approprié aux besoins actuels! Cette matière est régie aujour
d'hui par une foule d'ordonnances, de coutumes locales, et d
lois plus ou moins anciennes, incohérentes et souvent contra
dictoires. Parmi ces dispositions diverses, la législation devrai
respecter celles qui ne sont pas de nature à s'opposer au dé
veloppement que pourrait prendre, de nos jours, l'industri
agricole; mais il en est beaucoup qui n'ont pu être utiles, que
dans un état de choses qui n'est plus celui d'aujourd'hui, e
qui continueront d'opposer des obstacles invincibles aux amé
liorations les plus importantes, tant que l'administration ne
s'occupera pas de les mettre en rapport avec les circonstances
des temps. Il est bien certain que, sous ce rapport, les be
soins de toutes les localités ne sont pas les mêmes, parce que
les procédés de l'art ne peuvent être uniformes dans des situa
tions différentes. C'est cette variété de besoins qui fournit l'ar
gument, sinon le plus puissant, du moins le plus fréquemment

§ IV.

DES AMENDEMENTS.

Le mot *amendement* comprend toutes les subs—

---

répété, aux personnes qui voient, sans regret, ajourner indé-
finiment un travail qu'elles regardent comme d'une exécution
trés-difficile, peut-être même impossible.

Mais cette difficulté n'est certes pas insurmontable ; nous ne
manquons pas, en France, d'hommes, que leurs connaissances
approfondies des procédés de l'art, dans les diverses parties du
Royaume, mettent en état de discerner quels sont les principes
généraux qui conviennent à toutes les localités, et qui seules
doivent entrer dans les dispositions de la loi, en laissant, pour
ceux qui sont d'une application moins générale, une certaine
latitude aux intérêts de localités. Il est certain que, du moment que le Gouvernement le voudra énergiquement, deux années ne se passeront pas, sans que la France possède un bon
code rural ; et il est certain aussi que le Gouvernement le voudra, dès l'instant que les hommes, qui président aux destinées
de l'État, comprendront bien toute la gravité des motifs qui
rendent nécessaires de nouvelles dispositions législatives sur
cette matière.

On entend répéter sans cesse, que l'agriculture est la première source de la prospérité des états ; on convient généralement que la France, par sa position, doit, plus que toute
autre nation, porter son attention sur les richesses de son sol.
On n'ose presque plus répéter ces phrases, tant elles sont
devenues triviales. Mais il semble qu'on entende que ces maximes
ne doivent être que des vérités de pure spéculation, et qui
ne doivent avoir aucune influence sur la pratique ; s'il en était
autrement, on en aurait déduit, comme conséquence irrésis-
tible, une vérité bien importante : c'est que, de toutes les

tances qui, appliquées artificiellement au sol, ou mélangées avec lui, ont été reconnues par l'expérience, comme propres à animer, à conserver ou à augmenter sa fertilité, et à le rendre, sous quelque rapport que ce soit, plus favorable à la végétation. Il comprend toutes les matières dont les effets sont de corriger les principes nuisibles qui peuvent se trouver dans le sol, ou de rendre plus utiles certaines substances qui s'y rencontraient auparavant.

En traitant ce sujet, plusieurs écrivains ont tenté de classer ces substances dans un ordre scientifique, et d'exposer leur propriété d'après les principes de la chimie. Dans cet ouvrage, qui se borne aux principes de la pratique, nous les classerons seulement sous les titres suivants : Engrais putrescents; — Amendements calcaires ; — Amendements terreux ; — Engrais végétaux ; — Articles divers ; — enfin, Compost.

I *Engrais putrescents.*

Ceux-ci sont, sans contredit, les plus impor-

---

mesures, de quelqu'ordre qu'elles soient, que le Gouvernement peut prendre, avec l'intention d'augmenter la richesse, la puissance et la prospérité du Royaume, il n'en est aucune qui puisse être aussi féconde en heureux résultats, qu'une législation rurale, qui, je ne dirai pas favoriserait, mais du moins permettrait les développements que pourrait prendre l'industrie agricole, dégagée des entraves qui l'enchaînent. (*Note du Trad.*).

tants parmi ceux que nous avons mentionnés ci-dessus. Non-seulement ils fournissent directement au sol les principes les plus essentiels de la fertilité, mais, ayant une tendance à hâter une vigoureuse végétation des plantes, celles-ci ont plus de chances pour atteindre l'époque de la maturité. Les substances putrescentes, étant, par leur nature, susceptibles de décomposition, finissent par s'épuiser, lorsque le sol a porté plusieurs récoltes. Il devient, par conséquent, nécessaire de les remplacer; et les substances qui peuvent être employées dans ce but, sont comprises sous les titres suivants : — Le Fumier des quadrupèdes ; — les Excréments des oiseaux ; — les Boues des villes ; — les Vidanges des fosses d'aisance ; l'Urine; — les Débris des animaux de terre ; — les Débris des poissons.

1° *Fumier des quadrupèdes*. Cette substance précieuse fournit immédiatement des aliments aux plantes ; — elle excite de la chaleur dans le sol ; — elle rend sa texture plus poreuse ; — elle attire et retient l'humidité ; — enfin, elle favorise la décomposition des substances végétales qui se trouvent dans la terre, par la fermentation qu'elle occasionne. Sous plusieurs rapports, on a trouvé qu'il était avantageux de mêler, dans le même tas, des fumiers chauds et froids ; ceux qui sont secs avec ceux qui sont humides et qui entrent facilement en putréfaction.

Le sujet du fumier de cour de ferme, considéré d'une manière pratique, comprend les articles suivants : 1° recueillir les matières ; — 2° les préparer pour l'usage ; — 3° les appliquer au sol.

I *Recueillir les matières.*

1° Le fumier de cour de ferme consiste dans les excréments des diverses espèces d'animaux, mêlés avec leurs litières et d'autres substances absorbantes, destinées à augmenter la masse, sans nuire à ses propriétés fertilisantes. Les mauvaises herbes de toute espèce peuvent être recueillies avec profit, pendant l'été, pour cet usage, de même que les feuilles des arbres et des arbrisseaux, qu'on peut souvent se procurer en quantité considérable, en automne ; la paille qui n'a pas été employée pour la nourriture des animaux ou pour litière ; et même la terre végétale ou la tourbe.

2° Les plus importantes de ces substances sont cependant toujours les excréments des animaux domestiques. Parmi eux, le fumier de cochon est le plus riche et le plus énergique, à cause de la surabondance de graisse que prend cet animal, et de la nature de ses aliments ; — celui des chevaux est le plus sec et celui qui a le plus de chaleur ; — celui du bétail à cornes est le plus froid, mais celui dont les effets sont le plus durables. (1).

____

(1) Dans quelques expériences faites à *Great-Ponton*, près *Grantham*, sur un sol pauvre et sec, on a essayé séparément, pour des turneps, le fumier de la cour des chevaux,

Le fumier des bêtes à laine est presque toujours employé seul. Il produit des effets prompts ; mais il est bientôt épuisé.

3° Il arrive souvent qu'on emploie séparément le fumier des chevaux ; principalement lorsqu'on l'achète dans les villes ; mais , dans les cours de fermes, on a la facilité de mêler ensemble le fumier des bêtes à cornes, celui des chevaux et des porcs , ce qui est toujours préférable , parce que l'un corrige des défauts de l'autre , et qu'on empêche ainsi une fermentation trop rapide. Ces substances doivent être placées , par couches uniformes , dans le tas de fumier. Cela peut se faire facilement tous les jours , lorsqu'on vide les étables des chevaux , des vaches et des cochons. Si on peut mettre une petite quantité de terre entre chaque couche , cela n'en vaut que mieux.

4° La qualité du fumier de chaque espèce d'animaux est toujours proportionnée à la richesse ou à la pauvreté des aliments qu'on leur donne. C'est pour cela que le fumier des écuries des chevaux et des étables à vaches , est de meilleure qualité que celui des jeunes bestiaux à cornes , qu'on entretient , dans la cour de ferme , avec des aliments moins nourrissants. Cependant on les entretient souvent sous des abris communiquant avec la cour de

---

et celui d'une cour où des bêtes à cornes avaient passé l'hiver; le premier a présenté une grande supériorité. Il aurait été bon d'essayer les effets d'un mélange des deux.

ferme, où on leur donne des turneps, des carottes et d'autres substances nourrissantes : on obtient ainsi un fumier d'aussi bonne qualité que les autres.

5° Après les excréments des animaux, la paille est la principale matière qui entre dans la composition du fumier ; et on ne peut apporter trop d'attention à la recueillir. A cet effet, un cultivateur soigneux ne peut mettre trop d'attention à faire couper ses grains très-bas. Lorsque le faucillage est exécuté avec négligence , on a calculé qu'un quart de la paille reste sur le sol , où ses principes fertilisants sont détruits en grande partie par les pluies d'automne et d'hiver ; tandis que , par plus de soins dans le faucillage, on peut obtenir , par acre , une quantité additionnelle d'un *ton* d'engrais ou même plus. La paille est très-précieuse, non-seulement à cause des principes fertilisants qu'elle fournit elle-même, mais par la grande quantité de matières liquides qu'elle absorbe. Dans une expérience faite avec soin , on a trouvé que la paille de froment sèche avait augmenté de poids , par l'absorption , de 300 *stones* à 719 , présentant ainsi un accroissement de 419 *stones*, dans l'espace de 7 mois (1).

____

(1) Mr Brown, de *Markle* , établit que si la paille était simplement pourrie par l'effet des pluies, son poids originaire se trouverait doublé ; mais lorsqu'elle se pourrit mélangée avec l'urine et les excréments solides du bétail, nourri avec des turneps , il est certain que chaque *ton* de paille produira quatre *tons* de fumier, pourvu que le procédé de préparation ait été bien conduit.

6° C'est une fort bonne méthode, de commencer par étendre, dans la cour de ferme, une couche de tourbe, de terre végétale, de marne, de craie, de curure de fossés, ou d'autres substances terreuses, afin d'absorber les parties liquides, qui se perdraient sans cela. Cela forme, à peu de frais, un riche compost. On doit retourner et mélanger le tout, aussitôt après que les bestiaux ont quitté la cour de ferme; l'engrais se trouvera ainsi en excellent état, soit pour le répandre, en Octobre, sur les prairies, soit pour l'appliquer comme *couverture* (1), sur les terres arables.

7° Dans les fortes averses, aucune précaution ne peut empêcher qu'il ne s'écoule un peu d'eau de la cour de ferme; on doit disposer un réservoir couvert pour la recevoir, et le placer de manière que le liquide puisse être porté, au moyen d'une pompe, soit sur le tas de fumier, soit sur un monceau de terre placé pour le recevoir (2). On devrait aussi laver régulièrement les écuries et les étables à vaches, comme on le fait en Flandre;

---

(1) Dans la langue anglaise, l'expression *top – dressing*, désigne l'application d'un engrais sur la surface du sol, et sans l'enterrer. J'ai cru pouvoir remplacer cette expression par le mot *couverture*. (*Note du Trad.*)

(2) Ce liquide peut aussi être transporté dans les champs, par des voitures, et servir à arroser les choux nouvellement repiqués, et, dans quelques occasions, les pommes de terre ou les prairies. Cette méthode est constamment pratiquée par plusieurs cultivateurs intelligents.

on recueillerait ainsi une grande quantité de liquide précieux, qui serait conduit au réservoir. Lorsque des terres de la ferme sont situées convenablement au-dessous de la cour, le liquide des réservoirs, ainsi que l'eau qui s'écoule des cours, peuvent y être conduits, pour servir à l'irrigation.

II. *Préparation des matières.*

On rencontre, sur ce point, une grande diversité d'opinions ; quelques personnes prétendant que le fumier doit être employé le plus tôt possible, après qu'il est recueilli ; et d'autres, au contraire, qu'il ne peut pas être trop pourri. Les différentes circonstances du climat, du sol et des récoltes qu'on cultive, peuvent rendre chaque pratique également convenable.

Le climat influe beaucoup ici ; par exemple, les cultivateurs de la Picardie, et d'autres parties de la France, peuvent conduire continuellement leur fumier sur les terres, mais cela n'est pas praticable sous un climat moins favorable. Ce qui est avantageux sous un climat chaud, ne réussirait pas sous un climat froid. Dans les sols humides, et sous un climat froid, lorsque le fumier n'est appliqué à la terre qu'en petite quantité, la fermentation serait trop retardée, dans une aussi petite masse, et elle n'arriverait que lorsqu'il serait trop tard, pour que l'engrais pût produire quelque effet sur la récolte à laquelle on l'a destiné.

Les avantages de l'emploi du fumier frais, dépendent aussi de la nature du sol. Les cultivateurs praticiens pensent généralement que le fumier long convient mieux aux sols argileux qu'aux terres légères; et comme, par sa fermentation, il tend à diviser et à ameublir les parties constituantes du sol, en lui fournissant des substances qui empêchent les particules de l'argile d'adhérer ensemble, il doit nécessairement produire de meilleurs effets sur un sol trop compact, que sur celui qui est déjà trop léger et trop peu consistant. C'est pour cela que, dans un véritable *sol à carottes*, on a recommandé de n'employer le fumier que lorsqu'il est entièrement pourri, et qu'il ne forme plus qu'une masse homogène.

Quant à la nature des récoltes, Sir H. DAVY remarque que la paille, après sa fermentation, fournit plus de substances nutritives *pour une seule récolte*, que lorsqu'elle n'a pas fermenté. Dans ce dernier état, elle se décompose plus lentement, et ses effets sont, par conséquent, plus durables, quoiqu'ils soient d'abord moins énergiques. Mais, pour la culture des turneps dans un bon assolement, la première récolte est la seule à laquelle il soit nécessaire de fournir de l'engrais : le fumier qu'on a donné à cette récolte, surtout si elle est consommée sur place, est la source de la fertilité du sol pendant toute la rotation, c'est-à-dire, pour l'orge, le trèfle, le froment ou l'avoine, qui viennent ensuite.

Dans la culture des pommes de terre, peut-être

le seul fumier de cheval devrait être employé frais, à cause de la facilité avec laquelle la fermentation pourra s'établir dans le sol. C'est seulement de cette espèce de fumier, que veulent parler quelques cultivateurs praticiens, en recommandant l'usage du fumier frais (1). Mais, sous les climats froids et humides, le fumier doit avoir subi une fermentation modérée, avant d'être enterré. L'utilité de la fermentation dans le fumier est prouvée par le peu d'avantage que produisent les excréments des animaux, qui tombent immédiatement sur le sol, et qui ne peuvent, par conséquent, subir la fermentation.

Quelques cultivateurs pensent que l'engrais de cour de ferme ne doit pas être remué, jusqu'à ce qu'on le conduise sur les champs où il doit être enterré de suite, parce que, chaque fois qu'on le retourne, les parties les plus précieuses s'échappent par l'évaporation dans l'atmosphère. Mais il est bien peu de fermiers qui possèdent un train suffisant pour amender, d'après ce système, une ferme étendue, et faire marcher de front les opérations de labou-

---

(1) Mr ROBERTS de *Kings - Walden*, voudrait que le *fumier d'écurie* fût toujours conduit frais sur les terres ; mais il pense que celui *des cours de ferme* ★ doit être retourné une fois, mais sans le conserver trop long-temps. Un autre cultivateur intelligent recommande aussi le fumier demi-pourri.

★ Cette distinction vient de l'usage, général en Angleterre, de tenir, pendant tout l'hiver, les bêtes à cornes dans des cours, sans les renfermer dans des étables. (*Note du Trad.*)

rages , de hersages , etc. On regarde , en conséquence , comme plus convenable , de transporter
d'abord le fumier de la cour de ferme dans des dépôts près des champs où il doit être employé(1).
Cela peut se faire , soit , 1° aussitôt après l'hiver;
ou , 2° sur la fin du printemps. Le procédé doit
varier dans ces deux cas.

1° *Aussitôt après l'hiver.* — Lorsqu'on doit conduire le fumier à proximité des champs de turneps, aussitôt après l'hiver, on doit amasser d'avance de grandes
quantités d'argile , de marne , ou d'autres substances
semblables. Le fond du tas sera formé d'une épaisseur de six à huit pouces de ces matières ; et , au
lieu de placer le fumier en couches peu serrées ,
ce qui favoriserait la fermentation , on doit faire
arriver les chariots chargés jusque sur le tas,
afin de comprimer le fumier, et d'arrêter , par là,
la fermentation, jusqu'au moment convenable. Le fumier doit être répandu régulièrement , de manière
à rendre la montée facile pour les voitures qui
doivent arriver ensuite. Lorsque le tas est complet,
on doit le couvrir de marne , d'argile ou de terre,
de manière à le renfermer complètement et de tous
côtés. On appelle *pâtés* les tas de fumier ainsi pré-

---

(1) C'est là la méthode d'un agriculteur très-distingué , M.
CURWEN , de *Workington-Hall*, en *Cumberland* , dont la ferme
produit en moyenne , 10,500 voitures à un cheval , de fumier
par année. Une semblable quantité d'engrais ne permettrait l'a-
doption d'aucun autre système.

parés , et l'engrais s'y conserve sans fermenter , e
sans rien perdre par l'évaporation. Une quinzain
de jours avant le moment où on doit employer c
fumier pour la semaille des turneps , on retourn
le *pâté* , en mélangeant exactement toutes ses parties. On les recouvre alors de terre , la fermentation s'établit , et le compost se trouve dans un
excellente préparation pour les turneps.

2° *Sur la fin du printemps.* — Lorsque le fu
mier est enlevé de la cour de fermé , peu de temp
seulement avant son emploi , pour la semaille de
turneps , on doit préparer le fond du tas , de mêm
que nous venons de le dire ; mais les chariots n
doivent point arriver jusque sur le tas ; on doit
au contraire , étendre le fumier légèrement avé
la fourche , afin de favoriser la fermentation. Lors
que le tas est complet , on le couvre , et on l'entoure de terre , pour en former un *pâté* ; une fer
mentation douce ne tarde pas à s'y établir , et l
fumier est bientôt bon à employer (1).

La grande dépense qu'entraîne le charriage , sur
tout dans les parties éloignées d'une ferme , fai
penser à Mr CURWEN , qu'il est convenable de ré
duire le volume des engrais putrescents qu'on doi
employer , avant de les transporter à leur dernièr

______

(1) Par cette méthode améliorée de préparation du fumier
M. COKE a épargné annuellement 500 l. (12,000 francs), e
achats de tourteaux d'huile , et ses récoltes de turneps on
été aussi bonnes, sinon meilleures , qu'auparavant.

destination. Comme ils diminuent ainsi en poids ,
aussi bien qu'en volume , on épargne un tiers des
frais de voitures , et l'engrais produit plus d'effet
à volume égal (1). C'est là l'opinion de tous
les bons cultivateurs qui pratiquent cette méthode.
La masse de l'engrais est certainement diminuée ;
mais la dépense du transport , et le travail nécessaire pour le distribuer sur le sol , sont aussi di-
minués.

L'ancienne méthode de remuer fréquemment ,
de retourner et de mélanger ensemble toutes les
parties du tas de fumier , presque toujours sans
prendre la précaution de le couvrir de terre , après
qu'il a été retourné , est maintenant abandonnée
par tous les cultivateurs judicieux ; même pour une

---

(1) M. WALKER de *Mellendean* , qui tient à ferme environ
2,800 acres de terres arables , a trouvé , par une expérience de
trente ans , qu'une petite quantité de fumier pourri suffit pour
une récolte , et que , pourvu que la saison soit favorable ,
elle assure toujours non-seulement une bonne récolte de turneps , mais aussi la prospérité des récoltes suivantes , dans l'assolement ordinaire ; mais il n'a jamais pu obtenir une pleine
récolte , avec du grand fumier frais , qui , en soulevant le sol,
tend à faciliter l'accès de la sécheresse , aulieu de fournir de
l'humidité et de la nourriture aux racines jeunes et tendres
des plantes. En conséquence , il fait des frais considérables pour
charier , retourner et humecter ses fumiers , afin de les tenir dans un état putride , pour le mois de Juin. Malgré tout
cela , il est obligé d'amender tous les ans une partie de ses
turneps , avec du fumier frais , et partout où il en a mis , la
récolte est constamment inférieure.

récolte de turneps en lignes , il est suffisant de
retourner une ou au plus deux fois. Chaque fo
qu'on retourne le tas , on doit le couvrir soigneu
sement d'une couche de terre poreuse , qui al
sorbe les vapeurs , et qui retienne les matières v
latiles , qui se perdraient sans cela. Plusieurs cu
tivateurs pensent même que le fumier peut fe
menter suffisamment , pour l'appliquer aux récolt
de grains et aux prairies , sans être retourné e
aucune manière , pourvu qu'on apporte une attentic
convenable à la première disposition du tas.

Il est très-dangereux d'employer du fumier nc
fermenté , pour les récoltes de grains , parce qu'
contient des œufs d'insectes , et des semences c
mauvaises herbes , que la fermentation seule pe
détruire. Ainsi , à moins que la récolte ne doiv
recevoir des binages , ce serait semer des graine
de mauvaises herbes , sans pourvoir à leur des
truction.

Dans la Belgique , on apporte la plus grand
attention à la préparation des engrais putrescent:
Les cultivateurs les plus riches , pavent , et re
vêtent en briques , la fosse qui doit recevoir leu
fumier , qui est ainsi tenu constamment plongé dar
une masse de matière liquide. Les parties fibreuse
des végétaux sont ainsi complètement décomposées
et quatre *tons* de cet engrais produisent autan
d'effets que cinq *tons* de fumier , recueilli avec moin
de précaution.

III. *Mode d'application.*

On peut appliquer le fumier , — sur la jachère ; — pour des récoltes vertes ; — pour des récoltes de grains ; — ou sur les prairies. Nous parlerons de ce dernier mode d'application , lorsque nous traiterons des prairies.

1° Les terres argileuses, lorsqu'elles ne sont pas dans un haut état de fertilité , doivent recevoir le fumier sur la jachère ; et *si la terre est parfaitement nettoyée* , le fumier , appliqué ainsi , sera plus profitable au cultivateur , que dans toute autre période de l'assolement. Il doit être répandu aussitôt que les chariots sont déchargés , et bien mélangé avec le sol.

2° Dans les sols légers , la meilleure manière d'appliquer le fumier , est de l'employer pour les récoltes vertes de toutes espèces , surtout si on le place dans les lignes mêmes de turneps ou de pommes de terre (1). En Flandre , on pratique un procédé qui produit des effets semblables : après que le fumier est répandu sur la surface d'un champ qui va être labouré , et lorsque le premier sillon

---

(1) Lorsqu'on l'emploie de cette manière pour les turneps, le fumier doit être pris aussi humide qu'on le peut, afin de favoriser une rapide végétation. Pour la culture des carottes et des panais, le fumier doit être bien consommé, et placé profondément dans le sol ; sans cela les racines sont sujettes à devenir fourchues.

26 *

est ouvert, une personne marche devant la charrue, et amène dans le sillon, avec une fourche ou un rateau, le fumier qui se trouve répandu sur la largeur de terre que doit prendre la charrue, le tour suivant. Le fumier est placé ainsi à une profondeur convenable, et ne peut rien perdre par l'évaporation.

3° Le fumier peut être mis aussi sur les éteules d'un trèfle qui doit être retourné, pour y semer du froment, cette récolte exigeant que le sol soit dans un bon état de fertilité. Dans quelques cantons, on fume aussi les éteules de trèfle, pour y semer de l'avoine.

On observe, dans quelques cantons de la Suisse, une singulière manière d'appliquer le fumier. Les cultivateurs de ce pays regardent les engrais liquides comme les plus efficaces de tous, et, d'après ce principe, ils délayent dans l'eau, le fumier, après sa fermentation, et conduisent le liquide dans les champs, où ils le répandent sur le sol. La terre l'absorbe aussitôt, et les plantes prennent une végétation très-rapide ; tandis que le fumier, dans son état solide, fertilise la terre avec bien moins de promptitude. La paille qui reste après le lavage du fumier, est employée pour amender les pommes de terre (1). Cependant, dans les sols argileux, les engrais liquides ne sont pas aussi ef-

---

(1) Le Lord KAMES recommande aussi l'emploi des engrais liquides.

ficaces que le grand fumier.

La quantité de fumier qu'on doit employer , est une question importante. Autrefois , on en donnait trop , et les récoltes souffraient souvent d'une surabondance de nourriture. Selon la pratique moderne , on n'en emploie à chaque fois que la quantité suffisante, pour fertiliser le sol , et le mettre en état de produire de bonnes récoltes , jusqu'au moment où on lui appliquera un nouvel amendement. Autrefois , on employait , par acre , de vingt à trente tons de fumier (60 à 90 voitures de 1100 kilogrammes par hectare) ; aujourd'hui , on trouve que la moitié de cette quantité est suffisante. On supposait autrefois que les effets des engrais putrescents duraient en proportion de la quantité employée , sans considérer qu'une grande quantité d'engrais accélère la décomposition , plutôt que de la retarder , et qu'elle a , pour conséquence nécessaire , un excès défavorable de fertilité , la première année , qui laisse peu de chose pour les années suivantes. On doit toutefois garder un juste milieu , et les engrais ne doivent pas être employés avec parcimonie. Il arrivera souvent , qu'en ne donnant du fumier que pour la valeur de 1 l. par acre , on ne retirera pas ses frais , tandis qu'en en employant pour 3 l. , le profit sera considérable.

Quelque quantité qu'on en emploie , le fumier doit être répandu également , et divisé en très-petites parcelles , afin que chaque partie du sol en reçoive une égale quantité (1). Cette condition ne peut être remplie complètement, lorsque l'engrais est disposé en lignes, pour une récolte de turneps ou de pommes de terre ; cependant , même dans ce cas, on ne doit pas négliger ce soin, autant que cela est praticable. Afin de favoriser une égale répartition de l'engrais, on dirige quelquefois les lignes en travers du champ , et d'autres fois diagonalement ; ou bien on mêle l'engrais avec la terre , après l'enlèvement de la récolte, par un labour croisé.

Le dernier point que nous devons considérer, est la profondeur à laquelle il convient d'enterrer le fumier. Lorsqu'on l'applique aux prairies, on ne peut que le répandre à la surface , et, alors, le fumier ne fertilise le sol, que par les sucs que les pluies entraînent , en pénétrant dans la terre. Lorsque le fumier est appliqué aux terres arables , on a fortement recommandé de bien l'enterrer. Mais, ici , comme en toutes choses, on doit éviter les extrêmes. Le fumier peut être utile aux plantes, soit par les gaz qu'il fournit , soit par les principes fertilisants qu'il leur présente , à l'état de solution dans l'eau. Les gaz s'élèvent , et ainsi il est d'une moindre importance , sous ce rapport, que le fumier soit plus ou moins profondément enterré ; mais

---

(1) Cela est particulièrement nécessaire , lorsque l'engrais est destiné à une récolte d'orge , parce qu'il est fort important qu'elle mûrisse toute ensemble.

l'eau s'enfonce ; ainsi les principes fertilisants qu'elle contient, seraient sans utilité, s'ils se trouvaient au-dessous de la profondeur à laquelle peuvent atteindre les racines des plantes.

L'importance supérieure du fumier d'étable, qu'on a nommé, à juste titre, l'ancre de salut du cultivateur, nous a forcé de nous étendre sur ce sujet, plus qu'il ne nous est possible de le faire, pour toutes les autres espèces d'engrais, dans le cadre resserré que nous nous sommes tracé pour cet ouvrage.

Il ne nous reste plus à parler, sur le sujet du fumier des quadrupèdes, que de celui des bêtes à laine (1).

Fumier de bêtes à laine. — Cet engrais précieux se recueille de différentes manières : dans plusieurs parties du continent, les bêtes à laine sont logées dans des bergeries, pendant presque toute l'année, afin de recueillir leur fumier ; — lorsqu'on les fait pâturer le long des chemins, on emploie quelquefois des enfants pour amasser les excréments qu'elles répandent. — Les moutons nourris dans les pâturages élevés, sont parqués dans les terres arables

____

(1) Il convient seulement d'ajouter ici, qu'un ami zélé de l'agriculture, M. John Fane, du Comté d'*Oxford*, engraisse annuellement 26 acres environ (10 hectares), avec du fumier de lapins, qu'il nourrit dans ce but. Les peaux et la viande payent les frais, et l'engrais est en profit. Cependant on ne pourrait pas suivre ce plan sur une grande échelle, parce qu'on manquerait de débouchés pour la viande.

des vallées (1) ; et lorsqu'on cultive des turneps
ou de la navette , ces récoltes sont consommées
sur place, par les bêtes qui y sont parquées, et
qui enrichissent le sol de leur fumier et de leur
urine. — Les moutons , qu'on nourrit avec des
tourteaux de lin, produisent un engrais extrêmement fertilisant, ce qui présente un moyen d'enrichir promptement un sol pauvre, soit en pâturage , soit en terre arable. — On a adopté depuis
peu de temps , une méthode très-utile, qui con-

(1) C'est un point sur lequel on est loin d'être d'accord.
On prétend, d'un côté, que l'application immédiate du fumier
et de l'urine à toute espèce de sols , ainsi que le piétinement
des moutons sur les sols légers, produisent des effets trop bien
connus, pour qu'on puisse conserver des doutes sur l'utilité de
cette pratique. Il y a même certains sols très-légers sur lesquels
ou ne pourrait guère cultiver du froment, sans le parcage ;
l'engrais, qui serait de peu d'utilité , s'il était répandu sur une
grande surface, produit des effets très - marqués , lorsqu'il est
réuni sur une étendue convenable. On a calculé que le parcage
de mille bêtes à laine , de race commune, amende un acre
(40 ares) dans une nuit. D'un autre côté, plusieurs personnes
nient les profits qu'on peut tirer du parcage ainsi pratiqué ;
elles prétendent que ce système est pernicieux aux pâturages,
et nuisible aux animaux. Pour amender cent acres de terres
arables , on prive de tous les avantages de l'engrais, deux ou
trois cents acres de pâturages. On compte la valeur du parcage,
à environ 5 sh. par tête (6 francs) par année , et on soutient
que cette pratique fait du tort aux animaux presque pour cette
somme, même en supposant que le parc n'est pas éloigné des
pâturages. Cependant le parcage présente l'avantage de rendre
dociles les bêtes à laine les plus sauvages , et en conséquence
elles s'engraissent mieux.

siste à renfermer les moutons dans un parc, où on leur fournit de la litière, et qu'on place dans un coin du champ de turneps ; on transporte les racines dans ce parc, pour les faire consommer. Cette méthode convient particulièrement aux sols trop humides ou trop tenaces, pour qu'on puisse faire consommer les turneps sur place ; ou aux terres en pente rapide, où l'engrais serait entraîné par les pluies.

2° *Excréments des oiseaux.* — Cet article renferme le fumier de pigeon, celui des volailles et celui des oiseaux de mer.

Le fumier de pigeon possède une propriété très-fertilisante. Il fermente très-promptement lorsqu'il est humide ; mais, en général, on l'emploie frais, soit dans les jardins, sur les ognons, soit dans les champs, sur les récoltes de froment ou d'orge , quelquefois, dans un état de mélange avec la tourbe. Dans ce cas, vingt bushels par acre suffisent (35 hectolitres par hectare). Le fumier de volaille se recueille également avec soin , dans le poulalier ou dans la cour. Ses effets sont semblables à ceux du fumier de pigeon. Mais la substance la plus précieuse de cette classe , est l'engrais que produisent les oiseaux de mer , qui vivent de poisson. Cette substance est produite en si grande quantité sur quelques petites îles de la mer du sud , que 5o vaisseaux sont employés annuellement pour la transporter au Pérou , où on s'en sert pour fertiliser les plaines stériles de ce pays, où on l'appelle *guano*. Si les pluies de nos climats détériorent cet engrais, lorsqu'il est déposé sur les rocs et les petites îles de nos côtes, cependant on peut en trouver d'une excellente qualité, dans les cavernes que fréquentent les Cormorans et les Mouettes ; et, dans les Indes occidentales, on le trouve sur les rochers, et on l'emploie de même qu'au Pérou.

3° *Boues des villes.* — C'est un article très-important, qui produit, dans beaucoup de cas, un revenu considérable aux villes, en fertilisant les terres du voisinage (1). Dans les grandes villes, la quantité qu'on pourrait en obtenir, est énorme, quoiqu'il soit à regretter qu'on en perde trop par négligence. A Londres, le produit annuel est évalué à 500,000 voitures, qui ne sont qu'une partie de ce qu'on recueille, par le balaiage, sur 30,000 acres de pavés (12,000 hectares), dans les rues et sur les places de marchés, ainsi que du fumier produit par 30,000 chevaux, 8,000 vaches, et, en y comprenant les environs, à-peu-près un million d'habitants. La boue amassée dans les rues, est

---

(1) La ville d'*Aberdeen* contenant environ 30,000 habitants, tire annuellement 1,500 l. (36,000 francs) pour le loyer de ses boues, ce qui fait un sh. (1 franc, 20 cent.) par individu ; à ce taux, qui est très-bas, la ville de Londres doit recevoir plus de 30,000 l. par année (720,000 francs), pour le même objet. Les boues de la ville d'*Edinburgh* se louaient, il y a quelque temps, 2,000 l. (48,000 francs) par année. Dans le Comté de *Derby*, on apporte une attention particulière à cette espèce d'engrais.

une espèce d'engrais qui produit des effets très-prompts, mais peu durables. Le fumier des vaches et des chevaux nourris dans les villes, est d'une excellente qualité, lorsqu'on en soigne bien la préparation, attendu que les animaux qui le produisent, sont ordinairement nourris des aliments de la plus riche qualité. Le fumier de ces chevaux, étant sujet à se trop dessécher, doit être enlevé régulièrement et mêlé à d'autres substances.

4° *Vidanges de fosses d'aisance.* — C'est le plus riche de tous les engrais ; et, lorsqu'il est desséché, c'est celui qu'on peut employer avec le moins de dépense. Non-seulement ses effets sont plus prompts que ceux de toute autre espèce d'engrais, mais il fournit aussi une grande abondance de nourriture aux plantes. Trois ou quatre voitures de matière liquide sont suffisantes, par acre (40 ares), pour la première fois ; et, ensuite, 2 voitures par acre, suffisent pour maintenir toujours le sol en état de fertilité. On peut l'employer, avec des avantages particuliers, sur les prairies, après la récolte des regains. Son odeur désagréable peut être détruite, soit en mélangeant la matière avec les boues amassées dans les rues, ou de la chaux, soit en formant des tourteaux avec un tiers de son poids de riche marne, comme on le pratique dans la Chine (1),

---

(1) A *Paris,* on réduit cet engrais en poudre, sous le nom de poudrette, et l'expérience prouve que cette substance produit d'excellents effets, M. JOSEPH CLARKE de *Goswell-*

5° *L'Urine.* — Toutes les espèces d'urine contiennent en dissolution les principaux éléments des végétaux. Celle des chevaux, étant en moins grande proportion que leurs excréments solides, serait la partie la plus utile à recueillir, si l'engrais devait être conduit à une grande distance. L'urine produite dans une année par six vaches ou chevaux, pourrait enrichir une quantité de terre suffisante pour former une *couverture* à un acre de prairie. Et, comme le fumier nécessaire pour cette opération, vaudrait environ 3 l. (72^f), l'urine d'une vache ou d'un cheval vaut environ 8 shellings 6 penc par an (10^f 20^c), en comptant 8 shellings par acre (9^f 60^c) pour les frais de préparation du compost. L'urine est beaucoup améliorée, si on jette dans la citerne où on la conserve, des tourteaux de navette en poudre. Les récoltes qu'on peut obtenir en arrosant les prairies avec de l'urine de vache, surpassent presque toute croyance. Mr HARLEY, de *Glasgow*, qui entretient une marcairerie nombreuse dans cette ville, en employant cette méthode sur quelques petits champs d'herbages, fauche plusieurs fois dans l'année, et la hauteur moyenne de chaque coupe est de 15 pouces. Comme cette sub-

---

Street, prépare une substance à-peu-près semblable, à Londres. Il paraît très-probable qu'il y aurait beaucoup d'avantages à ajouter de la chaux vive aux matières, soit pour accélérer leur dessication, soit pour former du phosphote de chaux, qui est si utile à la végétation du froment.

stance est brûlante par sa nature, il y aurait du danger à l'appliquer à une récolte en végétation, par un temps de chaleur ou de sécheresse. C'est pour cela qu'il n'est pas convenable de l'employer, passé les mois d'Avril ou de Mai, sans la mélanger avec de l'eau, excepté sur les prairies. Son emploi est particulièrement utile au printemps, époque à laquelle les engrais liquides donnent une forte impulsion aux plantes, et les font croître vigoureusement (1). Versée sur les choux au moment du repiquage, elle excite leur végétation d'une manière extraordinaire.

On perd trop souvent une grande quantité de cette substance, faute de prendre les moyens convenables pour la recueillir, afin de l'employer, soit à arroser le tas de fumier, soit à l'irrigation.

6° *Débris des animaux terrestres.* — Ces substances forment des engrais très-précieux. En général, elles demandent à être mêlées avec des substances terreuses, afin d'empêcher une décomposition trop rapide.

On perd beaucoup de substances précieuses de cette espèce : par exemple, lorsque des animaux sont morts de vieillesse ou de maladie, si on couvrait leur corps de 5 ou 6 fois leur volume de terre

---

(1) Lorsque des os ou des coquilles en poudre sont convenablement arrosés d'urine, il s'y produit une fermentation suffisante pour les dissoudre, et les convertir en un engrais bien plus précieux, et dont les effets sont plus prompts.

mêlée d'une partie de chaux, la terre s'imprégne-
rait, dans l'espace de peu de mois, d'une quantité
de matières solubles qui en feraient un excellent
engrais. Les corps des animaux morts ne pourraient
ainsi devenir nuisibles ; et leur chair donnerait plus
de profit au cultivateur, qu'en la vendant pour la
nourriture des chiens.

On peut tirer des engrais excellents, des débris
de boucheries, du sang, et d'autres matières qu'on
amasse dans les marchés ; les pains de suif, ou
résidus des chandeliers, sont excellents aussi sur
les récoltes de turneps, dans les sols les plus pauvres.
On doit mettre beaucoup de soin à recueillir toutes
ces substances.

Les os, soit qu'on les fasse réduire en petits
morceaux par un moulin, soit qu'on emploie les
copeaux, et les râpures des ouvriers qui travaillent
les os, produisent d'excellents effets comme engrais,
surtout dans les terres calcaires. Ils forment une
préparation excellente pour les turneps, et on
dit que lorsqu'ils ont été amendés avec des os,
la puce de terre n'y fait pas de ravages ; le produit égale en quantité celui qu'on peut obtenir
avec du fumier ; on regarde les racines comme
plus nourrissantes ; et les récoltes suivantes d'orge
et de trèfle, sont excellentes. La dépense est d'environ deux sh. par bushel (6^f 85^c par hectolitre) ;
et soixante bushels sont suffisants pour un acre
(52 hectolitres par hectare). Un chariot à trois
chevaux peut conduire 300 bushels à une grande

distance. Si on mêlait des cendres avec des os con-
cassés, la récolte serait très-considérable , parce
que les cendres hâteraient la végétation des plantes,
tandis que les os , formant un engrais plus durable,
opéreraient lorsque les cendres seraient épuisées.
Des femmes répandent les os dans les rayons , et
une personne suit avec une fourche , afin d'égaliser,
autant que possible , l'engrais dans le rayon.

Toute espèce de débris animaux agit comme engrais. Ainsi , 1° les chiffons de laine , découpés en
petits morceaux , sont employés à la quantité de
5 à 12 quintaux par acre (700 à 1,680 kil. par
hectare). Ils réussissent surtout sur les sols secs,
sablonneux ou crayeux (1) , attendu qu'ils attirent l'humidité de l'atmosphère , et la retiennent
sur le sol. 2° Les débris des corroyeurs et de tous
les ouvriers en peaux ou cuirs , sont également
appropriés aux sols secs ; la quantité qu'on emploier
est d'environ 30 bushels par acre (26 hectolitres
par hectare). 3° Les rognures de cornes peuvent
s'appliquer à toute espèce de sols ; elles se vendent
un sh. par bushel , dont trente suffisent pour un
acre (26 hectolitres par hectare). Les raclures
de pieds de moutons, de pieds de veaux, etc. ; les
soies de cochons, les plumes (2) , en un mot,

---

(1) On dit que les effets des chiffons de laine et des rognures de cuir , sont surtout frappants dans les sols crayeux.
(2) Dix bushels de vieilles plumes (8 hectol. par hectare),
ont augmenté de deux quarters , le produit d'un acre de froment (14 hectol. par hectare).

toute espèce de substances animales doivent être recueillies , et peuvent accroître la fertilité du sol.

7° *Poissons.* — Sur une aussi grande étendue
de côtes, que celles que possèdent la Grande-Bretagne et l'Irlande , on peut certainement tirer beaucoup d'avantages des poissons, employés comme engrais. Dans les marais des Comtés de *Lincoln* , de
Cambridge et de *Norfolk* , les petits poissons, appelés *sticklebaks* , abondent périodiquement dans
les rivières , à un tel point , qu'on peut les acheter
à six ou huit deniers par bushel , et les employer
à former des composts. Les harengs , ainsi que
d'autres petits poissons , et les chiens de mer , après
qu'on en a tiré l'huile , sont employés au même
usage (1). Les résidus des pêcheries , qu'on emploie comme engrais , en *Cornwall* , ne manquent
jamais de procurer d'abondantes récoltes , partout
où on les répand. On emploie partout aussi , au

---

(1) Sur les bords de la rivière de *Medway* , en *Kent* , on
emploie les petits poissons pour amender les houblonnières. Ils
produisent de grands effets , mais seulement pour une année.
Dans le Comté de *Galway* , en Irlande , on a trouvé de grands
avantages à l'emploi du poisson comme engrais. En Écosse ,
on a calculé que 14 barrels de harengs , produisent un barrel
de résidus , consistant principalement en tripailles , dont deux
barrels forment la charge d'un chariot à un cheval. 16 charges
de cet engrais, qui sont le produit de 84 barrels de harengs ,
étant mélangées avec 48 charges de terres , amendent bien un
acre (40 ares). Ainsi, si on pêche annuellement en Écosse ,
300,000 barrels de harengs , les résidus seraient suffisants pour
amender environ 3,600 acres par an (1,440 hectares).

même usage , et avec le plus grand succès , les résidus des pêcheries de baleines. Cette espèce d'engrais divise beaucoup le sol , et convient particulièrement aux terrains stériles , nouvellement défrichés.

2° *Amendements calcaires.*

Cette importante classe d'amendements est employée , dans ce pays, plus généralement , et avec plus d'intelligence qu'en aucun autre. Elle comprend plusieurs articles , savoir : la chaux calcinée ; — la pierre à chaux pulvérisée ; — le gravier calcaire ; — la craie ; — les marnes ; — les coquilles marines ; — les résidus de savonneries ; — le plâtre.

I.

Chaux calcinée. — Sous ce titre , nous considérerons , — 1° les avantages de cet engrais ; — 2° ses inconvénients; — 3° les principes d'où dépend la fertilité produite par la chaux ; — 4° les diverses sortes de pierres à chaux ; — 5° la manière de la préparer pour l'usage ; — 6° l'application ; — 7° la dépense ; — 8° les effets ; — 9° les règles à suivre ; — 10° quelques remarques sur la différence entre la chaux caustique et la chaux éteinte.

— 1° *Avantages de la chaux.* — Quoique cette règle présente des exceptions , cependant on assure, en général , avec confiance , que toutes les fois qu'un sol n'a pas , dans la composition naturelle , une quantité suffisante de matière calcaire , pour les procédés de la végétation , il ne peut être porté à son plus haut état de fertilité , et les autres engrais n'y produisent pas des effets aussi utiles qu'ils le pourraient , si on n'y a pas appliqué d'abord de la chaux , ou quelqu'autre terre calcaire. Par le moyen de la chaux répandue sur une terre inculte , soit naturellement sèche , soit convenablement saignée , il se produit naturellement de bons herbages , là où il ne croissait auparavant que de la fougère , ou des herbes dédaignées des bestiaux (1). Par l'emploi du même moyen , des pâturages qui ne produisaient que des joncs , ou d'autres plantes de qualité inférieure , se sont couverts de bonnes plantes (2). La chaux est si utile aux récoltes de turneps , qu'on a vu , dans le même champ , une partie qui avait reçu de la chaux , produire des plantes très-vigoureuses , tandis que , dans l'autre partie , qui n'en avait pas reçu , toutes les plantes périrent. Dans une partie du Comté de *Somerset*, l'usage de la chaux , comme amendement , a élevé

---

(1) On a même appliqué avec succès, aux bruyères et aux prairies à herbages grossiers, les débris de carrières de pierres à chaux.

(2) On ne suppose pas que la chaux accroisse la quantité de l'herbe, quoiqu'elle améliore sa qualité ; elle la rend certainement plus nourrisante, soit qu'on la convertisse en foin, soit qu'on la fasse pâturer , et elle préserve les bestiaux, et surtout les bêtes à laine , de quelques maladies.

le loyer des terres, de 4 sh. à 3o sh. par acre ;
et, dans des terres où le fumier ne produisait pas
des effets sensibles avant l'application de la chaux,
il a opéré ensuite , comme partout ailleurs. De
grandes étendues de terres, en *Cheshire*, et dans
les parties septentrionales et plus élevées du *Derbyshire* et des districts adjacents, ont été améliorées d'une manière étonnante par le même moyen.
Les terres à seigle du *Herefordshire* refusaient ,
en 1636, de produire du froment, des pois et des
vesces. Mais, depuis l'introduction de l'emploi de
la chaux, elles ont acquis assez de fertilité pour
produire , avec succès , toute espèce de grains.
L'application de la chaux augmente la quantité de
la paille, ce qui permet au cultivateur de se procurer une plus grande quautité de fumier , et les
récoltes sont moins sujettes à se verser. Tout le
monde connaît les effets de la chaux pour la destruction des vers et autres insectes qni se trouvent
dans le sol. Dans certaines terres d'une médiocre
qualité , nouvellement mises en culture , les plus
riches engrais ne pourront amener aucune récolte
à maturité , si ce n'est l'avoine ou le seigle ; tandis
que, s'ils reçoivent une suffisante quantité de chaux,
on pourra y cultiver avec avantage , les pois ,
l'orge et le froment. On a observé , avec évidence,
les effets de la chaux sur une même ferme, dont
les parties les plus riches , et qui avaient été laissées
sans y appliquer de chaux, étaient uniformément
inférieures en produits aux parties les plus pauvres,

qui avaient reçu de la chaux. Cet effet s'est fait remarquer pendant une période de 21 ans, pendant laquelle toutes ces terres ont été, d'ailleurs, traitées de la même manière.

2° *Inconvénient de l'emploi de la chaux comme engrais.* — On ne peut pas prétendre que la chaux puisse être appliquée partout avec profit. Lorsqu'on en emploie de trop grandes quantités à la fois, ou lorsqu'on en répète trop fréquemment l'application, elle rend le sol stérile. Elle n'opère avantageusement, que lorsqu'elle peut exercer son action sur une surabondance de matières végétales, qui se rencontrent dans le sol; et, sur les sols légers, il est particulièrement dangereux d'en répéter trop souvent l'application, excepté dans l'état de compost.

3° *Principes d'après lesquels la chaux agit comme amendement.* — La chaux vive, en poudre, ou dissoute dans l'eau, est nuisible aux plantes; c'est pour cela qu'on fait périr des herbes, si on les arrose avec de l'eau de chaux. Mais la chaux éteinte forme, avec les matières végétales, un composé qui est en partie soluble dans l'eau, et qui fournit des aliments aux plantes. Lorsque la chaux en poudre est mêlée au sol, elle dispose à une rapide décomposition, toutes les substances solides, animales ou végétales qui s'y trouvent. Si on l'emploie, dans son état caustique, dans des sols argileux et tenaces, non-seulement elle les rend plus meubles, mais elle rend le sol moins froid. La chaux donne aux terres légères plus d'adhérence, et la propriété de retenir mieux l'humidité.

4° *Des diverses espèces de pierres à chaux.* —
Quelquefois la pierre à chaux est presque parfaitement pure, comme le marbre, qui souvent contient à peine aucune autre substance que la matière calcaire. Mais diverses sortes de pierres à chaux
présentent un mélange d'argile et de sable, dans
diverses proportions, ce qui diminue l'efficacité de
l'amendement, dans le rapport de la quantité des
substances étrangères. Il est donc nécessaire d'ana-
liser la pierre à chaux, pour s'assurer de la quantité de chaux pure qu'elle contient, avant de faire
usage, sur une grande échelle, d'une substance
aussi coûteuse, surtout si on est forcé de la transporter à une grande distance (1). Les pierres
à chaux bitumineuses forment un bon amendement;
mais celles qui contiennent de la magnésie, méritent beaucoup d'attention. Quelquefois, la chaux
contient de 20 à 23 pour cent de magnésie; dans
ce cas, il pourrait être nuisible d'appliquer une
chaux de cette qualité, à des sols médiocres, en
quantité plus considérable que 25 à 30 bushels par
acre (22 à 26 hectol. par hectare), quoique dans
les sols riches, on puisse en employer le double de
cette quantité, et une bien plus grande quantité
encore dans les sols tourbeux, où elle produit les

-----

(1) Faute de faire attention à cette règle, on a quelquefois fait de grandes dépenses inutilement et plusieurs personnes ont été portées à douter de l'efficacité de la chaux,
parce qu'elles en avaient employé des espèces de qualité inférieure.

effets les plus puissants , pour y faire naître la fertilité (1).

5° *Manière de la préparer pour l'emploi.* — On
calcine la pierre à chaux dans des fours de diverse
construction , et avec diverses espèces de combustible , comme la houille , la tourbe (2), des
genêts ou des fagots. On l'applique avec avantage
aux sols récemment défrichés , dans son état caustique ; mais , en général, on l'éteint en versant de
l'eau sur les tas , jusqu'à ce que la chaux se dé-
lite et se réduise en une poudre fine (3). Lorsqu'on doit faire cette opération , on ne doit pas la
retarder , parce que , lorsque la chaux est bien calcinée , elle se réduit facilement en poudre fine , ce
qui ne serait plus le cas , si on tardait à l'éteindre.
Lorsqu'on ne peut pas se procurer aisément de l'eau,
on met la chaux en petits tas , qu'on couvre de
terre , dont l'humidité a bientôt réduit la chaux
en poudre ; ou bien on la met en gros tas , en
formant un lit de quatre pouces d'épaisseur de chaux,
et un lit de six pouces d'épaisseur de terre ; le

---

(1) En général , les pierres à chaux magnésiennes , sont
colorées en brun, ou en jaune pâle. On en trouve dans diverses parties de l'Angleterre et de l'Irlande. L'application de
cette espèce de chaux serait probablement le moyen le plus
économique et le plus efficace, d'améliorer les sols tourbeux.

(2) Les neuf dixièmes de la chaux qu'on emploie en Irlande , sont calcinés avec de la tourbe.

(3) La chaux éteinte n'est qu'une combinaison de la chaux
avec un tiers de son poids d'eau.

tout est recouvert de terre. Lorsqu'on peut facilement se procurer de l'eau de mer, il est très-avantageux de l'employer, pour éteindre la chaux destinée à l'amendement.

6° *Application.* — L'été est la saison la plus convenable pour appliquer la chaux, parce que la terre doit être bien sèche, afin de faciliter une égale distribution de l'amendement. Mr RENNIE DE PHANTASSIE, cultivateur très-expérimenté, pense que l'époque la plus convenable pour appliquer la chaux, est le mois de Juin ou de Juillet, pendant que la terre est en jachère, afin qu'elle puisse être mêlée complètement avec le sol, avant la semaille. C'est aussi la pratique générale dans d'autres districts. Pour une récolte de turneps, on doit la conduire au printemps, ou de bonne heure dans l'été, avant la semaille des turneps, afin que la chaux puisse être parfaitement incorporée avec le sol, par les labours et les hersages qu'il doit recevoir (1); la terre aura ainsi le temps de se refroidir, et la chaux ne pourra ni détruire les jeunes plantes, ni dessécher l'humidité qui est nécessaire pour leur première végétation. Lorsqu'on l'applique sur un vieux gazon, c'est une bonne pra-

---

(1) L'extirpateur ou scarificateur, remplit ce but très-efficacement. On ne doit pas répandre à la fois plus de chaux qu'on ne peut en enterrer immédiatement. On ne doit pas la répandre par un grand vent, parce que les domestiques ne peuvent ni la répandre aussi également, ni juger aussi bien de son égale distribution. Un vent léger est cependant utile.

tique , de la répandre à la surface , avant de le rompre , au moyen de quoi la chaux est fixée solidement dans le sol. On a trouvé qu'il était utile de répandre ainsi la chaux une année à l'avance , mais que trois années valaient encore mieux ; dans le premier cas , le produit n'a été que de six fois la semence , et dans le second , il s'est porté à dix(1). La quantité de chaux qu'on emploie , doit varier selon la nature du sol. On peut employer , avec avantage , sur les terres argileuses , de 240 à 300 bushels par acre (215 à 270 hectol. par hectare). On en a même employé , en une seule fois , 600 bushels , avec beaucoup de succès (2). Dans les sols légers , on en emploie une quantité beaucoup moindre , c'est – à – dire , de 150 à 200 bushels (130 à 170 hectol. par hectare) ; mais ces petites doses doivent être fréquemment répétées. Lorsqu'on applique la chaux à la surface des marais ou des terrains tourbeux , on en emploie des quantités très-considérables ; et , pourvu que le sol soit naturellement sec , ou qu'il ait été bien saigné , plus on y met de chaux , plus grande est l'amélioration.

---

(1) On regarde , en général , comme suffisant, d'appliquer la chaux deux années à l'avance.

(2) Feu M. BARCLAY d *Ury* , a souvent donné de 400 à 430 bushels de chaux par acre (340 à 400 hectol. par hectare); mais lorsqu'il en employait une si grande quantité , il ne l'employait jamais une seconde fois sur le même sol , excepté une légère couverture de chaux qu'il donnait , en semant les graines de prés.

Cependant la quantité réelle de matière calcaire qu'on applique au sol, dépend de la qualité de la pierre. Il arrive souvent que 50 bushels ne fournissent pas plus d'amendement effectif que 30, parce que la chaux ne contient pas les trois quarts de matière calcaire (1).

7° *Dépense.* — Il y a de si grandes variétés dans le prix de la chaux achetée au four ; dans les dépenses de conduite jusque sur le champ ; dans celles qu'entraînent les opérations nécessaires pour l'éteindre et la répandre ; et, par-dessus tout, dans les quantités nécessaires pour différents sols et différentes circonstances, qu'il est impossible d'établir exactement les frais d'application de la chaux. On peut cependant établir, en terme moyen, le prix de la chaux vive, à 6 deniers par bushel (1^f 70^c par hectolitre), y compris toutes les dépenses accessoires ; et à 120 à 300 bushels (115 à 262 hectolitres par hectare), la quantité nécessaire par acre.

8° *Effets de la Chaux.* — On voit, par ce que nous venons de dire, que les cultivateurs se soumettent fréquemment à une dépense qui nemonte pas annuellement à moins de 10 sh. par acre, pour la chaux qu'ils emploient

---

(1) On a imaginé récemment, en *Cumberland*, une nouvelle manière d'appliquer la chaux : elle consiste à répandre immédiatement sur le sol, après la première coupe du trèfle, 30 à 40 bushels de chaux vive par acre (25 à 30 hectol. par hectare). Cela produit une grande augmentation sur la seconde coupe, et cela améliore beaucoup le pâturage de l'année suivante, et la récolte d'avoine qui vient ensuite.

dans le cours d'une rotation ; et cependant ils s'en trouvent amplement indemnisés. Le profit qu'ils font sur la culture des récoltes vertes, est suffisant pour cela. Les récoltes de cette espèce peuvent être cultivées au moyen d'une grande quantité de fumier ; mais l'expérience prouve que , lorsqu'on emploie les substances calcaires , la réussite est assurée par une moins grande quantité d'engrais végétal ou animal. Cette pratique a donc pour résultat d'épargner le fumier , et de rendre ses effets plus énergiques et plus durables ; car les récoltes plus abondantes qu'on obtient par ce moyen , permettent d'augmenter considérablement la quantité de fumier qu'on obtient dans une ferme. Il est certain même que , dans un sol convenable pour l'application de la chaux , comme sur une vieille prairie naturelle ou artificielle , la chaux est beaucoup supérieure au fumier. Ses effets se font sentir pendant un plus long espace de temps; et les récoltes qu'on obtient , sont d'une qualité supérieure , et moins sujettes à souffrir des excès de sécheresse ou d'humidité. Il est certain aussi que le sol , snrtout si c'est une terre argileuse , devient plus facile à cultiver ; et l'économie du travail , seule , suffirait pour engager un cultivateur à appliquer de la chaux à ses terres , quand même il n'en tirerait pas d'autre avantage , que de pouvoir les préparer d'une manière plus parfaite , avec moins de peine.

9° *Règles sur l'application de la chaux.* — 1° Il est nécessaire de s'assurer de la qualité du sol auquel on veut appliquer de la chaux , et , en par-

ticulier, de savoir s'il n'a pas déjà reçu un amendement semblable, et en quelle quantité. En général, on peut observer que les *loams* consistants
et les argiles tenaces exigent une pleine dose de
chaux, pour qu'elle y produise son effet, parce
que les sols de cette nature peuvent absorber une
grande quantité de matière calcaire. Les sols légers
exigent, au contraire, moins de chaux ; et il pourrait
être nuisible de leur en appliquer la même quantité, qui serait à peine suffisante pour des terres
fortes. — 2° Comme les effets de la chaux dépendent
beaucoup de son mélange parfait avec la terre, il
est convenable de ne la répandre que lorsqu'elle est
dans un état pulvérulent : plus elle est sèche et en
poudre fine, plus elle se mélange facilement avec
le sol.

3° La chaux, tendant toujours à s'enfoncer dans
le sol, ne doit être enterrée que le moins profondément possible, et par un labour très-superficiel.
— 4° Dans les sols médiocres ou pauvres, on ne
doit pas réitérer l'application de la chaux, si ce
n'est après un long espace de temps, ou à moins
qu'on ne l'emploie en mélange dans des composts.
Après une seconde application, la terre doit être
mise immédiatement en prairie. Dans beaucoup de
sols, surtout dans ceux qui sont nouvellement mis
en culture, la chaux disparaît tellement par la suite
du temps, qu'il faut en renouveler l'application.
Cet effet arrive plus tôt ou plus tard dans tous les
cas, mais plus rapidement dans les pâturages que
dans les terres arables, parce que la charrue ramène

constamment la chaux à la surface.

10° *Différences entre la chaux caustique et le carbonate calcaire.* — C'est un point auquel on n'a pas fait assez d'attention jusqu'ici ; et, cependant, si on ne prend pas cette différence en considération , la chaux pourra souvent être mal appliquée. Les données suivantes , extraites d'un ouvrage écrit par un agriculteur intelligent , répandront quelques lumières sur cet important sujet.

La chaux récemment calcinée , est dans un état caustique, et elle conserve cette qualité plus long-temps qu'on ne le croit communément. Lorsqu'on la met en contact avec des snbstances végétales non décomposées , elle les crispe et détruit leur organisation ; on peut donc l'employer, avec grand avantage , pour la destruction des mauvaises herbes sur la jachère. Elle peut être employée avantageusement dans tous les cas où le sol contient une grande abondance de matières végétales ; mais , lorsqu'il manque de ces substances nutritives , le carbonate calcaire est préférable. On a dit que la chaux caustique tend à épuiser le sol , parce qu'elle hâte la putréfaction des substances animales et végétales qui y sont contenues , et qu'ainsi , une plus grande quantité de ces substances est appliquée à la végétation des plantes , dans un temps donné , que cela n'aurait pu avoir lieu , sans cette circonstance. De cette manière, le sol produit d'abord des récoltes plus abondantes; et cela permet ensuite au fermier de continuer à tenir sa terre en culture , jusqu'à ce qu'elle soit épuisée des principes de fertilité , beaucoup plus complètement que cela n'aurait été possible , sans l'application d'un amendement calcaire. La chaux caustique exerce une action tellement destructive , que les excréments des chevaux, qui tombent près d'un four à chaux , sont complètement détruits par celle qui tombe toujours des chariots , ou est enlevée par le vent , de manière à être totalement perdus. La chaux ne doit donc pas être mélangée au fumier , dans son état caustique. Lorsqu'on l'emploie en cet état sur une récolte de pommes de terre , elle attaque les tubercules de semence , et les plantes sont sujettes à la frisolée , ou à produire des tubercules galeux. La chaux caustique peut être employée , avec avantage, dans le sol , pour détruire son acidité ; mais aussi , elle absorbe l'acide carbonique qu'il contient. Elle est très-utile dans les composts, comme nous l'expliquerons ailleurs ; mais elle ne doit pas être employée dans son état caustique , en mélange avec du fumier.

D'un autre côté , le carbonate calcaire peut être employé , avec avantage , là où la chaux caustique serait nuisible , et spécialement sur les terres épuisées par des assolements peu judicieux , ou par le manque d'engrais.

Dans le voisinage de *Grantham* , les cultivateurs ont abandonné l'usage de la chaux , parce qu'ils ont trouvé que leurs terres en étaient épuisées ; mais ils ont employé , avec avantage , sur les mêmes terres , les retailles de pierres à chaux , destinées à la réparation des chemins , dans le voisinage. On a souvent condamné comme épuisante , la chaux faite avec la craie ; tandis que la même craie non calcinée, a été employée avec avantage. Dans le Comté de *Dumfries*, on emploie le carbonate calcaire pour la culture des pommes de terre ; il rend la récolte plus abondante, et aide beaucoup les effets du fumier ; et lorsqu'on emploie la même substance dans les composts, on pense généralement qu'on peut y mêler du fumier, sans crainte qu'il y soit altéré. Les coquilles d'huitres, réduites en poudre, ont été récemment employées comme amendement, avec beaucoup de succès (1). Pour

---

(1) A *Holkham*, on brise les écailles d'huitres, soit en les faisant passer dans une machine destinée à triturer les tourteaux d'huile, soit en les répandant sur une aire payée, et en y faisant passer, à plusieurs reprises, un pesant rouleau de fer. On atteindrait le même but, au moyen d'un moulin à écorce. En 1816, on a répandu 40 bushels de cet engrais par acre (35 hectol. par hectare), en lignes distantes de 27 pouces, selon la méthode ordinaire ; il a été légèrement recouvert de terre, et les turneps ont été semés sur les lignes d'engrais. Dans le même champ, on a semé des turneps, en lignes également espacées, et amendées avec du fumier d'étable, à raison de huit tons par acre (14 voitures par hectare). La récolte a été belle partout, et on n'a pu apercevoir aucune différence; l'orge qui a suivi, et le tréfle qui est venu ensuite, ont été également beaux dans les deux parties. On a essayé aussi, en 1816 et en 1817, l'emploi de l'engrais d'écailles, en comparaison des tourteaux pulvérisés, pour amendement du froment ; sur une partie, l'engrais a été répandu dans les lignes avec la semence ; et dans l'autre, elle a été semée au printemps, entre les lignes du froment : on n'a pas remarqué de différence sensible dans les produits, entre la terre amendée avec de la poudre d'écailles, et celle qui l'avait été avec des tourteaux pulvérisés.

convertir la chaux caustique en carbonate calcaire, Il est quelquefois nécessaire de la retourner fréquemment, afin qu'elle puisse se saturer complètement d'acide carbonique, avant de l'employer (1).

II.

Pierre à chaux pulvérisée. — Cette substance diffère de la chaux calcinée, en ce qu'elle contient de l'acide carbonique, ce qui la rend insoluble dans l'eau. En Écosse, on avait établi, il y a déjà plusieurs années, des machines pour pulvériser la pierre à chaux, mais elles ont été malheureusement détruites, avant que l'expérience eût été bien suivie. Il est évident que les essais ont été suivis de quelques succès. Cette pratique serait certainement u-

---

(1) Le même auteur fait mention d'une circonstance curieuse : on avait mis, en un monceau, une quantité de chaux bien saturée d'acide carbonique ; lorsqu'on l'enleva au bout de quelque temps, la place du tas se couvrit de trèfle blanc. Un tas de chaux caustique avait été laissé pendant le même espace de temps, mais aucune herbe ne végéta sur la place, et, à la longue, elle se couvrit de chiendent. Ni le trèfle ni le chiendent n'ont pu être produits par la chaux ; mais l'auteur explique ainsi cette circonstance : La chaux vive avait détruit toutes les semences contenues dans le sol ; mais le chiendent se détruisant beaucoup moins facilement, ou traçant des environs, prit possession de la place vacante. Quant au trèfle blanc qui couvrit la place du tas de chaux saturée, cela n'a rien d'extraordinaire, attendu que les semences de cette plante sont répandues presque partout, et végétent toujours dans les sols calcaires.

tile dans les cantons où le combustible est rare. La poussière des chemins couverts de pierres calcaires, qui n'est réellement que de pierre à chaux en poudre, a été employée avantageusement comme amendement, dans les Comtés d'*York*, de *Gloucester*, et dans d'autres cantons ; on ne doit pas la négliger. La poussière du marbre, et les débris des carrières de pierres à chaux, sont utiles aussi.

III.

Gravier calcaire. — Cet excellent amendement, appelé dans quelques endroits *gravier à grains*, d'après ses qualités fertilisantes sur les terres arables, convient particulièrement aux terrains tourbeux, le poids de cette matière occasionnant une pression qui leur est très-utile. On l'a essayé aussi, avec succès, sur les sols sablonneux, en le mélangeant avec des substances d'une nature tenace. Ses effets sont aussi remarquables et plus permanents que ceux de la chaux. Il a produit des avantages immenses en Irlande ; et on en trouverait probablement dans d'autres parties du Royaume-Uni, si on le recherchait avec soin. Ces propriétés ont été découvertes par hasard, dans une paroisse d'Écosse, où on l'emploie, depuis ce temps, avec beaucoup de succès (1).

____

(1) Le territoire de cette paroisse est traversé par une chaîne de monticules irréguliers, formés d'un sable grossier, ou

IV.

Craie. — Cette substance calcaire est employée comme un amendement très-utile, dans plusieurs districts méridionaux et orientaux de l'Angleterre, où elle se rencontre abondamment. On l'emploie souvent dans son état naturel, en la répandant sur la surface de la terre, en automne, et en la laissant se pulvériser par l'effet des gelées de l'hiver. La quantité de 5 à 8 voitures par acre (12 à 20 voitures par hectare), produit de bons effets. Lorsqu'elle est calcinée, on emploie de cent à deux cents bushels par acre (80 à 160 hectol. par hectare), mais comme les effets ne sont pas durables, il faut répéter l'application tous les quatre ou cinq ans. La pierre à chaux pulvérisée, lorsqu'on peut s'en procurer, est beaucoup plus efficace. On croit que la craie et la marne produisent le même effet

---

plutôt de gravier. C'est ce gravier qu'on emploie comme amendement, avec le plus grand succès, sur les terres du voisinage. Sa propriété fertilisante a été découverte vers 1770. On employait ce gravier pour réparer la route entre *Aberdeen* et *Peterhead* ; et, quelques années après, on fut fort étonné de voir croître vigoureusement du trèfle blanc, sur les places du voisinage de la route, qui avaient été couvertes de ce gravier, tandis que tous les autres endroits restaient aussi stériles qu'auparavant. Cela engagea les habitants à essayer le gravier comme amendement ; ils ont toujours continué de l'employer, et ils ont reconnu que c'est un amendement extrêmement riche et durable.

avantageux que toutes les terres calcaires, c'est-à-dire, de donner à la paille plus de roideur et de blancheur (1), comme de rendre l'écorce du grain plus mince, et d'accroître la quantité de farine qu'il contient.

V.

Marne. — On distingue quatre espèces de marne : — La marne en pierres ; — la marne feuilletée ; — la marne argileuse ; — et la marne coquillère. Les trois premières espèces doivent être employées en si grande quantité, qu'il est rare qu'on les transporte à une distance un peu considérable. On peut les employer avec profit, lorsqu'elles se trouvent sous un sol léger, auquel on peut les appliquer sans beaucoup de dépenses.

Dans le *Lancashire* et le *Cheshire*, la marne argileuse est la plus importante source de fertilité ; et on n'épargne ni travail ni dépenses, pour l'employer pvec énergie. Il est, en conséquence, convenable d'indiquer la manière dont elle est généralement employée dans ces districts.

Le premier objet est la disposition des fouilles. On les place là où elles occasionnent le moins de perte de terrain ; — où le chariage est le moins long ;

( ) C'est pour cela que la paille la plus parfaite, pour la fabrication des chapeaux, et d'autres objets du même genre, vient du voisinage de *Dunstabl*, de *Luton*, etc.

— d'où il est plus facile de la conduire, en descendant s'il est possible ; — où elles doivent occasionner, par la suite, le moins de dommage aux terres ; — enfin, lorsque cela est possible, où on n'est pas gêné par les eaux (1).

On travaille dans les fouilles, en détachant de grandes masses de chaque côté, et en – dessous, en déterminant ensuite l'éboulement, par de longs pieux enfoncés à la surface, et, quelquefois, avec l'aide de l'eau. Cette méthode est expéditive, mais entraîne quelque danger pour les ouvriers.

On applique généralement la marne sur les terres en herbages, en commençant l'opération en Mai ou Juin, et la continuant pendant tout l'été. Plus le gazon est ancien, meilleure est l'opération. La réunion de la marne avec le gazon, produit une fermentation et une putréfaction qui paraissent nécessaires, pour qu'elle produise tous ses effets.

On emploie des quantités énormes de marne argileuse, ou marne rouge ; dans quelques cas, on en conduit trois cents chariots moyens par acre (750 chariots par hectare), et les champs en sont quelquefois couverts à une telle épaisseur, qu'ils présentent l'apparence d'une terre rouge en jachère, nouvellement labourée. Dans quelques cas, on préfère en employer une moins grande quantité,

---

(1) D'un autre côté, on a obtenu des puits d'eau précieux, dans les terrains sablonneux de *Norfolk*, en creusant, pour extraire de la marne argileuse.

28 *

et on répète l'opération plus fréquemment.

La marne conduite sur le sol, y est laissée en mottes, afin qu'elle soit exposée le plus possible aux influences de l'atmosphère. Elle doit éprouver l'action d'un été tout entier, et des gelées d'un hiver, pour être réduite en une substance onctueuse, mais friable, qu'on peut ensuite répandre efficacement, en la pulvérisant avec des battoirs ou des maillets, et en la distribuant également avec des pêles et des herses. On la distribue ainsi également sur toute la surface, et ensuite on l'enterre par un labour. On regarde les effets qu'elle produit comme étant avantageux au plus haut degré (1).

Quant à la marne coquillère, elle consiste principalement en matières calcaires atténuées, et en coquilles d'eau douce, en partie décomposées, et qui se sont déposées au fond de lacs comblés de limon. On peut l'appliquer comme *couverture* au froment, et aux autres récoltes, dans les cas où il serait dangereux d'employer la chaux vive. Dans les Comtés de *Selkirk*, *Forfar*, *Ross*, *Caithness*

---

(1) Dans quelques parties du *Derbyshire* et du *Cheshire*, on trouve des vestiges d'anciennes marnières, quoique le procédé du marnage se soit perdu parmi les habitants. Des saignées conduites avec intelligence, mettraient les terres de ces cantons en état de profiter, comme autrefois, du trésor de la marne qui existe sous la surface. Comme on sait que l'argile calcinée produit d'excellents effets comme amendement, il est probable que la calcination de la marne de diverses espèces serait très-utile ; cela a été incomplètement essayé en *Lancashire*.

et dans d'autres districts , la marne coquillère a été
d'une grande utilité pour fertiliser les terres ; cependant , d'après sa propriété stimulante , la terre
a quelquefois souffert , parce qu'on en avait employé une trop grande quantité , et qu'on avait ensuite surchargé le sol de récoltes épuisantes.

VI.

Coquillages maritimes. — Cet engrais abonde dans
diverses parties des Iles Britanniques. Elle surpasse
les espèces ordinaires de pierre à chaux , par sa
pureté , et la proportion de matière calcaire qui s'y
trouve. Elle contient souvent aussi une petite quantité de matière animale. Cependant ces coquilles ne
produisent pas un effet aussi rapide et aussi puissant sur le sol, à moins qu'elles ne soient calci-
nées ; lorsqu'elles ne le sont pas , on augmente
beaucoup leurs effets , en les broyant au moyen d'un
moulin semblable aux moulins à tan , ce qui permet aux influences atmosphériques de les décomposer plus rapidement , et ce qui permet aussi de
les distribuer plus également sur le sol. Lorsque la
paille est rare , on les emploie quelquefois en guise
de litière ; et l'urine contribue beaucoup à la décomposition des coquilles.

Le sable de mer , mêlé de coquillages , est employé , avec grand succès , comme amendement , sur
les côtes nord - est du *Yorkshire*, en *Devonshire*,
en *Cornwall* (1) , en *Caithness* , et sur les côtes de

_____

(1) Cette substance est employée en grande quantité sur

Buchan, en *Aberdeenshire*. Il est particulièrement
utile dans les argiles tenaces, attendu que ses deux
parties constituantes, le sable et les coquillages,
leur conviennent également.

VII.

Résidus de Savonneries. — On les regarde comme
un excellent engrais de nature calcaire, avec un
mélange peu considérable d'autres substances. Ils
conviennent surtout aux prairies, et le sulfate de
chaux, ainsi que les matières salines qu'il contient,
contribuent probablement aux bons effets qu'il y
produit. Il est également fort utile aux sols tourbeux,
et excellent pour les jardins, à cause de sa propriété de détruire les insectes. La quantité moyenne

---

les côtes de *Devonshire* et de *Cornwall*. Près de *Falmouth*, 100
parties de ce sable contiennent 50 parties de corail, en petites particules ; mais en *Cornwall*, 100 parties contiennent 70
à 80 parties de coquilles pulvérisées. Les cultivateurs cherchent
toujours à le prendre le plus près possible de la ligne des
basses eaux. Ils obtiennent ainsi une petite quantité de matière soluble ; mais les principaux avantages de cette substance
calcaire, comme amendement, sont, qu'elle ajoute à l'épaisseur du sol ; qu'elle contient des matières calcaires ; qu'elle rend
la terre plus meuble, et permet ainsi aux plantes d'étendre
plus au loin leurs racines, et qu'elle améliore le sol, en absorbant les acides qui peuvent y être contenus. Sur la paroisse
de *Southend*, dans le Comté *D'argyll*, il se trouve un banc
de corail, à environ 100 *yards* de la mer. L'amendement qu'on
en tire est supérieur à la chaux, pour les sols argileux et humides ; il est extrêmement utile dans les jardins, et sur les pâturages de bruyères.

qu'on en emploie , est d'environ cent bushels par acre (87 hectolitres par hectare) ; mais on en a employé de plus grandes quantités avec succès. Il produit de très-bons effets dans les composts. L'automne est la saison la plus convenable pour appliquer cet amendement aux prairies. Dans les terres arables , la quantité doit être plus grande que sur les prairies ; les sols argileux ou tourbeux en demandent plus que les *loams* légers ; les sols secs et graveleux sont ceux où on doit en mettre la moindre quantité (1).

VIII.

Le Plâtre. — Cette substance est composée d'acide sulfurique et de chaux , et son application aux prairies artificielles est souvent suivie des plus grands effets, en employant seulement 5 ou 6 bushels par acre (3 1/2 à 5 1/2 hectolitres par hectare). Les cendres du sainfoin , du trèfle , de la luzerne , contiennent des quantités considérables de cette substance ; et il y a lieu de croire , d'après cela, qu'elle doit entrer , comme principe constituant , dans la partie fibreuse de ces plantes, ainsi que de beaucoup d'autres.

---

(1) Il est certain que , dans plusieurs cas, les cendres de savonnerie ont été trouvées utiles. Cependant , on dit qu'elles ont été essayées sur de grandes étendues de terre, en *Surrey* et en *Kent*, sur de vieilles prairies , et sur des terres arables très-argileuses , sans qu'elles ayent produit les moindres bons effets. Peut-être les avait on appliquées en trop petite quantité,

En général , les sols cultivés en contiennent une assez grande quantité pour les plantes qu'ils produisent ; mais , lorsque cette substance manque dans le sol , il est possible qu'un champ , qui a cessé de pouvoir produire de bonnes récoltes de tréfle , puisse être rendu à sa première fertilité , par l'usage du plâtre (1).

Dans les terres qui abondent en matière calcaire, le célèbre INGENHOUZ a fortement recommandé d'arroser le sol d'acide sulfurique , de manière à y former du plâtre artificiel. Il prétendait que cela améliorerait probablement les récoltes de tréfle et d'autres prairies artificielles, et que cela pourrait être utile aux récoltes de grains. Cette pratique mériterait bien d'être essayée dans les sols où il y a surabondance de terre calcaire.

III. *Amendements terreux.*

On peut placer sous ce titre la terre végétale ou *loam*, la tourbe, l'argile et le sable, l'argile calcinée, le limon de la mer, des canaux, des étangs ou des

---

(1) Le peu de succès avec lequel on a essayé l'usage du plâtre, en *Derbyshire*, où on extrait cette substance en grande quantité, vient peut-être de ce qu'on l'a employé calcinée. Mr *Farey* recommande, en conséquence, d'essayer de l'employer crue et réduite en poudre, comme on le pratique en Amérique et sur le continent de l'Europe. Cette substance a été essayée à *Holkham*, en 1810, sur la recommandation de M. *Holdich*; elle a été employée crue, sur du tréfle et du sainfoin, à la quantité de 6 bushels ; l'effet a été prodigieux.

rivières , et la poussière des routes.

1° *Terre végétale ou loam.* — Dans beaucoup de cas , comme en construisant des routes , des canaux de nouvelles habitations , on extrait une quantité considérable d'excellente terre , qui , lorsqu'on n'en a pas besoin sur place , peut être employée à entrer dans les tas de composts , ou à augmenter l'épaisseur de la terre végétale , dans les terrains qui en manquent.

2° *Tourbe.* — On a reconnu que la tourbe décomposée , desséchée et pulvérisée , est , dans quelques sols, un excellent engrais pour les pommes de terre. On divise la tourbe en morceaux , comme si on voulait l'employer pour combustible ; et, après l'avoir laissée pendant quelque temps exposée à l'air, on la transporte sur les terres. En Irlande , on applique aux sols légers et graveleux une certaine espèce de tourbe , qui produit d'excellentes récoltes, surtout lorsqu'on la mêle avec un peu de chaux ou d'argile.

3° *L'argile ou le sable.* — La méthode d'améliorer la texture d'un sol, en y conduisant de l'argile , lorsque le sable prédomine , *et vice versâ* , dont nous avons déjà dit un mot dans le premier Chap. 2ᵉᵐᵉ Sect. , produit souvent de grands avantages. L'argile ne peut guère manquer d'améliorer les sables ; mais on a remarqué , avec justesse , qu'il est des sols qui reçoivent le nom d'argile , parce que le défaut d'un desséchement efficace leur donne une certaine cohésion , et qui, examinés attentivement , ne sont que des *loams* sablonneux : ceux-ci n'ont pas besoin d'une quantité additionnelle de sable. En *Cheshire*, on emploie fréquemment le sable, comme amendement, sur les terres fortes, et on obtient de grands succès.

4° *Argile calcinée.* — Il est bien connu que la calcination de l'argile est une ancienne pratique, qui, à diverses époques, a été suivie avec activité et succès, et qui, dans d'autres temps, a été négligée. Le plus ancien livre anglais, où il en soit fait mention, est *The Countri Gentlemans Companion*, par STEPHEN SWITZER, jardinier; imprimé à Londres, en un vol. in-8°, en 1732. Dans cet ouvrage, on dit que le Comte d'HALIFAX a été l'inventeur de ce mode d'amélioration, et qu'il était fréquemment pratiqué en *Sussex*. On y trouve deux gravures représentant deux fours différents, pour calciner l'argile, l'un adopté en Angleterre, et l'autre en Écosse; on y dit que lorsqu'une terre est épuisée par la culture, on peut lui faire produire une excellente récolte de *turneps*, en la labourant deux ou trois fois, et en y répandant l'argile calcinée. On trouve, dans le même ouvrage, plusieurs lettres, écrites en 1730 et 1731, qui attestent que cette méthode de calciner l'argile, avait réussi dans diverses parties de l'Angleterre; ainsi que des informations reçues d'Écosse, et d'après lesquelles cet amendement y avait produit de meilleurs effets que la chaux et le fumier; mais on ajoutait qu'on l'avait trouvé trop coûteux. En 1786, Mr JAMES ARBUTHNOT, de *Peterhead*, a fait plusieurs essais heureux, d'argile calcinée; ainsi, quoique cette méthode ait été annoncée récemment, elle n'est pas nouvelle. On peut espérer, toutefois, d'après l'activité qu'on met à la pratiquer, qu'on fera de nouvelles expériences, sur les différentes manières de calciner l'argile, afin de simplifier le procédé et de réduire la dépense, ce qui pourrait étendre l'emploi de ce genre d'amendement (1).

Un correspondant instruit soutient que l'argile calcinée mérite d'être rangée au nombre des plus précieux amendements, non-seulement par la facilité avec laquelle on l'obtient, mais aussi parce qu'il convient à tous les sols et à tous les genres de récoltes. On explique ses effets, par l'oxide de fer que contient l'argile calcinée, et qui est favorable à la végétation. On dit que plus de la moitié des pommes de terre qu'on recueille en Irlande, surtout dans les parties occidentales de ce pays, sont cultivées à l'aide de cet amendement.

5° *Limon de la mer.* — Cette substance se rencontre, en grande quantité, à l'embouchure des détroits ou bras de mer, ainsi que des rivières qui se jettent dans la mer. Elle est très-fertilisante ; et son emploi ajoute à l'épaisseur du sol. On l'emploie, comme couverture, au printemps, pour les récoltes

---

(1) Dans une lettre publiée dans le *Farmer's Journal* du 13 Décembre 1819, et signée JOHN DAY, l'emploi des *cendres d'argile* est fortement recommandé, comme destiné, dans les temps à venir, à doubler la valeur de tous les sols argileux tenaces du Royaume-Uni, en les transformant en une terre meuble de jardin.

de grains et d'herbages , surtout pour ces dernières.
C'est un excellent ingrédient pour les composts ,
surtout lorsqu'ils doivent être employés sur des sols
peu profonds. Feu le Duc de BRIDGEWATER a
fait un emploi considérable de limon de mer , qu'il
faisait amener dans des bateaux , par son canal du
Mersey , dans ses terres près de *Worsley*. Cette
substance améliore le sol des jardins , d'une manière à peine croyable ; le froment et l'avoine qui
sont ainsi amendés , sont moins sujets à la carie ,
à la rouille et à d'autres maladies (1).

6° *Poussière des routes*. — La boue ou la poussière
qu'on enlève sur les chemins publics , peuvent ,
avec beauconp d'avantages , être employées comme
ingrédients pour former les composts , particulièrement pour les sols argileux. Lorsque les pierres
dont les chemins sont couverts , sont calcaires , le
compost est singulièrement utile. Dans quelques
circonstances , il est même plus économique d'acheter
les boues enlevées des chemins , que les boues des
villes , à cause des frais de conduite. On amasse
même la poussière des chemins construits en pierrres
calcaires , pour la semer , sèche , sur les terres , ce
qui réussit bien , mieux même que la chaux , à

____

(1) Cela peut venir des matières salines que ce limon contient en si grande abondance. Il est à désirer toutefois qu'on essaye
l'emploi du limon comme engrais , après l'avoir fait fermenter
avec du fumier , afin de détruire la force végétative des semences
et des racines de mauvaises herbes que le limon contient souvent.

cause des excréments des chevaux , qui s'y trouvent mêlés.

IV. *Engrais végétaux.*

Les engrais tirés du règne végétal , sont compris sous les titres suivants : Herbes marines , Herbes d'eau douce ; — Mauvaises Herbes ordinaires ; — Touraillons ; — Tourteaux d'huile ; — Écorce des tanneurs ; — Végétaux enterrés en vert ; — Végétaux brûlés ; — Eau dans laquelle les végétaux se sont décomposés ; — enfin , Substances sèches végétales.

1° *Herbes marines.* — Dans beaucoup de cantons, c'est une source très-importante de fertilité ; et , lorsqu'on les emploie judicieusement, elles ne manquent jamais d'enrichir les districts situés sur les côtes de la mer , soit qu'on aille couper ces herbes sur les rochers, soit que la mer les jette sur le rivage. Cependant les effets qu'elles produisent , sont loin d'être aussi durables que ceux du fumier , car ils ne se font sentir que sur une ou deux récoltes.

Les herbes marines, appliquées aux terres arables, ne peuvent pas être répandues et enterrées trop tôt après qu'elles ont été recueillies. Si on ne peut pas le faire immédiatement , à cause de la saison de l'année , ou pour toute autre cause , on doit en faire des composts avec de la terre et du fumier long ou de la chaux. En répandant ces herbes sur d'anciens pâturages , non-seulement on augmente la quantité , mais on améliore la qualité de l'herbage.

le bétail à cornes, ainsi que les bêtes à laine, le mangent avec plus d'avidité, prospèrent mieux, et s'engraissent plus promptement. Cette substance ne convient pas autant que le fumier, pour l'avoine ou pour une récolte de turneps ; mais elle réussit parfaitement bien pour l'orge. Lorsqu'on l'applique sur les jeunes pousses du trèfle, après la moisson, elle les détruit. On peut la mêler avantageusement avec le fumier de cours de ferme, afin de décomposer les parties dures qu'elle contient. On emploie, par acre, un tiers de plus, en poids, d'herbes marines, que de fumier.

Cet engrais présente divers avantages particuliers : il ne contient pas de semences de mauvaises herbes ; — Il se décompose rapidement ; — il est immédiatement utile aux plantes, sans exiger un long procédé de préparation. Avec son secours, le cultivateur peut semer plus fréquemment des céréales ou des récoltes vertes, et augmenter ainsi la quantité de ses fumiers. On ne peut révoquer en doute ses bons effets, et on ne peut rien objecter à son emploi, si ce n'est qu'on prétend que les grains qu'il produit, sont de qualité inférieure.

2° *Herbes d'eau douce.* — On trouve fréquemment des herbages dans les lacs, les étangs et les rivières ; la quantité de matière végétale qu'elles contiennent, doit attirer l'attention de ceux qui peuvent disposer d'une substance aussi utile. On peut les conduire dans la cour de ferme, pour augmenter la masse du fumier ; ou en faire des composts avec de la terre ; ou les enterrer, par un labour, pour l'orge ; ou les enterrer sous les lignes de turneps , ou les réduire en une masse nutritive, en les mélangeant avec de la chaux vive.

3° *Mauvaises herbes ordinaires.* — On peut préparer un excellent compost , en recueillant toutes sortes de mauvaises herbes , comme chardons, patience , fougère , etc. , avant que leur semence soit formée , et en les mettant en couches alternatives avec de la terre. Il se développe bientôt une grande chaleur; et en retournant le tas au printemps suivant, le tout se trouvera réduit en une masse homogène , dont les effets sur le sol ne sont nullement inférieurs à ceux du fumier. On peut ainsi convertir des choses nuisibles en un engrais précieux. Lorsqu'on peut se procurer de la chaux en abondance , on doit la mêler, dans son état caustique , avec les herbes vertes et succulentes ; l'humidité qu'elles contiennent , éteindra la chaux ; il se développera beaucoup de chaleur; et les herbes seront promptement décomposées. Lorsque les herbes sont sèches , elles ne se convertissent pas aussi aisément en une masse putrescente.

4° *Touraillons.* — Dans quelques cantons , on emploie cette substance pour la nourriture des vaches à lait et des cochons ; dans d'autres , on l'emploie comme engrais , et on trouve qu'elle est très-fertilisante. On en met 40 à 60 bushels par acre (35 à 52 hectolitres par hectare) pour le froment ou l'orge. Elle améliore beaucoup aussi les prairies froides (1).

____

(1) En *Herefordshire* , on convertit en un bon engrais ,

5° *Tourteaux d'huile.* — Cette espèce d'engrais est employée, depuis long-temps, dans plusieurs parties de l'Angleterre, et particulièrement en *Yorkshire* et en *Norfolk.* Autrefois, on en mettait un demi-ton par acre (1,400 kil. par hectare); mais, depuis que le prix de cet article est devenu plus élevé, on n'en met plus qu'un ton (1,100 kil.) pour trois acres (120 ares); et Mr COKE, de *Holkham,* n'emploie qu'un ton pour 5 ou 6 acres, en réduisant les tourteaux en poudre, et les enterrant à la charrue, environ 6 semaines avant la semaille des turneps, afin qu'ils aient le temps de se dissoudre dans le sol. Il est encore plus économique et plus avantageux de répandre les tourteaux réduits en poudre fine, en lignes avec la semence, opération pour laquelle on a inventé une machine très-ingénieuse. Mr CURWEN s'est aussi assuré que 5 quintaux de tourteaux (250 kilogrammes), avec deux tons de fumier (2,200 kilogrammes), amendent un acre de turneps, et produisent une récolte admirable. Les tourteaux de navettes ne coûtent que 2 l. (48 francs); par conséquent cette manière d'amender le sol n'est pas coûteuse, et elle convient particulièrement aux parties les plus éloignées d'une ferme, parce que cet engrais n'est ni pesant ni volumineux.

---

la pulpe des poires et des pommes, après qu'on en a extrait le cidre, en la mêlant avec de la chaux vive, et en la retournant deux ou trois fois, pendant l'été suivant.

On a trouvé, en Flandre, que les tourteaux de navette, réduits en poudre, et répandus à la surface du sol, détruisent le taupe-grillon, si nuisible dans les sols humides ; le même moyen peut détruire tout autre insecte du même genre.

On emploie, en Flandre, une telle quantité de cet engrais, qu'un fermier qui ne cultive que 75 acres anglais (19 hectares), achète annuellement 5,000 tourteaux de navette, et 3,300 tourteaux de caméline, pour engrais, ce qui lui coûte, par an, environ 60 l. (1,500ᶠ).

6° *Écorce des tanneurs.* L'écorce des tanneurs, consistant en fibre ligneuse pure , exige la fermentation , pour la rendre propre à la nutrition des plantes. On la mêle quelquefois avec de la chaux ; mais un compost avec du fumier est préférable , pour rendre cette substance fertilisante.

7° *Récoltes enterrées en vert.* — Les avantages de cette pratique ne réunissent pas tous les suffrages. Elle a été employée par les anciens ; et on lit qu'elle réussit encore bien sous les climats chauds , de même que dans les saisons chaudes, sous les climats froids. Un agriculteur intelligent a fait , en Irlande , plusieurs expériences heureuses, en enterrant à la charrue , des vesces, des sommités de turneps et des tiges de pommes de terre ; mais les cultivateurs du *Lincoln-shire* , après avoir essayé , pendant plusieurs années, d'enterrer ainsi du sarrazin , ont fini par abandonner cette méthode comme n'étant pas avantageuse (1) ; et l'opinion générale est que les récoltes vertes peuvent donner plus de profit, en les faisant consommer par le bétail, et en les convertissant ainsi en fumier, qu'en les enterrant sans l'addition de la matière animale dont le fumier est imprégné. On doit aussi faire entrer en considération, le profit qu'on tire du bétail, en le nourrissant avec les récoltes vertes (2).

8° *Produit des végétaux brûlés.* — Il y en a de plusieurs espèces : Comme les cendres de bois, — les cendres de tourbe, — les cendres d'herbes marines, — la paille brûlée.

Les cendres de bois sont certainement un amendement précieux, qui convient particulièrement aux sols graveleux et aux *loams.* On en emploie ordinairement 40 bushels par acre (35 hectolitres par hectare) ; et le printemps est la saison convenable pour leur application ; s'il survient de la pluie, on peut compter sur les effets.

Les cendres de tourbe sont un amendement usité partout où on emploie cette substance comme combustible ; mais elles sont souvent de peu de valeur. Il y a deux sortes de tourbe, dont les cendres produisent des effets étonnants ; l'une, qu'on trouve, dans sa plus grande perfection, près de *Newbury,* en *Berkshire ;*

----

(1) Peut-être que des vesces, de la navette ou du tréfle, auraient mieux réussi que le sarrazin.

(2) Le Lord KAMES recommande fortement la méthode des récoltes enterrées en vert.

et l'autre , dans quelques provinces de Hollande.

Dans quelques sols, et particulièrement dans les sols craïeux , les cendres de *Berkshire* peuvent être utiles, en fournissant de l'oxide de fer , substance sans laquelle aucun sol ne peut être productif , et dont manquent ordinairement les sols craïeux. Dans d'autres , le sulfate de chaux que ces cendres contiennent, peut produire la fertilité. On remarque, d'ailleurs, que tout ce qui a passé par le feu, produit de bons effets comme amendement.

En Hollande , on emploie deux espèces de tourbe; l'une, qu'on trouve dans les terrains en pente , brûle avec vivacité , donne beaucoup de chaleur, et ne laisse qu'une petite quantité de cendres de très-peu de valeur ; l'autre se trouve dans les marais couverts, pendant l'hiver, *d'eau saumâtre*. Cette tourbe laisse une plus grande quantité de cendres pesantes , souvent si abondantes en matières salines , qu'on les emploie quelquefois , en place de soude , dans les manufactures de verre vert. Ces cendres sont conduites, par les canaux, jusque dans l'intérieur de la Flandre , et, arrivées à Bruxelles , on les expédie, par terre , jusqu'a 5o et 1oo milles dans l'intérieur. Les effets de ces cendres sont à peine croyables. On les sème sur les jeunes tréfles au printemps , et elles assurent deux bonnes récoltes de tréfle dans l'année, et, l'année suivante, une abondante récolte de froment, qui n'est pas endommagée par les *wire-vorm*. Si le cultivateur désire conserver son tréfle pendant deux ans, il peut y réussir au moyen de

29 *

ces cendres. On les sème avec soin à la main, dans une matinée calme et d'un temps couvert. On les emploie aussi dans les houblonnières ; on en met une poignée sur la surface de chaque monticule sur laquelle sont plantés les pieds de houblon , afin de détruire les insectes qui leur nuisent (1). Dans quelques parties de l'Angleterre , de l'Écosse et de l'Irlande , on pourrait sans doute trouver de la tourbe dont les cendres produiraient des effets semblables ; mais il faudrait commencer par faire en grand des expériences, en employant les cendres de Hollande véritables, afin de s'assurer de leur efficacité dans ce pays.

Les cendres de tourbe du *Berkshire,* forment un excellent amendement pour les turneps. On répand dans le rayon où on doit semer les turneps , une quantité de cendres suffisante pour en couvrir la surface ; la récolte est alors abondante; et, si on la fait ensuite consommer sur place par les moutons , quelques personnes pensent que le sol est autant enrichi , que si les turneps avaient été amendés avec du fumier.

Les cendres d'herbes marines ont été essayées aussi, comme amendement , en *Yorkshire* , et elles ont réussi sur les prairies. Les cendres de paille de colza , de chaume ou de paille ordinaire , ont été employées pour les turneps ainsi que pour d'autres récoltes ,

---

(1) On dit que ces cendres ont donné à l'analyse 12 1/2 pour cent de sulfate de chaux , ce qui explique suffisamment les effets qu'elles produisent *sur le trèfle.*

et avec succès. Il est même reconnu, aujourd'hui, que le moyen le plus efficace, qu'on connaisse, de détruire la puce de terre, est de brûler sur la surface du sol, de la paille, du chaume, ou toute autre espèce de matière combustible, lorsque la terre est préparée pour les turneps, mais avant la semaille. En France, et surtout près d'Angers et en Bretagne, on brûle des broussailles sur le sol, avec avantage pour les récoltes suivantes.

9° *Eau dans laquelle des matières végétales se sont décomposées.* — Il est bien connu que les prairies sur lesquelles on fait sécher le chanvre ou le lin, lorsqu'ils sortent de la fosse du rouissage, en éprouvent beaucoup d'amélioration, par l'effet des substances putrides et fertilisantes qu'ils contiennent. Cette circonstance a suggéré l'idée à un agriculteur intelligent (JOHN BILLINGSLEY *Esq.*), d'essayer l'emploi de l'eau dans laquelle le lin avait été roui ; ce procédé a augmenté de dix sh. par acre, la rente de la terre sur laquelle il l'a mis en usage.

10° *Substances végétales sèches.* — On a trouvé, dans le Comté de *Dumfries*, que les balles de l'avoine forment un excellent engrais. Les substances végétales non décomposées, mais simplement divisées par une action mécanique, comme la sciure de bois, peuvent aussi être employées seules ; mais on les améliore beaucoup en les mélangeant avec d'autres substances, comme des débris de boucheries, de l'urine, etc.

V *Amendements divers.*

Nous comprendrons sous ce titre, le sel ,— la suie, — les résidus de diverses manufactures , — les débris des mines de houille , — les résidus de fours à chaux , — enfin, la manière d'appliquer les engrais comme *couverture*, c'est-à-dire, en les répandant à la surface du sol.

1° *Le Sel*. — L'utilité du sel comme amendement, ainsi que pour d'autres objets en agriculture , est un sujet d'une si grande importance , et qui exige tant d'étendue , qu'on le traitera séparément (voyez l'appendice). Il y a cependant trois particularités relatives à ce sujet, qu'il est à propos de mentionner ici.

1° Dans une série d'expériences entreprises par le Dr CARTWRIGHT , il a trouvé qu'un mélange de sel et de suie, en quantité modérée, est préférable à toute autre espèce d'engrais (1); cette circonstance peut présenter de grands avantages aux cultivateurs voisins des grandes villes.

2° Il a été reconnu en Amérique, et confirmé par les expériences de M. LEE *d'Enfield-Wash*, près de Londres , que le sel est un excellent amendement pour le lin. On doit en employer une quantité double

---

(1) La suie mêlée au sel est d'une nature si acre, que si on les emploie en grande quantité , aucune espèce de grains ne peut croître dans l'étendue où ils exercent leur action.

de la semence, et le répandre en même-temps qu'elle. Il est probable qne toutes les semences oléagineuses pourraient être traitées de même.

3° Mais la circonstance la plus importante, relativement à l'emploi du sel, comme amendement, est la probabilité qu'elle préserve le froment de la carie.

On peut appeler cela, à juste titre, une des plus grandes découvertes agricoles des temps modernes, si on trouve que le procédé est efficace dans tous les cas.

2° *La Suie.* — C'est un excellent engrais, mais on ne peut s'en procurer en grande quantité, que dans le voisinage de grandes villes. Elle contient des substances très-favorables à la végétation ; car les effets de la suie répandue à la surface du sol, se font sentir immédiatemeut après la première pluie. Les matières salines qu'elle contient, la rendent précieuse aussi, pour la destruction des limaces. Lorsqu'ou l'emploie dans son état naturel, comme *couverture*, pour le tréfle ou le jeune froment, la quantité ordinaire est d'environ 20 bushels par acre (18 hectolitres par hectare); mais on la mêle fréquemment à d'autres substances. La composition qu'on regarde comme la plus avantageuse, est une partie de suie, 5 parties de terre et une partie de chaux. (1).

---

(1) M. MIDDLETON pense que ce compost occasionue des frais inutiles, et il recommande la méthode suivante, comme préférable: Semer la suie sur la terre, et l'enterrer à la herse ; quelque temps après, répandre la chaux sur le même sol, et l'enterrer encore à la herse ; l'effet sera le même que celui qu'aurait pu produire le compost, et les dépenses seront moindres.

La terre et la suie doivent être bien mêlées ensemble avant d'y mettre la chaux. Le tout doit rester en cet état pendant 5 ou 6 semaines, alors on le retourne encore, pour l'incorporer parfaitement, avant de le répandre sur le sol (1).

3° *Résidus de Manufactures.* — On peut se procurer d'excellents amendements, dans diverses manufactures qui n'emploient pas d'acides minéraux. Les lessives de savonneries, les lies etc., peuvent se mêler avec des cendres, de la paille, des gazons, de la tourbe, ou toute autre substance propre à absorber leur humidité. Ainsi, ces matières, qui tendent à rendre impures et malsaines des ruisseaux et des rivières dans lesquelles on les verse, peuvent enrichir le sol.

4° *Débris des Mines de houille.* — Dans le voisinage des houillières, on peut tirer de grands avantages des débris qui en sortent, et qui, aujourd'hui, non-seulement sont perdus, mais sont très-embarrassants, en couvrant de grandes étendues de terre qu'on

---

(1) La vérité est que tout ce qu'on ajoute à la suie, en la mettant en compost, ne peut avoir d'autre utilité que de faciliter une distribution plus égale, et de l'empêcher d'être enlevée par le vent. Pour diminuer la dépense, on peut semer la suie sans mélange, par un temps pluvieux, sur les récoltes encore jeunes. ★

★ Dans tout ceci, on n'indique pas de quelle espèce de suie il est question ; cependant il est probable que la suie de houille doit différer essentiellement de celle de bois. Il est probable que l'auteur entend toujours parler de la suie de houille, combustible le plus usité en Angleterre. (*Note du Trad.*)

pourrait rendre fertiles. Dans plusieurs cas, ces montagnes de débris de houille devraient être réduites en cendres, qu'on pourrait appliquer avec de grands avantages sur les prairies. Quelques espèces de schistes peuvent être mêlées avec de la chaux éteinte dans la proportion d'un tiers, et on a trouvé que cela formait un excellent amendement pour le froment et d'autres récoltes (1).

5° *Résidus des fours à chaux.* — M. MONTEATH de *Closeburn*, place une grille sous ses fours à chaux, ce qui produit un grand avantage en augmentant le tirage d'air, il obtient ainsi plusieurs centaines de voitures de résidus, consistant en cendres de houille, mêlées de petits morceaux de chaux, qui auraient été de peu de valeur, si les cendres étaient restées mêlées avec les gros morceaux de chaux calcinée. Il a employé ces résidus, mêlés avec de la terre, comme *couverture*, sur des prairies tourbeuses, et sur toute espèce de prés, ils ont produit de très-bons effets. Dans plusieurs districts, on néglige entièrement des amas énormes de ces résidus, cependant, quelques personnes industrieuses savent en profiter.

Rien n'est plus désirable que de voir employer ces substances, qui peuvent devenir une source de fertilité. Non-seulement elles produisent un profit immédiat, mais elles augmentent l'épaisseur du sol,

______

(2) Mr CURWEN. de *Worlington-Hall*, amende annuellement 10 acres avec ces débris qui étaient négligés.

et l'améliorent ; elles présentent un moyen indirect d'augmenter les engrais putrescents, si essentiels à la végétation.

6° *Emploi des engrais comme couverture*. — Toutes ces espèces d'engrais, ainsi que d'autres qu'on n'emploie qu'en petite quantité, comme les tourteaux d'huile, les touraillons, etc., se répandent généralement sur la surface du sol ; c'est ce qu'on appelle *couverture*. On a prétendu qu'un tiers d'une quantité donnée, de fumier appliqué de cette manière aux grains et aux autres plantes, en saison convenable, et pendant le cours de leur croissance, serait plus utile à la récolte, que la totalité de l'engrais appliqué au moment de la semaille. Dans les sols légers, les engrais sont facilement entraînés par les pluies ; de là, l'utilité de les employer comme *couverture*, au moment de la semaille, ou peu de temps après. Le froment et les autres céréales tirent une partie de leur nourriture, par des racines qui s'enfoncent à une certaine profondeur dans le sol ; mais ces plantes poussent aussi, au printemps, d'autres racines superficielles, qui tirent beaucoup de nourriture des couvertures qu'on applique en cette saison, et que les pluies entraînent dans la terre. Les couvertures sont de peu d'utilité pour améliorer la texture du sol, et il est rare que leurs effets se fassent sentir pendant plus d'une ou deux années ; mais, dans beaucoup de cas, le succès de la récolte dépend de leur application (1).

VI. *Composts.*

Le sujet des composts, dont l'utilité a été prouvée dans une infinité de circonstances, peut être considérée sous les points de vue suivants : — 1° les matériaux employés ; — 2° les sols ou les récoltes auxquelles les composts doivent être appliqués ; — 3° enfin, les effets produits.

---

(1) Dans le Farmer's Journal, M. JOSHUA *Wigfull* a inséré la notice d'une expérience de *couverture* appliquée au froment. Un Quaker avait, près de *Sheffield*, une récolte de jeune froment, qui, pendant l'hiver, était dans un état misérable, et semblait avoir besoin de secours. Dans le mois de Mars, il lui donna une couverture du mélange suivant, qu'il répandit à la main : Vingt-une livres de nitre commun, réduit en poudre, bien mélangé avec trois bushels de bonne terre, par acre (par hectare, 27 kil. nitre, et 2 1/2 hectol. terre), mélange dont il avait auparavant éprouvé l'efficacité pour exciter la végétation des plantes, dans ses serres et dans ses jardins. Il n'y a rien de plus surprenant que les effets qu'il produisit sur le froment. Dans les bonnes terres, il récolta plus de 45 bushels, par acre, de froment (39 1/2 hectol. par hect), là où la récolte présentait auparavant la plus mauvaise apparence. Un autre fermier a fait l'essai de ce mélange, sur ses céréales de printemps, lorsqu'elles avaient deux ou trois pouces de hauteur, et avec autant de succès. Mr WIGFULL pense que, lorsque les récoltes se portent mal, l'emploi judicieux de ce mélange peut être d'une valeur incalculable pour les agriculteurs et pour le public. Sa lettre est datée du 26 Juillet 1820, et cette assertion a été confirmée depuis, par une communication faite à l'auteur.

1º *Matériaux.* — La chaux vive et les terres de diverses sortes, sont les substances qu'on emploie le plus communément. La chaux est le stimulant qui met en action la puissance d'un compost ; opérant sur un amas de terre, à-peu-près comme le fait le levain sur une certaine quantité de farine. Ou doit en employer assez pour exciter une espèce de fermentation dans la masse, et pour neutraliser ou décomposer toute substance minérale nuisible qui peut s'y rencontrer (1).

La préparation et la conduite des composts, entraînant beaucoup de dépenses, on doit, lorsque les circonstances le permettent, employer des chevaux à la place du travail manuel, dans les différents procédés, et le compost doit, s'il est possible, être préparé sur le champ même où il doit ensuite être employé.

---

(1) M. BRUCE *de Grange-Muir, en Fife*, a fait l'expérience suivante, au moyen de laquelle il a amélioré une étendue considérable de terres incultes. Son mélange était composé de tourbe et de chaux ; il employa 1,200 tons de tourbe (1,200 voitures de 1100 kilogrammes), un peu plus qu'à moitié sèches, avec 280 tons de chaux. Le mélange resta en masse pendant 7 semaines, la température s'éleva de 56 à 87 d. (de 13 à 30 d c.). Le tas fut alors retourné et fut encore laissé pendant trois semaines. On le répandit en 1808, sur 38 acres anglais (15 hectares); la première récolte de froment fut magnifique. Le ray-grasse et le trefle semés avec le froment produisirent une récolte abondante, suivie d'une excellente récolte d'avoine. La terre a toujours été depuis en bon état. Le sol était en partie argileux, et en partie loameux, et n'avait jamais été cultivé auparavant. On avait commencé par une jachère, des saignées et l'enlèvement des pierres. Le compost fut répandu avant le dernier labour pour le froment.

On s'est assuré, par un grand nombre d'expériences, que deux bushels de chaux vive, sont suffisants pour chaque yard cube de terre de qualité moyenne (un hectolitre par mètre cube), et comme 80 yards cubes (90 mètres cubes) de terre meuble, sont suffisants pour amender un acre, 160 bushels de chaux vive, sont la quantité exigée dans la plupart des cas, pour exciter la fermentation.

Pour obtenir cette quantité de terre, plusieurs cultivateurs sont dans l'usage de labourer à dix pouces de profondeur, les tournées des deux extrémités des champs, et on emploie cette terre sans inconvénient, parce que ces parties sont ordinairement trop élevées, par l'effet de l'accumulation de la terre qui se détache de la charue chaque fois qu'on la sort de terre pour tourner.

On fait entrer souvent dans les composts, non-seulement de la terre et de la chaux, ainsi que du fumier, mais aussi plusieurs autres matériaux, comme des végétaux verts avant qu'ils aient produit leurs semences, de la craie ou d'autres substances calcaires, du tan épuisé, de la sciure de bois, des cendres de savonneries etc. On a recommandé de mêler complètement toutes ces substances, aulieu de les disposer par couches, en formant le tas. La fermentation s'établit ainsi plus promptement, et plus souvent on retourne la masse, plus on favorise la fermentation (1).

---

(1) On peut faire un riche compost de la manière suivante : Mêler de la sciure de bois avec du sang de bœuf ; ajouter deux

Le Lord MEADOWBANK a indiqué la manière de préparer un compost dont la tourbe forme la base. Dans diverses parties de l'Écosse, on avait l'usage d'employer la tourbe pour servir de litière au gros bétail, et même aux bêtes à laine, afin d'augmenter la masse du fumier; mais le Lord MEADOWBANK a été le premier, dans ce pays (1), qui a fait des recherches sur les propriétés de cette espèce d'engrais, et qui les a expliquées d'après les principes de la science. Le résultat de ces expériences a été qu'un *ton* de fumier suffit pour faire fermenter trois *tons* de bonne tourbe (2). Si la tourbe est de qualité inférieure, un ton de fumier ne fait fermenter que deux tons de tourbe. Mais si, au lieu de fumier, on mêle à la bonne tourbe, des résidus de pêcheries, un ton de ces substances

---

voitures de ce mélange, à trois voitures de terre meuble ordinaire. Cette quantité sera suffisante pour appliquer comme couverture à un acre de terre (40 ares).

(1) Les terrains tourbeux ne se rencontrent que dans quelques cantons de l'Italie, et on les a long-temps considérés comme des terrains inutiles. Mais en 1765, le Comte FABIO ASQUINI, de *Fayagna*, dans la province de *Frioul*, territoire de *Venise*, a commencé à employer la tourbe sous forme de compost.

(2) Le Lord MEADOWBANK a également essayé avec succès, de mêler à la tourbe, des substances animales, comme des résidus de pêcheries etc. Il est évident que la tourbe doit former un ingrédient excellent dans des composts destinés à des sols sablonneux ou craïeux, parce que non-seulement elle ajoute à ces sols une portion de matières végétales, mais aussi elle leur est essentiellement utile, en leur donnant de la consistance.

suffit pour faire fermenter 4 à 5 tons de tourbe. C'est une découverte très-importante, et qui doit, si on la met en pratique, enrichir plusieurs cantons négligés jusqu'ici. Le grand avantage de ce compost, est que la fermentation ne s'exerce que sur des matières végétales inertes, tandis que lorsqu'on mêle de la chaux à des terres riches, elle doit avoir pour effet de dissiper une partie des matières volatiles qu'elles contiennent, et de diminuer ainsi leur qualité fertilisante.

2° Les composts conviennent particulièrement aux prairies. Ils sont très-utiles aussi aux sols marécageux, en augmentant l'épaisseur de la terre végétale, et en y ajoutant beaucoup de substances fertilisantes ; quant aux sols sablonneux ou argileux, les composts, consistant principalement en substances différentes de leur nature respective, améliorent leur texture, et les convertissent en loams,

3° Les effets des composts sont très-satisfaisants. L'expérience a montré qu'appliqués sur les prairies, ils les rendent plus fertiles, et arrêtent pour long-temps les progrès de la mousse et même des herbes de mauvaise qualité. Dans les sols marécageux peu profonds, les composts, appliqués convenablement et à plusieurs fois, changent la nature du sol ; il devient plus fertile, retient l'humidité plus long-temps, et souffre moins des sécheresses de l'été, inconvénient ordinaire de ces espèces de terrains, lorsqu'ils sont desséchés. Les effets du compost de MEADOWBANK sont encore plus extraordinaires : un cultivateur du Comté

de *Roxburg* , (M. THOMSON, de *Bewlie,* a employé
ce compost avec le plus grand succès , en place
de fumier, pour des récoltes de turneps ou de
froment sur jachère.

Nous ne devons pas omettre de dire que la chaux,
employée en compost, opérera de bons effets sur
les terres qui ont été épuisée par l'emploi trop
fréquent ou trop abondant de la chaux ou de la
marne , et où la chaux seule n'aurait pas réussi.
C'est une forte recommandation pour les mélanges
de ce genre', puisqu'ils peuvent servir à cultiver
avec avantage , des terres qui, sans cela , seraient
restées improductives.

Au total , on peut assurer que les engrais font
plus de profit , employés en compost, qu'appliqués seuls. C'est une méthode très-utile et très-
efficace, d'appliquer au sol, diverses substances
mélangées. La masse devient une substance homogène , également nutritive dans toutes ses parties. Les substances gélatineuses et mucilagineuses
sont dissoutes , mélangées ensemble ; et , lorsqu'on
les applique au sol , elles servent immédiatement
d'aliments aux plantes. Il n'y a pas de perte par
l'évaporation , ou, au moins , il y en a peu ; mais
les snbstances s'enrichissent plutôt par l'action de
l'atmosphère ; et la quantité peut aisément être
partagée , et appliquée à chaque champ , selon son
étendue , ou à chaque partie du champ , selon que
l'exige son état. On peut le mélanger avec le sol,
ou l'appliquer à la surface ; on peut l'employer

en tout temps de l'année ; mais ses effets sont plus certains, lorsqu'on l'applique comme couverture, soit de bonne heure en automne , soit au printemps, lorsque la végétation commence; on peut aussi le préparer en tout temps , lorsque l'occasion s'en présente. Si on prépare deux tas de compost, il sera bon d'employer la chaux comme base de l'un des deux , et le fumier comme base de l'autre , pour pouvoir en faire la comparaison (1).

En parcourant cette section, on a pu voir quelle source inépuisable de fertilité , est à la disposition du cultivateur actif et industrieux, qui, aidé par de judicieuses rotations de récoltes, ne peut guère manquer de maintenir ses champs dans un état croissant de fertilité. Il serait à désirer toutefois , que quelques points douteux , sur la nature et les effets des amendements , et sur la manière la plus avantageuse de les appliquer , fussent éclaircis par une série d'expériences, tentées sur différents sols

---

(1) Il est à propos de remarquer ici que M. GRISENTHWAITE chimiste ingénieux de *Wells en Norfolk*, s'est occupé de discuter le sujet des *amendements spécifiques*. Cette théorie a pris son origine dans l'analyse du trèfle, du sainfoin, etc. , comparés aux avantages du plâtre appliqué à ces plantes. On a pensé que l'analyse pourrait indiquer des amendements spécifiques convenables à d'autres récoltes; ainsi, le froment présentant à l'analyse du phosphate de chaux, et une substance particulière appelée gluten, dans laquelle l'azote entre comme partie constituante, on a jugé que l'urine et les os en poudre étaient indiqués pour cette récolte. On ne peut pas encore prévoir les progrès que pourra faire la science sous ce rapport.

sous des climats divers , et avec différentes rotations
de récoltes. L'agriculture n'atteindra jamais le degré
de perfection et de certitude auquel elle peut parvenir , tant qu'on ne suivra pas cette marche.

§ V.

DE L'ÉCOBUAGE.

L'écobuage , qui consiste à écrouter la surface
du sol et à brûler les gazons , est une opération
agricole très-avantageuse , lorsqu'elle est exécutée
judicieusement ; mais si le genre de culture et la
rotation de récoltes qui suit cette opération , sont
mal calculés , le sol reste très – épuisé et essentiellement détérioré. On ne doit donc pas être
étonné que l'utilité de cette pratique ait été fortement contestée. Au reste , les principes qui doivent diriger dans ce genre d'amélioration , sont
aujourd'hui bien certains.

En discutant ce sujet , nous considérerons les
sols qui conviennent pour cette opération ; — les
instruments employés pour écrouter la terre ; —
l'épaisseur du gazon ; — la manière de procéder
à la combustion ; — la dépense ; — la saison ; —
la nature des cendres et des substances mêlées avec
elles ; — La manière de les employer ; — les récoltes qui doivent suivre immédiatement ; — les
rotations qu'on peut adopter ensuite ; — les avantages de l'opération ; — ses désavantages; — enfin,
les résultats de toutes les informations obtenues
sur ce sujet.

1º *Nature du sol.* — On peut recommander, en général, l'écobuage, pour l'amélioration des terrains tourbeux ; — des terres incultes qui ont une profondeur suffisante ; — des côteaux craïeux ; — des sainsfoins à défricher ; — enfin, des vieux pâturages d'herbes grossières.

Quant aux sols sablonneux, et à ceux qui jouissent d'une grande fertilité, cette pratique ne doit pas être adoptée, si ce n'est dans quelques circonstances particulières.

Sols marécageux ou tourbeux. — Il n'est presque pas possible d'améliorer le sol des marais et des terrains tourbeux dans leur état naturel, et de les rendre propres à être cultivés avec profit, sans l'aide du feu ; sans cette opération, il arrive souvent qu'on ne peut les laisser en état de culture. Les plantes qui y croissent naturellement, ont si peu de valeur, qu'on ne peut mieux faire que de les détruire ; et le moyen d'y parvenir promptement et efficacement, est l'écobuage, qui convient particulièrement aux sols de cette espèce. La surface s'écroute avec facilité ; — le sol est plus facile à brûler que tout autre ; — et le gazon peut être converti en cendres avec peu de dépenses (1).

---

(1) Le Docteur RENNIE, qui a donné une attention particulière au traitement des sols tourbeux, considère ceux qui sont très-bitumineux et pyriteux, de même que les sols ferrugineux, colorés en jaune ou en rouge, comme impropres à l'opération de l'écobuage ; mais cela ne forme qu'une exception à la règle générale.

Terrains incultes. — Lorsque le sol n'a jamais été éultivé, et que sa puissance végétative est comme inactive, on ne peut la mettre en action sans l'emploi de quelque stimulant. Dans ce cas, les cendres produites par l'écobuage, combinées avec l'emploi de la chaux, sont, en général, nécessaires et toujours efficaces. Lorsque la terre couverte d'un herbage épais et grossier, est mise en culture et semée sans avoir été préalablement écobuée, les anciennes plantes, qui ne peuvent être détruites, étouffent les récoltes, et servent de refuge aux limaces et autres insectes; tandis que l'écobuage détruit ces ennemis de la culture. Il écarte les causes de la stérilité, et il donne naissance à une puissance de végétation qu'on n'aurait pu obtenir sans ce procédé.

On a remarqué, dans un excellent ouvrage, que la différence entre les deux procédés de rompre simplement un sol inculte, sans le brûler, et de l'écobuer, est de plus que la valeur même du sol, en faveur du dernier. Il ouvre immédiatement une source de bénéfices, tandis que l'autre ne conduit qu'à des dépenses et à des mécomptes (1).

Collines craïeuses. — Il n'y a pas de doute que le systême de l'écobuage ne soit particulièrement applicable aux collines craïeuses, M. ROYS, de *Kent*, a publié un compte de ses expériences sur

---

(1) Les expériences de M. SIMPSON sont décisives sur ce point.

267 acres consistant principalement en collines de cette espèce ; lorsque la saison était favorable, il a obtenu un succès constant. Une seule récolte obtenue par ce moyen, a souvent été égale à la valeur de la terre dans son état originaire. Ces expériences, et un grand nombre d'autres également satisfaisantes, prouvent positivement que les terrains de cette espèce en pâturages, ne doivent pas être conservés en cet état, dans le seul but d'y entretenir des bêtes à laine, afin d'améliorer les terres arables du voisinage, en les y faisant parquer ; mais qu'on peut les écobuer et les mettre en culture avec beauconp d'avantage.

Vieux Sainfoin. — Lorsqu'on doit rompre un vieux sainfoin , l'écobuage est une opération essentielle pour détruire les insectes qui y abondent ordinairement. L'utilité de cette pratique a été prouvée dans un grand nombre de circonstances.

Vieux Pâturages. — Beaucoup de terrains , autrefois cultivés, ont été ensuite négligés, et leur surface s'est couverte de mousse , ou d'une végétation vigoureuse d'herbes grossières et de mauvaise qualité. Dans ces deux cas, l'écobuage est le moyen le plus convenable pour remettre ces terres en culture. On a fait des expériences sur les effets de cette opération, comparés à ceux de simples labours, et le résultat a été que la partie écobuée, après avoir produit des récoltes supérieures à celles de l'autre, s'est trouvée débarrassée de mauvaises plantes, et s'est couverte d'une herbe de bonne qualité, lorsqu'on a voulu la remettre en prairies ; tandis que l'autre, dans la même circonstance, s'est couverte d'herbages grossiers. Lorsque de vieux gazons sont remplis de fibres végétales entrelacées, la manière la plus convenable de les rompre, est aussi l'écobuage. Mais cette observation n'est pas applicable aux terrains qui ne sont en gazons que depuis un petit nombre d'années, ni aux terres qui peuvent produire de bonnes récoltes de grains, immédiatement après un labour.

Sols sablonneux. — On ne peut pas présumer que le feu puisse être d'aucune utilité au sable, ou qu'il le puisse rendre plus fertile. D'après l'opinion de M. H. DAVY, les sols sablonneux ne peuvent être écobués avec avantage ; et comme cette opération sur un sol de cette espèce, tendrait à détruire le peu de cohésion que ce sol peut avoir acquis par quelque cause que ce soit, elle ne peut être que préjudiciable.

Sols fertiles. — Lorsqu'un sol produit des herbages de bonne qualité, et lorsque sa texture est suffisamment meuble, on ne doit pas y pratiquer l'écobuage; ainsi la pratique commune en *Devonshire*, et en *Cornwall*, d'écobuer les terres sèches, comme préparation pour le froment, semble un abus de cette pratique, qui doit attirer l'attention de ceux qui sont intéressés à conserver la fertilité permanente et les ressources agricoles de ces districts importants. Là, le sol produit naturellement des herbes d'excellente qualité, et ne devient jamais assez rude ou tenace pour exiger cette opération. C'est pour cela qu'un observateur intelligent a recommandé aux propriétaires fonciers de ce Comté, de se tenir en garde contre les abus de cette pratique (1). En Irlande, il paraît aussi que le procédé de l'écobuage pour la culture des pommes de terre, a été porté à un excès nuisible, et que les propriétaires et le public en éprouveront beaucoup de dommage, si cette pratique n'est pas soumise à quelqu'utile restriction.

2° *Instruments employés pour écrouter le sol.* — Les instruments employés dans cette opération sont : La charrue des terrains marécageux ; — la charrue à bras ; — l'écobue ; — et la bêche à pointes.

La charrue des terrains marécageux a déjà été décrite brièvement (2ᵐᵉ Chap. 7ᵉ Sect.). Quant à la charrue à bras, elle est construite pour être manœuvrée par des hommes. La partie supérieure est en bois, avec un soc en fer qui coupe le gazon ; elle est poussée en avant, au moyen d'une poignée. Ce travail est excessif ; mais un homme vigoureux peut écrouter, par ce moyen, un acre (40 ares), dans une semaine, et même plus, si le sol n'est pas tenace et s'il ne s'y rencontre

(1) Un système de culture plus éclairé semble s'introduire dans ces deux comtés, et on espère qu'on y obtiendra de bons produits du sol, sans sacrifier à l'avarice ou à l'ignorance, les principes les plus essentiels de la fertilité du sol.

pas d'obstacles .L'écobue est un instrument français qui sert à couper et enlever les pièces de gazon , sur les terres raboteuses qui ne peuvent être écroutées par la charrue à bras ordinaire. La bêche à pointes a la forme de la bêche ordinaire, mais la lame est remplacée par trois ou quatre pointes ; on s'en sert pour détacher le gazon , lorsque le sol est trop rempli de pierres ou de cailloux , pour permettre l'usage de la bêche ordinaire. Elle entre dans le sol beaucoup plus facilement que cette dernière , et lève aussi bien le gazon.

On emploie fréquemment aussi au même usage la charrue ordinaire, et c'est, dans beaucoup de cas, le meilleur instrument qu'on puisse y employer ; surtout en y adaptant un soc à écobuer , au lieu du soc ordinaire. En l'employant, l'opération marche plus rapidement , et l'écroutage occasionne moins de dépenses, quoique l'opération de brûler les gazons soit plus coûteuse dans ce cas ; mais aussi on ameublit ainsi une plus grande épaisseur de terre , qui se trouve préparée pour les récoltes suivantes, qu'en employant la charrue à bras.

Lorsqu'on emploie la charrue sur un sol tourbeux , il est souvent nécessaire de mettre des patins aux chevaux; on en trouvera une description, avec des gravures , dans les communications au Bureau d'agriculture (1). Dans les districts ma-

------

(1) Vol. V, p. 5.

récageux, on a l'attention d'employer des chevaux dont les sabots sont larges, ce qui leur permet de marcher plus facilement sur les sols mous. Lorsqu'ils sont déferrés, ils y marchent aussi plus facilement.

3° *De la profondeur.* — La profondeur varie ordinairement depuis un pouce jusqu'à six. Dans les sols peu profonds, on ne peut pas couper les gazons trop minces. En *Devonshire*, on s'efforce même de débarrasser les gazons de toute la terre, et de ne laisser à brûler que les herbes et leurs racines ; pour cela, on coupe le gazon en petites pièces, et on le déchire par les hersages répétés. On regarde généralement deux pouces, comme une profondeur suffisante ; mais feu M. WILKES de *Measham*, en *Derbyshire*, a souvent labouré de vieux pâturages raboteux, à huit ou neuf pouces de profondeur, et brûlé tout ce que la charrue enlevait ; avec les cendres, il amendait non-seulement le sol écobué, mais une beaucoup plus grande étendue. Au reste, c'était plutôt là calciner de la terre, qu'écobuer la surface.

4° *Manière de brûler les gazons.* — Lorsque le gazon est écrouté par l'un ou l'autre de ces moyens, on le fait sécher, pour le préparer à être brûlé. Cela se fait ordinairement en laissant les gazons pendant plusieurs jours, dans la position où les a mis l'instrument employé à écrouter ; ensuite on les retourne, en mettant le côté de l'herbe en dessus, et on les laisse ainsi pendant deux ou trois jours ; s'il devient nécessaire de les sécher encore davan-

tage , on les dresse , en appuyant un rang contre
l'autre , pour faire sécher les deux côtés à la fois,
et on les laisse ainsi un jour ou deux. Le procédé
de la combustion peut être facilité dans les temps
et sous les climats humides , en employant des fourneaux portatifs , construits en cerceaux de fer ,
dont la figure suivante indique la forme.

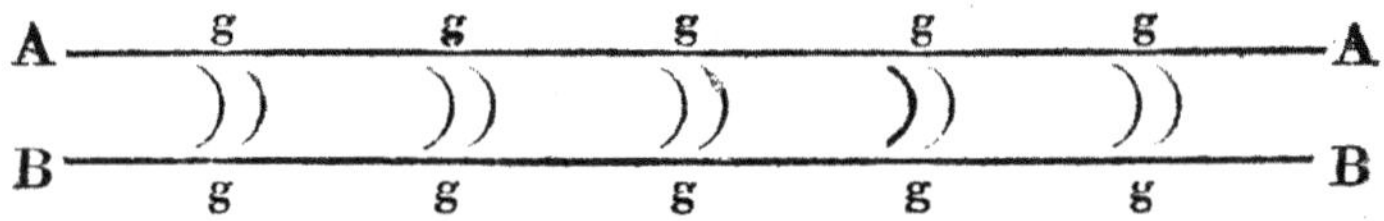

Les deux barreaux **A** et **B**, reposent à plat sur
le sol. Les petits cerceaux g g , sont rivés sur les
barreaux. L'instrument a quatre pieds de long , et
est assez léger pour qu'un enfant puisse le transporter. Le gazon peut être brûlé après avoir été
desséché seulement pendant quelques heures ; parce
que , en le plaçant sur l'appareil , le côté de l'herbe
en-dessous , le vide qui reste par-dessous et qui
donne passage à l'air , facilite beaucoup la combustion.

Cependant , dans la plupart des cas , on brûle
le gazon , soit en petits tas , soit en tas plus considérables , soit répandu sur la surface.

Il est très-commode , pour les ouvriers , de réunir les gazons en petits tas, sur le champ , à 10
ou 12 pieds de distance , et de mettre le feu à
chaque tas , en se servant de cendres brûlantes,
prises dans les tas qui ont été déjà brûlés.

Mr Boys recommande fortement de gros tas, contenant chacun 20 voitures, comme plus avantageux que les petits. On obtient ainsi, si le procédé est bien conduit, une plus grande proportion de matières charbonneuses, qui contribuent surtout à donner au résidu de la combnstion, ses propriétés fertilisantes (1).

Dans une circonstance, au lieu d'amasser les gazons en tas, on les a brûlés en les laissant répandus sur la surface (2) dans l'état ou les avait laissés la bêche à écobuer, et de cette manière, la combustion a été incomplète. Cette méthode a été suivie d'excellents effets; car le sol, qui ne produisait auparavant que de la bruyère, se couvrit spontanément d'excellents herbages, qui furent durables. Il y a dans les résultats du feu appliqué à la surface du sol, quelque chose qui n'a pas encore été suffisamment expliqué (3). Il

---

(1) C'est d'après ce principe, que l'argile calcinée dans les fourneaux, est préférable à celle qui a été calcinée à l'air libre.

(2) Cela se fait fréquemment dans les marais, mais les cendres ne sont pas réputées aussi bonnes; et dans le fait, cela n'est possible que lorsque les gazons sont très-remplis d'herbes et coupés très-minces. Cependant on considère cette méthode comme plus utile que les autres, sous un rapport; c'est qu'elle assure mieux la destruction des vers et des limaces.

(3) Les effets du feu, dans les opérations de l'écobuage, sont très-remarquables. Partout où on connaît cette pratique, l'expérience a démontré la nécessité d'enlever toutes les cen-

contribue certainement à rendre le sol plus poreux, ce qui laisse pénétrer plus facilement l'air et l'humidité.

5° *La Dépense*. — Elle dépend de beaucoup de circonstances ; comme, — 1° La nature du sol sur lequel l'opération doit être exécutée, les interruptions et les obstacles qu'elle peut rencontrer (1) ; — 2° le prix de la main d'œuvre ; — 3° les instruments qu'on emploie ; — 4° l'adresse des ouvriers ; — 5° l'état du temps. Mais on peut remarquer, en général, qu'il n'y a presqu'aucun procédé dont on puisse attendre autant de profit que de l'écobuage, lorsqu'il est convenablement appliqué, et qu'on puisse exécuter avec une dépense aussi modérée. Par exemple, dans les marais du Comté de *Cambridge*, la dépense de l'écobuage, en y comprenant l'opération de répandre les cendres, ne coûte, lorsque l'écroutage se fait à la charrue, qu'à raison de douze à quinze sh. par acre (36 à 45^f par hectare) ; mais l'exé-

------

dres des places qu'occupaient les tas qui ont été brûlés ; et, quoique plusieurs cultivateurs prennent le soin d'enlever encore un peu de la terre qui n'a pas été calcinée, cependant les récoltes acquièrent toujours sur ces places, un vert plus foncé que dans tout le reste du champ.

(1) Dans quelques parties du *Devonshire*, le sol est si tendre, qu'on le fait écrouter avec la charrue à bras pour 9 sh. par acre (27 f. par hectare), et il n'en coûte que 6 sh. 6 d. de plus, pour brûler et répandre. Ces terres ne doivent être écobuées que lorsque le gazon est très-vieux.

cution de cette opération par la charrue , est portée
là au plus haut degré possible de perfection. Dans
d'autres districts , où les ouvriers ont moins d'habitude de cette opération , on peut évaluer la dépense de 20 à 30 sh. par acre (60 à 90^f par hect.).
Lorsqu'on emploie la charrue à bras , la dépense ,
qui n'était autrefois , en *Kent* , que de 25 à 30 sh. ,
s'est élevée , en 1803 , à 50 sh. par acre. Même à
ce taux , et encore à un taux plus élevé , la dépense ne doit pas arrêter , si on considère que ,
dans des sols propres à cette opération , la dépense
est payée par la première récolte ; — que cette
récolte fournira des matériaux pour produire des
engrais destinés aux récoltes suivantes ; — et qu'un
sol mis en culture par ce procédé , si on le traite
avec ménagement , avec une rotation convenable
de récoltes vertes et de grains , sera en bon état ,
lorsqu'on le remettra en prairie , après l'avoir fumé ,
et qu'il se maintiendra ainsi pendant un grand nombre
d'années.

6° *La Saison.* — Dans les années favorables ,
l'écroutage peut se commencer en Février ; et les
gazons seront alors prêts à recevoir l'influence des
vents du nord-est , qu'on éprouve presque toujours
au printemps , et dont la propriété desséchante est
si énergique. Cependant on ne doit écrouter que
dans une saison sèche , afin que les gazons ne re-
prennent pas racine. On peut commencer à brûler
en Mars , et continuer jusqu'à la fin d'Octobre, Les
premières terres où l'opération est terminée, peuvent

être plantées en pommes de terre ; celles qui viendront ensuite , seront semées en turneps ; on mettra de la navette sur celles qui seront prêtes en Juillet ; et celles qui seront préparées plus tard , peuvent être réservées pour du seigle , ou , dans les bons sols , pour du froment d'hiver. De cette manière , l'opération ne sera pas discontinuée jusqu'à ce que la saison vienne y mettre fin.

7° *Nature des Cendres et des substances qu'elles contiennent.*—Des expériences innombrables prouvent que les cendres produites par l'écobuage, forment un engrais des plus puissants , et qu'on peut obtenir, par ce moyen , des récoltes plus abondantes , que par tout autre. **Les** propriétés fertilisantes de cette substance , sont mises hors de toute espèce de doute , par le fait que , si on l'enlève du champ, les récoltes suivantes sont considérablement diminuées. On peut expliquer , de la manière suivante, les effets de ces substances : — 1° Lorsque la terre a été fortement échauffée , ses particules perdent de leur cohésion ; elles donnent en conséquence un passage plus libre aux racines fibreuses et délicates des jeunes plantes , ce qui favorise leur végétation. — 2° Une autre propriété que possèdent ces substances , est celle d'absorber l'eau et de la retenir dans le sol , à l'usage des plantes ; c'est pour cela qu'elles produisent de si bons effets dans les sols craïeux et maigres , qui sont disposés à manquer d'humidité. — 3° Les sols susceptibles de la plus grande amélioration par l'écobuage , contiennent une grande quantité d'oxide de fer. Ce procédé tend à le décomposer ; et il est possible que l'oxigène dégagé se combine avec le carbone produit par la combustion, et qu'il soit ainsi une des causes de fertilité. — 4° Lorsque la terre est réfroidie, il est probable qu'elle retient encore de la chaleur latente, qu'elle peut communiquer aux plantes en végétation. Cependant les matières charbonneuses produites par la combustion, sont probablement la substance la plus importante. Quoique le charbon de bois ou de houille soit regardé comme insoluble, cependant celui qui provient des parties déliées des végétaux, se dissout promptement dans l'eau, et fournit de la nourriture aux plantes. Dans la conduite de la combustion, on doit donc prendre beaucoup de soin pour conserver, autant que possible, cette substance importante. Cela peut se faire efficacement, en brûlant le gazon en gros tas, recouverts de terre meuble, de manière que la combustion soit bien étouffée, et qne toutes les matières végétales contenues dans les gazons, soient converties en une substance charbonneuse. La combustion ne doit jamais être poussée aussi loin que quelques écrivains l'ont recommandé. Il est suffisant que tout principe de vie dans les plantes et dans leurs racines, soit détruit, et que la texture de la masse soit assez ameublie pour former un sol productif.

8° *Mode d'emploi des cendres.* — Il y a quatre méthodes : — 1° Répandre et enterrer immédiatement à la charrue, aussitôt après la combustion. C'est la méthode la plus ordinaire et probablement la meil-

leure (1), quoiqu'elle ne soit pas toujours pr
ticable. 2° Répandre les cendres à la surface ,
les laisser exposées aux influences de l'atmosphère
pendant quelques mois , avant de les enterrer à
charrue. Cette pratique est fondée snr l'opinion
peut-être erronnée , que les cendres absorbent
l'atmosphère , quelque substance qui ajoute à le
qualité fertilisante. — 3° Laisser les cendres
tas , et les répandre seulement avant le labou
pour le froment ; on ne peut approuver cette m
thode , parce que les substances alcalines étant e
traînées par les pluies , la place occupée par
tas en sera saturée , tandis que les environs ne pr
fiteront presque plus des cendres. 4° Enfin , ré
pandre , après l'écobuage , de la chaux à raison
150 bushels de Winchester par acre (105 hecto
par hectare) , en la mêlant avec les cendres , que
que temps avant le milieu d'Octobre; les cendres
la chaux doivent être enterrées immédiatement
la charrue , au moyen de quoi , on est assur
d'une bonne récolte pour l'année suivante (2).

On doit faire mention de deux règles qui
rapportent à ce sujet : 1° Faire les semailles au

---

(1) M. ELLISON de *Sudbrook en Lincolnshire* a remarqu
que lorsqu'il répand les cendres aussitôt après la combustio
il obtient des récoltes très-vigoureuses.

(2) Dans le pays de *Galles* , les cendres des gazons brûl
en Juin , sont souvent laissées en tas , pour ne les répand
qu'en Septembre ou Octobre , au moment de la semaille
seigle.

sitôt après que les cendres ont été répandues et enfouies, parce qne les cendres agissent plus énergiquement, lorsqu'elles sont dans leur état caustique, et assurent une récolte plus abondante. 2° Mêler de la chaux avec les cendres. Ces deux amendements semblent s'aider réciproquement; et même, s'il n'y a pas de matières calcaires dans le sol, plusieurs récoltes, et, en particulier, l'orge, les pois (1), le froment ou le tréfle, ne réussiront probablement pas.

9° *Genres de récoltes.* — Il est extrêmement important que la première récolte qui suit l'écobuage, ne soit pas d'une nature épuisante. On recommande généralement les turneps, la navette ou les vesces (2), ou les pommes de terre, lorsque la combustion est opérée de bonne heure, et qu'on peut y appliquer un peu de fumier. Quant aux turneps, on ne peut apprécier trop haut les avantages qu'on peut tirer de cette récolte, par le moyen de l'écobuage, dans des terres où il serait impossible d'en obtenir sans ce procédé. Chaque acre, en proportion de l'abondance de la récolte, entretiendra de 5 à 12 bêtes à laine (de 12 à 30

----

(1) Quoique le produit des pois soit augmenté par l'application de la chaux ou de la marne, cependant ils cuisent souvent plus difficilement.

(2) Dans les terres profondes et humides , la navette vaut mieux que les turneps , parce que les bêtes à laine les consomment plus facilement. En *Derbyshire*, on préfère les turneps.

par hectare), pendant les mois les plus critiques de l'hiver ; et, outre qu'ils enrichiront le sol de leurs excréments , ils l'affermiront , et lui donneront , par conséquent , une excellente préparation pour une récolte d'orge ou d'avoine , dans l'année suivante (1). On ne peut pas trop répéter que ce n'est que par la destruction des mauvaises herbes, dans le système de culture des turneps, qu'on peut tirer , dans les sols craïeux , les plus grands avantages de la méthode de l'écobuage.

En Écosse , sur les sols tourbeux , l'avoine patate est considérée comme la première récolte la plus profitable , comme étant hâtive , moins sujette à se verser , et de meilleure qualité que toute autre espèce d'avoine ; mais, comme cette variété est très-épuisante , on ajoute aux cendres, 150 bushels de Winchester , de chaux par acre (105 hectol. par hectare).

10° *Rotation de récoltes.* — Cela doit dépendre entièrement de la nature du sol.

Dans les dunes craïeuses , la méthode suivante paraît très-avantageuse : 1ere année , turneps ou vesces , comme nous l'avons déjà dit ; — 2e orge ou avoine. Si ces récoltes sont semées de bonne heure , et tenues nettes de mauvaises herbes , le produit sera probablement égal en valeur , au prix même du sol , dans son état originaire ; 3e tréfle ,

---

(1) Ceci ne peut évidemment se rapporter qu'aux sols craïeux. (*Note du Trad.*)

lupuline ou ray-grass , semés avec la précédente récolte , pour être pâturés par les bêtes à laine (1) ; — 4ᵉ froment , dont la valeur sera probablement double de celle du prix d'achat du sol , avant qu'il ait été amélioré par l'écobuage ; — 5ᵉ vesces ou turneps, ou turneps après les vesces , avec un amendement de la quantité de fumier , produite par les deux récoltes de paille que la terre a fournies , et qu'on doit mélanger avec les substances terreuses qu'on pourra se procurer ; les vesces et les turneps doivent être consommés sur place. On pose ainsi les fondements d'une nouvelle succession de récoltes semblables , tout en mettant la terre , immédiatement après l'écobuage , dans son plus haut état de fertilité et d'amélioration. Un grand nombre de pâturages à moutons pourraient produire , par ce systême , d'abondantes récoltes vertes , beaucoup de racines et de grains ; et ces récoltes , au moyen d'un grand accroissement dans le nombre des habitants et des animaux domestiques , produiraient au public de 7 à 12 l. par acre , sur des terres qui n'ont jamais rapporté 7 à 12 sh.

Au reste , pour des sols de cette espèce , la méthode la plus avantageuse est de les semer en sainfoin , aussitôt qu'on les a mis en bon état , parce qu'ils produisent ainsi du foin d'une excellente qua-

---

(1) Une seconde année d'herbages est souvent nécessaire, dans les sols de qualité inférieure ; et , dans quelques districts, on doit semer de l'avoine au lieu de froment.

lité , pendant deux années successives , et ensuite, pendant plusieurs années , ils font un très-bon pâturage pour les bêtes à laine.

Lorsqu'on prend de l'avoine en première récolte, selon la pratique d'Écosse , on peut se procurer déjà un peu de fumier , du produit du sol lui — même , pour cultiver l'année d'ensuite , des pommes de terre ou des turneps ; les premières sont la récolte qu'on préfère presque toujours. C'est une bonne méthode , d'appliquer toujours du fumier la seconde année après l'écobuage , parce qu'une quantité de fumier produit plus d'avantage à cette époque, que le double de cette quantité , à une époque postérieure. Après les pommes de terre ou les turneps fumés , on obtiendra une abondante récolte de grains , et ensuite un herbage vigoureux , qui formera un excellent pâturage. Le but essentiel doit être de remettre la terre en herbages , le plus tôt que cela est praticable , en choisissant la prairie artificielle la mieux adaptée au sol ; on doit le laisser en cet état , aussi long-temps que la prairie reste productive. On recommande , pour les sols tourbeux , la houque laineuse (*holcus lanatus*), avec un mélange de plantain lanceolé (*plantago lanceolata*). Le tréfle moyeu (*trifolium medium*) , avec un peu de vulpin des prés (*meadow fox tail*). et de ray-grass (*lolium perenne*) , réussissent bien aussi dans ces sols. Le tréfle moyen , quoique ressemblant beaucoup au tréfle ordinaire , se comporte tout à fait différemment. Il se plaît bien avec toutes les herbes naturelles qui croissent avec lui, ce que le tréfle ne fait pas. Il ne présente pas de danger pour le bétail à cornes, lorsqu'on le fait consommer en vert, et il n'est pas aussi sujet à donner la pousse aux chevaux, lorsqu'on le convertit en foin. Pour des sols plus secs, on pourra mettre 4 livres de tréfle ordinaire, 5 livres de tréfle blanc, et un bushel de ray-grass (10 livres tréfle ordinaire, 13 livres tréfle blanc, et 90 litres de ray-grass par hectare); et, après que la terre sera restée en herbage pendant six ou sept ans, on pourra recommencer une autre rotation.

On a essayé, en *Derbyshire*, une nouvelle méthode d'écobuage : elle consiste à amasser les éteules, et à brûler, par petits tas, la paille, les racines, les mauvaises herbes, mélangées d'un peu de terre; on répand les cendres, après les avoir mélangées avec de la chaux ; quelquefois, avec cette préparation, on sème du froment sur une éteule d'avoine ou de turneps, et on le fait suivre par l'avoine, au printemps suivant. Cette pratique est épuisante, lorsqu'on doit prendre encore une récolte immédiatement après cette rotation ; mais lorsqu'on la fait suivre par une jachère, dans un sol argileux tenace, elle peut contribuer à améliorer sa texture, et détruit un grand nombre de mauvaises herbes.

11° *Avantages de l'écobuage.* — Les avantages qui résultent de l'écobuage, sont nombreux et importants : 1° On détruit, par ce procédé, les limaces et autres insectes qui sont logés dans la sol. 2° On détruit de même les semences de beaucoup de mauvaises herbes, qui auraient porté préjudice aux récoltes suivantes (1). 3° Non-seulement les tiges et les feuilles des broussailles, du genêt, de la bruyère, de la fougère, sont détruites, converties en charbon, et disposées ainsi à servir de nourriture aux plantes, mais, par l'extirpation des vieilles racines de bonnes plantes, on fait place aux nouvelles plantes jeunes et vigoureuses qu'on y mettra 4° Le sol est ameubli complètement. 5° La texture des sols durs et tenaces dans leur état naturel, et, par conséquent, impropre à la culture des grains, se trouve améliorée et bien préparée pour la culture. 6° Par l'écobuage, on obtient, dès le début de l'amélioration, et à bas prix, un engrais qui se trouve sur place, exempt des frais de charroi, qui, dans quelques cas, coûtent plus que l'engrais lui-même; on se procure ainsi un fond d'engrais, qui, avec

(1) Dans les terres nouvellement encloses, * lorsque la bruyère et le genêt y sont abondants, l'écobuage est absolument nécessaire, parce que ces plantes ne peuvent être détruites dans aucun temps déterminé, même par une bonne culture. Dans quelques terres nouvellement encloses, on a vu, après 7 années de culture, ces plantes reparaître dans des prairies ar ificielles, en telle abondance, qu'on a été forcé d'y mettre encore la charrue, ce qui n'aurait pas été nécessaire, si le sol avait été écobué.

* Dans le système de culture généralement adopté en Angleterre, *terres nouvellement encloses* est synonime de terres nouvellement mises en culture. (*Note du Trad.*)

an traitement judicieux, peut servir à maintenir la terre en état de fertilité, jusqu'à ce qu'on la soumette à une rotation régulière. Ces avantages sont très-importants, et celui-là serait un mauvais cultivateur, qui ne pourrait pas maintenir pour toujours un sol ainsi enrichi, dans un haut état de fertilité. 7° La chaleur même communiquée au sol (1) par l'écobuage, et le mélange d'une substance qui a subi l'action du feu, sont reconnus, par l'expérience, comme très-avantageux.

12° *Ses désavantages.* — Parmi les objections qui ont été faites à cette pratique, quelques personnes ont dit que les sols peu profonds perdent encore de leur profondeur par ce moyen. Mais on répond que les parties terreuses du sol, ne peuvent être ni consumées ni diminuées par la combustion ; car, si le volume des gazons est diminué, c'est seulement parce que les racines et les substances végétales sont brûlées, et que les sols peu profonds sont encore plus fortement améliorés que les autres par ce procédé ; parce qu'on peut, sans inconvénients, incorporer avec le sol écobué, une plus grande quantité du sous-sol. On a dit aussi qu'après la destruction des substances végé-

---

(1) Le Marquis de TURBILLY assure que la moitié de la semence nécessaire dans les autres sols, suffit dans les terres écobuées, et que la récolte est constamment d'un mois plus hâtive que dans les terres voisines. Mais ces effets n'ont pas été observés dans ce pays.

tales et animales que contient le gazon , les cendres ne peuvent posséder aucune propriété fertilisante réelle ; mais les récoltes produites par ces cendres, refutent cette assertion. On a soutenu aussi que le sol est privé ainsi des herbes de bonne qualité qui y croissent naturellement ; mais il se trouve aussi débarrassé de ses mauvaises herbes naturelles , ce qui est l'objet le plus important. Quant aux bonnes plantes, celles qu'on y sème artificiellement, donnent un produit bien plus abondant et bien plus précieux que toutes les herbes naturelles ; d'ailleurs , dans les sols qu'on soumet communément à l'écobuage , les plantes naturelles sont généralement de mauvaise qualité.

Quelques personnes ont prétendu qu'il vaudrait mieux se contenter d'écrouter et mettre les gazons en tas, pour les y laisser jusqu'à ce qu'ils soient réduits en terreau , et répandre ensuite ce ter - reau sur le sol d'où il provient. Cependant, ce serait un procédé dispendieux, qui exigerait un long espace de temps pour le compléter, et qui, après tout, ne produirait jamais des effets aussi puissants que l'écobuage.

On a objecté, en général, — qu'on dissipe ainsi ce qu'on devrait conserver avec soin ; — qu'on dé- truit les huiles et le mucilage ; — qu'on calcine les sels ; — enfin, qu'on réduit en cendres de très- peu d'efficacité, la matière organique fertile. On peut répondre que l'expérience prouve que ces assertions sont mal fondées en fait, ou que tous les inconvénients qu'on attribue au procédé, ne sont dûs qu'à l'abus qu'on en fait, et disparaissent lorsqu'on l'emploie judicieusement (1).

13° *Ses résultats.* — Par le procédé de l'écobuage, un sol tenace, humide, et, par conséquent, de mauvaise qualité, peut être converti en un sol meuble, sec et chaud, et bien plus propre à la végétation. Quoiqu'on puisse dissiper ainsi une petite quantité de matières animales ou végétales, ou d'engrais, qui existaient auparavant dans le sol, cependant ce désavantage momentané est amplement compensé par la destruction des semences des mauvaises herbes et des racines des plantes grossières, ainsi que par l'amélioration permanente de la texture du sol. Quant aux sols qui contiennent un excès de matières végétales inertes, c'est un avantage de se débarrasser de cet excès, en rendant ce qui reste, propre à la production des récoltes, non-seulement par l'addition de terre calcaire, mais aussi par l'effet des matières charbonneuses que contiennent les cendres, qui seront bien plus utiles à la végétation, que les fibres végétales grossières qui les ont produites.

Il est évident que cette pratique ne peut jamais

---

(1) Un agriculteur instruit, M. ROBERT HOBLYN, assure que, lorsqu'on ne brûle les racines des végétaux que jusqu'au point où les cendres sont noires, cela fait peu de mal: mais que lorsqu'on les brûle, jusqu'à ce qu'elles deviennent rouges, on frappe le sol de stérilité pour l'avenir.

être aussi générale, et avoir autant de succès, sous un climat humide, comme en Écosse, que dans un pays dont l'atmosphère est moins humide, et où on peut disposer, par conséquent, d'un plus long espace de temps, pour exécuter l'opération. Mais c'est toujours un moyen d'amélioration qui doit attirer une attention particulière, partout où on se livre à des recherches sur les meilleurs moyens de culture du sol.

§ VI.

DE LA JACHÈRE D'ÉTÉ.

Dans la plus grande partie de l'Europe, on a long-temps considéré comme une pratique avantageuse, de consacrer à des époques fixes, une saison entière à la culture des terres arables, sans leur faire produire aucune récolte. On supposait que les dépenses qu'entraînent ce procédé, sont amplement compensées par l'amélioration de la texture du sol, par la destruction des mauvaises herbes et des insectes, et par l'augmentation du produit des récoltes suivantes. Mais lorsque la rente des terres se fut beaucoup élevée ; — lorsque les dépenses de culture eurent pris un grand accroissement ; — lorsqu'on eut introduit les cultures *nettoyantes*, comme les turneps ; — enfin, lorsque les productions du sol furent devenues plus précieuses, les cultivateurs dûrent naturellement examiner si

d'aussi grands sacrifices étaient réellement nécessaires ; et si on ne pouvait pas , dans beaucoup de
cas , diminuer beaucoup l'étendue des jachères , et,
dans d'autres , les supprimer entièrement. Il s'est
élevé, à ce sujet, une discussion très-vive et très-
animée entre deux sectes , les partisants des
jachères , et leurs antagonistes.

Depuis quelque temps , la question s'est beaucoup simplifiée. On reconnaît aujourd'hui généralement que les sols légers , propres à la culture
des turneps, n'ont nul besoin de la jachère , et
que, dans les sols argileux, avec un système de
culture judicieux, la jachère n'est nécessaire qu'une
seule fois dans le cours d'une rotation.

Le sujet qui reste encore en discussion se trouve
donc réduit à la question suivante :

Est-il de l'intérêt d'un cultivateur , dont les
terres sont argileuses, tenaces , et en fonds humide ,
de les soumettre périodiquement à la jachère (1) ?

Nous considérerons la question comme applicable aux climats, 1° de l'Écosse , 2° de l'Angleterre , 3° de l'Irlande.

I. *L'Écosse.*

Partout où le sol est de la nature que nous venons de décrire, l'opinion des cultivateurs les plus

---

(1) Dans la section *des rotations de récoltes ,* nous indiquerons à quels intervalles la jachère doit revenir.

intelligents et les plus expérimentés de l'Écosse, est qu'on ne peut pas se dispenser de la jachère d'été, pour les raisons suivantes :

1° Si on veut faire produire tous les ans des récoltes à une terre argileuse tenace, on est souvent forcé de la labourer ou de la herser avant qu'elle soit ressuyée, ce qui, sous un climat humide, lui fait perdre sa fertilité, la rend imperméable aux rayons du soleil et à l'action de l'air, ainsi qu'aux racines des plantes, et ce qui exige des cultures répétées, avant qu'on puisse corriger ces défauts. Par une jachère d'été complète, on la rend douce et meuble. La préparation est beaucoup meilleure que celle qu'on peut obtenir par le moyen d'une récolte jachère, et le sol est rendu aussi meuble que celui d'un jardin.

2° Le grand but d'un cultivateur habile doit être de tenir ses terres nettes de mauvaises herbes de toute espèce ; et, sur les sols argileux, on a toujours trouvé qu'une jachère d'été convenablement conduite, était un *moyen certain* d'arriver à ce but. Pendant la courte période de sécheresse qui survient au printemps, sous un climat aussi humide que celui de l'Écosse, les mauvaises herbes qui se sont multipliées pendant que la terre était couverte de récoltes, ne peuvent être détruites, puisqu'on a souvent bien de la peine à y parvenir par des cultures pendant tout l'été ; tout espoir de succès, en cherchant à nettoyer des terres semblables pendant le printemps seulement, et de supprimer ainsi la jachère, est donc mal fondé. Les récoltes sarclées ne peuvent atteindre le même but, parce que les mois de Juillet et d'Août, sont l'époque la plus convenable pour nettoyer la terre efficacement, et qu'on ne peut y parvenir que par de profonds labours, qui ne peuvent être exécutés lorsque le sol est couvert d'une récolte. D'ailleurs aucun autre procédé que la jachère, ne peut détruire efficacement les chardons, si nuisibles aux moissons.

3° On a reconnu que la jachère contribue essentiellement à faire disparaître les limaces et autres insectes qui se trouvent dans le sol; non-seulement en les détruisant directement ainsi que leurs œufs, mais aussi en les exposant aux attaques des oiseaux.

4° On ne peut guère révoquer en doute les avantages qu'elle présente pour pulvériser, ameublir et dessécher le sol; pour convertir les racines et les autres débris végétaux, en matière soluble, qui sert à la nourriture des récoltes suivantes; pour permettre au cultivateur de détruire tous les obstacles à un labour parfait; et pour disposer la surface du sol, de manière à favoriser l'écoulement de l'eau, et à faciliter la culture postérieure.

5° Pendant la durée de la jachère, le sol peut être mis en bon état sous tous les rapports. Les petites saignées des champs peuvent être réparées; on peut appliquer, au moment le plus convenable, la chaux, ainsi que les autres amendements, et les incorporer parfaitement avec le sol. Une jachère bien conduite est plus favorable à la semaille hâtive du froment, qu'une récolte de fèves; dans les

sols argileux et dans les climats septentrionaux,
il devient même impossible de se livrer à de grandes
cultures de froment, sans qu'une partie considérable du sol ait été préparée pendant les mois de
l'été. On remarque aussi, presque toujours, que
le grain des récoltes de froment, semé sur une jachère régulière, en Septembre, ou au commencement d'Octobre, est d'une qualité supérieure,
probablement parce qu'ayant reçu plus de chaleur
du soleil dans sa jeunesse, sa maturité est plus
hâtive.

6° Le cultivateur en terres argileuses ne peut
pas non plus compter sur de bonnes récoltes de
prairies artificielles, autrement que par le procédé
de la jachère. Lorsqu'on cultive les fèves, leurs
racines absorbent la nourriture qui devait servir à
alimenter le trèfle. Les fèves favorisent aussi la mul-
tiplication des limaces, ennemis déterminés du trèfle.
Mais, après une jachère, la terre manque rarement de produire une récolte abondante de trèfle.
On ne doit négliger aucun sacrifice, pour s'assurer
de bonnes récoltes de trèfle ; parce que, soit qu'on
le fasse consommer en vert, soit qu'on le convertisse en foin, il fait bien plus de profit pour la
nourriture des chevaux ou du bétail à cornes, que
toute autre espèce de récolte verte qu'on puisse cultiver dans les sols argileux. Ses racines, plus volumineuses, enrichissent mieux aussi le sol dans
lequel on le cultive.

7° Un autre avantage d'une jachère complète,
est qu'on peut obtenir des récoltes abondantes,

avec moins d'engrais que sans cette pratique, ou que lorsque la jachère est exécutée d'une manière imparfaite. Cet objet est très-important, car la rareté des engrais est le plus grand mal contre lequel ait à lutter un cultivateur en terres arables ; cet avantage compense bien la perte d'une récolte, perte qu'on reproche si fortement au système des jachères.

8° L'exposition du sol aux influences de l'atmosphère, est encore un autre avantage. La terre la plus ingrate et la plus infertile, étant exposée à ces influences, s'améliore dans sa texture, et devient bien plus propre à la végétation, soit que le sol acquière de nouvelles propriétés, par l'effet des substances qu'il tire de l'atmosphère, soit que les substances qui le rendaient stérile, soient neutralisées, détruites, ou entraînées par les pluies. Il est de fait qu'il n'y a d'autre moyen qu'une jachère complète d'été, pour débarrasser entièrement un sol argileux, situé en lieu bas, de l'humidité qui le pénètre, et qui, ayant long-temps séjourné dans le sol, tient en solution des matières salines et minérales. Le sol, débarrassé de ces substances, se pénètre bientôt de nouvelle eau pure, et acquiert un état meuble et fertile.

Par ces moyens, le sol devient plus friable, les récoltes qu'il produit sont abondantes, et, comparativement parlant, exemptes de mauvaises herbes.

Quelques personnes ont prétendu qu'on pouvait remplacer la jachère par un défoncement. Mais quand même on pourrait se procurer des bras en suffisance pour cette opération, les sols argileux tenaces, les seuls auxquels le procédé de la jachère soit nécessaire, se trouvent rarement dans un état qui permet le défoncement, parce que l'humidité les rend trop compacts en hiver, et qu'ils deviennent trop durs en été par la chaleur. En Flandre, où le procédé du défoncement est si souvent employé, on préfère, pour cette opération, les sols légers, et souvent le défoncement se fait à la pêle, au lieu d'y employer la bêche (1).

Nous allons maintenant considérer jusqu'à quel point il est praticable de substituer une récolte à la jachère, et les dépenses qu'elle entraine.

Les dépenses de la jachère sont considérables, elles varient selon le taux de la rente, et le nombre des labours, hersages, etc. ; mais les données suivantes peuvent être considérées comme un terme moyen :

---

(1). En Flandre, on calcule comme il suit, les dépenses du défoncement : 1º Terres légères, 18 pouces de profondeur, 1 l. 6 sh. par acre (78 francs par hectare); 2º terres fortes, 18 pouces de profondeur, 1 l. 11 sh. 2 d. par acre (93 francs par hectare); 3º terres fortes, 2 pieds de profondeur, 2 l. 5 sh. par acre, (135 francs par hectare). Dans les parties de l'Angleterre, où on trouve des ouvriers accoutumés à ce travail, on peut faire défoncer les sols légers, à raison de 40 sh. par acre (120 francs par hectare); et même les terres fortes, à raison de 50 sh. par acre (150 francs par hectare).

	par acre sh.	par hectare.
Les six labours et hersages coûtent	3 l 11 sh	213 f »c
La rente pour les deux années à 2 l 7 sh par acre	4 14	282 »
	8 06	495 »

sans compter les dépenses nécessaires pour la récolte qu'on doit cultiver, et la part des frais d'engrais qui doit être mise à sa charge. Mais les
partisants des jachères, prétendent que ces labours
ainsi que la rente de la terre, pendant qu'elle est
en jachère, sont des dépenses qu'on ne doit pas
mettre entièrement à la charge de la récolte suivante, mais bien de toutes les récoltes de la
rotation, parce qu'elles profitent toutes plus ou
moins, des avantages de l'opération.

D'après les inconvénients de la jachère d'été,
on a fait, en Écosse, plusieurs tentatives pour la
supprimer, mais jusqu'ici, elles n'ont pas réussi.
On a essayé les fèves, qui conviennent bien aux sols
argileux, et qui forment une excellente préparation
pour le froment. Lorsqu'on les sème en lignes, elles
mettent, jusqu'à un certain point, le cultivateur
en état de conserver ses terres nettes pour une plus
longue période. Cependant leur culture ne peut pas
dispenser de revenir à la jachère au bout d'une certaine période, lorsque, par la succession des récoltes, les mauvaises herbes deviennent trop abondantes. Les pommes de terre, plantées dans les
parties des champs en jachère, où le sol peut le

dermettre, avec l'application d'une plus grande quan-
ité d'engrais que sur la jachére nue, se sont montrées
ellement épuisantes, que la partie cultivée en pommes
de terre a produit une récolte de froment moins
abondante que celle qui avait été soumise à la jachère ; les récoltes suivantes furent aussi meilleures
sur cette dernière partie ; et, à la fin de la rotation, la terre s'y trouva beaucoup plus nette que
sur l'autre.

On a essayé aussi de semer de bonne heure des
navets de Suède, et de les enlever en Septembre,
pour la semaille du froment ; mais le sol fut tellement épuisé par cette récolte, que le froment
qui suivit, fut fort médiocre.

Pour ce qui regarde l'Écosse, nous devons ajouter
ici, qu'une grande réduction dans la fréquence des
jachères, a déjà eu lieu depuis l'introduction de la
culture des turneps sur les sols légers ; et, quoique
la jachére puisse difficilement être supprimée totalement, dans cette partie du Royaume-Uni, sur
les sols argileux tenaces, cependant il y a lieu
d'espérer que le temps amènera des circonstances
qui dispenseront de la nécessité d'y avoir recours,
ou, du moins, d'y revenir aussi souvent qu'on le
pratique à présent. En effet, le climat doit s'améliorer, à mesure que la culture prend de l'extension ; — par des desséchements plus efficaces et
par l'effet d'une fréquente application de chaux et
de fumier, la texture des sols les plus tenaces se
changera progressivement, et se rapprochera nécessairement de la nature des *loams* ; — par l'effet

d'une bonne culture long-temps continuée, la quantité des mauvaises herbes de toute espèce sera beaucoup diminuée ; — on peut aussi inventer de nouveaux instruments, qui nettoieront et pulvériseront le sol plus efficacement que ceux qui sont actuellement en usage ; — on peut de même découvrir de nouvelles plantes appropriées à la culture sans jachère, ou des méthodes plus avantageuses, pour cultiver celles qu'on connaît déjà ; — enfin, il est impossible de prévoir quelles améliorations on peut obtenir par l'effet des desséchements ; améliorations qui tendent directement à faciliter la culture des sols argileux, et qui peuvent permettre, ou d'y faire consommer les récoltes sur place par le bétail, ou d'en charier les produits avec moins d'inconvénients. Mais, jusqu'au moment où ces changements se seront introduits, on persuadera difficilement aux cultivateurs Écossais, d'abandonner les avantages qu'ils tirent d'une jachère d'été bien exécutée.

II. *L'Angleterre.*

Le climat de l'Angleterre est certainement plus favorable que celui de l'Écosse ; cependant, même dans cette partie du Royaume, des hommes très-instruits regardent comme nécessaire, d'avoir recours à la jachère, en certaines circonstances.

Mr MARSHALL établit que, lorsque la terre est empoisonnée de mauvaises herbes qui se multiplient par leurs racines, état dans lequel on peut dire que se trouve la moitié des anciennes terres arables du Royaume , une année de jachère est le moyen le plus court, le plus efficace et le plus économique, de la nettoyer. Il la regarde aussi comme le meilleur moyen de prévenir les ravages du *Wire-Worm*. Tous les insectes qui vivent d'herbes , et qui ne peuvent voler , au moins dans le premier état de leur vie, sont détruits , si on tient le sol qu'ils habitent , exempt de toute plante vivante , surtout dans les mois de l'été, où l'existence de ces insectes est dans toute son activité , et où ils ont besoin d'une nourriture journalière. Dans ce cas , ils sont efficacement détruits par des labours fréquemment répétés.

En *Kent* , on fait ce qu'on appelle des *jachères d'automne* , en préparant pour le froment , le sol qui a produit une récolte-jachère , au moyen de plusieurs labours et hersages. On est dans l'usage aussi de semer l'orge tard , afin de préparer le sol, pour cette récolte , par trois labours qui nettoient bien la terre ; mais , après tout , le judicieux auteur du rapport sur l'agriculture de *Kent* , (Mr Boys), établit en fait , qu'il y a certains sols rebelles, que tout l'art et toute l'industrie de l'homme ne peuvent tenir nets et en bon état pendant un espace de temps un peu considérable , sans une jachère ; que les argiles froides et humides , lorsqu'on les a passablement nettoyées de mauvaises herbes, se durcissent de manière à devenir extrêmement tenaces, et exigent l'intervention d'une jachère d'été , pour ameublir le sol ; qu'une bonne jachère d'été est la meilleure préparation pour une bonne récolte de tréfle ; enfin , que le cours suivant, 1er, jachère ; 2eme, orge, — 3eme, tréfle ou fèves ; — et 4eme, froment, méthode pratiquée dans l'île de *Thanet*, y est considéré comme le fondement de toute bonne culture des terres. En *Essex*, le procédé de la jachère est regardé comme essentiel, principalement pour l'orge. Dans quelques parties du Comté, la moitié des terres arables restent habituellement sous jachère morte d'été ; dans d'autres, un quart seulement, un cinquième ou un sixième ; mais la pratique est universelle, excepté dans les sols secs à turneps (1). Mr CHEERE, du Comté de *Cambridge*, est convaincu, par une longue expérience, qu'une jachère complète est indispensable, tous les quatre, cinq ou six ans. Il est nécessaire aussi que tous les labours de jachère soient donnés par des temps secs.

Le célèbre cultivateur de *Norfolk*, Mr OVERMANN, a donné une forte preuve de son assentiment à cette opinion ; car, entrant dans une ferme dont quelques champs étaient remplis de mauvaises herbes, il donna au fermier sortant 5 l. 10 sh. par acre (330f par hectare), pour acheter le droit de leur donner une jachère complète. Il nettoya parfaitement le sol par quatre labours. Le sol était sablonneux, et l'ardeur du soleil de juin fit périr les racines des plantes, sans qu'il fût nécessaire de les amasser et

---

(1) En *Essex*, on laboure quelquefois jusqu'à huit fois pour la jachère.

de les brûler. Tels sont les effets du climat.

L'auteur du rapport sur l'agriculture du *Stafford-shire*, Mr WILLIAM PITT, explique, avec beaucoup de talent, les avantages d'une jachère d'été, reconnaissant, en même-temps, qu'il lui était arrivé de se repentir vivement d'avoir donné trop de confiance à l'opinion opposée. Il dit que, dans les terres froides, humides ou fortes, la pratique des meilleurs cultivateurs est de donner une jachère pour le froment, et que celui qui tenterait d'assoler des terres de cette espèce sans jachère, s'y trouverait probablement trompé. La jachère y est nécessaire, parce que les racines des plantes vivaces, comme le chiendent, etc., ne peuvent pas, sans cela, être détruites ou extirpées suffisamment ; et qu'il n'y a pas de méthode plus certaine, pour cette destruction, que des labours profonds et répétés pendant les chaleurs de l'été. Il paraît aussi, par le rapport du Comté de *Derby*, que, toutes les fois que le sol est argileux, tenace et humide, un grand nombre de cultivateurs intelligents de ce district, approuvent la jachère d'été. Il y a une coïncidence très-frappante entre ces diverses remarques, et la doctrine des cultivateurs Écossais, dont nous avons déjà donné le détail, relativement à l'importance de la jachère, quoique les cultivateurs de ces deux pays n'aient sans doute pas été d'intelligence pour établir cette pratique, et pour l'établir d'après les mêmes motifs,

Mr CURWEN déclare aussi, dans une publication

récente , qu'il a adopté , avec beaucoup de répugnance , la méthode de soumettre à la jachère les
parties les plus éloignées de la ferme. Il considère
cette pratique comme avantageuse et même comme
nécessaire sous un climat aussi humide que celui
du *Cumberland* , où il n'est pas possible de débarrasser toujours les récoltes vertes , du chiendent
et d'autres mauvaises herbes , comme il serait nécessaire qu'elles le fussent , pour la réussite des récoltes suivantes , et , particulièrement , du trèfle.

Cependant , comme le système des jachères est
condamné , par des autorités d'un grand poids ,
pour les parties méridionales du Royaume , comme
ne devant être admises que rarement ou jamais ,
même dans les sols argileux , nous allons exposer
brièvement leur opinion sur ce sujet.

Mr YOUNG admet une jachère , seulement dans le
cours de la première rotation , pensant qu'on doit
la supprimer à la seconde , et toujours dans la suite.

L'opinion de M. MARSHALL est que , dès que
la terre a été une fois parfaitement nettoyée , on
peut , par des récoltes-jachères et une attention
convenable , la maintenir nette pendant un grand
nombre d'années ; et que , lorsque les cultivateurs
apportent une grande attention à donner les labours
de jachère dans le moment le plus convenable , relativement à la végétation des mauvaises herbes et
à la production de leurs semences , comme on le
remarque dans la vallée de *Gloucester* , une jachère
complète doit être suffisante pour maintenir la terre

nette et en bon état de culture pendant dix, quinze et même vingt ans. Dans un autre ouvrage, il assure qu'après une jachère de dix-huit mois, le sol peut être si efficacement nettoyé, qu'il n'aura plus besoin de jachère pendant un demi-siècle.

L'auteur qui désapprouve le plus positivement la pratique de la jachère, est M^rMIDDLETON, auteur du rapport de *Middlesex*. Au lieu d'une jachère nue, il recommande un récolte de vesces d'hiver, qu'on peut enlever avant la fin de Juin. Il observe que cette récolte a la propriété de rendre la terre plus meuble qu'elle ne pourrait l'être par l'effet d'une jachère. Elle enrichit le sol, et elle est propre à entretenir et à engraisser les bestiaux du fermier. Les vesces peuvent être données en vert au gros bétail ainsi qu'aux bêtes à laine, dans des rateliers disposés sur le champ même, si la saison le permet, ou dans des parcs placés à proximité. Par l'un ou l'autre de ces deux moyens, le sol est richement fertilisé par leur fumier et leur urine. On prévient ainsi, en grande partie, les inconvénients de la jachère nue sur un sol argileux et sous un climat humide, dans les districts où les vesces d'hiver réussissent et où elles ne courent pas trop de risques d'être détruites par l'hiver (1). Comme cette plante se plaît dans

---

(1) Malheureusement les vesces d'hiver sont sujettes à être détruites par les lièvres et les lapins, qui en sont très-friands ; cette récolte est donc très-chanceuse dans les lieux où ces animaux abondent,

les climats humides , et que , en Angleterre , leur maturité a lieu en Juin , la récolte se fait pendant la plus grande sécheresse de l'été , et le cultivateur peut disposer des mois de Juillet, Août et Septembre, pour rendre sa terre aussi propre qu'un jardin , et aussi fertile qu'il peut le désirer (1).

III. *L'Irlande*.

En Irlande , le système de la jachère pour le froment, est généralement adopté dans la plupart des cantons à grains , particulièrement dans les sols argileux. Cependant les fermiers la pratiquent plutôt par nécessité, qu'à cause de ses avantages réels. Les fermiers riches et intelligents , lui substituent généralement des récoltes-jachères, excepté dans les cas où le sol a besoin de saignées, ou d'autres opérations qu'on ne peut exécuter lorsqu'il est couvert d'une récolte. Cependant la jachère , sur les sols argileux, a encore plusieurs défenseurs, quoiqu'on remarque généralement que les terres auxquelles on ne fait produire que des récoltes de grains , avec des jachères périodiques, (2) s'apauvrissent toujours davantage , ce qui n'arrive pas , lorsqu'on entremêle les récoltes de grains , de récoltes vertes.

---

(1) On trouvera dans l'appendice. , un détail du système de M. MIDDLETON.

(2) Il n'y a pas de méthode de culture plus détestable que celle-là. On ne peut trop travailler à la proscrire.

Nous avons rapporté les arguments pour ou contre la jachère d'été, dans leurs rapports avec les circonstances des trois royaumes unis. La différence du climat doit apporter de grandes variations sous ce rapport (1).

Il faut avoir vu les récoltes qu'on obtient dans le Comté de *Berwick* et dans les *Lothians*, pour se faire une juste idée da la perfection à laquelle a été porté, dans ces districts, le procédé de la jachère, de l'abondance des récoltes qu'on obtient par ce procédé, et des avantages qu'on en tire pour toutes les récoltes de la rotation. Un cultivateur distingué, Georges Rennie, a appelé la jachère, dans la culture des argiles tenaces et humides, *la source principale de richesses de l'Agriculture Écossaise*. Et il parait évident, selon M. Curwen, homme habile et bon juge dans ces matières, qui a fréquemment examiné l'agriculture des *Lothians*, « que les sols argileux » soumis aux procédés de la jachère, produisent » de plus riches récoltes, et payent de plus hautes » rentes, qu'aucune autre espèce de sols, dans le » Royaume-Uni ». (2)

____

(1) A la Jamaïque, on a reconnu qu'en exposant le sol à la chaleur du soleil, on épuiserait progressivement sa fertilité, et ou a abandonné cette pratique. Le procédé de la jachère, suivi pendant un petit nombre d'années sur un sol, a suffi pour détruire toute sa puissance de végétation.

(2) En faisaut l'application de ces principes au climat de la France, on jugera que, dans les parties septentrionales du

§ VII.

DESTRUCTION DES MAUVAISES HERBES.

Nettoyer la terre, ou détruire les mauvaises herbes, est un objet bien plus important qu'on ne le croit communément.

Il n'est pas seulement nécessaire de nettoyer les champs qui doivent produire des grains, mais les prairies demandent, à cet ègard, presque autant de soins. Et même, ces ennemis des produits utiles, doivent être détruits partout où on les rencontre ; car si on les laisse croître quelque part, ces plantes répandent leurs semences sur les champs , plus rapidement , et à une plus grande dlstance qu'on ne pourrait l'imaginer (1).

Royaume, qui sont beaucoup moins humides que l'Angleterre , il n'y a que des cas bien rares où la jachère soit nécessaire , pour maintenir la terre nette de mauvaises herbes. A mesure qu'on s'avance vers les provinces méridionales , ce procédé dispendieux devient toujours plus inutile (*Note du Trad.*)

(1) Dans le Japon, on a porté si loin l'antipathie contre les mauvaises herbes, qu'au rapport des botanistes , on a peine à trouver dans tout l'Empire une seule plante croissant naturellement : et les cultivateurs de ce pays préfèrent les matières fécales à tout autre engrais , parce qu'en l'employant, ils ne risquent pas de propager les mauvaises herbes. Un célèbre naturaliste , M. MIRBEL , se plaint ainsi de la destruction

En parcourant les rapports des divers Comtés, on s'aperçoit qu'en Angleterre et en Écosse, on néglige généralement trop la destruction des mauvaises herbes. Cependant, dans plusieurs districts, depuis l'introduction des turneps, et d'autres récoltes nettoyantes, cultivées en lignes; et depuis les perfectionnements qu'a reçus le procédé de la jachère, le sol est entretenu beaucoup plus net. Mais on voit encore, dans beaucoup de fermes, les mauvaises herbes occuper une portion considérable du terrain pour lequel le fermier paye une rente et des taxes, et, par leur végétation, elles diminuent considérablement les récoltes de produits utiles.

Il est d'autant plus nécessaire d'apporter à ce sujet, une grande attention, que la nature semble avoir fait des efforts particuliers pour la conservation de ces espèces de plantes. Plusieurs d'entre elles se propagent, à la fois, par leurs semences et par leurs racines; dans quelques cas, ces racines pénètrent si profondément en terre, qu'il est comme impossible d'enlever leurs parties inférieures; et dans d'autres, chaque nœud de la racine peut

---

des mauvaises herbes et du triomphe de la culture : Une terre encore sauvage à des beautés qui disparaissent à l'approche de la civilisation. En Europe, on ne voit presque sur le sol, que les plantes qui sont utiles à l'homme; les végétaux domestiques, aidés de la protection du cultivateur, se sont tellement emparés du domaine des plantes naturelles au sol, qu'il reste à peine de la place, pour l'existence de celles qui sont indifférentes à l'homme.

reproduire une nouvelle plante. L'extirpation des mauvaises herbes doit donc entraîner beaucoup de difficultés ; et il est évident que, pour les plantes qui produisent des semences que les vents entraînent au loin, les mesures adoptées pour leur destruction, ne peuvent avoir de succès , si elles ne sont pas générales.

En discutant ce sujet, nous considérerons : — Les diverses espèces de mauvaises herbes ; — la nature du sol dans laquelle on rencontre chacune d'elles, et comment on peut les détruire ; — les instruments à l'aide desquels on y parvient ; — la dépense du procédé ; — les moyens d'empêcher leur propagation ; — les mesures civiles ou législatives qui pourraient contribuer à leur destruction ; — enfin, les avantages qui résulteraient de leur extirpation complète.

I. *Des mauvaises herbes en général.*

On divise ordinairement les mauvaises herbes en trois classes. Les plantes annuelles , dont la durée n'est que d'une année , la plante mourant aussitôt que ses semences sont parvenues à maturité ; les plantes bisannuelles , dont la vie est de deux années, et qui périssent, la seconde année après la maturité de leurs semences ; enfin, les plantes perennes, dont l'existence dure plusieurs années. Plusieurs de ces dernières se propagent à la fois, par leurs racines et par leurs semences.

Ces différentes sortes de mauvaises herbes se

trouvent dans les terres arables ; — dans les prairies ; — dans les haies ; — dans les terres incultes ; — enfin , dans les bois et plantations ; les jardins mêmes n'en sont pas exempts , malgré les soins qu'on donne à leur culture.

1° *Terres arables.* — Dans une liste publiée par un auteur très-instruit , des mauvaises herbes qui infestent nos champs , on en trouve un nombre de 55 (1) ; heureusement un grand nombre d'entre elles peuvent , en général , être détruites par les mêmes moyens.

Moyens de détruire les plantes annuelles et bisannuelles. — (2) Le moyen le plus efficace pour assurer leur destruction , dans les terres argileuses , est une jachère d'été complète , ou , sur les sols légers , la culture en ligne , des turneps , des pommes de terre ou des vesces , en tenant ces récoltes parfaitement nettes ; mais , pour atteindre ce but , on doit avoir soin , 1° d'amener les semences des mauvaises herbes près de la surface de la terre , afin de favoriser leur germination , 2° de détruire toutes les plantes qui végètent.

1° Les semences huileuses , telles que celles de

---

(1) Essay on the extirpation of weeds , par M. WILLIAM PITT. M. MARSHALL en compte 77.

(2) On joint ces dernieres aux plantes annuelles, parce qu'elles n'ont pas de racines permanentes , qui multiplient la plante après la maturité des semences.

la moutarde des champs, et de plusieurs autres plantes annuelles, peuvent rester pendant un espace de temps très-considérable dans le sol, sans perdre le pouvoir de végéter, lorsqu'elles se trouveront ramenées à la surface. Il est absolument nécessaire de déterminer leur germination, afin de pouvoir les détruire. Cela se fait par le moyen des labours, des hersages et des roulages qui pulvérisent le sol, et qui placent un grand nombre de ces semences, assez près de la surface de la terre, pour déterminer leur végétation. Dans la culture des jachères, on peut parvenir à ce but, en exécutant ces opérations, de bonne heure dans la saison, à l'époque où la puissance de végétation est plus considérable, et où il y a plus de chances pour déterminer la germination des semences.

2° Lorsque les mauvaises herbes paraissent à la surface du sol, on donnera un second labour qui les détruira et qui donnera lieu à une seconde levée de mauvaises herbes. On doit aussi avoir recours aux hersages et aux roulages, après chaque labour, lorsque la terre se tient en mottes ; et, de cette manière, dans une saison chaude et humide, on peut détruire successivement une grande quantité de mauvaises herbes, avant la semaille en lignes, de la récolte suivante. Pendant la croissance de cette récolte, on doit employer constamment la houe-à-cheval et les sarclages à la main, afin d'empêcher, avec le plus grand soin, qu'aucune mauvaise herbe ne vienne à graine.

Comme les différents binages donnés à la récolte
nettoyante, détruisent toutes les mauvaises herbes
à mesure qu'elles paraissent, si on a soin, comme
cela est convenable, de ne pas donner au labour
de semaille, de la récolte qui suit, plus de profondeur qu'au labour sur lequel a été semée la récolte nettoyante, il se trouve peu de mauvaises
herbes dans la récolte de grains qui la suit; mais
comme le tréfle qui vient après les grains, doit être
labouré lorsqu'on le rompra un peu plus profondément que le labour de semailles précédent, on
doit s'attendre à une nouvelle levée de mauvaises
herbes. Pour se débarrasser de ces ennemis, quelques cultivateurs font sarcler à la main cette récolte de céréales, ce qui coûte de 10 à 20 sh. par
acre (30 à 60 francs par hectare), et ils trouvent
cette opération avantageuse; d'autres ont recours
à la culture en lignes, au semoir, ce qui leur permet de détruire les mauvaises herbes d'une manière
satisfaisante. En suivant avec soin ce procédé, la
quantité de mauvaises herbes diminue graduellement,
et beaucoup de fermes qui en étaient infestées il y
a 40 ans, sont amenées, aujourd'hui, à un état de
propreté suffisant, pour que les mauvaises herbes
ne nuisent plus essentiellement aux récoltes.

Moyens de détruire les mauvaises herbes perennes.
— Celles-ci sont, de beaucoup, les plus difficiles
à extirper, parce que plusieurs d'entre elles se
multiplient aussi bien par leurs racines que par
leurs graines. De ce nombre est le chiendent, et
quelques autres plantes qui lui ressemblent, et

que les cultivateurs confondent souvent avec lui ;
ces plantes sont certainement un des plus grands
fléaux contre lesquels l'agriculture ait à lutter. Le
chiendent est quelquefois tellement entrelacé dans
le sol , lorsque la terre a été soumise, pendant
long-temps , à une culture négligée, qu'il ne forme
pour ainsi dire qu'une masse. On ne peut opérer
sa destruction que par une jachère d'été complète ,
et commencée de bonne heure dans la saison ; par
des labours répétés , et des hersages entre les labours , les racines sont arrachées et ramenées à la
surface. L'extirpateur est aussi d'une grande utilité
pour extraire le chiendent , lorsque le sol est bien
pulvérisé. C'est une excellente pratique de faire
amasser à la main, par des enfants qui suivent
la charrue , les racines de chiendent , à mesure
qu'elles sont ramenées à la surface. Lorsque les racines sont amassées , on peut , ou les brûler , ou
en faire de gros tas , en les mélangeant avec de la
chaux , ce qui forme un excellent compost.

On doit remarquer que la destruction des herbes
à racines , comme le chiendent , et des herbes à
semences , comme la moutarde, doit s'opérer dans
les terres arables , sur des principes tout à fait différents ; les premières , par des cultures exécutées
seulement en temps sec ; les dernières , en ameu-
blissant la terre après la pluie , pour faire germer
les semences , et en enterrant les jeunes plantes
par des labours.

Parmi les plantes perennes qui se rencontrent dans

es terres arables, les chardons, les patiences, la folle avoine et le pas-d'âne, demandent une attention particulière.

Le chardon commun (*Serratula arvensis*), est extrêmement nuisible à toutes les récoltes. Une jachère d'été complète et bien conduite, arrête ses progrès, plutôt qu'elle ne le détruit ; mais ce n'est qu'un remède local ; car ses nombreuses semences ailées, viennent souvent d'une grande distance, remplir les champs qui ont été nettoyés. On le coupe fréquemment au-dessus du sol, au moyen d'un instrument très-simple, destiné à cette opération ; mais on le détruit bien plus efficacement, en l'arrachant, soit à la main, soit au moyen d'une espèce de tenaille armée de deux longs manches, par le moyen de laquelle on arrache ses racines entières, ou au moins une grande partie, ce qui détruit totalement ces plantes, ou les affaiblit beaucoup (1). En *Derbyshire*, on fait usage

---

(1) On dit souvent que la meilleure tenaille pour cette opération, est la main armée d'un gant. Autrefois, on arrachait les chardons, en Écosse, non pas à cause qu'ils étaient nuisibles, mais à cause qu'ils étaient utiles ; les herbages étant très-rares, les cultivateurs faisaient manger les chardons à leurs chevaux ; c'était le repas du soir. On dit qu'en Allemagne, après avoir amassé les chardons, on les bat dans des sacs, afin de détruire leurs pointes piquantes : les chevaux les mangent alors avec avidité. Dans des temps de disette, on a aussi employé le chiendent, après l'avoir lavé, à la nourriture des bêtes à cornes.

d'une espèce de pince, avec des mâchoires cannelées, qui est très-efficace (1).

La patience (*Rumex acutus et obtusifolius*), est une plante pérenne qu'il est très-difficile d'extirper, parce qu'elle repousse obstinément par ses racines, et qu'elle produit une énorme quantité de semences. Dans les terres arables, ses racines doivent être enlevées avec soin à la main, au moment des labours, sans quoi elles reproduiront des plantes vigoureuses, tirant du sol beaucoup d'humidité et de nourriture, au détriment de la récolte. Les patiences peuvent être arrachées à la main, après de fortes pluies, lorsque la terre est assez détrempée, pour que leurs longues racines pivotantes puissent être extraites sans les rompre, et longtemps avant la maturité des semences, ou même avant la floraison. Si la saison est trop sèche pour permettre cette opération, on ne doit pas manquer, du moins, de les faire couper et emporter.

La folle avoine (*Avena fatua*), est une plante très-gênante pour le cultivateur, et très-difficile à détruire. Autrefois elle était si abondante dans quelques cantons, qu'elle formait souvent la moitié de la récolte. Un cultivateur est parvenu à débarrasser un champ de cette mauvaise herbe, par un

---

(1) Dans les céréales semés à la volée, la pince est le seul moyen efficace de débarrasser les récoltes de grains, des chardons et des patiences, lorsque la récolte ne doit être nettoyée qu'une seule fois.

singulier expédient ; il prépara et fuma complètement son champ, mais n'y sema rien, comptant
sur l'avoine ; en effet, elle poussa abondamment ;
il la coupa pour en faire du foin avant la maturité des semences, et le champ a cessé d'être infesté de cette mauvaise herbe. L'irrigation détruit
aussi la folle avoine.

Le pas-d'âne (*Tussilago farfara*), a été regardé long-temps comme indomptable, même par
une jachère, parce que les semences mûrissent de
si bonne heure au printemps, qu'elles sont ordinairement tombées, avant que le sol ait reçu le
second labour. Cependant on s'est assuré aujourd'hui
qu'il n'est pas difficile de se rendre maître de cette
plante nuisible. Pour cela, il faut détruire les
plantes en Août, Septembre ou Octobre, après la
récolte des grains ; étant alors dans leur pleine
croissance, on les voit facilement. On doit alors
les arracher, et enlever toutes les racines. Cela
doit se faire avec beaucoup de soin ; car, à environ un pouce de profondeur, les racines ont un
grand nombre de bourgeons de la grosseur d'un
pois environ, qui, si on les laisse jusqu'au printemps suivant, fleuriront et répandront leurs semences, malgré toutes les précautions possibles.
On doit persévérer dans ces soins, pendant plusieurs années (1).

____

(1) En Irlande, les fermiers, dans la culture de leurs jachères, ne craignent pas de laisser venir à graines les mau-

Par ces moyens, et, surtout, en les accompagnant de la culture en lignes, au semoir, les terres arables peuvent être soustraites à l'empire des mauvaises herbes ; et quoique ces différents procédés soient embarrassants et dispendieux, on ne doit pas s'en dispenser, attendu que ce sont les seules méthodes sures d'extirper les mauvaises herbes ; on ne doit pas compter les détruire en les enterrant simplement à la charrue, ce qui, au reste, ne pourrait réussir, tout au plus, que dans des sols très-profonds.

Il ne sera pas hors de propos de faire mention ici, des soins que prennent les cultivateurs Flamands, pour détruire les mauvaises herbes dans leurs terres. Comme ils ne connaissent pas l'usage du semoir, pour la culture des grains en lignes, tout le travail des sarclages se fait à la main. Dans les districts les mieux cultivés, les travaux de sarclages sont continus ; on voit fréquemment 20 ou 3o femmes dans un champ, travaillant à genoux, afin de voir et d'arracher plus facilement les mauvaises herbes. Dans le pays de *Waes*, où le sol est léger, on emploie la fourche à trois dents, après la moisson, pour extirper les racines des herbes ; et le même instrument est employé, avec succès, pour

---

vaises herbes, disant que les labours suivants les détruiront. C'est une des raisons pour lesquelles les terres de ce pays deviennent de plus en plus, sales et infertiles.

briser les mottes des terres fortes , afin de pulvériser le sol , et de pouvoir arracher et amasser les
racines.

On peut , en général , parvenir à débarrasser
les terres arables des mauvaises herbes , 1° par des
jachères complètes et conduites avec soin , lorsque
ce procédé devient nécessaire ; 2° en ayant soin
que les engrais qu'on emploie , soient exempts de
semences et de racines de mauvaises herbes : le
fumier fermenté est utile sous ce rapport ; 3° par
le choix de grains de semence bien nets ; 4° par
des rotations courtes , et en ne prenant pas plusieurs
récoltes de grains successives ; 5° par l'usage du
semoir , dans les terrains où la culture en lignes
est praticable ; 6° par des sarclages soignés à la
main , et un emploi actif de la houe ; 7° par l'attention la plus exacte dans le choix des semences
de prairies artificielles , pour qu'elles ne contiennent
pas de mauvaises graines ; 8° en détruisant les plantes
nuisibles dans les prairies artificielles , afin d'empêcher qu'elles se propagent par leurs semences ;
9° enfin , lorsque le sol est remis en culture , en
adoptant une rotation qui ne favorise pas la mul-
tiplication des mauvaises herbes , et , surtout , en
ayant soin que les récoltes vertes y reviennent fréquemment.

On doit remarquer, ici, que les semences de quelques
mauvaises herbes , se trouvent souvent mêlées au
grain ; et , lorsqu'elles sont moulues avec lui , elles
rendent le pain désagréable et mal-sain. Les plantes

qui ont cette propriété, doivent être regardées comme des ennemis publics, parce qu'il n'est personne qui soit à l'abri de leurs effets nuisibles; il est du devoir comme de l'intérêt de tous, de favoriser leur destruction (1).

2º *Prairies* — Il est difficile, dans quelques cas, de distinguer, dans les prés et les pâturages, les plantes utiles, de celles qui sont nuisibles; mais, dans la grande variété que la nature produit dans les terrains de cette nature, il y en a plusieurs qui ne conviennent pas à la nourriture des animaux domestiques, et dont on doit débarrasser la prairie, pour faire place à d'autres plantes plus utiles. Aucun homme doué d'une intelligence ordinaire, ne voudrait permettre que les bestiaux de ses voisins vinssent se nourrir sur ses propres pâturages. La diminution qui en résulterait, sur la nourriture de son bétail, serait trop évidente. Cependant un peu d'attention couvaincrait chaque cultivateur, qu'une multitude de mauvaises herbes, mêlées aux plantes utiles de ses prés, produisent une diminution tout aussi considérable, que celle qui résulterait du pâturage de bestiaux étrangers. Il paraît néanmoins,

____

(1) L'Ivraie annuelle (*Lolium temulentum*), par exemple, lorsqu'elle est réduite en farine avec le froment, produit des effets délétères sur le corps humain, surtout lorsqu'on mange le pain chaud; lorsqu'elle est convertie en malt avec l'orge, la bière qui en provient produit bientôt l'ivresse. Au reste, c'est une plante rare chez nous. L'*Ivraie* des cultivateurs est le *Bromus secalinus* des botanistes. Il est annuel, son grain est presque aussi gros que celui du froment.

par le rapport du *Cheshire* , que , dans quelques-uns des meilleurs pâturages de ce Comté , les patiences , les chardons et d'autres plantes aussi peu utiles , occupent au mo'ns la moitié du sol , à l'exclusion des plantes de bonne qualité.

On compte plus de vingt différentes espèces de mauvaises herbes , qui infestent les prairies , et environ une trentaine d'autres, de moindre importance, dont les propriétés sont douteuses , ou dont l'utilité n'est pas reconnue. Les saignées peuvent débarrasser le sol de quelques-unes des plus mauvaises espèces , telles que les joncs et les laiches ; d'autres, comme les mousses , peuvent être détruites par la culture ou les amendements ; mais il y en a quelques-unes qui exigent une attention particulière pour leur destruction : telles que les patiences , les chardons , le séneçon jacobé.

Nous avons déjà parlé des patiences , comme herbes nuisibles dans les terres arables. Elles ne le sont pas moins dans les prés. Elles produisent une immense quantité de semences ; quoiqu'elles soient pesantes , les tiges étant flexibles , la secousse donnée par un grand vent , les répand à quelque distance. Les patiences végétent également bien dans le gazon et sur la terre nue. Chaque morceau de racine reproduit une nouvelle plante. Pour les détruire dans les prairies, il est nécessaire d'arracher complètement les racines , avant l'époque de la floraison , au moyen d'un instrument fait exprès , et de les **transporter** hors de la prairie. Ordinairement, cette opération peut s'exécuter après de grandes pluies. Le bétail à cornes ne touche pas à cette plante ; mais les daims la mangent, ce qui l'empêche de se multiplier dans les parcs (1). C'est lorsque le sol est en pâturages, qu'on peut le plus facilement la détruire. On a dit que si on la coupe en Juin, et qu'on répète l'opération aussitôt que la seconde pousse paraît, la racine ne pousse pas une troisième fois, et périt.

On a déjà fait mention des chardons, comme infestant les terres arables. Ordinairement, on les arrache dans les grains ; mais on les laisse trop fréquemment en pleine possession des prairies, ce qui cause beaucoup de dommage ; cependant rien n'est plus facile que de se débarrasser de ces plautes dans les pâturages ; parce que, s'y trouvant isolées, on peut les détruire aisément.

On doit couper, chaque année, les chardons, en déchirant le collet de la racine, au moment où les plantes sont dans leur plus grande vigueur ; la racine en souffre, dépérit graduellement et finit par disparaître. On a détruit les chardons dans un pâturage à vaches, en fauchant la prairie trois années

---

(1) J'ai entendu dire à **M. BERTIER**, *de Roville*, que la patience pouvait être regardée, d'après son expérience, comme une plante précieuse pour la nourriture des bestiaux, à cause de sa précocité. Il en a même semé spécialement pour cet usage. (*Note du Trad.*)

de suite (1), ce qui prouve évidemment que cette plante périt lorsqu'on la coupe régulièrement pendant une succession d'années ; on doit les couper lorsque leurs fleurs commencent à paraître ; car si on les coupe trop jeunes, de nouvelles pousses vigoureuses ne tardent pas à paraître. Lorsqu'on les coupe en pleines fleurs, la tige est creuse, et la pluie s'introduisant dans le cœur de la plante, les racines ne tardent pas à pourrir ; cependant, comme les fleurs, dans cet état, peuvent encore amener leurs semences à maturité, il est plus prudent de couper les plantes, aussitôt que les fleurs paraissent.

Le séneçon jacobé (*Senecio jacobea*), nuit plus à certaines prairies que les chardons, surtout lorsque le sol est assaini et sec ; car on rencontre rarement cette plante dans les terres humides. En voyant la quantité innombrable de ces plantes qui couvrent souvent d'excellents pâturages, et qui n'y laissent presque pas de place pour d'autres herbes, il semblerait que les cultivateurs regardent comme impossible de s'en débarrasser. Les bêtes à laine sont très-friandes des jeunes feuilles de cette plante, et en les broutant près du collet de la racine, elles contribuent à en débarrasser les pâturages. Mais tous les pâturages ne peuvent pas être occupés par des moutons, et le bétail à cornes, ni les chevaux, ne touchent à cette plante. Le seul moyen efficace de

____

(1) Il doit être également efficace de faucher deux fois, dans une année, les chardons dans les pâturages.

la détruire, est de l'arracher avant que la fleur ne se développe, ce qui est ordinairement assez facile, parce que ses racines fibreuses ne pénètrent pas profondément, et peuvent facilement s'arracher, lorsque la terre est détrempée par une forte averse (1).

La forte stature des plantes nuisibles que nous venons de mentionner, et le grand nombre de celles qu'on rencontre souvent dans les prairies, sont causes qu'elles y produisent beaucoup de dommage. Beaucoup de bonnes plantes, placées sous celles-ci, deviennent inaccessibles au bétail ; les plantes nuisibles enlèvent au sol ses principes fertilisants, et, dans quelques cas, tout le canton se trouve infesté de semences qui se transportent au loin au moyen de leurs ailes. L'extirpation des plantes nuisibles n'est donc pas seulement un objet qui intéresse chaque cultivateur , mais aussi un objet d'intérêt général (2). C'est par ce motif, qu'on a dit que chaque cultivateur devrait être obligé, sous des peines légales, de couper, dans le courant du mois de Juillet, toutes les plantes

---

(1) D'autres personnes recommandent de couper les tiges avant que les plantes viennent à graines ; on assure que ce moyen est efficace, en le répétant pendant un certain temps.

(2) On n'est pas d'accord sur la question de savoir si plusieurs espèces de renoncules (*Ranonculus bulbosus*, *repens et acris*), doivent être considérées comme nuisibles ou comme utiles. Les chevaux ne mangent certainement pas ces plantes; mais les vaches mangent volontiers les feuilles de la renoncule rampante, mêlées à d'autres herbages.

nuisibles , de ce genre, qui se trouveraient dans ses pâturages , dans ses haies, et sur le bord des chemins qui traversent sa ferme. Les effets de ces réglements seraient très-avantageux , surtout lorsque la méchanceté favorise la propagation des chardons ou d'autres plantes nuisibles , comme cela s'est vu quelquefois (1).

3° *Plantes nuisibles dans les haies.* — Les haies jeunes ou vieilles, souffrent beaucoup de dommage des herbes qui y croissent , et qui arrêtent leur végétation. Les jeunes plants ne peuvent même prospérer , à moins qu'on ne les tienne bien nets. Toute plante qui croît dans les haies , est nuisible ; bien plus encore, lorsqu'on laisse arriver à maturité , les semences qui peuvent être transportées par les vents, dans les terres arables, ou par les eaux, dans les prairies arrosées. Il y a aussi quelques espèces de plantes croissant dans les haies , qui peuvent devenir nuisibles aux bestiaux ; par ces motifs, toutes les plantes qui croissent dans les haies, doivent être détruites, comme inutiles par elles – mêmes , et comme étant souvent nuisibles aux champs voisins, ou aux bestiaux qui y pâturent.

---

(1) Une loi de ce genre serait un grand bienfait, et elle serait doublement nécessaire en Irlande. L'usage de couper les plantes nuisibles le long des chemins , est tellement rare parmi les cultivateurs de ce pays , que celui qui veut entretenir ses terres nettes , a à détruire, non-seulement les plantes nuisibles , naturelles à sa propre ferme , mais aussi celles qui sont propagées par la négligence de ses voisins.

4° Plantes nuisibles dans les terrains incultes. — Lorsque les terrains de cette espèce ne doivent pas être mis en culture, il serait très-utile, qu'on prît à frais communs, si ce sont des propriétés communes, des mesures pour y détruire les plantes nuisibles, et y introduire de meilleurs herbages. Les genêts pourraient être arrachés ainsi, et le sol ensemencé en graines de foin, par un temps humide.

On pourrait faucher et enlever les fougères ; leur valeur, comme litière, méritant bien ce travail. En *Norforlk*, les journaliers les fauchent, pour les employer comme combustible. Par ces moyens, on pourrait mettre les terres possédées en commun, en état de nourrir un plus grand nombre de bestiaux.

Comme on apporte rarement quelqu'attention à dessécher les terres de cette espèce, on y rencontre souvent de l'eau stagnante, et diverses plantes de marais. On pourrait remplacer ces plantes par de bons herbages, si le sol était desséché, et cette opération devrait se faire, au moyen d'une contribution sur tous les habitants possédant un droit de jouissance ; la loi devrait autoriser la majorité des habitants, à imposer elle-même cette contribution. De cette manière, l'herbage serait de meilleure qualité, et la santé des bestiaux qui y pâturent, serait améliorée.

5° Bois et Plantations. — On rencontre dans les bois et les plantations, un grand nombre de plantes qu'on doit regarder comme nuisibles. Comme le gros bétail et les bêtes à laine n'y sont pas ordinairement admis, jusqu'à ce que les arbres aient acquis une hauteur suffisante pour être à l'abri de leurs atteintes, l'espèce des plantes qui croissent entre eux, est de moindre importance; mais si les ronces ou les églantiers y paraissent, on doit les détruire, parce que ces plantes rendent la plantation inaccessible au propriétaire lui-même; on doit aussi détruire le lierre, avant qu'il n'ait fait de trop grands progrès, comme étant nuisible à la croissance des arbres; si on attend trop long-temps, on pourrait faire du tort aux arbres, en le détruisant, parce qu'il forme une espèce de vêtement qui les garantissait du froid, et auquel ils s'étaient accoutumés.

6° *Les Jardins.* — On a donné la liste de 22 plantes nuisibles, qui croissent dans les jardins. Plusieurs d'entre elles, comme le chiendent, les chardons, etc., croissent aussi dans les haies et les champs. Quelquefois les semences y sont apportées par le vent, et d'autres fois elles y sont amenées avec les engrais; c'est pour cela qu'il est avantageux de faire usage de fumier fermenté, dans lequel les semences d'herbes nuisibles ont perdu le pouvoir de végéter. Cependant, par l'attention qu'on apporte à la culture des jardins, il est rare qu'on y laisse les mauvaises herbes se multiplier à un point nuisible.

II. *Instruments employés pour la destruction des plantes nuisibles.*

On emploie à cet usage, divers instruments ; en particulier ceux qui servent à couper les plantes ; — à les arracher ; — les houes - à - main ; — les houes-à-cheval ; — les herses ; — enfin, les extirpateurs.

1° Les chardons se coupent quelquefois à la faucille, avec les grains, ou à la faulx, avec l'herbe des prairies ; mais plus généralement on y emploie une espèce de faucille destinée à cet usage, pendant la croissance des récoltes.

2° Souvent on arrache, à la main, les chardons dans les céréales. Lorsqu'on adopte cette méthode, la main de l'ouvrier est armée d'un gant épais, qui lui permet de saisir fortement les chardons, et de les arracher.

3° On déracine fréquemment les plantes nuisibles, au moyen d'un instrument appelé *fer à patience*, il consiste en une pointe de fer fourchue, fixée au bout d'un manche de bois ; l'intérieur de la fourche est dentelé. En enfonçant l'instrument en terre, avec la main ou avec le pied, à côté d'une racine de patience, ou d'un gros chardon, on les enlève facilement, surtout après une forte pluie.

Dans le Comté de *Buckingham*, on emploie à cet usage, une petite bêche, avec laquelle les cultivateurs les plus soigneux ont l'habitude de couper, entre deux terres, les chardons dans leurs pâtu—

rages, deux fois dans l'année (1).

Les houes-à-main sont de différentes formes a
propriées au travail qu'on veut exécuter. Dans quelqu
parties du Comté d'*Essex*, on bine trois fois les f
ments à la houe-à-main, et on regarde cette op
ration comme avantageuse, lorsqu'elle est exécut
de bonne heure, et, surtout, lorsque la récolte
claire ; mais, au lieu de se livrer à une déper
aussi considérable, il vaut bien mieux semer
lignes. Dans le Comté de *Gloucester*, les binage
la main sont encore d'un usage plus général. Par le t
vail de la houe, on éclaircit les pieds de frome
à environ six pouces de distance l'un de l'autre,
on obtient ainsi des épis très-longs et bien garr

Si, après les binages, il paraît encore des ma
vaises herbes, on les arrache à la main (2).

Dans les binages, à la main, des turneps en lign
l'ouvrier manie l'instrument de haut en bas, si
n'est lorsqu'on veut éclaircir ces turneps ; dans
cas, l'ouvrier introduit alternativement la houe da
la ligne des plantes, et la retire en arrière, en i
lant ainsi les plantes qu'il veut laisser.

---

(1) Par ce moyen, M. WESTCAR a complètement fait d
paraître les chardons, de ses immenses pâturages. En *Thorn*
fen, on a détruit aussi, par le même procédé, les chardo
dans les pâturages permanents.

(2) Cela se pratique aussi dans le Comté de *Worces*
On dit qu'en 1817, les chardons se sont tellement multipl
dans les récoltes d'orge, entre *Witney* et *Cheltenham*, qu
les voyait fréquemment surpasser le grain en hauteur.

5º Les houes-à-cheval sont, ou ce qu'on appelle la *houe-hollandaise*, ou de petites charrues de la forme ordinaire. Dans les deux cas, le binage est exécuté avec l'aide d'un cheval. On choisit des ouvriers adroits, pour ce genre de travail.

6º La herse-brisoire est plus efficace et plus expéditive pour extirper les racines des mauvaises herbes, que les labours à la charrue. Les dents doivent avoir quinze pouces de longueur, ne pas être coupantes, et être inclinées en avant. Si la terre est parfaitement sèche, on doit rouler et herser alternativement.

7º Mais l'extirpateur est peut-être l'instrument le plus efficace qui ait été inventé jusqu'ici, pour la destruction des mauvaises herbes à racines (voyez 2ᵉᵐᵉ Chap., 7ᵉᵐᵉ Sect., Nº 1.) La connaissance d'un instrument aussi utile, ne peut être trop généralement répandue.

III. *Dépenses de ces opérations.*

Les dépenses qu'entraînent la destruction des mauvaises herbes, ne sont pas considérables, relativement aux avantages importants qui en résultent ; et on en est toujours amplement indemnisé, si l'ouvrage a été exécuté avec jugement.

La dépense qu'entraîne l'opération de couper les mauvaises herbes, ou de les arracher à la main, dans les récoltes de céréales, doit varier selon les circonstances. On coupe souvent les chardons, à raison de 6 pences à 1 sh. par acre (1f 50c à 3f par hectare), selon le nombre des plantes dont le sol est infesté. L'arrachage complet, à la main, des mauvaises herbes, coûte, en général, au moins 10 sh. par acre (30 francs par hectare), mais beaucoup davantage dans quelques cas. On commence ce travail, aussitôt que les herbes annuelles sont assez grandes pour pouvoir être arrachées ; les ouvriers travaillent assis, ou à genoux, de même que lorsqu'on nettoie le lin ou les carottes ; et ils arrachent toutes les mauvaises herbes qui paraissent. La dépense est amplement compensée par le produit de la récolte, et par la destruction de cette foule d'ennemis, avant qu'ils aient pu nuire à la récolte. En *Essex*, lorsqu'on donne trois sarclages à la main aux céréales, la dépense est de 31 sh. 6 d. par acre (93 francs par hectare).

La dépense de binage, à la houe-à-main, des turneps, se calcule comme il suit : Le premier binage, étant le plus difficile, coûte de 4 à 5 sh. par acre (12 francs par hectare); le second, environ la moitié de cette somme ; dans quelques cas, il est nécessaire d'y passer une troisième fois; mais la dépense est peu considérable, et passe rarement un sh. par acre (3 francs par hectare): total, environ 8 sh. 6 d. par acre (25 francs par hectare); lorsqu'on bine à la main, des pommes de terre ou des fèves, le sol n'étant pas aussi bien pulvérisé que pour les turneps, la dépense est au moins d'un tiers de plus, ou de 9 à 12 sh. par acre (27 à 36 francs par hectare).

Le travail de la houe-à-cheval coûte de 1 sh. 8 d., à 2 sh. par acre (de 5 à 6 francs par hectare). Lorsqu'on emploie la petite charrue, l'opération coûte environ 3 sh. 6 d. par acre (9 francs 50ᶜ par hectare), pour les turneps, et 4 sh. 6 d. (12ᶠ 50ᶜ par hectare), pour les fèves et les pommes de terre, pour chaque binage.

On ne doit pas croire toutefois que ces dépenses n'ont d'autre avantage que celui de nettoyer le sol (1). Dans le mois de Juin, toutes ces herbes sont dans leur état le plus succulent ; et si on les amasse, en les laissant s'amortir au soleil, pendant quelques heures, les bêtes à cornes, qui ne sont pas gâtées sur la nourriture, dans cette saison, les mangent avec avidité. Les bêtes à laine mangent aussi la moutarde des champs, et lorsque cette plante se montre dans les colzas, on y met souvent les agneaux, pour la manger quand elle est en fleurs. Dans cette saison, il n'y a pas une haie, ou une bordure de champ, qui ne puisse devenir précieuse, et qui ne produise beaucoup de nourriture pour le bétail; mais si on laisse échapper l'occasion, ces mêmes plantes deviendront très-nuisibles, quelques se-

____

(1) En Flandre, on amasse, à la main, les mauvaises herbes au printemps, et on les fait cuire pour les vaches laitières, dans cette saison où il est très-difficile de se procurer de la nourriture verte. Les cultivateurs font aussi nettoyer *gratuitement* leurs terres, par les journaliers de leur voisinage, qui y trouvent l'avantage de se procurer de la nourriture pour leurs bêtes à cornes.

maines plus tard. Nous avons déjà mentionné (5e
Sect.) la manière de convertir les herbes nuisibles en engrais , en les mêlant avec de la terre ;
si on trouve l'opération trop embarrassante , on
peut les mêler avec de la chaux vive , ou enfin , les
amasser et les brûler , ce qui procurera des cendres
précieuses.

IV. *Moyens d'empêcher la propagation des plantes nuisibles.*

C'est un point qui exige beaucoup de précautions
de la part du cultivateur. 1° S'il emploie du fumier non fermenté , il court grand risque de transporter de mauvaises graines dans ses champs. 2°
Dans le vannage et le criblage des grains , on doit
avoir grand soin que les déchets , qui contiennent
les semences des mauvaises herbes , ne soient pas
jetés sur le tas de fumier. 3° Les grains de semences doivent être nettoyés avec le plus grand
soin. 4° Enfin , un cultivateur soigneux n'achète
jamais aucune semence , qu'elle ne soit parfaitement propre , et de la meilleure qualité. On a vu
beaucoup de champs , qui avaient été nettoyés parfaitement par une jachère , et ensemencés ensuite
en prairies artificielles , après une récolte-jachère,
se trouver infestés de plantes nuisibles , de diverses
espèces , lorsque la prairie artificielle à été rompue ; probablement parce que de mauvaises graines
se trouvaient mêlées à la semence de la prairie ar-

tificielle : les semences de patiences se trouvent souvent mêlées à la graine de trèfle, et celles d'autres plantes nuisibles, à la graine de ray-grass. Quelquefois les semences d'herbes nuisibles sont amenées des hauteurs, par les eaux, et sont déposées avec le limon, à certaines places, en énorme quantité : on doit les amasser et les détruire.

V. *Réglements pour la destruction des plantes nuisibles.*

Dans plusieurs pays, la législation a interposé son autorité pour la destruction des mauvaises herbes. En France, il existe un réglement par lequel un cultivateur peut forcer son voisin, lorsque celui-ci néglige de détruire les chardons sur ses terres, dans le temps convenable, à faire cette opération, ou à la faire exécuter aux frais de l'autre (1). En Dannemarck, il existe une loi, qui oblige les cultivateurs à arracher la marguerite dorée (*Chrisanthemum segetum*) (2). Mais le plus ancien réglement qui existe dans ce but, est probablement celui qui a été fait en Écosse. Une loi d'Alexandre II, de l'an 1220, a pour but, la destruction de

------

(1) Maison rustique, Tome I, p. 640.

(2) On assure que, de toutes les plantes nuisibles, la marguerite dorée est la plus difficile à détruire. Lorsque ces plantes sont abondantes, elles empêchent la récolte de se sécher après la moisson, et nuisent à la paille et au grain.

cette plante nuisible , qui était considérée comme particulièrement pernicieuse aux récoltes de grains (1). Sous l'autorité de cette loi , Sir WILLIAM GRIER-SON , Baron Écossais , avait l'habitude de tenir des *assises* , particulièrement destinées à condamner les cultivateurs , dans les moissons desquels on trouverait trois têtes , ou plus , de cette plante. Un plan de cette espèce , s'il était généralement adopté, détruirait bientôt complètement les plantes nuisibles. Dans beaucoup de baux , on a introduit la clause, que le propriétaire est autorisé à faire couper les mauvaises herbes aux frais du fermier, si celui-ci néglige de le faire ; cette clause devrait être générale , et la loi devrait en faire un devoir aux propriétaires.

On a déjà parlé souvent de plusieurs dispositions législatives propres à atteindre ce but. Un réglement , obligeant à la destruction des plantes nuisibles dans les haies et le long des chemins, avait passé à la Chambre des Communes ; mais il a été rejeté par la Chambre des Lords : il faut espérer qu'une mesure aussi utile sera bientôt convertie en loi , et même en lui donnant plus d'extension. Quel-

---

(1) Cette loi est très - courte , et s'exprime avec beaucoup d'énergie ; elle dénonce le cultivateur négligent , comme un *traître* , » qui empoisonne , de plantes nuisibles , les terres du » Roi ; et qui y introduit une troupe d'ennemis ; » les serfs , qui avaient de cette plante dans leurs moissons , étaient condamnés à donner un mouton , pour chaque tige qu'on y trouvait.

ques personnes voudraient que les plantes nuisibles fussent détruites, le long des chemins, aux frais des paroisses; d'autres, que ce soin fût laissé aux inspecteurs des routes, et que cette dépense leur fût allouée dans leurs comptes.

VI. *Avantages qu'on peut tirer de la destruction des plantes nuisibles.*

Toutes les plantes qui croissent naturellement parmi les récoltes, doivent être regardées comme nuisibles, ou, en d'autres mots, nuisent à la récolte que le cultivateur a semée. La destruction de ces plantes doit être considérée comme une des branches les plus importantes de l'art agricole; car si on néglige cette opération, ou même si on l'exécute imparfaitement, il peut en résulter une diminution d'un quart ou d'un tiers sur la récolte, même dans les sols de la meilleure qualité. On doit aussi considérer que si on laisse le sol, empoisonné de mauvaises herbes, on ne peut obtenir tous les avantages qu'on doit attendre de l'application des engrais et de plusieurs autres espèces d'amélioration. Ce n'est pas encore tout : les mauvaises herbes empêchent les plantes de recevoir l'influence utile de l'atmosphère; — elles absorbent l'humidité si nécessaire à la croissance de la récolte (1); — elles tendent

---

(1) On ne fait pas, en général, assez d'attention à cette cause importante de diminution des récoltes. Aucune plante

essentiellement à faire perdre la récolte , lorsque celle-ci s'est versée par l'effet d'un vent violent ou d'une forte averse ; — elles augmentent les risques, à la moisson ; car une récolte propre est prête à être rentrée, dans beaucoup moins de temps qu'une récolte infestée de mauvaises herbes ; — enfin, les semences de ces herbes détériorent la qualité du grain. Malgré tout le tort que ces plantes font aux cultivateurs, combien y en a-t-il qui fassent quelques efforts pour les détruire d'une manière efficace (1)? Cette négligence est d'autant plus blâmable, que l'embarras qu'entraîne l'opération d'amasser toutes les espèces de mauvaises herbes , avant qu'elles aient formé leurs semences , et de les mêler avec de la terre , de la chaux ou du fumier , est bien compensé par l'engrais précieux que le cultivateur

---

ne peut prospérer sans humidité ; et , par conséquent, les mauvaises herbes qui absorbent beaucoup d'humidité , sont particulièrement pernicieuses.

(1) Lorsqu'on ne peut détruire les mauvaises herbes , par la houe-à-main ou à-cheval , j'ai toujours trouvé nécessaire de les couper *deux fois*, dans les récoltes de grains ; la première vers le milieu de Mai , et la seconde , de bonne heure en Juillet. Quelques cultivateurs , par une fausse économie , ne les coupent qu'une fois , et ne le font que lorsque les plantes nuisibles sont devenues si fortes , qu'on ne peut plus les détruire sans faire du tort aux plantes de la récolte. Au moyen de deux sarclages, spécialement pour les chardons , la récolte se trouve débarrassée d'herbes nuisibles , et la terre , des semences qu'elles auraient produites. (Remarks by Edward Burrougs , Esq.)

peut se procurer ainsi (1).

On a fait plusieurs expériences pour connaître l'avantage positif qu'on obtiendrait d'un sarclage soigné sur une partie d'un champ , en laissant l'autre partie sans y toucher. Dans le nombre de ces expériences , on peut compter sur les suivantes, comme ayant été faites avec un soin particulier.

1° *Froment.* — 7 acres d'un sol léger graveleux ont reçu une jachère, et ont été ensemencés à la volée ; on en a mesuré un acre , dans lequel on n'a pas arraché de mauvaises herbes ; les 6 autres acres ont été sarclés avec soin. L'acre qui n'avait pas été sarclé , a produit 18 bushels (16 hectol. par hectare); les 6 acres sarclés ont produit 135 bushels , ou 22 1/2 par acre (20 hectol. par hect), c'est-à-dire , un quart de plus , en faveur du sarclage (2).

2° *Orge* — Un champ de 6 acres , bien ameubli et fumé , a été ensemencé en orge. Le sarclage coûta 12 sh. par acre (14^f par hectare) , à cause de la grande abondance de moutarde. Le

----

(1) Dans le rapport de Cornwall , on évalue la diminution qu'éprouvent souvent les récoltes, par la présence des mauvaises herbes , et , par conséquent , la perte qu'éprouve le cultivateur , au montant de la rente qu'il paye.

(2) M. CALVERT, en *Nottinghamshire* , avait une récolte de froment qui était empoisonnée de mauvaises herbes. Il la fit sarcler à la main , en Avril , et le produit fut de près de 4 quarters , par acre , de grain d'excellente qualité (28 hectol. par hectare).

produit d'un acre qui n'avait pas été sarclé, ne fut que de 13 bushels (11,37 hectol. par hectare), il fut de 28 (24,50 hectolitres par hectare), dans la partie qui avait été sarclée. Différence en faveur du sarclage , 15 bushels par acre (13, 15 hectol. par hectare), indépendamment de la propreté de la terre, pour les récoltes suivantes.

3° *Avoine.* — 6 acres furent semés en avoine. Un acre qui n'avait été labouré qu'une fois, et qui n'avait pas été fumé, ne produisit que 17 bushels (14,77 hectol. par hectare). Les 5 autres acres, qui avaient reçu trois labours, du fumier, et qui furent sarclés , produisirent 37 bushels par acre (32,37 hectol. par hectare). Cette expérience prouve que l'avoine exige une bonne culture, et la paie tout aussi bien qu'une autre récolte. Dans cette expérience , on peut attribuer raisonnablement la moitié de l'accroissement du produit au sarclage , et l'autre moitié à l'engrais et aux labours.

L'importance de la destruction des mauvaises herbes , pour les particuliers et pour le public , est tel , que les lois devraient y forcer. En tout cas, un réglement de police , qui punirait ceux qui favorisent la propagation de ces espèces de plantes nuisibles , dont les semences se répandent sur les terres de leurs voisins , serait fondé sur un principe d'équité.

Si, par suite de ces réglements, on pouvait obtenir, par acre , une quantité additionnelle de 4 ou 5 bushels de froment, de 15 bushels d'orge et de dix bushels d'avoine , sur tous les champs du

Royaume qui sont infestés de plantes nuisibles, les cultivateurs s'apercevraient bientôt que, quelque désirable qu'il fût pour eux d'être exempts de dîme, il est encore plus avantageux d'avoir ses terres exemptes de mauvaises herbes (1).

En résumé, garder ses terres dans un état de propreté, est un des principaux objets que tout cultivateur doit avoir en vue; et, s'il n'y apporte pas une attention suffisante, il peut être assuré de payer tous les jours sa négligence. Mais les pertes qu'il éprouve, ne remédient pas au tort que souffre le public, par l'effet de sa paresse. On doit donc regarder les réglements qu'on a proposés, comme convenables et nécessaires; car s'ils étaient adoptés, il est évident qu'on remédierait à plusieurs des maux dont nous avons parlé, et que la richesse et les ressources de la nation seraient considérablement augmentées.

§, VIII.

DE L'IRRIGATION.

On emploie l'eau de diverses manières pour l'a-

---

(1) En considérant le principe actif de vie, dont les plantes nuisibles sont douées; il n'est pas hors de propos de remarquer que s'il n'en était pas ainsi, il y aurait peu de différence entre un cultivateur actif et un paresseux. Cette circonstance rend nécessaires des soins continus, et la récompense s'en trouve dans l'estime qu'ils attirent au cultivateur, et dans le profit qu'ils produisent.

mélioration des terres : 1° Par le procédé qu'on peut appeler spécialement *irrigation* , lorsqu'on ne fait qu'imbiber d'eau la surface du sol; 2° par *submersion*, lorsqu'on couvre complètement la terre d'eau pendant une certaine période de temps ; 3° enfin, par le *limonage* , lorsque l'eau n'agit que comme véhicule du limon , qui produit lui-même l'amélioraration. Nous considérerons séparément ces divers procédés, en commençant par l'irrigation.

Ce sujet embrasse les points suivants : Les objets auxquels l'irrigation s'applique ; — les méthodes d'y procéder ; — les circonstances nécessaires à considérer , avant de se livrer à une entreprise de ce genre ; — les eaux qui conviennent le mieux pour cet objet ; — les sols et les sous-sols les plus convenables pour les prairies arrosées ; — les effets du climat sur l'irrigation ; — la dépense ; — le profit ; — les plantes qui conviennent le mieux pour les prairies arrosées ; — le bétail qu'on y met au pâturage ; — la préparation et la conservation du foin de ces prairies ; — les objections qu'on a faites contre l'irrigation ; — les avantages qui en résultent; — enfin , les perfectionnements dont cette opération est susceptible.

I. *Objets auxquels l'Irrigation s'applique.*

On croit généralement que l'irrigation ne peut s'appliquer qu'à favoriser la végétation des herbages; mais elle peut s'appliquer aussi à la culture des grains, et elle a même été employée pour favoriser la croissance des arbres.

1° *Prairies.* — L'eau améliore les prairies de quatre manières : elle conserve au sol un degré de température favorable ; — elle améliore les récoltes, par les substances fertilisantes qu'elle charie; — elle détruit la bruyère et d'autres plantes nuisibles, qui ne se plaisent que dans des sols secs ; — enfin, comme simple élément, elle est avantageuse, surtout dans les saisons sèches.

L'eau, considérée comme véhicule, apporte au sol des substances qui l'enrichissent. Cela est évident, lorsque le sol est arrosé par des eaux qui laissent après elles un riche limon ou d'autres substances. Lorsque l'eau tient en solution, de la marne ou d'autres substances calcaires, elle est très-fertilisante. Les eaux qui traversent des terres fertiles, apportent aussi avec elles d'autres matières solubles et nutritives.

Les herbes des prairies, coupées vertes, sans humidité étrangère sur leurs tiges et leurs feuilles, et ensuite séchées, perdent ainsi de 66 à 70 parties de leur poids, sur 100 parties. Cette proportion considérable d'humidité (quoique l'eau ne soit peut-être pas la seule substance qui se perd dans cette opération) est une preuve directe, que l'eau même entre, dans une grande proportion, dans la composition de ces végétaux. L'eau est utile aussi, parce qu'elle occasionne nécessairement une égale distribution des principes fertilisants solubles, qui se trouvent dans le sol.

Le système de l'irrigation ne peut cependant jamais être porté à sa perfection, sans être accompagné du desséchement et de la clôture des terrains arrosés. L'eau stagnante et les torrents impétueux, font beaucoup de mal ; mais, lorsqu'on est entièrement maître de l'eau, de manière à la mettre et à l'ôter à volonté, elle peut devenir un instrument très-utile, entre les mains d'un habile agriculteur. Le desséchement est donc une préparation absolument nécessaire pour l'irrigation (1).

Quant aux clôtures, il serait de peu d'utilité de soumettre une pièce de terre à l'irrigation, si on ne commençait pas par la garantir des atteintes du bétail, et, surtout, de leur piétinement. Cela est nécessaire, non-seulement pour l'avantage de la prairie, mais aussi dans l'intérêt du bétail, car les bêtes à laine courent de grands risques de la pourriture, lorsqu'elles pâturent sur des terrains qui ont été soumis à l'irrigation pendant l'été.

2° *Culture des grains.* — Dans les Indes Orientales, on emploie l'irrigation, non-seulement pour favoriser la végétation du riz, mais aussi pour le

---

(1) Dans la préparation des prairies destinées à l'irrigation, on ne peut pas se fier, avec sûreté, aux saignées couvertes, parce que l'eau, s'y précipitant en trop grande abondance, les détruirait presque certainement : les rigoles doivent avoir une profondeur et une largeur suffisante, pour opérer un desséchement complet.

froment et l'orge ; et il y a long-temps qu'on a employé le même procédé, en Écosse, pour les récoltes des céréales. M.r SCRYMSOURE, de *Tealing*,
en *Forfarshire*, a suivi cette pratique pendant près
de 5o ans, et avec un tel succès, qu'un enclos,
qui se trouvait auparavant dans un grand état d'é-
puisement, s'est assez amélioré, sous ce système,
pour conserver un haut degré de fertilité pendant
un cours de récoltes, dans lequel entrait le froment, sans jachère, sans chaux ou marne, et avec
l'application d'une quantité de fumier peu considérable. La méthode ordinaire était très-différente :
après avoir arrosé, pendant une ou deux saisons,
on labourait pour de l'avoine, et on prenait successivement deux ou trois récoltes de grains, qui
épuisaient le sol, et n'y laissaient que la stérilité
et de mauvaises herbes. On ne devait pas attendre
autre chose d'un tel procédé. Mais, dans d'autres
parties de l'Écosse, non – seulement l'irrigation a
été pratiquée avec beaucoup de succès pour des
récoltes de grains, mais on a détruit, par ce procédé, une immense quantité de folle avoine, dont
les champs étaient infestés : on ne connaissait pas
d'autres moyens de détruire cette plante, avant l'introduction de la jachère, et des récoltes vertes. Cependant, l'eau seule, sans l'addition d'autres substances, ne peut amener les semences à leur perfection. C'est pour cela que, quoique l'irrigation
puisse être appliquée, avec succès, tous les ans,
aux prairies et aux pâturages, cependant on ne peut

pas en répéter avantageusement l'application pour les grains , sans laisser un intervalle de temps considérable , ou sans la faire accompagner par des engrais.

Le système de l'irrigation pour les grains, semble avoir réussi également dans le Comté de *Somerset* , où une grande étendue de terre laissée en pâturage pendant deux ans, a été , pendant ce temps, arrosée régulièrement par un ruisseau descendant des montagnes voisines : elle a ensuite été soumise à la rotation de récoltes suivante : 1ere Froment sur le pâturage rompu ; 2eme Turneps ; 3eme Orge et Prairies artificielles. Le produit des grains a été très-considérable ; 40 à 50 bushels par acre, pour le froment (35 à 44 hectolitres par hectare), et 50 à 60 bushels par acre, pour l'orge (44 à 53 hectol. par hectare) (1). On a donc eu raison de demander , dans une publication récente , sur l'utilité de l'irrigation pour les prairies , pourquoi , dans des sols convenables et sous certaines circonstances, elle ne produirait pas sur le froment et sur plusieurs autres espèces de plantes, dans les champs et dans les jardins, des effets semblables à ceux qu'elle produit sur les plantes des prairies. L'auteur ajoute qu'on ne peut donner aucun motif raisonnable pour restreindre aux herbages , ce précieux genre d'amélioration.

---

(1) Ces terres appartiennent à M. Lustrel , de *Dunster-Castle*.

3° *Plantations*. — Dans le rapport statistique de l'Écosse , on cite un exemple singulier de l'usage de l'irrigation. Le Capitaine SHAND , de *Templand*, a conduit l'eau dans ses jeunes plantations , et il a trouvé que , lorsqu'on le fait avec jugement , c'est le moyen le plus efficace et le plus économique , de favoriser la croissance des arbres. On peut l'employer pour l'aune , pour l'osier , et même pour le frêne et le bouleau. Cependant cela serait dangereux pour d'autres arbres forestiers , excepté dans des sols très-secs.

Cependant , au total , l'amélioration des prairies semble être l'objet principal auquel l'irrigation peut s'appliquer.

II. *Méthodes pour conduire le procédé.*

Les prairies arrosées sont de deux sortes : Les prairies *en planches* , et les prairies *à reprise d'eau;* les premières conviennent pour les situations plates , et les autres pour les sols en pentes.

Prairies en planches. — Lorsque le sol est plat, on doit le disposer en planches ou billons , larges ordinairement de 3o à 4o pieds , et de 9 à 10 poles de longueur (14o à 16o pieds), dans ces situations , le point principal est de pouvoir faire écouler promptement les eaux , lorsqu'on les a introduites sur le terrain. C'est pour cela qu'il est nécessaire de disposer le sol en billons élevés , séparés par des rigoles d'écoulement. La plus grande faute qu'on puisse commettre dans ces irrigations, est de ne pas faire les billons assez élevés, et les rigoles assez profondes.

Prairies à reprise d'eau. — Il est difficile de donner, par écrit, une description intelligible, de la manière de disposer ces prairies. Pour bien comprendre cette opération, l'inspection est nécessaire; nous dirons seulement, en général, que cette méthode est adaptée aux sols en pente ; lorsque l'eau a été détournée de son cours naturel, et amenée dans le canal qu'on lui a tracé, on arrête son cours à l'extrémité de ce canal, en élevant son niveau, autant que possible, de manière qu'après avoir rempli le canal , elle s'échappe par-dessus une de ses deux rives , et se répand sur le terrain situé au-dessous. Mais comme l'eau cesserait bientôt de se répandre avec égalité sur le sol, et se réunirait en courants, qui le ravineraient, on a trouvé nécessaire de tracer d'autres rigoles , parallèles à la première , à la distance de 20 à 3o pieds , pour *reprendre* l'eau, et la distribuer de nouveau, avec égalité ; la même eau est ainsi *reprise*, et répandue par de nouvelles rigoles , jusqu'à ce qu'elle soit parvenue à la rigole de saignée , située à la partie inférieure de la prairie : un grand avantage attaché à ce genre d'irrigation, c'est que, non-seulement il est moins dispendieux que l'autre, mais que la même quantité d'eau arrose une plus grande étendue de terrain.

Dans l'une ou l'autre de ces deux méthodes ,

l'irrigation favorise la végétation des herbes. Dans les terres sèches, l'herbe souffre du manque d'eau; dans les sols humides, elle souffre aussi par la stagnation de l'eau : les procédés que nous venons de décrire, remédient à ces deux inconvénients.

III. *Circonstances qu'on doit considérer, avant de se livrer à une entreprise d'irrigation.*

Le premier point dont on doit s'assurer, est de savoir si on peut disposer d'une quantité d'eau suffisante. Pour n'avoir pas fait assez d'attention à cette importante circonstance, on a commis, en Angleterre et en Écosse, quelques erreurs très-préjudiciables à l'avancement de l'irrigation.

On doit ensuite prendre connaissance de la qualité de l'eau, ainsi que de la nature du sol et du sous-sol, dans le terrain qu'on se propose d'arroser.

On doit s'occuper ensuite de rechercher *comment*, *et sur quel point*, l'eau doit être prise dans le courant naturel. Cela ne peut se déterminer que par un nivellement; et le concours d'un irrigateur de profession, est nécessaire ici.

L'irrigation, étant une opération qui exige beaucoup de précision et d'habileté, ne peut produire des effets avantageux, que lorsqu'elle est conduite par des hommes qui apportent beaucoup d'attention à disposer le sol, à amener l'eau, à la distribuer avec égalité, et à lui donner un écoulement complet hors du terrain. De grands soins sont

35 *

nécessaires aussi pour le fauchage des produits, et leur conversion en foin. Sous tous ces rapports, on doit se procurer un nombre convenable d'ouvriers de confiance.

Ce n'est pas encore tout ; il est nécessaire aussi de s'assurer qu'on ne rencontrera pas d'obstacles à l'amélioration projetée, dans les prétentions des propriétaires de moulins ou de canaux, dans les empêchements que pourraient y mettre les propriétaires des terres voisines, ou dans les baux des fermiers du domaine. Il est encore absolument nécessaire de pouvoir disposer d'un capital proportionné à la dépense qu'entraîneront les travaux.

IV. *De l'eau, propre aux irrigations.*

L'eau pure des sources, telle qu'elle sort des collines, surtout lorsque les couches de celles-ci sont calcaires, est certainement d'une nature très-fertilisante. Elle est chargée d'une quantité considérable d'air vital ; elle est aussi ordinairement plus chaude, près de la source, que d'autres eaux, et produit, par cette raison, de meilleurs effets dans l'irrigation, surtout pendant les grands froids de l'hiver. Ce sont ces propriétés qui font qu'on remarque toujours une végétation hâtive et abondante, d'herbes succulentes, au printemps, dans le voisinage des sources. L'eau pure, de source, peut, sans inconvénients, séjourner plus long-temps sur les prairies, que l'eau chargée de limon, étant moins sujette à rendre les herbes malsaines. C'est pourquoi quelques personnes donnent une préférence décidée , aux foins des prairies arrosées d'eau pure et claire.

Les petits ruisseaux des montagnes , alimentés principalement par des sources , s'emploient plus facilement à l'irrigation que les rivières ; ils conviennent mieux pour l'irrigation des pentes des montagnes , et pour améliorer les prairies.

L'eau des rivières , lorsqu'on peut en disposer pour l'irrigation , est ordinairement chargée de plusieurs substances très-fertilisantes , provenant des campagnes et des lieux habités qu'elles traversent ; par ce motif , elle produit non-seulement de bons effets momentanés , mais aussi une amélioration permanente.

L'eau de la mer , lorsqu'on peut l'employer , est applicable à l'irrigation des marais garantis des inondations par des digues , mais ne doit être employée qu'en petite quantité. Elle contient , surtout près des côtes , non-seulement des substances animales et végétales , mais aussi des sels en solution. L'expérience a démontré l'utilité du pâturage , dans les marais salés , pour la guérison des chevaux malades , ainsi que pour préserver les bêtes à laine , de la désastreuse maladie , appelée *pourriture*, ou même pour les en guérir. Cette opinion est confirmée par les observations qu'on a faites sur les pâturages situés près de l'embouchure de la *Severn* , que la marée couvre d'eau salée : on les regarde comme les meilleurs pâturages qu'on connaisse pour les chevaux ou le bétail à cornes, épuisés par la fatigue, ou qui sont malades au printemps.

Quant aux eaux chargées de sels ferrugineux, on croyait autrefois qu'elles étaient absolument impropres à l'irrigation ; mais il est aujourd'hui prouvé, par les expériences d'un habile chimiste, et par la végétation extraordinaire des herbes, dans les prairies de *Prisley*, en *Bedfordshire*, que les eaux ferrugineuses sont utiles à la végétation, lorsqu'on les applique convenablement. Cependant les eaux chargées d'autres substances minérales, comme des sels à base de plomb ou de cuivre, ne font jamais de bien ; et il est bien connu que, dans quelques cas, après avoir fait des dépenses considérables, pour amener sur les terres, des eaux de cette nature, on a été forcé de les en retirer, et de les rendre à leur cours originaire.

Les eaux qui sont imprégnées des sucs qui s'écoulent de la tourbe, sont regardées, par beaucoup de personnes, comme impropres à l'irrigation (1). On leur reproche de se geler facilement, et de ne pas contenir de matières nutritives, mais,

---

(1) Ces eaux tiennent, en général, en dissolution, du sulfate de fer, qu'on regarde comme un préservatif contre la pourriture, attendu que, dans les marais du Comté de *Cambridge*, où cette substance abonde, les bêtes à laine ne sont jamais attaquées de cette maladie.

au contraire, des substances antiseptiques, qui retardent la végétation, au lieu de la favoriser. On prétend, d'un autre côté, que le manque d'une pente suffisante dans la prairie, ou le défaut de précaution dans l'administration de l'eau, peut avoir occasionné les mécomptes qu'on a éprouvés, dans quelques cas, lorsqu'on a employé des eaux provenant de terrains tourbeux.

V. *Du Sol et du Sous-Sol.*

L'utilité de l'irrigation n'est pas restreinte à aucune espèce de sol en particulier. Elle peut améliorer beaucoup de terrains naturellement humides, lorsqu'on la fait marcher de front avec le desséchement; et elle est également avantageuse dans les sols secs.

Les riches *loams* sont les terrains qui produisent les récoltes les plus considérables, quand même l'eau ne serait pas de qualité supérieure. Les terrains tourbeux, lorsqu'ils sont bien desséchés, produisent aussi de bonnes récoltes (1). L'irrigation des argiles tenaces est très-coûteuse, et ses effets avantageux ne paraissent pas promptement ; mais une prairie, située près de *Longleat*, prouve évidem-

------

(1) L'eau est très-avantageuse aux sols tourbeux, en les débarrassant de quelques substances nuisibles, comme le sulfate d'alumine, qui rend souvent infertile cette espèce de sols. On peut, par ce moyen, leur faire produire des herbages succulents et nutritifs, et les porter à une valeur égale à celle des meilleures prairies naturelles.

ment que cette espèce de terre peut aussi devenir plus fertile par l'effet de l'irrigation; et il est bien connu que quelques-unes des meilleures prairies du Comté de *Gloucester* et du voisinage de *Woburn*, se trouvent sur un sous-sol argileux.

Les pentes stériles des coteaux peuvent être améliorées par l'irrigation *à reprise d'eau*; et, de cette manière, on pourrait faire produire du foin, ou des herbages précieux, à beaucoup de terrains qui sont aujourd'hui couverts de bruyère ou de genêt. Il est certain cependant que les sols qui conviennent le mieux à l'irrigation, sont les terrains sablonneux et graveleux, surtout lorsqu'ils peuvent être arrosés par des eaux chargées de limon, dont le sédiment corrige leur excès de porosité. Les eaux riches et échauffées, qui se sont imprégnées de limon en traversant un canton bas, fertile et populeux, et qui contiennent en solution des matières animales et végétales, peuvent convertir presque toute espèce de sols en riches prairies.

La nature du sous-sol d'une prairie arrosée, est encore plus importante que la qualité ou la profondeur du sol. Lorsqu'on rencontre un sous-sol formé de gravier pur ou de galets presque sans mélange de terre, c'est le cas le plus désirable. Sur un sous-sol de cette espèce, lorsque l'eau est abondante, un sol profond de moins de 6 pouces, est suffisant pour produire des récoltes abondantes.

Effets du Climat. — L'irrigation semble produire des effets beaucoup plus avantageux dans les cli-

mats chauds que dans les climats froids. La différence des saisons entre le Comté de *Gloucester* , en
Angleterre , et celui d'*Aberdeen* , en Écosse , produit déjà des différences très-considérables dans les
effets. Le dernier est d'environ 5 semaines plus
tardif que l'autre ; par cette raison , il est presqu'impossible d'obtenir des pâturages hâtifs au printemps,
dans les districts d'Écosse , comme on le fait facilement en Angleterre ; et ainsi , on ne peut atteindre un des principaux buts de l'irrigation , c'est-
à-dire , la nourriture des brebis et des agneaux ,
au printemps. L'application de l'eau ne peut pas
non plus produire , en Écosse , deux ou trois récoltes de foin , comme dans les États-Unis d'Amérique. Cependant , les avantages des prairies arrosées , sont importants , même indépendamment de
la nourriture de printemps des bêtes à laine ; surtout lorsqu'on peut adopter la méthode d'irrigation *à reprise d'eau* , dont la dépense n'est pas
considérable.

VI *La Dépense.*

Elle varie selon le mode d'irrigation qu'on adopte.
Lorsqu'on suit le système d'irrigation *à reprise d'eau,*
dans les situations favorables , les premiers travaux peuvent quelquefois être faits à 10 sh. par
acre (30^f par hectare). Cette économie doit ,
dans beaucoup de cas , faire donner la préférence
à cette méthode simple et naturelle , qui exige

aussi beaucoup moins d'eau , et qui produit souvent d'aussi bons effets que l'irrigation à plat.

Les dépenses qu'entraîne l'irrigation *par planches,* sont très-considérables. Si le sol qu'on veut soumettre à l'irrigation, est uni dans sa surface , et si l'eau peut être amenée facilement dans la prairie , en supposant l'étendue de au moins 20 acres (8 hectares) , les travaux pourront coûter de 5 à 10 l. par acre (de 3oo à 6oo^f par hectare); mais si le terrain est très-étendu , avec une surface irrégulière ; s'il est nécessaire de construire un large canal , ainsi qu'une vanne solide et des écluses , tant à la prise d'eau , que sur le canal principal ; si on a besoin de gens de l'art , pour diriger et surveiller les travaux , la dépense pourra varier de 10 à 20 l. par acre (600 à 1,200 fr. par hectare). Il arrive même fréquemment , dans le *Wiltshire,* lorsqu'on veut disposer les prairies de la manière la plus parfaite , avec la régularité minutieuse que demande l'eau, que la dépense monte à 4o l. par acre (2,400 fr. par hectare) (1).

---

(1) Le Bureau d'Agriculture a reçu des renseignements très-divers . sur la dépense qu'entraîne l'irrigation des prairies , dans différents districts. M. CLOUGH , près d'*Enbigh* , dans le pays de Galles septentrional , a dépensé 864 l. pour convertir en prairie arrosée , environ 3o acres de terrain , ce qui fait à-peu-près 2o l. par acre (1.8oo^f par hectare). M. EYRES , de *Lynford-Hall* , en *Norfolk* , a exécuté la même opération sur 23 acres , avec une dépense d'environ 16 l. par acre (9oo^f par hectare) , sans compter quelques dépenses accesoires. M. WILKINSON , de *Potterton-Hodge* , près de *Wetherby* , dans

VII. *Le Profit.*

Le profit qui résulte de cette opération , est toujours considérable, lorsqu'elle est bien conduite. Mr WILKINSON prouve , par des documents irrécusables , que toutes ses avances, en capital et intérêt , ont été remboursées dans deux années , et qu'il a eu , en bénéfice, un accroissement très-considérable et permanent, de la valeur du sol. Mr EYRES a tiré de grands avantages de ses prairies, dès la première saison , en les faisant pâturer par des bêtes à laine , et même par des chevaux de travail. Mr CLOUGH a trouvé que le sol qui , avant l'irrigation , ne valait pas plus de 6 sh. par acre (18^f par hectare), avait acquis, par cette opération , une valeur de 2 l. 15 sh. par acre (165^f par hectare) , et qu'on aurait pu le louer à ce prix à un cultivateur , et même , que les habitants d'une ville voisine en auraient donné au moins 3 l. 10 sh. (210^f par hectare).

L'état suivant est celui qu'a donné feu Mr FERGUSSON , de *Pitfour* , en Écosse , du profit qu'il a tiré , dans ses domaines , de l'irrigation d'une prairie. Ce propriétaire a exécuté de grands travaux dans ce genre , avec beaucoup d'activité et de succès.

---

le Comté d'*York* , a converti 13 acres eu prarie arrosée , pour environ 12 l. 12 sh. (756^f par hectare). Deux cultivateurs très-industrieux , du Comté de *Norfolk* , ont aussi exécuté avec beaucoup de succès , des travaux d'irrigation , avec une dépense de 3o l. par acre (1,8oo^f par hectare).

Par acre   Par Hect

1° Intérêt à 7 1/2 p. o/o, du
montant de la dépense originaire,
qui a été, en moyenne, de 10 l.
par acre (600^f par hectare),   15 sh.—45^f 00^c
  2° Ancienne rente de la terre,   10   —30   00.
  3° Dépenses annuelles ,   8   —24   00.

1 l. 13 sh.—99^f 00^c

La valeur annuelle ayant été portée à 4 l. par acre
(240^f par hectare), le profit net se trouve être
de 2 l. 7 sh. par acre (141^f par hectare), par
année.

On trouve, dans le rapport du *Hampshire*, un
compte très-détaillé , des dépenses et du profit,
sur une prairie arrosée. Le produit est établi à 9 l.
3 sh. 4 d. par année (550^f par hectare) , sans
compter l'avantage provenant du parcage , sur des
terres arables, des bêtes à laine nourries dans la
prairie, et qu'on évalue à 16 sh, 8 d. (50^f par
hectare) , ce qui fait , en tout, 10 l. par acre
(600^f par hectare). Les dépenses , y compris
l'intérêt du capital employé à former la prairie ,
se sont portées à 5 l. 18 sh. 6 d. par acre (355 f.
par hectare) ; laissant un bénéfice net , de 4 l.
1 sh. 6 d. par acre (244 f. 50^c par hectare).

On prétend cependant que ni l'herbe ni le foin
produits par les prairies arrosées , ne contiennent

autant de principes nutritifs , propres à l'engraissement du bétail , que les prairies élevées. On dit que le bétail nourri du produit des prairies arrosées, se maintient en bon état , mais n'augmente pas beaucoup. D'autres personnes n'admettent pas la vérité de cette doctrine dans toute son extension , et soutiennent , en outre . que les bénéfices qui résultent de l'opération , sont assez considérables pour qu'on doive la recommander , quand même les produits ne seraient pas propres à l'engraissement du bétail. D'ailleurs , le profit pécuniaire direct , qui résulte de l'irrigation , n'est pas aussi important que les avantages indirects ou secondaires , que nous indiquerons tout-à-l'heure.

VIII. *Des Plantes qui conviennent le mieux aux prairies arrosées.*

Lorsqu'on adopte le systême d'irrigation *à reprise d'eau* , il est rare qu'on rompe la surface du sol. On compte sur les herbes naturelles ; et on n'y répand ordinairement de semences que sur les endroits vides. Mais , lorsqu'on forme des planches ou billons, à l'aide de la charrue ou de la bêche , le sol se trouve nu , lorsqu'on veut le former en prairie. Il est donc nécessaire d'y semer les plantes les plus propres à produire une récolte abondante et de bonne qualité. Celles qu'on emploie le plus communément, sont : 1° Le tréfle rouge pérenne (*trifolium medium*) ; 2° le paturin commun (*poa trivialis*); 3° enfin , la cretelle des prés (*cyno-surus crystatus*). Le fléau des prés (*phleum pra-tense*) est la plante qu'on préfère , en Amérique, pour les prairies arrosées ; et , dans les prairies marécageuses , on a trouvé que le fiorin (*agrostis stolonifera*) est extrêmement productif. Lorsqu'on a pour but , un pâturage plutôt qu'une prairie à foin , le tréfle blanc , le ray-grass et le vulpin des prés , ne doivent pas être oubliés. Ordinairement le sol est par lui-même assez riche , pour produire , à l'aide de l'irrigation , les plantes appropriées à sa nature ; mais quelques personnes croyent convenable d'appliquer , en commençant l'irrigation par planches , une petite quantité d'engrais, à moins qu'on n'ait écrouté le sol , pour remettre la bonne terre par-dessus. En général , les plantes de la meilleure qualité , réussiront bien sur un terrain arrosé.

IX. *Du Bétail à entretenir sur les prairies arrosées.*

Le cultivateur , qui élève des bêtes à laine , trouve un avantage incalculable à nourrir , au printemps, ses brebis et ses agneaux , sur des prairies arrosées (1); à cette époque critique de l'année ,

---

(1) Ou suppose généralement que les bêtes à laine prendraient la nourriture, si elles pâturaient sur les prairies arrosées , en toute autre saison que le printemps : mais on rencontre , en *Derbyshire* , plusieurs faits bien authentiques, qui prouvent que cette opinion n'est pas fondée. Il paraît que cela dépend beaucoup de la pente des prairies , mais plus encore

les fourrages sont toujours rares , et lorsque les agneaux ont été arrêtés dans leur croissance , il est fort difficile ensuite de les engraisser. Il y a , s'il est permis de s'exprimer ainsi , un in-terrègne entre la végétation d'une année et celle de l'autre ; et rien ne peut mieux remplir cet in-tervalle , qu'une récolte hâtive d'herbes. Lorsqu'on n'y a pas recours , ou qu'on ne cultive pas en grand des navets de Suède , des choux ou du colza, le cultivateur manque alors entièrement de nourri-ture succulente pour ses troupeaux , qui ne peuvent manquer de souffrir considérablement, BAKEWEL recommande de ne faire pâturer au printemps , sur les prairies arrosées , que des bêtes à laine ou des veaux ; mais cela dépend de la qualité du sol et du sous-sol ; car, lorsqu'ils sont graveleux , un cultivateur peut y mettre pâturer ses vaches à lait, pendant le printemps ; et , après avoir fait une quantité considérable de fromage , il pourra obtenir encore trois tons de foin par acre (7,350 kil. par hectare). En *Wiltshire* , après une récolte de foin, il n'est pas d'usage de chercher à en obtenir une seconde, à moins que le foin ne soit très-rare , parce que l'herbe y étant très-aqueuse , elle exige

---

de la nature calcaire du sol , ou de l'eau qui l'arrose. On dit qu'en Irlande, la pourriture attaque les moutons et les agneaux qui sont mis au pâturage sur les prairies arrosées même au printemps, mais cela n'a pas lieu en Angleterre. Un demi acre de prairie arrosée , peut nourrir, par jour, au printemps, 1,000 bêtes à laine.

si long-temps pour se sécher , qu'il est rare qu'
puisse faire de bon foin dans l'arrière-saison. C
trouve bien plus avantageux de faire pâturer l
vaches laitières sur la prairie ; et elles y reste
jusqu'à ce que les irrigateurs viennent préparer l
rigoles pour l'irrigation d'hiver. En automne , o
fait pâturer aussi quelquefois, sur les prairies ar
rosées , le bétail à l'engrais , et même les cheva
de travail.

X. *Foin de prairies arrosées.*

Les herbes des prairies arrosées étant souver
grossières et dures , il est bon de les couper jeune
alors le foin , s'il est bien fait , est d'une qualit
nourrissante ; il donne beaucoup de lait aux vache
et aux brebis. On l'a donné aussi quelquefois au
chevaux avec succès.

On doit cependant remarquer que les herbes d
cette espèce étant très-succulentes , il faut beau
coup de soins et d'attention pour les convertir e
foin ; et que, lorsque les herbes ont été couverte
d'eau , et salies par le limon ou l'écume ; lorsqu
le foin a été mal préparé , ou qu'il s'est gâté dan
les meules , il devient nuisible à toute espèce d
bétail. Mais cela vient toujours des fautes qu'on a
commises ; et l'expérience a montré que si le foi
des pariries arrosées n'est pas aussi propre à l'en
graissement , cependant il donne beaucoup plus de
lait aux vaches , que le foin des prairies non ar-

rosées ; pourvu, toutefois, qu'il ait été coupé de bonne heure, lorsque les herbes étaient bien succulentes.

XI. *Objections faites contre l'irrigation.*

Quelques personnes ont paru craindre que l'irrigation des prairies ne rendît le pays malsain ; mais cette opinion est très-erronnée. L'eau, dans les prairies soumises à l'irrigation, doit couler continuellement à la surface, et doit être toujours en mouvement, si on veut qu'elle soit utile. Et même un grand nombre des meilleures prairies arrosées, formaient, dans leur état originaire, des marais malsains, dont le desséchement a contribué essentiellement à la salubrité de l'air.

D'autres personnes pensent que quoique le produit puisse être augmenté par l'irrigation, il devient, en peu d'années, si grossier, par son mélange avec des joncs, et d'autres plantes aquatiques, que les bêtes à cornes refusent souvent de le manger, et que lorsqu'elles le mangent, le mauvais état des bêtes prouve que cet aliment est loin d'être nourrissant. Mais cette observation ne peut s'appliquer qu'à des prairies mal arrosées, ou mal gouvernées ; si le foin est dur, c'est qu'on a attendu trop tard pour couper l'herbe. Les joncs, et d'autres plantes aquatiques, sont une preuve que la prairie est trop plate, et que l'irrigation est mal conduite.

XII. *Avantages de l'irrigation.*

Lorsque la situation est favorable , la pratique de l'irrigation produit les avantages suivants : 1° Si on excepte le *limonage* , elle présente le moyen le plus facile , le plus économique et le plus certain d'améliorer les sols pauvres , particulièrement lorsqu'ils sont d'une nature sèche et graveleuse. 2° Lorsqu'une fois le sol est soumis à l'irrigation, il se trouve dans un état de fertilité perpétuelle, n'a plus besoin d'engrais , et n'exige plus de grandes dépenses pour la destruction des mauvaises herbes (1). 3° Il devient assez productif pour donner , chaque année , des récoltes de foin très - considérables , outre un excellent pâturage pour les brebis et les agneaux , au printemps, et pour les vaches à lait, en automne. 4° Dans les situations favorables , elles produisent , au printemps , des herbages très-hâtifs , qui sont doublement précieux dans cette saison. 5° Enfin , non – seulement le sol est ainsi entretenu en état de fertilité , sans engrais , mais les animaux qu'il nourrit , produisent de l'engrais qui peut être employé à d'autres terres , ce qui augmente, en proportion composée , cette grande source de fertilité (2).

---

(1) La grande patience infeste assez souvent les prairies arrosées ; on doit l'arracher soigneusement.

(2) En *Wiltshire* , on a calculé que 2,000 acres de prairie

Si ces avantages étaient généralement connus , ou mieux appréciés , une grande partie du Royaume pourrait présenter le spectacle de quelques cantons du Comté de *Gloucester* , où tous les ruisseaux et toutes les sources , quelques petites qu'elles soient, sont employées à l'irrigation , fertilisant , en proportion de leur volume , soit de petites parcelles de terre , soit de grandes étendues (1).

XIII. *Améliorations dans la pratique de l'irrigation.*

On a publié récemment quelques idées sur les moyens de donner plus d'extension à ce genre d'amélioration.

Le premier consiste à employer des machines , pour élever l'eau nécessaire à l'irrigation. Lorsqu'une pièce de terre est convenablement préparée pour l'irrigation , il est indifférent de quelle manière on y amène l'eau ; et , toutes choses égales d'ailleurs , l'eau élevée par une machine , y produira autant de fertilité que celle qui y coulerait naturellement

---

arrosées , produisent , d'après une évaluation très – modérée , 10,000 tons de fumier , en 4 ou 5 ans , et maintiennent ainsi en état de fertilité permanent , 400 acres de terre tous les ans.

(1) L'irrigation est utile aussi pour détruire les insectes. BAKEWELL l'employait avec succès dans les terres en culture. Elle détruit les vers rouges , et même les limaces , quoique ces dernières aiment une humidité modérée.

d'un ruisseau (1). Un moyen mécanique peu coûteux et efficace , qui serait propre à élever l'eau en quantité suffisante , pour arroser environ 10 acres à la fois , serait une acquisition inappréciable ; car une prairie arrosée en bon état , est probablement le meilleur signe de perfection , dans l'administration d'une ferme.

On a proposé aussi d'employer des machines, pour élever non – seulement de l'eau douce, mais aussi de l'eau de mer, pour l'irrigation. On sait combien toutes les espèces de bétail s'améliorent dans les marais salés , et combien une petite quantité de matière saline leur est utile. Il y a plusieurs parties, dans le Royaume, où on pourrait se procurer ces avantages, avec peu de dépenses, à l'aide de machines.

§ IX.

DE L'IRRIGATION PAR SUBMERSION.

Lorsqu'on amène sur le sol , soit d'un lac, soit d'une rivière , une quantité d'eau suffisante , pour

---

(1) On peut employer, à élever l'eau, la fameuse roue inventée par MEICKLE , et qui sert à faire entraîner la tourbe par un courant d'eau, à *Blair-Drummond*, en *Stirlingshire.* M. BOYS fait mention d'une pompe , mue par le vent, près de *Deal*, qui ne coûte que 30 guinées (720^f), et qui peut élever 1,600 butts (8,000 hectol.) dans 24 heures.

qu'il en soit entièrement couvert et submergé pendant un certain temps, c'est ce qu'on appelle irrigation par *submersion* ; lorsque cette opération est faite en saison convenable, elle améliore beaucoup les récoltes suivantes, d'herbes ou de céréales. Elle diffère essentiellement de l'irrigation ordinaire, dans laquelle l'eau doit couler continuellement, et être toujours en mouvement, au lieu que, dans la submersion artificielle, l'eau est ou totalement, ou presque stagnante. Le point essentiel, dans cette opération, est, 1° d'introduire l'eau, sans que la force du courant puisse faire de tort à la surface du sol ; 2° de la retirer par un écoulement assez régulier et assez lent, pour que le limon, qui s'est déposé à la surface, ne soit pas entraîné.

Les prairies situées sur le bord de quelques rivières, en Angleterre et en Écosse, sont améliorées naturellement par la submersion. Lorsqu'elle a lieu en hiver ou au printemps, elle produit les effets les plus fertilisants ; mais ces sols plats, n'étant pas ordinairement protégés par des encaissements, souffrent quelquefois considérablement des inondations d'été et d'automne. Dans le chapitre suivant (4ᵉ Chap., 3ᵉ Sect.), nous discuterons les améliorations dont ces prairies sont susceptibles.

L'exemple le plus frappant qu'on ait dans la Grande-Bretagne, des avantages qu'on peut tirer de l'inondation produite par un lac, est celui de *Loch Ken*, dans le canton de *Kierkcudbright*. En tête

de cette belle nappe d'eau , se trouve une étendue plate de 240 acres (96 hectares), qui, au
moyen de la submersion , forme un des sols les
plus riches de l'Écosse. Des parties de ce terrain
produisent, en moyenne, 3 *tons* de foin par acre
(8,250 kilogrammes par hectare) ; quelques parties ont produit du grain pendant 25 années successives , sans aucun engrais , excepté celui qu'elles
recoivent de l'inondation , qui laisse toujours après
elle beaucoup de substances fertilisantes.

Dans les circonstances favorables , on ne peut pas
apprécier trop haut les avantages de la submersion;
et il paraît évident que l'eau , *dans un état stagnant*,
produit surtout des effets avantageux , lorsque le
sol repose sur un sous-sol perméable.

D'après les avantages qui résultent de la submersion naturelle , il n'y a pas de raison de croire qu'on
ne puisse pas obtenir les mêmes bénéfices , de la
submersion opérée artificiellement ; et l'expérience
en a été faite , depuis long-temps , dans plusieurs
parties du Royaume. C'est cette pratique qu'on appelait *arroser par-dessus*. Pour l'exécuter, on entou-
rait le terrain, d'une digue munie d'une écluse , pour
y admettre l'eau au moment des inondations; on ne la
laissait pas séjourner long-temps sur le sol , mais
on lui donnait issue , aussitôt qu'on jugeait qu'elle
avait déposé tout son sédiment. On dit qu'on tirait
de grands avantages de cette méthode, mais on l'a
abandonnée , lorsqu'on a imaginé la méthode perfectionnée de l'irrigation par planches , qui a été

trouvée plus avantageuse (1). Outre les prairies de cette espèce, on desséchait souvent les étangs des moulins, et on ensemençait le sol en avoine; on formait aussi des étangs artificiels, dont le sol devenait productif par ce moyen ; par des écluses et d'autres travaux d'art, des sols bas, ou des marais, étaient couverts d'eau pendant l'hiver, et acquéraient beaucoup de fertilité par l'effet de la terre végétale qui y était amenée des hauteurs. On faisait écouler les eaux au printemps, et le sol était ensuite labouré et semé. Mais la grande humidité du sol faisait que les récoltes étaient très-tardives, et, dans les étés humides, les grains se versaient et étaient perdus. Mais, dans les saisons sèches, et lorsqu'on donnait les soins convenables à dessécher le sol et à le disposer en billons élevés, les produits étaient considérables, et on obtenait, sans engrais, de bonnes récoltes de grains.

En discutant ce mode d'amélioration du sol, nous considérerons les particularités suivantes : — La manière d'effectuer l'opération ; — le mode d'action de la submersion;—les espèces d'eaux qui conviennent ou qui ne conviennent pas ; — les saisons les plus propres à l'opération ; — enfin, les avantages et les désavantages qui en résultent.

---

(1) On ne doit pas cependant abandonner la méthode d'arroser par-dessus, qui peut produire de très-bons effets, dans beaucoup de cas, où l'irrigation par planches ne pourrait pas être exécutée sans des dépenses énormes.

1º *Manière d'effectuer l'opération.* — Cette méthode d'amélioration n'est praticable que sur les sols où on peut disposer d'une quantité d'eau considérable, de manière à en couvrir toute leur surface : des sols semblables se rencontrent dans beaucoup de situations, en particulier, dans les terrains tourbeux dont le niveau est inférieur à celui des rivières ou des sources voisines ; il y a quelques districts où on pourrait, par une simple digue au bas d'une gorge, inonder 200, 300 ou même 400 acres de sols tourbeux, avec une dépense peu considérable ; on peut y produire une submersion artificielle, en fermant cette ouverture, et en arrêtant le ruisseau qui y coule.

2º *Mode d'action de la Submersion.* — On a donné plusieurs explications ingénieuses, des avantages qui résultent de ce procédé. On a dit : — Que l'eau favorise la fermentation de toutes les matières végétales avec lesquelles elle se trouve en contact ; — que la pression mécanique d'un corps pesant, tend à améliorer un sol trop léger, en le consolidant : mais les effets salutaires de la submersion doivent être attribués principalement à l'humidité, si essentielle à la végétation, ainsi qu'aux particules de sable, d'argile, de terre, de matières calcaires, et d'autres substances accidentelles, dont l'eau était chargée. Dans les sols tourbeux, la submersion agit aussi très-efficacement, en dissolvant et entraînant les parties astringentes de la tourbe, qui colorent l'eau qui s'en écoule.

3° *Des eaux employées à la Submersion.* — Toutes les espèces d'eaux ne produisent pas des effets également avantageux dans la submersion. L'eau pure de source produit de bons effets, surtout lorsqu'elle sort d'un terrain calcaire ; et lorsqu'on peut l'employer en quantité suffisante, elle convertit en bons pâturages, les terrains couverts de bruyère ou d'herbages grossiers. On peut aussi employer, avec avantage, les eaux chargées de limon. L'eau des rivières est souvent imprégnée de plusieurs substances utiles ; et on peut, quelquefois, améliorer la qualité de l'eau, en y mêlant artificiellement des substances calcaires, ou autres. Mais on assure que les eaux qui s'écoulent des terrains tourbeux, pyriteux ou bitumineux, sont nuisibles.

4° *Des Saisons les plus propres à l'opération.* — Le but de l'irrigation des prairies, est essentiellement différent de celui de l'amélioration des terrains incultes, par la submersion. Dans le premier cas, on emploie ordinairement l'eau pour favoriser la végétation des plantes qui existent sur le sol ; dans l'autre, on cherche au contraire à détruire les plantes naturelles, parce qu'elles sont de mauvaise qualité. C'est pourquoi, quoiqu'il puisse être utile de couvrir le sol d'eau pendant l'hiver, cependant, c'est par la submersion *pendant l'été*, qu'on peut produire la plus grande amélioration. La chaleur du soleil, combinée avec l'action de l'eau, produit une fermentation putride de toutes les matières végétales qui se trouvent à la surface

du sol, dont l'effet est que , lorsque le terrain est ensuite desséché , les herbages grossiers disparaissent,
et des plantes succulentes croissent promptement
à leur place ; cet effet se remarque même dans les
sols tourbeux les plus stériles.

5º *Avantages et désavantages du procédé.* — **Le**
grand avantage de la submersion , est que cette
opération peut , dans beaucoup de cas, s'exécuter
avec facilité , et à peu de frais. D'un autre côté ,
ce n'est que dans les contrées plates , qu'on peut
exécuter cette opération sur une grande échelle ;
et , dans ce cas, on ne peut guère , sans rendre
le climat humide et malsain , couvrir d'eau une
étendue de terrain considérable , dans les saisons
froides, et encore moins dans les saisons chaudes
de l'année (1). En même-temps , lorsque la situation est favorable , l'opération ne peut guère
manquer d'être avantageuse , sous le point de vue
du profit pécuniaire.

§ X.

DU LIMONAGE.

Il n'y a aucune circonstance qui prouve plus
clairement les avantages qu'on peut tirer des re-

---

(1) Les gelées de l'automne sont beaucoup plus dangereuses
dans le voisinage des terrains submergés.

recherches étendues et détaillées, dirigées sur toutes les parties de l'étendue d'un pays , et en prenant pour base la division politique (1), que la connaissance qu'on a acquise du procédé qu'on appelle *Limonage des terres*. Cette précieuse espèce d'amélioration , qui peut s'appliquer à tous les lieux où la marée amène des substances d'alluvion , se trouvait confinée à un petit canton sur les rives de l'*Humber* ; et , quoiqu'elle fût pratiquée déjà depuis environ 50 ans , on n'en avait pas encore dit un mot dans aucun ouvrage d'agriculture , et elle aurait pu rester encore inconnue pendant long-temps , si le Bureau d'Agriculture n'avait pas entrepris l'examen de toutes les pratiques agricoles du Royaume , qui a mis au jour ce procédé.

En discutant ce sujet , il est convenable de considérer : L'origine de cette pratique ; — la nature de l'amélioration ; — les moyens de l'effectuer ; — la saison la plus convenable ; — la dépense et le profit ; — le mode de culture et les produits ; — les situations où il peut réussir ; — les perfectionnements dont il est susceptible ; — enfin, l'indication de quelque chose d'analogue qui se pratique sur le bord des rivières , en Italie.

---

(1) Lorsqu'on prend pour base des recherches , la division politique d'un pays , aucune partie n'est omise ni négligée; et on peut raisonnablement espérer qu'on fera connaître toutes les pratiques utiles , confinées dans un canton , et qu'on obtiendra des renseignements certains sur l'état du pays , et les moyens de l'améliorer.

1° *Origine de cette pratique.* — On dit que la première expérience de *Limonage* a été faite par Mr RICHARD JENNINGS, d'*Armin*, près *Howden*, en *Yorkshire*, qui en a fait l'essai vers l'an 1743, (1) Mais ce ne fut que vers l'an 1753, que d'autres personnes cherchèrent à l'imiter ; et il resta inconnu jusqu'au commencement de Novembre 1793 , époque où il fut rendu public par trois cultivateurs instruits, qui avaient été chargés , par le Bureau

———————————————————

(1) M. DAY, de *Doncaster*, dit que les premiers essais de limonage , ont été faits, il y a environ 50 ans ; c'était en 1793, qu'il s exprimait ainsi : On a dit à M. MARSHALL , à *Booth-ferry* , près d'*Armin*, qu'un nommé BARKER , petit fermier, à *Rawcliff*, a été le premier qui a limoné les terres ; et que JENNINGS , d'*Armin*, était un Contre-maître de profession , qui avait donné de l'étendue à cette pratique. On dit, dans le pays , que BARKER commença par se ruiner, dans l'exécution de son projet , comme cela arrive trop souvent aux hommes d'un génie entreprenant, et fut, en conséquence , sur le point de l'abandonner mais un ami , auquel il exposa son plan , lui prêta 50 l. (1200^f), ce qui le mit en état d'accomplir son projet ; ses succès lui valurent quelqu'argent , ce qui lui permit d'établir ses enfants convenablement. Un de ses fils est maintenant fixé à *Hull*. M. MARSHALL ajoute, avec raison , que ceux qui ont fait ou qui font encore leur fortune, par le moyen de cette découverte , devraient chercher à en connaître positivement l'auteur, et s'empresser d'élever un monument à sa mémoire. M. WELLS, de *Booth Ferry*, près *Howden*, dit que , selon la tradition du pays , c'est le hazard qui a fait découvrir l'utilité de ce procédé. Un champ avait été couvert , après la récolte , par l'eau de la rivière ; la fertilité qu'il acquit , par l'effet du limon que les eaux y avaient déposé , détermina M. BARKER à imiter artificiellement cette opération.

d'Agriculture , de rédiger le rapport agricole de
la partie occidentale du Comté d'*York*. Comme la
fondation du Bureau d'Agriculture ne date que du
4 Septembre précédent, la connaissance , acquise
dans l'espace de moins de deux mois , du procédé
du limonage , est une preuve frappante du zèle et
de l'activité des personnes qu'il avait choisies pour
ce genre de recherches.

2° *Nature de l'amélioration*. — L'eau des marées
qui remontent le *Trent* , l'*Ouze* , le *Dun* et autres
rivières qui se déchargent dans le golfe de l'*Humber*,
est extrêmement chargée de limon , tellement qu'en
été , si on remplit , de l'eau prise à la haute marée,
un vase de verre cylindrique , de 12 à 15 pouces
de hauteur , elle dépose au fond du vase , un pouce
d'épaisseur , et quelquefois plus , d'un limon très-
fertile , appelé , dans le pays, *Warp* (1). Cette
substance est composée de matières terreuses très-
variées , qui ont probablement été entraînées par
les rivières , jusqu'à leur embouchure , où elles se
mêlent à des substances salines et autres , qui se
trouvent dans l'eau de la mer ; l'agitation leur donne
assez de ténuité pour rester en suspension dans l'eau ,
lorsqu'elles sont entraînées dans une direction opposée , par les marées montantes. Cette substance
a été analysée par un habile chimiste , qui y a

---

(1) C'est de ce mot que l'opération dont il est question ,
a pris le nom de *Warping* , que j'ai cru devoir traduire par
celui de *limonage*. (*Note du Trad.*)

trouvé du mucilage et une très-petite quantité de matières salines, beaucoup de terre calcaire, et d'une terre qui présente les caractères de l'alumine ; le résidu consistait en mica et en sable ; ce dernier en formait la plus grande partie, et tous les deux étaient dans un grand état de division.

3° *Manière d'exécuter l'opération.* — On a cherché, de tout temps, à fixer, par le moyen de digues, les riches sols d'alluvion que forment les rivières ; mais il était réservé aux temps modernes de conduire *artificiellement* les eaux chargées de limon, des golfes ou des rivières qui les contiennent, à l'effet de fournir aux sols peu profonds et stériles, une épaisseur suffisante de terre fertile. La manière d'exécuter l'opération est extrêmement simple : On entoure le terrain qu'on y destine, de digues de 3, 4, 6 ou 7 pieds de hauteur, selon les circonstances, afin de pouvoir amener sur le sol, de l'eau à une profondeur suffisante, sans inonder les terres voisines. On y introduit alors l'eau de la marée, et on l'y laisse séjourner jusqu'à ce que le sédiment soit déposé. Afin que cette méthode soit efficace, il faut qu'on soit entièrement maître d'introduire l'eau, ou de la faire écouler, selon les circonstances ; et, pour parvenir à ce but, le canal qui communique à la rivière, doit être muni d'une écluse qu'on ouvre ou qu'on ferme à volonté. L'effet de cette opération est très-différent de celui de l'irrigation ; car, ici, ce n'est pas l'eau qui fertilise le sol, mais le limon ; et le but de l'opération n'est pas d'amender le terrain , mais *de créer un nouveau sol* de la plus riche qualité , et avec peu de dépense.

  4° *Saison propre au Limonage.* — Les mois de Juin , Juillet et Août , sont, sans contredit , les meilleurs pour cette opération , parce qu'ils sont, en général, les plus secs de l'année. On peut cependant limoner en tout temps , pourvu que le temps soit sec , et l'eau douce , très-basse dans la rivière. Lorsque la saison est humide , et l'eau de la rivière haute , cette opération ne peut pas s'exécuter avantageusement ; dans ce cas , l'eau de la rivière arrête la marée , et y occasionne une stagnation qui fait que l'eau de la marée dépose une grande partie des matières qu'elle contenait en suspension , et qu'elle n'est pas la moitié aussi chargée de limon , que lorsqu'elle remonte plus librement. Le limonage du printemps n'est pas plus avantageux que celui de l'été , parce que le sol ne peut pas être cultivé la première année ; il faut attendre que le sédiment se soit affermi et desséché.

  5° *La dépense et le profit.* — Il est impossible de calculer la dépense , sans connaître la situation du sol qu'on veut limoner , ainsi que la somme qui sera nécessaire pour construire les digues, les écluses, creuser les canaux , etc. ; et l'étendue de terre qu'on pourra limoner , avec les mêmes canaux et les mêmes écluses ; plus cette étendue est grande , moins la dépense est considérable par acre. Il y a de grandes étendues de terre , qui peuvent être li-

monées pour la modique somme de 3 ou 4 l.
par acre (180 à 240 francs par hectare), dépense insignifiante , si on la compare aux avantages que produit cette opération. Mr WEBSTER,
à *Bankside* , dans le Comté d'*York* , acheta une
ferme de 212 acres , qu'il limona. Le prix d'achat
était de 11 l. par acre (660 f. par hestare), et le
limonage coûta 12 l. par acre (720 f. par hect.);
en tout , 23 l. par acre (1,380 f. par hectare).
Par le limonage , le sol acquit immédiatement une
valeur de 70 l. (4,200 f. par hectare), et même ,
dans quelques parties , de 100 l. (6,000 f· par h.),
prix auquel se vendent souvent les terrains limonés.
En ne comptant que 70 l. , le profit est immense.
Mr WEBSTER a limoné quelques terrains marécageux , dont la rente n'était que de 1 sh. 6 d.
par acre (4 f. 50^c par hectare), et qui ont pu ,
immédiatement après , se louer 5 l. par acre (300 f.
par hectare.

6° *Mode de culture et produits.* — Le meilleur
mode de culture pour les terrains nouvellement limonés , est de les ensemencer en tréfle , et de les
laisser ainsi , pendant 2 années , afin de les mettre
en état de produire des céréales. Le froment ne
réussit pas bien , lorsqu'il est semé immédiatement
sur un terrain limoné , même après une jachère ;
mais lorsque le sol a été couvert , pendant 2 ans ,
de tréfle rouge ou blanc , on peut compter sur
une bonne récolte de froment , à moins qu'il ne soit
attaqué par les limaces qui y paraissent quelque-

fois (1).

Les pommes de terre ni le lin ne réussissent bien sur les terrains nouvellement limonés , qui sont trop froids pour ces récoltes ; mais , après 2 ou 3 années de culture , elles y réussissent bien , à moins que le sol ne soit trop fort pour les pommes de terre. On remarque de grandes différences dans la nature des terrains limonés ; quelques-uns sont très-argileux et tenaces , et d'autres très-meubles : ceux qui sont placés le plus près du canal qui amène les eaux , sont , en général , les plus légers , à cause du sable qui se dépose toujours le premier ; mais le terrain le plus éloigné du canal , est , en général, le meilleur. Les produits des terres limonées varient beaucoup ; mais on peut, en général , les évaluer, pour le froment , de 20 à 40 bushels par acre (18 à 36 hectolitres par hect.); pour les fèves, de 35 à 50 bushels (de 31 à 43 hectol. par hectare), et, dans quelques cas , jusqu'à 90 bushels (79 hectol. par hectare); pour l'avoine , de 5 à 8 quarters par acre (de 35 à 56 hectol. par hectare). Les terres limonées exigent de l'engrais , et ne peuvent produire un grand nombre de récoltes, sans cet aide , même lorsque le sol est sec et fertile (2).

---

(1) On peut prévenir leurs dégats , en semant du sel sur le terrain , après la semaille du froment.

(2) Il paraît probable que la pratique du limonage pourrait recevoir beaucoup d'extension. Peut-être pourrait-on em-

7° *Ce procédé peut - il recevoir de l'extension ?*
— On a paru craindre qu'on n'épuisât ce grand
dépôt de limon , qui se trouve préparé dans le Golfe
de *l'Humber*. Mais cette crainte n'est pas fondée
en raison, si on considère la vaste étendue de ce
Golfe , et l'immense étendue de pays , d'où cette
substance y a été entrainée par les eaux , pendant
des siècles. Cependant il serait à désirer qu'on écar-
tât toute crainte à cet égard , par des recherches
soignées , dans le lit de la rivière et dans ses
bas-fonds , comme cela est praticable en cas semblable. Si on reconnaît , par ces recherches , que
la quantité du limon est aussi immense qu'il y a
lieu de le présumer, on peut espérer qu'on ne négligera pas un trésor semblable , qui surpasse peut-
être tout autre dépôt de matière propre à l'amendement des terres qui existent dans le Royaume.
Nous avons en notre pouvoir, le moyen de ving-

---

ployer des machines pour mêler le limon à l'eau des golfes ,
en agitant leur fond, afin de faire entraîner le limon par les
marées ; et si on élevait l'eau qui le charie, au-dessus de son
niveau naturel, on pourrait la conduire à une plus grande distance , et l'eau, au moyen de la pente , ayant un courant
considérable, ne déposerait le limon que lorsqu'on la ferait séjourner sur le terrain. Il pourrait être avantageux aussi, de
conduire à une certaine distance , le limon déposé , au moyen
de chemins de fer, ou de canaux , qui se construisent si facilement dans un canton plat ; c'est ce qui a été fait par le
Duc de BRIDGEWATER , sur son superbe canal. Ce limon forme
un excellent engrais pour les jardins , et on dit qu'il garantit
les céréales de la rouille.

tupler la valeur d'une grande étendue de terre, ou, en d'autres mots, *de changer du cuivre en or*. On connaît les efforts qu'on a faits en Egypte, pour obtenir et pour conserver la fertilité du sol, dans des circonstances qui avaient quelqu'analogie avec celle-ci ; et le Gouvernement Britannique ne ferait rien pour favoriser une imitation de l'agriculture du Nil, sur les bords de l'Humber, et des autres rivières où ce procédé serait praticable ! Pourquoi ne donnerait-on pas quelqu'espèce d'encouragement public, à un objet d'un si haut intérêt national (1) ? Cela serait d'autant plus important, que ce n'est pas seulement dans l'Humber, qu'on trouve un limon de même nature, mais qu'on en rencontre abondamment, et d'excellente qualité, dans plusieurs rivières ou bras de mer.

8° *Espèce de limonage usitée en Italie.* — D'après des relations qui ont été publiées récemment sur l'agriculture et la statistique de l'Italie, il paraît qu'il y a déjà long-temps qu'on pratique, en Toscane, une espèce de *limonage*. On l'y appelle *colmata*. Les rivières de ce pays charient une grande quantité de limon et de sable, qui obstruent leur

____

(1) Nous exposerons, dans le 5e Chap., les moyens de favoriser des entreprises de ce genre, par des encouragements publics. Il est très-malheureux qu'il existe un préjugé contre l'application de ces encouragements aux améliorations agricoles. Si le Gouvernement du pays apportait à ces améliorations, l'attention qu'elles méritent, il n'y aurait pas, dans tout le pays, un seul homme sans travail.

embouchure dans la mer , ce qui forme des marais fort étendus , non-seulement près de l'embouchure des rivières , mais aussi dans tout leur cours , lorsque le niveau du sol éprouve des variations. On dit que TORRICELLI est le premier qui a appris à ses compatriotes , à entourer de digues ces marais ; à introduire l'eau des rivières dans ces espèces d'enclos ; à disposer des écluses , de manière à y retenir l'eau stagnante comme dans un lac, pour lui faire déposer son limon , afin d'élever ainsi le niveau du sol. On obtient souvent ainsi, à chaque opération , une épaisseur de 3 ou 4 pouces de terre; et en répétant l'opération plusieurs fois dans le cours d'une année , on a élevé suffisamment le sol, pour le mettre à l'abri des inondations de la rivière. Les terrains qu'on acquiert ainsi , sont de la plus haute fertilité ; et on cite un exemple où un terrain de cette nature, a rendu , en froment , 25 pour 1 (1). C'est la nécessité qui a fait naître ce procédé en Italie ; mais il paraît que , sur les bords de l'Humber , cette pratique a été due au hazard, et que c'est le zèle pour les améliorations , et l'appat du gain , qui lui ont fait donner de l'extension.

-----

(1) TORRICELLI, le célèbre inventeur du Baromètre , naquit en 1608 , et mourut en 1647. Il paraît que , par la pratique de la *colmata*, le sol est rendu improductif , pour 7 ou 8 ans. Tandis que , par la méthode anglaise du limonage , il produit immédiatement du tréfle.

§ XI.

DES DIGUES.

Deux motifs peuvent engager à défendre un terrain contre les eaux, par des digues : 1° Protéger un sol, déjà en culture , contre les inondations de la mer, des lacs, ou des rivières ; 2° soustraire aux eaux de la mer, ou des grandes rivières, des terrains incultes , habituellement inondés , afin de les mettre en culture profitable.

I. *Protéger contre les inondations un terrain déjà cultivé.*

C'est un sujet très-étendu et d'une grande importance. Dans plusieurs districts , la mer couvre souvent de ses eaux , une étendue considérable de terrain. Dans d'autres , des lacs , pendant les saisons pluvieuses de l'année , ou après la fonte des neiges, répandent leurs eaux sur les sols plats adjacents. Enfin , il n'y a presque pas une rivière qui ne soit sujette à causer annuellement des dégats le long de ses rives , soit en rendant improductive une grande étendue de terrain , soit en y détruisant les récoltes.

1° *Inondations de la mer.* — Lorsque les côtes sont défendues contre les eaux de la mer , par des espèces de remparts formés de matériaux mobiles, sans consistance et perméables , il arrive souvent que, dans les hautes marées , les eaux rompent cet obstacle , et se répandent sur le sol , ce qui enlève beaucoup de terres à la culture , et ce qui produit souvent de grands dommages. Les digues qu'on peut construire pour s'opposer à ces invasions , sont, dans la plupart des cas , d'une exécution difficile et coûteuse , et d'une durée précaire. Il n'est pas facile de résister au pouvoir de l'eau , lorsqu'elle est mise en mouvement par un vent violent ; et lorsqu'il est question de lutter contre la mer , les barrières qu'on lui oppose , doivent être construites avec des soins particuliers , attendu qu'il peut survenir des circonstances qui arrêtent l'exécution, ou qui détruisent même les travaux , lorsqu'on les regardait comme entièrement terminés.

Pour prévenir ces accidents , il est presque toujours nécessaire de construire des digues en pierres ou en bois ; cependant quelquefois on a obtenu du succès par le moyen de simples digues en sable , qu'on trouvait sur la place , en imitant avec soin la nature , dans la formation des dunes sur le bord de la mer (1). Lorsqu'on a pour but, de défendre les parties basses des côtes qui sont sujettes aux inondations des hautes marées , on doit construire une digue régulière , dont la largeur , la hauteur et la solidité soient proportionnées à la hauteur de l'eau à laquelle elle doit résister. Pour plus de sureté ,

____

(1) M. SMITH a employé ce moyen, avec beaucoup d'habileté , sur les côtes de *Suffolk*. Il paraît que les grands travaux de M. MADDOCK sur les côtes du pays de *Galles*, sont du même genre.

on peut placer, en dehors de la digue, un rang de pilotis, pour briser la force des vagues. Par ce moyen, la digue est à l'abri des dégradations, parce que, dans l'intervalle entre la digue et les pilotis, l'eau reste assez calme, quelque violentes que soient les vagues au delà des pilotis,

2° *Inondations des lacs.* — Presque tous les lacs sont sujets à des crues d'eau extraordinaires et momentanées, occasionnées par des vents violents, par de grandes pluies ou par la fonte des neiges. Il leur arrive donc souvent de sortir de leurs limites habituelles, et de causer du dommage sur les terres voisines. Le tort qu'ils produisent est assez considérable pour qu'il devienne important de prévenir ou de diminuer ces dommages, en élargissant l'ouverture par où les eaux s'écoulent, et en l'approfondissant, lorsque le niveau le permet, afin que les eaux se déchargent plus librement en tout temps. Dans quelques cas, on a entouré entièrement un lac par des digues, qui s'étendent non-seulement sur ses bords, mais aussi sur les rives de tous les ruisseaux ou rivières qui s'y déchargent, aussi loin que le niveau l'exige ; il est même quelquefois nécessaire de continuer ces digues, des deux côtés du cours d'eau, beaucoup plus haut que le niveau des grandes eaux, afin d'ôter à l'eau, tout accès sur le terrain exposé à l'inondation. Au reste, c'est là une entreprise très-vaste et très-coûteuse ; et on ne peut la tenter, que lorsque les eaux du terrain qu'on défend ainsi par des digues, peuvent avoir un écoulement dans une rivière située plus bas que le lac ; autrement ce terrain deviendrait bientôt un marécage.

3° *Inondations des rivières.* — Il y a deux manières d'empêcher les dommages causés par ces inondations : 1° En approfondissant le lit de la rivière; 2° en élevant des digues, pour protéger les sols plats de son voisinage.

1° Lorsque le cours d'une rivière forme une ligne droite, ou à-peu-près droite, il est rare qu'elle soit sujette à inonder ses rives, excepté peut-être, dans les grandes rivières, lorsqu'elles s'élèvent au-dessus de leur niveau ordinaire, soit par une crue considérable de leurs eaux, soit parce que leur cours est ralenti par la marée montante. Ainsi, lorsque le lit d'une rivière est étroit, et forme beaucoup de sinuosités, on peut ordinairement prévenir les dommages qu'elle occasionne, en approfondissant et en redressant son lit. Dans un cas où on a effectué ce genre d'amélioration, il a produit les avantages suivants : L'eau, qui, dans sa course tortueuse, était presque stagnante, coule maintenant avec autant de rapidité que le permet la pente du terrain, et n'inonde jamais ses rives. Les bêtes à cornes pâturent aujourd'hui sur les terrains qui ne formaient auparavant qu'un marais inaccessible pour elles. La surface de l'eau se trouvant maintenant à 4 et quelquefois à 6 pieds au-dessous du niveau des terres adjacentes, ce canal forme une espèce de saignée pour tout le vallon ; ensorte que 500 acres de prairies peuvent être convertis en terres arables ; 160 acres de marais peuvent être convertis en bonnes prairies;

et 5oo acres de terres arables ont été portées au double de la valeur qu'elles avaient auparavant.

2° L'opération nécessaire pour défendre, par des digues, de grandes étendues de terrain contre l'inondation d'une rivière, est la plus simple, et la plus facile de toutes celles qui ont pour objet la construction des digues. Il y a peu de rivières moyennes, qui, dans leurs plus grands débordemens, s'élèvent à plus de 5 ou 6 pieds au-dessus de leur niveau ordinaire, à moins que leur cours ne soit interrompu par quelqu'obstacle qu'on pourra probablement détruire avec peu de difficulté. Dans quelques cas, cette opération dispensera de la nécessité de construire des digues ; mais si cela devient nécessaire, on doit laisser, entre les digues des deux rives, une distance suffisante pour contenir facilement toute la masse d'eau, dans les plus grandes crues de la rivière. On peut calculer la distance qu'on doit laisser, et la hauteur qu'on doit donner aux digues, en mesurant une section de la rivière, au moment de ses plus grandes eaux.

Lorsqu'on a laissé une distance suffisante entre les digues, il n'est pas ordinairement nécessaire de donner à celles-ci, plus de 4 à 6 pieds de hauteur perpendiculaire, mais les talus doivent être considérables. S'il existe des obstacles insurmontables, dans le cours de la rivière, qui fassent élever les eaux à une plus grande hauteur, on doit donner proportionnellement, soit une distance plus considérable entre les digues, soit plus de hauteur à celles-ci.

On doit, autant que possible, prendre les matériaux pour la construction de ces digues, sur le bord même de la rivière, ce qui a l'avantage d'élargir son cours ; on doit aussi former, en dedans de la digue, un canal, ou large fossé, qui fournira des matériaux pour la digue, et qui, au moyen de quelques écluses, servira à donner issue aux eaux qui s'écoulent des terres. On doit ajouter que les écluses doivent être construites de manière à admettre, à volonté, l'eau de la rivière, dont on peut tirer de grands avantages dans certaines saisons de l'année, pour fertiliser les prairies.

Lorsqu'on considère la facilité avec laquelle cette amélioration peut être exécutée, et le peu de dépenses qu'elle exige, on a droit de s'étonner qu'on laisse des étendues considérables des plus riches prairies, dans un état où elles sont sujettes à souffrir de l'inondation, à chaque crue d'eau. Lorsque ces inondations ont lieu en hiver, ou dans le commencement du printemps, l'eau dépose un limon fertilisant qui favorise la végétation des meilleures espèces d'herbes naturelles. Mais il arrive souvent que les inondations surviennent au moment où on les désire le moins, lorsque la végétation des herbes est déjà très-avancée, lorsque le foin est prêt à être rentré, ou lorsque les céréales arrivent à leur maturité. On perd ainsi une récolte, dont la valeur aurait suffi pour la construction d'une digue, qui, avec des réparations peu coûteuses, aurait mis, à perpétuité, le terrain à l'abri de semblables accidents (1).

Une des principales causes qui empêchent l'exécution des améliorations de cette espèce, est, qu'en
Angleterre, beaucoup de ces prairies sont, après
la coupe du foin, en état de pâturage commun,
reste de la barbarie féodale. Dans un cas semblable,
le cultivateur le plus éclairé, et le mieux disposé
aux améliorations, est arrêté dans ses projets, si
les co - intéressés refusent de contribuer à la dépense. Une loi générale, qui favoriserait l'amélioration des prairies, dans ces circonstances, produirait des avantages considérables, sur de grandes
étendues de terrains précieux, et contribuerait
essentiellement à accroître les produits et la richesse
du pays.

En Écosse, les clauses particulières de la substitution des domaines, présentent un grand obstacle
à de semblables améliorations ; la loi pourrait y
remédier par des dispositions convenables.

11. *Terrains inondés sur les côtes de la mer ou à
l'embouchure des grandes rivières.*

Soumettre à la culture, des terrains qui ont été,
peut-être pendant des siècles, inondés par la mer,

____

(1) Cela est arrivé à *Wester Fintray*, en *Aberdeenshire*,
où plusieurs centaines de quarters de grains furent entraînés
par une inondation subite, en 1768. Depuis ce temps, des
digues ont été construites pour défendre cette ferme de semblables accidents.

par de grands lacs ou par des rivières rapides, est une des entreprises les plus hardies que l'homme puisse tenter ; et les succès qui ont suivi généralement les opérations de ce genre, sont une preuve de tout ce que peut l'industrie humaine, lorsqu'elle a pour but, la protection de soi-même ou l'intérêt de la propriété. Les travaux de ce genre, qui ont été exécutés en Hollande, seraient regardés comme incroyables, si cet exemple ne se trouvait dans notre voisinage immédiat. On rencontre aussi, dans notre propre pays, des travaux de même nature, qui font honneur à l'habileté et à l'esprit d'entreprise de ceux qui les ont exécutés.

Le premier objet qu'on doit considérer, avant d'entreprendre de conquérir les terrains que les basses eaux de la mer laissent à sec, est l'examen du sol, afin de reconnaître s'il est d'une nature propre à la culture ou à d'autres objets d'économie agricole; car, dans beaucoup de cas, ces parties de terrain sont formées par l'accumulation, à une grande profondeur, de sable et de gravier stériles.

Cependant, dans plusieurs parties des côtes, la mer, en se retirant, laisse à découvert, sur le rivage, de grandes étendues d'un terrain riche et fertile, formé plutôt par le dépôt des parties terreuses entraînées par les rivières, que par des galets ou du gravier apportés sur le rivage par la mer. Les terres de cette espèce payent bien, en général, les dépenses qu'entraînent les digues, et dont le montant varie selon la profondeur de l'eau, la force de la marée, et l'intensité du vent dans la localité.

A l'entrée des grandes riviéres, dont l'embouchure est large, et forme une espèce de golfe, où le flux et le reflux se font sentir, les basses marées laissent fréquemment à sec, de grandes étendues d'un terrain fertile, qu'on peut conquérir par des digues.

Dans ces circonstances, les opérations de ce genre, méritent toute l'attention des hommes actifs et zélés, dont les domaines sont contigus, et qui peuvent se réunir, pour exécuter les travaux à frais communs.

Il ne peut entrer dans le plan de cet ouvrage, d'indiquer les moyens d'exécution de semblables entreprises. Mais les observations précédentes suffisent pour prouver que la construction des digues présente un moyen d'améliorer ou de conquérir des terres, bien digne d'attirer l'attention générale, et, dans beaucoup de cas, la protection du Gouvernement.

CONCLUSIONS DU TROISIÈME CHAPITRE.

En considérant les diverses particularités dont nous avons présenté le détail, on doit être étonné de la perfection à laquelle sont parvenues, de nos jours, et dans notre pays, ces diverses branches de l'art agricole. Cette perfection a été fortement favorisée par un établissement public, dont le but était, non-seulement de réunir et de répandre d'utiles renseignements, mais aussi d'exciter, dans les esprits, un mouvement général vers les améliorations. Au moyen des procédés que nous avons décrits, il est évident qu'il n'y a presque aucun sol, quelque stérile qu'il soit, qui ne puisse être rendu plus ou moins productif, et dont la fertilité ne puisse être graduellement augmentée par un traitement judicieux. Lorsque de tels moyens sont à notre disposition, et avec un fondement aussi solide de la prospérité nationale, que peut le former un système amélioré d'agriculture, il n'y a pas de doute que tous les sujets de ce Royaume, s'il est gouverné avec sagesse, ne puissent jouir, non-seulement de toutes les nécessités de la vie, mais aussi de toutes ses commodités, et même de ce qu'on peut appeler un luxe innocent.

FIN DU PREMIER VOLUME.

L'AGRICULTURE

PRATIQUE

ET RAISONNÉE.

••••••••

TOME I.

L'AGRICULTURE

PRATIQUE

ET RAISONNÉE.

••••••••

TOME II.

TABLE
DES MATIÈRES
CONTENUES DANS LE PREMIER VOLUME.

TABLE

TABLE

page.

DES MATIÈRES.

TABLE

TABLE

TABLE

FIN DE LA TABLE.